AF551810

EUL
VERLAG

Reihe: Quantitative Ökonomie · Band 179

Herausgegeben von Prof. Dr. Eckart Bomsdorf, Köln, Prof. Dr. Wim Kösters, Bochum, Prof. Dr. Mark Trede, Münster, Prof. Dr. Ansgar Belke, Essen, und PD Dr. Markus Pütz, Wuppertal

Dr. Ekaterina Nieberle

Multivariate Modellierung, Prognose und Evaluation sporadischer Nachfragezeitreihen

Bibliografische Information der Deutschen Nationalbibliothek

Die Deutsche Nationalbibliothek verzeichnet diese Publikation in der Deutschen Nationalbibliografie; detaillierte bibliografische Daten sind im Internet über <http://dnb.d-nb.de> abrufbar.

Dissertation, Katholische Universität Eichstätt-Ingolstadt, 2016

ISBN 978-3-8441-0462-2
1. Auflage Mai 2016

JOSEF EUL VERLAG GmbH
Brandsberg 6
53797 Lohmar
Tel.: 0 22 05 / 90 10 6-6
Fax: 0 22 05 / 90 10 6-88
E-Mail: info@eul-verlag.de
http://www.eul-verlag.de

Bei der Herstellung unserer Bücher möchten wir die Umwelt schonen. Dieses Buch ist daher auf säurefreiem, 100% chlorfrei gebleichtem, alterungsbeständigem Papier nach DIN 6738 gedruckt.

Vorwort

Die vorliegende Arbeit stellt eine geringfügig korrigierte Fassung meiner Dissertationsschrift dar, welche zum Erlangen des akademischen Grades eines Doktors der Wirtschafts- und Sozialwissenschaften an der Wirtschaftswissenschaftlichen Fakultät der Katholischen Universität Eichstätt-Ingolstadt am 03. Februar 2016 angenommen wurde.

Besonderer Dank gilt meinem Erstgutachter Herrn Prof. Dr. Ulrich Küsters zunächst für das Überwinden organisatorischer Hürden auf dem Weg zu meiner Promotion an seinem Lehrstuhl für Statistik und Quantitative Methoden. Des Weiteren bedanke ich mich bei ihm für die engagierte und intensive Betreuung der Arbeit und für meine fachliche Entwicklung während meiner Tätigkeit als wissenschaftliche Mitarbeiterin am Lehrstuhl. Herrn Prof. Dr. Heinrich Kuhn danke ich für die Übernahme des Zweitgutachtens und für seine Anregungen bei der Erstellung der Arbeit. Meinen Kollegen am Lehrstuhl danke ich für zahlreiche fachliche Diskussionen und gute Zusammenarbeit. Hier sind besonders Jan Speckenbach, Holger Kömm und Janko Thyson zu erwähnen aber auch Kai Nosbüsch und Benjamin Buchwitz, die mich in der Endphase meiner Arbeit unterstützt haben. Ein ganz spezieller Dank gilt Andrea Bartl, sowohl für die administrative Unterstützung in Ihrer Funktion als Sekretärin am Lehrstuhl, aber viel mehr für Ihre fürsorgliche und liebevolle Begleitung. Meinen größten Dank möchte ich jedoch an diejenigen richten, die während der langen Abende und Wochenenden auf meine Gesellschaft verzichten mussten. An der ersten Stelle ist mein Mann Tobias zu erwähnen, der mich immer tatkräftig unterstützt und einen wesentlichen Beitrag bei der Anfertigung der Arbeit und bei zahlreichen Sprachkorrekturen geleistet hat. Mein tiefster Dank gilt meinen Eltern dafür, dass sie es mir ermöglicht haben, das Fundament für die Erstellung meiner Dissertation aufzubauen. Meinen Schwiegereltern danke ich für ihr Verständnis und das Interesse an der Promotion.

Gaimersheim, April 2016 Ekaterina Nieberle

Inhaltsverzeichnis

Abbildungsverzeichnis

Tabellenverzeichnis

Abkürzungsverzeichnis

`AER`	`Aerospace`-Datensatz	173
AGNES	Agglomerative Nesting	161
`AGNESm`	Agglomerative Nesting mit Normierung durch maximalen Abstand	184
`AGNESq`	Agglomerative Nesting mit Normierung durch Quantilsdifferenz	184
AIC	Akaike Informationskriterium	91
AICc	Modifiziertes Akaike Informationskriterium	91
ARIMA	Autoregressive Integrated Moving Average	133
ARMA	Autoregressive Moving Average	133
`AUT`	`Automotive`-Datensatz	173
BFGS	Broyden-Fletcher-Goldfarb-Shanno Optimierungsverfahren	85
BIC	Bayesian-Schwarz Informationskriterium	91
`BOOT`	Bootstrap von Willemain	207
BU	Bottom Up	50
`CAR`	`Car Parts`-Datensatz	173
CPU	Central Processing Unit	289
DGP	Datengenerierungsprozess	10
`ESbest`	"Bestes" exponentielles Glättungsmodell ausgewählt nach AICc	207
FE	Fixed-Effects	55
FG	Fixed-Group-Effects	56
FT	Fixed-Time-Effects	56
GLM	Generalized Linear Model	85
`HNB`	Hurdle negative Binomialverteilung in NB2-Repräsentation	207

Symbolverzeichnis

$\hat{\varepsilon}_{i,t}$	Itemspezifisches Residuum der Zeitreihe i zum Zeitpunkt t ... 87
$e_{i,T+h\|T}$	$h-$stufiger Prognosefehler der Zeitreihe i vom Prognoseursprung T ... 111
$E(y_t)$	Erwartungswert der Nachfragezeitreihe y_t ... 11
$EB_{i,t}$	Endbestand für das Item i zum Zeitpunkt t ... 124
$F(y_t)$	Verteilungsfunktion von y_t ... 11
$FM_{i,t}$	Fehlmenge des Items i zum Zeitpunkt t ... 16
$FMK_{i,t}$	Fehlmengenkosten des Items i zum Zeitpunkt t ... 118
fr	Datenperiodizität, Anzahl der Perioden in einem Saisonzyklus ... 9
$\Gamma(\cdot)$	Gamma-Funktion ... 36
$GK_{i,t}$	Gesamtkosten der Zeitreihe i zum Zeitpunkt t ... 125
$h = 1, \ldots, H$	Prognosehorizont ... 14
H	Wiederbeschaffungszeit ... 10
$HS(\boldsymbol{\vartheta})$	Hesse-Matrix evaluiert an der Stelle des Parametervektors $\boldsymbol{\vartheta}$ ... 82
$i = 1, \ldots, I$	Item bzw. Zeitreihenindex ... 10
I	Anzahl der Items im Aggregat ... 10
$\mathbb{I}(\boldsymbol{\vartheta})$	Informationsmatrix des Parametervektors $\boldsymbol{\vartheta}$ ... 84
$j = 1, \ldots, J$	Index eines Analysefalls ... 248
J	Anzahl der Analysefälle ... 248
$k = 1, \ldots, K$	Gruppenindex in Clusterlösungen ... 157
K	Anzahl der Gruppen in einer Clusterlösung ... 157
K^{optim}	Optimale Clusteranzahl ohne Mengenrestriktion ... 165
$K^{calc.optim}$	Optimale Clusteranzahl mit höchstens 200 Zeitreihen pro Gruppe ... 186
λ	Erwartungswert $E(y_t)$ einer stationären Zeitreihe ... 11
$\lambda_{i,t} \mid \boldsymbol{X}$	Konditionaler Erwartungswert $E(y_{i,t} \mid \boldsymbol{X})$ der $i-$ten Zeitreihe zum Zeitpunkt t ... 57

$L(\boldsymbol{\vartheta} \mid \boldsymbol{y}_1, \ldots, \boldsymbol{y}_I)$	Likelihood-Funktion ... 80
$LB_{i,t}$	Lagerbestand des Items i zum Zeitpunkt t ... 116
$Level_t$	Der Wert der Niveaukomponente zum Zeitpunkt t .. 12
$m = 1, \ldots, M$	Merkmalsindex bzw. Produktcharakteristika ... 130
M	Anzahl der Merkmale zur Gruppierung von Zeitreihen ... 130
$\widetilde{M}^{mult}$	Menge multivariater Prognoseverfahren ... 246
$\widetilde{M}^{univ}$	Menge univariater Prognoseverfahren ... 246
$\widetilde{M}$	Menge uni- und multivariater Prognoseverfahren mit $\widetilde{M} = \left\{\widetilde{M}^{univ} \cup \widetilde{M}^{mult}\right\}$ ... 246
$\eta_{i,t}(\boldsymbol{\vartheta})$	Linearer Prädiktor für die Nachfrage der $i-$ten Zeitreihe zum Zeitpunkt t als Funktion des Parametervektors $\boldsymbol{\vartheta}$ ... 58
N	Länge der Kalibrationsstichprobe, $N \leq T$ ... 108
nom^{ref}	Referenzkategorie einer nominal skalierten Variable nom ... 254
ω	Autonome Nullwahrscheinlichkeit für stationäre Mischverteilungen ... 39
$\omega_{i,t}$	Autonome Nullwahrscheinlichkeit für die $i-$te Zeitreihe zum Zeitpunkt t ... 72
$P(y_t)$	Wahrscheinlichkeitsfunktion einer diskreten univariaten Verteilung von y_t ... 15
p	Anzahl der Modellparameter $\vartheta_1, \ldots, \vartheta_p$ ... 58
p_i^0	Nullanteil in der Zeitreihe $\boldsymbol{y_i}$ ... 179
$\widetilde{Q}$	Menge an Techniken zur Quantilsberechnung ... 246
$q^{\tau}(Z)$	$\tau-$Quantil der Verteilung von Z ... 152
$\hat{q}_{t+H\|t}^{SL_\alpha}$	Quantilsprognose vom Prognoseursprung t der über die Wiederbeschaffungszeit H kumulierten Nachfrage Y_{t+h} zum Lieferservicegrad SL_α ... 15
r	Überwachungsintervall ... 120
$\widetilde{\boldsymbol{R}}$	Matrix der Modellrestriktionen ... 60

$\widetilde{\boldsymbol{r}}$	Restriktionenvektor entsprechend den Modellrestriktionen in $\widetilde{\boldsymbol{R}}$ ... 60
σ^2	Varianz $Var\,(y_t)$ einer stationären Zeitreihe ... 11
$\sigma^2_{i,t} \mid \boldsymbol{X}$	Konditionale Varianz $Var\,(y_{i,t} \mid \boldsymbol{X})$ der $i-$ten Zeitreihe zum Zeitpunkt t ... 57
$\boldsymbol{\Sigma}_{\boldsymbol{\vartheta}}$	Varianz-Kovarianz-Matrix evaluiert an der Stelle des Parametervektors $\boldsymbol{\vartheta}$ ... 84
$S_{i,t}$	Bestellniveau für das Item i zum Zeitpunkt t ... 120
$sd(\boldsymbol{y_i})$	Standardabweichung der $i-$ten Zeitreihe ... 179
$Season_t$	Der Wert der Saisonkomponente zum Zeitpunkt t ... 12
$silh$	Silhouette-Koeffizient ... 167
$simil^{(m)}_{i,j}$	Ähnlichkeit zwischen den Items i und j hinsichtlich des Merkmals m ... 145
SL_α	α Ziellieferservicelevel (ereignisorientiert) ... 15
SL_β	β Ziellieferservicelevel (mengenorientiert) ... 15
$t = 1, \ldots, T$	Diskreter Zeitpunkt ... 9
T	Länge der Zeitreihe ... 9
$\boldsymbol{\vartheta}$	Parametervektor $\boldsymbol{\vartheta} = [\vartheta_1, \ldots, \vartheta_p]^T$ ... 13
$\hat{\boldsymbol{\vartheta}}$	Parameterschätzer für den Vektor $\boldsymbol{\vartheta}$ ... 13
$\boldsymbol{\vartheta}^\omega$	Parametervektor zur Modellierung der Nullwahrscheinlichkeit ω ... 72
ϑ^{loc}_t	Parameter zur Modellierung lokaler Struktur zum Zeitpunkt t ... 68
$Trend_t$	Der Wert der Trendkomponente zum Zeitpunkt t ... 12
$\text{Ü}M_{i,t}$	Überschussmenge für das Item i zum Zeitpunkt t .. 124
$\text{Ü}MK_{i,t}$	Überschussmengenkosten des Items i zum Zeitpunkt t ... 118
$Var\,(y_t)$	Varianz der Nachfragezeitreihe y_t ... 11
$\boldsymbol{X}$	Regressormatrix ... 58
$\boldsymbol{X}^{FG}$	Regressormatrix für das fixed-group-effects Model ... 58

$\boldsymbol{X}^{FT}$	Regressormatrix für das fixed-time-effects Modell ... 58
$[\boldsymbol{X}_i]_{t,\bullet}$	Die Zeile t aus der Regressormatrix $\boldsymbol{X}_i$ der i–ten Zeitreihe 71
$\boldsymbol{\mathcal{X}}$	Regressormatrix im Kontext der Regressionsanalyse für Gesamtkosten im Evaluationsraum 248
$\boldsymbol{x}_{level}$	Regressor zu Modellierung eines globalen Niveaus ... 61
$\boldsymbol{x}_{trend}$	Regressor zu Modellierung eines globalen Trends 61
y_t	Beobachtung zum Zeitpunkt t 9
$y_{i,t}$	Beobachtung des Items i zum Zeitpunkt t 10
$\boldsymbol{y}_i^{pos}$	Positive Beobachtungen der i–ten Zeitreihe 179
$\hat{y}_{t+h\|t}$	Punktprognose der Zeitreihe y_t vom Prognose-ursprung t für den Prognosehorizont h 14
Y_{t+H}	Über die Wiederbeschaffungszeit H kumulierte Nachfrage 10
$\hat{Y}_{t+H\|t}$	Punktprognose vom Prognoseursprung t der über die Wiederbeschaffungszeit H kumulierten Nachfrage Y_{t+h} 14

1 Einleitung

Prognosen in der Güterwirtschaft dienen der Unterstützung von bezüglich einer akkuraten Lagerbevorratung und Disposition auf jeder Stufe der Lieferkette. Gerade im güterwirtschaftlichen Bereich, in dem täglich Tausende von Produkten in kurzer Zeit beschafft oder umdisponiert werden müssen, spielt ein effizient gestalteter Prognoseprozess eine übergeordnete Rolle, da das Unternehmen anderenfalls unnötige Überschuss- und Fehlmengenkosten in Kauf nehmen muss (Tempelmeier 2012, Küsters et al. 2015).

Werden Prognosen für sporadisch nachgefragte Produkte, so genannte Langsamdreher (slow moving goods), erstellt, verändert sich die Palette geeigneter Prognoseverfahren im Vergleich zu Gütern mit hoher Absatzhäufigkeit, so genannten Schnelldrehern (fast moving goods)[1], da die zeitliche Struktur der ausschließlich aus positiven Werten (ohne Nullnachfragen) bestehenden Zeitreihen der Schnelldreher sichtbar ist und in der Regel mit klassischen Verfahren der Zeitreihenanalyse identifiziert werden kann.

Die Datensporadizität, die sich u.a. durch lange Perioden ohne Nachfrage charakterisieren lässt, tritt in der Regel auf der SKU (Stock Keeping Unit) Ebene auf. Das Ausmaß der Sporadizität hängt allerdings vom sachlichen, räumlichen und zeitlichen Differenzierungsgrad ab (siehe Scholze 2010). Während eine Zigarettenmarke für einen Großhändler als ein Schnelldreher angesehen wird, gilt diese in einem einzelnen Zigarettenautomaten als Langsamdreher. Während die Nachfrage nach einer Fachzeitung in der Gesamtregion ein glattes Muster und keine Nullwerte aufweist, kann diese Zeitung in einem einzelnen Kiosk der betrachteten Region selten nachgefragt werden (mit hohem Anteil an Nullwerten in der korrespondierenden Zeitreihe). Betrachtet man die Nachfrage nach einem Autoersatzteil einer einzelnen Automarke im täglichen Verlauf, so "bewegt" sich die Nachfrage langsam. Aggregiert

[1] Die Unterscheidung in Schnell- und Langsamdreher ist im Handel weit verbreitet und beruht grundsätzlich auf dem Kriterium der Warenumschlagshäufigkeit. Der Warenumschlag gibt eine mengen- oder wertmäßige Häufigkeit an, wie oft sich der durchschnittliche Lagerbestand eines Produktes in einem Zeitintervall (in der Regel pro Jahr) umschlägt (Bichler et al. 2013, S. 4 und Gleissner und Möller 2009, S. 38). Eine alternative Aufteilung in Güter mit unregel- und regelmäßigem Bedarf findet man in Nowack (2012).

man die täglichen Werte beispielsweise auf Jahresebene, so erhält man eine quasi-stetige Nachfragekurve, durch welche typischerweise ein Schnelldreher ausgewiesen wird.

Sporadische Güter gehören u.a. der Produktgruppe mit einem hohen Veralterungsrisiko (Frischeprodukte wie Blumen, Obst oder Gemüse, aber auch Zeitungen und Magazine) an, für welche hohe Kosten für Lagerung oder Verschrottung anfallen (Altay und Litteral 2011, S. 32). Für Unternehmungen, wie zum Beispiel Drogeriemärkte oder Ersatzteillieferanten (Küsters und Speckenbach 2012, Altay und Litteral 2011, S. 32), oder für Unternehmen mit feinem Distributionsnetz und ggf. kurzen Wiederbeschaffungszeiten, in welchen die Absatzprognosen direkt auf der SKU-Ebene erstellt werden müssen (zum Beispiel örtliche Apotheken, Zigarettenautomaten oder Tankstellenshops), stellen Langsamdreher das Kernsortiment dar.

Eine durch einen hohen Nullanteil ausgezeichnete Zeitreihe liefert wesentlich weniger Information über ihre Verlaufsmuster als eine glatte Zeitreihe mit quasi-stetigem Wertebereich, so dass die Identifikation und eine akkurate Schätzung der Strukturen auf Item-Ebene sporadischer Zeitreihen nicht möglich ist. Wie aus Abbildung 1.1 (links) ersichtlich wird, lassen sich häufig keine strukturellen Unterschiede zwischen einzelnen sporadischen Zeitreihen erkennen. Betrachtet man dagegen eine Gruppe an Zeitreihen mit ähnlichen Strukturverläufen, so sind die gemeinsamen Strukturen im Aggregat visuell erkennbar (beispielsweise ein ausgeprägter positiver Trend auf Abbildung 1.1 rechts unten).

Wird die realisierte Nachfrage vom eingesetzten Prognoseverfahren systematisch unterschätzt, so entstehen Fehlmengen, welche sich durch Fehlmengenkosten auszeichnen. Durch einen im Vergleich mit der realisierten Nachfrage erhöhten Bestell- und Lagerbestand entstehen u.a. zusätzliche Lagerhaltungs- und Kapitalbindungskosten. Durch den Einsatz geeigneter Verfahren zur Absatzprognose und Bedarfsermittlung sporadischer Produkte können die Gesamtkosten reduziert werden.

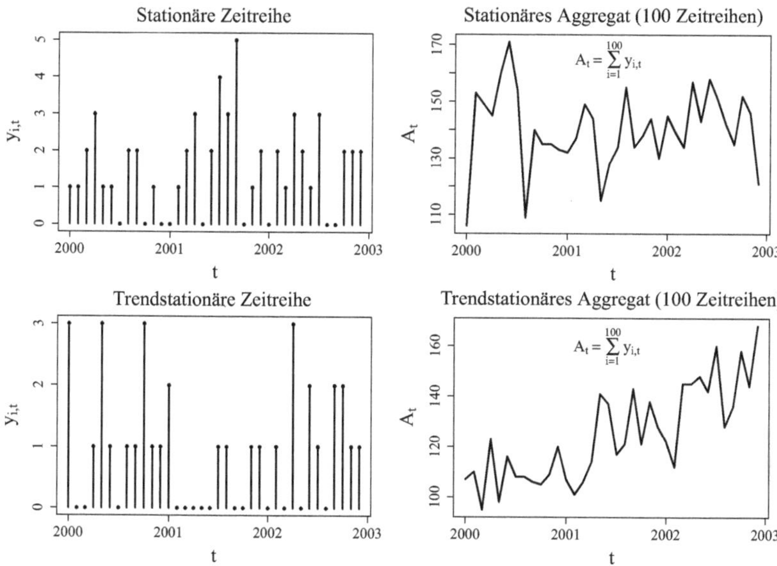

Abbildung 1.1: Simulierte sporadische Zeitreihen und Aggregate

1.1 Problemstellung

Die Identifikation der für mehrere Zeitreihen gemeinsamen Strukturen und deren Schätzung mit Hilfe multivariater Modelle für Langsamdreher stellen den Schwerpunkt der vorliegenden Arbeit dar. Die zentrale **Forschungsfrage** lässt sich wie folgt formulieren:

Kann die Prognosegüte der Prognosen für sporadische Nachfragezeitreihen durch die multivariate Modellierung gemeinsamer Verlaufsstrukturen im Vergleich mit Prognosen univariater Verfahren gesteigert werden?

In diesem Zusammenhang wird ein Konzept zur Evaluation der Prognosegüte sporadischer Zeitreihen im multivariaten Fall aufgestellt, in welchem zum einen die Auswahl geeigneter multivariater Modelle für sporadische Nachfragezeitreihen sowie die Spezifikation der Prognosefunktion basierend auf diesen Modellen erfolgt. Zum Zweck der multivariaten Prognose wird zum anderen eine Methodik zur Gruppierung von Langsamdreherzeitreihen mit gemeinsamen zeitlichen Verlaufsstrukturen beschrieben. Im Rahmen einer Prognoseevaluation wird die Güte multivariater und konkurrierender univariater Prognoseverfahren sowohl statistisch als auch kostenorientiert in einem einfachen Lagerhaltungssystem bewertet. Somit kann die obige Forschungsfrage in folgende Fragestellungen unterteilt werden:

- **Welche Paneldatenmodelle und Prognosetechniken eignen sich für multivariate Prognosen sporadischer Absatzzeitreihen**?

  Die meisten der aus der Literatur bisher bekannten Verfahren zur Prognose von Langsamdrehern in der Güterwirtschaft, zu welchen univariate stationäre Verteilungsmodelle sowie instationäre Modelle wie das Croston-Verfahren oder die einfache exponentielle Glättung gehören, verfolgen den Ansatz der univariaten Prognose einzelner sporadischer Zeitreihen. Allerdings berücksichtigen diese Verfahren aufgrund von häufig aufgetretenen Nullnachfragen keine Instationaritätsstrukturen wie Saison oder Trend.

  Daher wird ein multivariater Ansatz zur simultanen Prognose mehrerer in Gruppen aufgeteilter sporadischer Zeitreihen beschrieben, welcher auf den bisher primär in Mikroökonometrie, Biometrie und Ökologie verwendeten Paneldatenmodellen mit fixen Effekten für diskrete Paneldaten bzw. Zähldaten (**fixed-effects panel models for count data**) basiert. Die Paneldatenmodelle für diskrete Daten stellen eine Modellgruppe innerhalb der in der Ökonometrie verbreiteten Paneldatenmodelle dar (Baltagi 2005) und werden typischerweise zur Untersuchung der Kausalbeziehungen von zahlreichen Individuen mit einer geringen Anzahl an Zeitpunkten verwendet (siehe u.a. Hilbe 2011 oder Cameron und Trivedi 2013).

  Zur Modellierung der Instationaritätsstrukturen in Gruppen sporadischer Zeitreihen werden einige Parametrisierungen von Paneldatenmodellen entwickelt, welche die Modellierung sowohl itemspezifischer als auch gemeinsamer zeitreihenübergreifender globaler und lokaler Strukturen ermöglichen.

Globale Niveau-, Trend- und Saisonstrukturen werden mit Hilfe von fixed-group-effects Paneldatenmodellen modelliert. Zudem wird eine Heuristik der Modellierung lokal instationärer Strukturen mit Hilfe von fixed-time-effects Paneldatenmodellen in Kombination mit exponentieller Glättung dargestellt.

- **Welche Gruppierungsverfahren und -techniken können zur Klassifikation der Langsamdreher nach zeitlicher Verlaufsstruktur eingesetzt werden?**

Um den Einsatz multivariater Prognoseverfahren für sporadische Zeitreihen zum Zweck der Schätzung gemeinsamer Strukturen wie Trend- oder Saison zu ermöglichen, muss zunächst eine Gruppierung der Zeitreihen mit ähnlichen Trend- und Saisonstrukturen vorgenommen werden. Dies erfordert die Verwendung geeigneter Segmentierungstechniken, welche trotz der Datensporadizität eine Gruppierung anhand ähnlicher Verlaufsmuster gewährleisten können. In diesem Kontext werden einige bekannte Clusterverfahren beschrieben und zur Gruppierung sporadischer Zeitreihen eingesetzt. Des Weiteren wird auf die Merkmale sporadischer Zeitreihen eingegangen, welche zur Gruppierung von Zeitreihen mit ähnlichen Verlaufsmustern verwendet werden können. Die Produktgruppierung in der Vorstufe eines Prognoseprozesses ist aufgrund der Produktvielfalt vor allem in der Güterwirtschaft praktisch unvermeidbar, da auch moderne Technik an ihre Grenzen bezüglich der Rechenkapazität stößt (siehe dazu eine Diskussion im Rahmen der empirischen Studie in Kapitel 6), wenn Hunderte von Produkten simultan analysiert und prognostiziert werden müssen.

- **Welche Kriterien (statistische vs. betriebswirtschaftliche) eignen sich zur Bewertung der Güte und der optimalen Gruppenanzahl in einer Gruppierung von Langsamdreherzeitreihen?**

Die Güte einer Clusterlösung wird typischerweise durch die aus der Clusteranalyse bekannten statistischen Kriterien bewertet. Ob sich die statistischen Gütekriterien zur Bewertung der Optimalität einer Clusterlösung auch implizit zur Bewertung der betriebswirtschaftlichen Güte von auf der

Grundlage resultierender Clusteraufteilungen erstellten Prognosen eignen, wird im Rahmen der Fallstudie in Kapitel 6 diskutiert. Darüber hinaus wird eine Methodik zur kostenorientierten Bewertung der Optimalität einer Gruppierung von sporadischen Zeitreihen in einem Prognoseprozess präsentiert.

- **Unter welchen Rahmenbedingungen empfiehlt sich der Einsatz multivariater Verfahren zur Prognose von Langsamdrehern?**

  Die dargestellten multi- und univariaten Prognoseverfahren sowie die Clusteralgorithmen werden im Rahmen eines Prognoseprozesses in der Fallstudie (Kapitel 6) hinsichtlich der Prognosegüte anhand von drei realen Datensätzen mit Langsamdreherzeitreihen empirisch bewertet. Die Datensätze fassen Absatzzeitreihen für Ersatzteile aus der Automobil- und Luftfahrtindustrie auf Monatsbasis zusammen, welche sowohl hinsichtlich der Zeitreihenanzahl (693 vs. 1676 vs. 2488), der Zeitreihenlänge (24 bis 72 Monate) als auch hinsichtlich der Datenstruktur (gemessen an statistischen Kennzahlen wie Mittelwert, Standardabweichung, Variationskoeffizient der Zeitreihenbeobachtungen) unterschiedlich sind. Die Berechnungen der Fallstudie werden für 87 360 unterschiedliche Konstellationen aus Prognose- und Clusterverfahren in Kombination mit verschiedenen Lagerhaltungsszenarien durchgeführt. Der Einfluss sowohl von Datencharakteristika als auch von betriebswirtschaftlichen Szenarien auf die Prognosegüte uni- und multivariater Verfahren, welche sowohl unterschiedliche Ziellieferservicegrade als auch unterschiedliche Lagerhaltungsparameter beinhalten, wird in diesem Zusammenhang analysiert.

1.2 Aufbau der Arbeit

Die vorliegende Arbeit ist wie folgt aufgebaut: Abschnitt 1.3 dient sowohl zur Hinführung zum Thema univariater und multivariater Prognosen in Gruppen der Langsamdreher als auch zur Eingrenzung kontextabhängiger Begriffe, die in der Arbeit durchgehend verwendet werden.

In Kapitel 2 werden zunächst die in der Literatur etablierten univariaten Verfahren für sporadische Nachfragezeitreihen dargestellt. Der Hauptteil der Arbeit fokussiert sich auf die multivariaten Prognoseverfahren, welche zum einen den Einsatz geeigneter Prognosetechniken im Aggregat (Abschnitt 3.1) und zum anderen die Auswahl geeigneter multivariater Paneldatenregressionsmodelle für Langsamdreher (Abschnitt 3.2) beinhalten. Die Schätzung der Parameter der Paneldatenmodelle einschließlich der Residuendiagnostik und der Bewertung der Modellgüte wird in Abschnitt 3.3 beschrieben und kritisch hinterfragt.

Auf die Erstellung von Prognosen sowie auf die Evaluation von Prognosen in Gruppen sporadischer Zeitreihen wird in Kapitel 4 eingegangen. Die in Abschnitt 3.2 verwendeten Prognoseverfahren setzen eine Produktgruppierung auf Basis gemeinsamer Verlaufsmuster einzelner Zeitreihen voraus. Dementsprechend gibt Kapitel 5 einen Überblick darüber, wie die Gruppierungstechniken und Clustermethoden zur Bildung von Produkthierarchien anhand gemeinsamer Verlaufsstrukturen von Zeitreihen der Langsamdreher verwendet werden können.

In Kapitel 6 wird eine Fallstudie dargestellt, welche den simultanen Einsatz der beschriebenen Gruppierungsverfahren, Prognosemodelle und Evaluationstechniken anhand realer empirischer Langsamdreherdaten präsentiert. Die Ergebnisse der Studie werden anschließend diskutiert.

Alle Berechnungen der Fallstudie werden in der statistischen Softwareumgebung R (Versionen 3.0.1 sowie 3.0.2) mit Hilfe von HPC und insbesondere mittels Parallelisierung durchgeführt. Hinweise zu den Berechnungen, zu den verwendeten R-Paketen sowie zu eigenen Implementierungen werden in Abschnitt 6.8 gegeben. Abschließend werden die zentralen Erkenntnisse der Arbeit in Kapitel 7 mit einem Fazit zusammengefasst.

1.3 Hinführung zum Thema

Zum Einstieg in die themenspezifischen Inhalte werden einige Begriffe und Bezeichnungen, die in der Arbeit durchgehend verwendet werden, sowohl inhaltlich als auch formal erläutert. Des Weiteren werden einige Hinweise zu den Arbeitsinhalten und dem Anwendungsbereich sowie zur Datenspezifik und zu den verwendeten Methoden gegeben.

Die vorliegende Arbeit ist dem Bereich der betriebswirtschaftlichen Prognostik für die Güterwirtschaft zuzuordnen und basiert auf statistischen Prognoseverfahren für Güter mit sporadischem Bedarf. Qualitative Prognoseverfahren, welche u.a. auf Expertenmeinungen basieren und in der Regel kein statistisches Modell nutzen, werden in der vorliegenden Arbeit nicht betrachtet. Die nachfolgend beschriebenen Modelle setzen eine Zeitreihenhistorie voraus, so dass Verfahren für Neuproduktprognosen ausgeschlossen werden. Des Weiteren wird ein frequentistisches Inferenzparadigma (Harvey 1994) unterstellt, so dass die bayesianischen Prognosemodelle, wie diese beispielsweise in West und Harrison (1997) dargestellt sind, ausgeschlossen werden. Bezogen auf die Datenbasis sind folgende Hinweise zu beachten:

- Die Erstellung der Nachfrageprognosen erfolgt auf der Grundlage von Produktabsatzdaten. An dieser Stelle muss darauf hingewiesen werden, dass der Produktabsatz lediglich eine Abschätzung der wahren Nachfrage repräsentiert, ebenso wie der Lagerabgang eine Abschätzung des Bedarfes innerhalb einer Produktionskette darstellt. Der reale Bedarf ist mindestens so hoch wie der Lagerabgang bzw. die reale Nachfrage nach einem Produkt ist mindestens so hoch wie dessen Absatz (Sachs und Minner 2014). Der Unterschied zwischen dem Lagerabgang und der Nachfrage ist zum einen darauf zurückzuführen, dass die tatsächliche Nachfrage in den Perioden, in welchen der Lagerbestand zur Befriedigung der Nachfrage nicht ausreicht (Fehlmengenperioden), nur selten erfasst wird. Ein zusätzliches Problem der Messung der wahren Nachfrage ergibt sich u.a. durch Substitutionseffekte. Beispielsweise kann ein derzeit nicht auf Lager vorhandenes Produkt durch ein anderes substituiert werden, so dass die wahre Nachfrage für beide Produkte von deren Absätzen abweicht. Diese Spezialfälle werden in der vorliegenden Arbeit nicht betrachtet, so dass die Begriffe Nachfrage, Absatz und Lagerabgang eines Produktes als Synonyme verwendet werden.

- In der Güterwirtschaft werden häufig zur Bezeichnung eines einzelnen Produktes bzw. einer einzelnen (nicht aggregierten) Nachfragezeitreihe die Begriffe **Item** oder **stock keeping unit** (SKU, Lager- oder Bestandseinheit) verwendet. Diese dienen zur eindeutigen Identifikation einer Produkteinheit inklusive dessen charakteristischen Eigenschaften (Artikelnummer, physische Eigenschaften wie Größe und Volumen, Produktabsatz, Auflistungs- und Auslistungsdatum usw., siehe Hompel 2011, S. 297).

- Durch den güterwirtschaftlichen Kontext der Arbeit ist es üblich, die Daten auf Tages-, Wochen-, Monats- oder auch Quartalsebene zu erfassen und zu verwenden; anders als bei Aktienkursen in der Finanzwirtschaft, welche auf feingranularer Ebene (Sekunden- oder Tickdaten) analysiert werden. Derartige Datengranularität in der Güterwirtschaft ist u.a. auf die Planungshorizonte und Wiederbeschaffungszeiten zurückzuführen, welche häufig in Wochen oder Monaten gemessen werden. Die im Rahmen der Fallstudie in Kapitel 6 verwendeten Daten werden auf Monatsbasis analysiert. Die Anzahl der Perioden in einem Saisonzyklus, in der Regel in einem Jahr, wird mit fr bezeichnet: Bei Monatsdaten $fr = 12$, bei Quartalsdaten $fr = 4$, bei Jahresdaten $fr = 1$, bei Wochendaten häufig $fr = 52$. Bei Tagesdaten gibt die Datenperiodizität in der Regel die Anzahl der Datenpunkte in einer Woche wieder: $fr = 5$, 6 oder 7.

Nachfolgend wird auf einige Definitionen und formale Bezeichnungen eingegangen.

- Unter einer **Zeitreihe** wird eine stochastische Folge der Beobachtungen in den aufeinander folgenden (äquidistanten) Zeitpunkten $y_1, \dots, y_T$ verstanden.[2] Dabei wird die Abkürzung y_t mit $t = 1, \dots, T$ für die Zeitreihe $y_1, \dots, y_T$ mit der Länge T verwendet.

[2] "A time series is a sequence of observations taken sequentially in time", Box et al. (1994), S. 1, "A collection of values observed sequentially through time", Armstrong (2001), S. 816

- Unter einem Zeitreihenaggregat A_t wird die aggregierte Zeitreihe verstanden, welche durch eine kontemporäre Addition der Werte einzelner Zeitreihen

$$A_t = \sum_{i=1}^{I} y_{i,t} \tag{1.1}$$

berechnet wird. Mit $y_{i,t}$ wird die Beobachtung der $i-$ten Zeitreihe zum Zeitpunkt t mit $i = 1, \ldots, I$ und $t = 1, \ldots, T$ bezeichnet, wobei I die Anzahl der Items im Aggregat angibt. Haben die einzelnen Produkte, die einem Aggregat angehören, unterschiedliche betriebswirtschaftliche Relevanz für das Unternehmen, so kann dies durch Gewichtungen bei der Aggregierung berücksichtigt werden, beispielsweise als $A_t = \sum_{i=1}^{I} \pi_i \cdot y_{i,t}$ mit $\sum_{i=1}^{I} \pi_i = 1$ und $\pi_i > 0$. In der Regel verwendet man für die einzelnen π_i Werte die Umsatz- bzw. Absatz- oder Kostenanteile jeder Zeitreihe im Aggregat. Die Gewichtung wird allerdings aufgrund fehlender Informationen in der vorliegenden Arbeit nicht verwendet.

- Zur Bezeichnung der über die Wiederbeschaffungszeit H kumulierten Nachfrage Y_{t+H} wird folgende Notation verwendet:

$$Y_{t+H} = \sum_{h=1}^{H} y_{t+h} \tag{1.2}$$

In der vorliegenden Arbeit wird davon ausgegangen, dass die Wiederbeschaffungszeit H ganzzahlige positive Werte ($H = 1, 2, \ldots$) aufweist und in gleicher Periodizität gemessen wird wie die Zeitreihe y_t selbst. Wird beispielsweise die monatliche Nachfrage analysiert, so wird die Wiederbeschaffungszeit H in ganzen Monaten gemessen.

- Der Entstehungsprozess der Zeitreihen wird als **Datengenerierungsprozess** (DGP) bezeichnet (Hendry 1995). Die Modellierung der Zeitreihenhistorie und somit des DGP beruht darauf, den stochastischen Verlauf der Zeitreihen mit Hilfe folgender zwei Komponenten abzubilden (Harvey 1994 oder Box et al. 1994):

  - Eine deterministische Komponente, welche durch ein mathematisches Modell vollständig spezifiziert werden kann.

  - Eine stochastische Komponente, welche die deterministische Komponente durch Zufallsschwankungen überlagert und durch ein Verteilungsmodell spezifiziert werden kann.

- Eine wichtige Eigenschaft von stochastischen Prozessen und somit des DGP der Zeitreihen ist die **Stationaritätseigenschaft**, wobei diese häufig in **schwache** (weakly) und **starke** (strictly) **Stationarität** unterschieden wird (siehe Harvey 1994).

  - Ein **schwach stationärer stochastischer Prozess zweiter Ordnung** $y_1, \ldots, y_T$ weist einen über die Zeit t für alle $t = 1, \ldots, T$ konstanten ersten Moment (Erwartungswert $E(y_t) = \lambda$) und zweiten Moment (Varianz $Var(y_t) = \sigma^2$) auf. Die Kovarianzen sind ebenfalls zeitinvariant $E((y_t - \lambda) \cdot (y_{t+\tau} - \lambda)) = \gamma_\tau$ und hängen nur vom zeitlichen Abstand $\tau = 1, 2, \ldots$ zwischen einzelnen Beobachtungen ab.

  - Ein **stark stationärer Prozess** zeichnet sich dadurch aus, dass die für die Beobachtungen $y_{t_1}, y_{t_2}, \ldots, y_{t_n}$ gemeinsame Verteilung, welche durch die Verteilungsfunktion $F(y_{t_1}, y_{t_2}, \ldots, y_{t_n})$ bezeichnet wird, mit der gemeinsamen Verteilung $F(y_{t_1+\tau}, y_{t_2+\tau}, \ldots, y_{t_n+\tau})$ der Beobachtungen $y_{t_1+\tau}, y_{t_2+\tau}, \ldots, y_{t_n+\tau}$, welche um τ Zeitpunkte mit $\tau = 1, 2, \ldots$ verschobenen werden, übereinstimmt. Aus der starken Stationarität und der Existenz der zweiten Momente folgt auch die schwache Stationarität. Die umgekehrte Beziehung gilt im Allgemeinen nicht.

Ein stationärer Prozess, der um seinen konstanten Mittelwert λ schwankt und dessen Standardabweichung σ sich über die Zeit nicht verändert, kann im Vergleich mit einem instationären Prozess einfacher modelliert und prognostiziert werden, da keine zeitliche Veränderung der Zusammenhangsstruktur stationärer Prozesse stattfindet.

- Die meisten realen Zeitreihen aus der Güterwirtschaft sind allerdings instationär, da die Produktnachfrage im Zeitverlauf sowohl saisonalen Einflüssen und Kalendereffekten als auch Trendeinflüssen unterliegt (siehe dazu Box et al. 1994, S. 7). Bezogen auf die instationären DGP findet in der

Literatur eine Unterscheidung in **global** und **lokal instationäre** Prozesse statt (siehe Hyndman et al. 2008 und Harvey 1994).

  - Die langfristigen (long-term) Strukturen, durch welche typischerweise **global instationäre** Prozesse (Hyndman et al. 2008, S. 43) charakterisiert werden können, verändern sich gleichmäßig im Zeitverlauf und können mit Hilfe deterministischer (über die Zeit gleich bleibender) Strukturkomponenten wie Niveau-, Trend- oder Saisonkomponenten modelliert werden.

  - **Lokal instationäre** Prozesse weisen lokal also kurzfristig (short-term) veränderliche Strukturen auf, welche beispielsweise mit Hilfe stochastischer (zeitvariabler) Strukturkomponenten modelliert werden können (Hyndman et al. 2008, S. 47, Harvey 1994).

- In dieser Arbeit erfolgt eine multivariate Modellierung instationärer Zeitreihen mit Hilfe der **Paneldatenregressionen auf Basis von Langsamdreherverteilungen**. Die Einbettung von Regressoren als Strukturkomponenten korrespondiert typischerweise zu global instationären Modellen. Ausnahmen bilden Paneldatenmodelle mit dynamischen endogenen Variablen sowie fixed-time-effects Paneldatenmodelle, in welchen lokale Instationaritätsmuster abgebildet werden können. Zur Modellierung der DGP von Zeitreihen können Komponenten wie Level, Trend, Saison, autoregressive Komponenten oder weitere zyklische Komponenten verwendet werden. Diese Strukturen werden durch einen Fehlerterm ε_t überlagert. Auf Abbildung 1.2 wird exemplarisch eine Strukturkomponentenzerlegung des DGP einer simulierten instationären Zeitreihe y_t dargestellt, deren Struktur durch eine globale Niveaukomponente $Level_t$, eine globale Trendkomponente $Trend_t$, eine globale Saisonkomponente $Season_t$ sowie durch eine dynamische endogene Komponente Dyn_{t-1} repräsentiert wird. Die dynamische Komponente $Dyn_{t-1} = \hat{\rho} \cdot y_{t-1}$ stellt den geschätzten (gleich bleibenden) autoregressiven Einfluss $\hat{\rho}$ der um eine Periode verzögerten Beobachtungen y_{t-1} auf die Gegenwart y_t für $t = 2, \ldots, T$ dar.

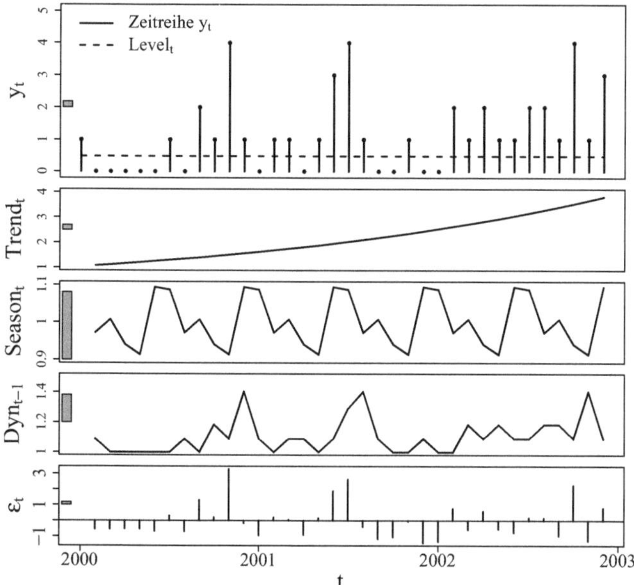

Abbildung 1.2: Strukturkomponentenzerlegung des DGP einer Zeitreihe y_t (exemplarisch)

- Die Parameterschätzung erfolgt in der vorliegenden Arbeit mit Hilfe der Maximum-Likelihood Methode (siehe Abschnitt 3.3). Die einzelnen Annahmen (siehe Greene 2012, S. 489-492) der ML-Schätzung, zu welchen die konditionale Unabhängigkeit einzelner Beobachtungswerte der Zeitreihen und eine vollständige Modellspezifikation gehören, müssen streng genommen für jedes aufgestellte Modell nachgewiesen werden. Auf die Parameterschätzung der im Rahmen der vorliegenden Arbeit verwendeten Modelle wird in Abschnitt 3.3 explizit eingegangen. Die Gültigkeit der Annahmen der ML-Schätzmethode wird hierbei per Analogie mit bestehenden Verteilungsmodellen unterstellt, so dass davon ausgegangen wird, dass die für den Parametervektor $\boldsymbol{\vartheta}$ geschätzten Modellparameter $\hat{\boldsymbol{\vartheta}}$ folgende Eigenschaften aufweisen (Greene 2012, S. 553-558):

  - **Erwartungstreue** sowie **asymptotische Erwartungstreue**:
    Eine Schätzfunktion $\hat{\vartheta}_n$ ist **erwartungstreu**, wenn diese im Erwar-

tungswert den wahren Parameter wiedergibt: $E\left(\hat{\vartheta}_n\right) = \vartheta$, und **asymptotisch erwartungstreu**, wenn der asymptotische Erwartungswert mit dem wahren Parameter übereinstimmt: $\lim\limits_{n \to \infty} E\left(\hat{\vartheta}_n\right) = \vartheta$. Anderenfalls wird der Schätzer $\hat{\vartheta}_n$ als **verzerrt** (**biased**) bezeichnet.

- **Konsistenz**: Eine Schätzfunktion $\hat{\vartheta}_n$ heißt **konsistent** ($\operatorname*{plim}\limits_{n \to \infty} \hat{\vartheta}_n = \vartheta$), wenn die Wahrscheinlichkeit für die Schätzwerte, welche um eine beliebig kleine Konstante $c > 0$ vom wahren Parameter ϑ abweichen, mit steigendem Stichprobenumfang (im Grenzwert für $n \to \infty$) gegen Null konvergiert: $\forall c > 0 \ \lim\limits_{n \to \infty} P\left(\left|\hat{\vartheta}_n - \vartheta\right| > c\right) = 0$.

- **Effizienz** wird i.d.R. innerhalb einer Klasse von Schätzfunktionen (beispielsweise die Klasse von konsistenten und asymptotisch erwartungstreuen Schätzern) betrachtet: Eine Schätzfunktion $\hat{\vartheta}_n^*$ ist **effizient** im Vergleich mit einer Funktion $\hat{\vartheta}_n$, wenn $\hat{\vartheta}_n^*$ eine geringere Varianz aufweist: $Var\left(\hat{\vartheta}_n^*\right) < Var\left(\hat{\vartheta}_n\right)$, wobei beide Schätzfunktionen $\hat{\vartheta}_n^*$ und $\hat{\vartheta}_n$ konsistent und asymptotisch erwartungstreu sind.

• Die aus der Modellschätzung resultierenden Parameterschätzer $\hat{\vartheta}_1, \ldots, \hat{\vartheta}_p$ repräsentieren den DGP der Zeitreihen. Auf der Grundlage des geschätzten Modells erfolgt die Zeitreihenprognose. Unter einer $h-$stufigen Prognose wird die Fortschreibung der Struktur der Zeitreihe $y_1, \ldots, y_T$ in die zukünftige Periode $T + h$ (mit $h = 1, 2, 3, \ldots$ als Prognosehorizont) verstanden. Die Berechnung von Prognosen $\hat{y}_{T+h|T}$ vom Ursprung T zum Horizont h erfolgt konditional auf Basis der Zeitreihenhistorie $y_1, \ldots, y_T$ bis zum Prognoseursprung T mit Hilfe einer Prognosefunktion, welche auf Basis des geschätzten Modells spezifiziert wird.

• Im Rahmen der Berechnung von Absatzprognosen in der Güterwirtschaft sind folgende Prognosearten von Bedeutung:

- $h-$stufige Punktprognosen $\hat{y}_{t+h|t}$ vom Prognoseursprung t.

- Die über die Wiederbeschaffungszeit H kumulierten Punktprognosen $\hat{Y}_{t+H|t}$ vom Prognoseursprung t.

– Quantilsprognosen $\hat{q}_{t+H|t}^{SL_\alpha}$ zum Ziellieferservicegrad SL_α der über die Wiederbeschaffungszeit H kumulierten Nachfrage Y_{t+H} vom Prognoseursprung t. Im Kontext der Lagerbevorratung werden die Quantilsprognosen durch einseitige obere Konfidenzintervalle mit der Vertrauenswahrscheinlichkeit SL_α berechnet (Tempelmeier 2012, S. 140):

$$P\left(Y_{t+H} \leq \hat{q}_{t+H|t}^{SL_\alpha} \mid y_1, \ldots, y_t\right) = SL_\alpha \tag{1.3}$$

Als $P(y_t)$ wird nachfolgend die Wahrscheinlichkeitsfunktion einer Langsamdreherverteilung bezeichnet. Mit $P\left(\hat{q}_{t+H|t}^{SL_\alpha} \mid y_1, \ldots, y_t\right)$ ist die konditionale Wahrscheinlichkeit der Quantilsprognose $\hat{q}_{t+H|t}^{SL_\alpha}$ für die über die Wiederbeschaffungszeit H kumulierte Nachfrage Y_{t+H} bezeichnet. Die Konditionierung erfolgt dabei auf die Zeitreihenhistorie $y_1, \ldots, y_t$ bis einschließlich zur Periode t.

– Quantilsprognosen $\hat{q}_{t+H|t}^{SL_\beta}$ zum Ziellieferservicegrad SL_β der über die Wiederbeschaffungszeit H kumulierten Nachfragen Y_{t+H} von den Ursprüngen $t = T+1, T+2, \ldots$. Der Ziellieferservicegrad SL_β gibt den Anteil der aus dem vorhandenen Lagerbestand sofort auslieferbaren Nachfragemengen in der erwarteten Gesamtnachfragemenge innerhalb einer Periode an (beispielsweise Wiederbeschaffungszeit) und lässt sich für die Nachfragezeitreihe y_t mit $t = 1, \ldots, T$ und für die Wiederbeschaffungszeit H wie folgt berechnen (Tempelmeier 2012, S. 141 sowie Günther und Tempelmeier 2014, S. 245-253):

$$SL_\beta = 1 - \frac{E\left(FM_{t+H} \mid S^{opt},\ y_1, \ldots y_t\right)}{E\left(Y_{t+H} \mid y_1, \ldots y_t\right)} \tag{1.4}$$

Dabei bezeichnet $E(Y_{t+H} \mid y_1, \ldots y_t)$ die während der Wiederbeschaffungszeit H erwartete Nachfragemenge auf der Grundlage der Zeitreihenhistorie $y_1, \ldots y_t$. Für diskrete Nachfrageverteilungen mit der konditionalen Wahrscheinlichkeitsfunktion $P(Y_{t+H} \mid y_1, \ldots y_t)$ lässt sich die konditionale erwartete Nachfragemenge der über die Wiederbeschaffungszeit H kumulierten Nachfragen wie folgt berechnen:

$$E(Y_{t+H} \mid y_1, \ldots y_t) = \sum_{y^*=0}^{\infty} y^* \cdot P(Y_{t+H} = y^* \mid y_1, \ldots y_t) \tag{1.5}$$

Mit $E\left(FM_{t+H} \mid S^{opt},\ y_1,\ldots y_t\right)$ werden im diskreten Fall die innerhalb der H Perioden erwarteten Fehlmengen als

$$E\left(FM_{t+H} \mid S^{opt},\ y_1,\ldots y_t\right) = \sum_{y^*=S^{opt}+1}^{\infty}\left(y^* - S^{opt}\right)\cdot P\left(Y_{t+H} = y^* \mid y_1,\ldots y_t\right) \quad (1.6)$$

berechnet. Die Höhe der erwarteten Fehlmengen hängt vom Lagerhaltungsparameter S^{opt} ab, welcher beispielsweise in einer periodischen (s,q) Lagerhaltungspolitik durch den optimalen Bestellpunkt $s = S^{opt}$ repräsentiert wird (siehe Günther und Tempelmeier 2014, S. 247-249). In einer periodischen base-stock (r,S) Lagerhaltungspolitik, auf welche sich die vorliegende Arbeit beschränkt, repräsentiert $S = S^{opt}$ das optimale Bestellniveau und kann aus dem Prognosesystem durch die Quantilsprognose zum Ziellieferservicegrad SL_α als $S^{opt} = \hat{q}_{t+H|t}^{SL_\alpha}$ oder zum Ziellieferservicegrad SL_β als $S^{opt} = \hat{q}_{t+H|t}^{SL_\beta}$ berechnet werden.

Faktisch interessiert man sich in der Lagerbevorratung für die im Unsicherheitszeitraum (Zeit der Wiederbeschaffung einschließlich ggf. Lagerüberwachungsintervall) erwarteten Fehlmengen $E\left(FM_{t+H} \mid y_1,\ldots y_t\right)$ und somit für die Quantilsprognosen $\hat{q}_{t+H|t}^{SL_\beta}$ korrespondierend zum Servicegrad SL_β, und nicht nur für das Fehlmengenereignis, wie dies bei der Berechnung von Quantilsprognosen $\hat{q}_{t+H|t}^{SL_\alpha}$ zum Servicegrad SL_α der Fall ist. Allerdings erfordert die Berechnung von $SL_\beta-$Quantilsprognosen die Kenntnis der konditionalen Nachfrageverteilung $P\left(Y_{t+H} \mid y_1,\ldots y_t\right)$ der über die Wiederbeschaffungszeit bzw. über den Risikozeitraum kumulierten Nachfrage Y_{t+H} und deren Parameter.

Für Schnelldreher wird häufig eine Normalverteilung zur Modellierung der Nachfrage verwendet und kann aufgrund der Faltungsinvarianz[3] für die kumulierten Nachfragen beibehalten werden.

[3]Unter diskreter Faltung versteht man eine Überlagerung von Wahrscheinlichkeitsfunktionen. Für diskrete stochastisch unabhängige Zufallsvariablen X und Y mit den entsprechenden Wahrscheinlichkeitsfunktionen $P_X(x)$ und $P_Y(y)$ wird die Wahrscheinlichkeitsfunktion $P_Z(z^*)$ für die Summe $Z = X + Y$ durch das Faltungsintegral berechnet: $P_Z(z^*) = \sum_{y_t=0}^{\infty} P_Y(y_t)\cdot P_X(z^* - y_t) = \sum_{x_t=0}^{\infty} P_X(x_t)\cdot P_Y(z^* - x_t)$ (siehe dazu Hartung et al. 2009, S. 110).

Demzufolge werden die Quantilsprognosen $\hat{q}_{t+H}^{SL_\beta}$ für Schnelldreher auf Basis der Normalverteilung erstellt (siehe dazu Günther und Tempelmeier 2014, S. 247 ff.).

Die Eigenschaft der Faltungsinvarianz der Langsamdreherverteilungen ist lediglich für die Poissonverteilung und für einen Spezialfall der NB-Verteilung mit einem identischen Überdispersionsparameter erfüllt (siehe dazu Abschnitte 2.4). Für reale Daten, für welche der wahre DGP nicht bekannt ist und für welche die Summen der einzelnen Nachfragewerte keine bekannte Verteilung aufweisen, können die Quantilsprognosen nicht akkurat berechnet werden, sondern lediglich mit Hilfe von beispielsweise Bootstrap-Techniken geschätzt werden. Dementsprechend konzentriert sich die Arbeit ausschließlich auf die Berechnung von Quantilsprognosen $\hat{q}_{t+H|t}^{SL_\alpha}$ zum Servicegrad SL_α.

- Zur Prognose von Zeitreihen können folgende Ansätze verwendet werden:

  - Der **univariate** Ansatz zur Prognose auf der Ebene einzelner SKU, welcher unter dem Namen **direct forecasting** bekannt ist (siehe u.a. Armstrong 2001, S. 314-316), beruht auf der Erstellung von Prognosen einzelner Zeitreihen unabhängig voneinander. Der univariate Ansatz, angewandt auf lange Zeitreihen mit nichtsporadischem Muster, erlaubt in der Regel eine Identifikation sowie eine Schätzung der Zeitreihenstrukturen mit Hilfe von ARIMA-Modellen (Box et al. 1994) oder exponentiellen Glättungsmodellen (Brown 1959, Gardner 1985, Hyndman et al. 2008). Die Eigenschaften der Datensporadizität und der Kürze von Zeitreihen erfordern den Einsatz anderer Verfahren zur Modellschätzung und Modellidentifikation sowie zur Prognose und Evaluation, weil die Zeitreihenstruktur auf der SKU-Ebene aufgrund hoher Nullbesetzung nicht messbar ist. Dennoch dominieren in der betriebswirtschaftlichen Praxis und auch in der OR-Literatur univariate Verfahren zur Prognose sporadischer Nachfragen, so dass nachfolgend eine Auswahl univariater Prognoseverfahren dargestellt wird und in der Fallstudie im Rahmen eines Methodenvergleichs mit multivariaten Verfahren verwendet wird.

– Der **multivariate** Ansatz zur Prognose, welcher unter dem Namen **hierarchical forecasting** bekannt ist (siehe dazu u.a. Vogt 2006, Fliedner 2001 oder Armstrong 2001, S. 315-316), ermöglicht die Modellierung gemeinsamer Strukturen mehrerer Zeitreihen in einer Gruppe bzw. in einer Produkthierarchie. Dieser Ansatz stellt im Fall sporadischer Zeitreihen eine Möglichkeit dar, die ähnlichen Verlaufsmuster durch eine simultane Schätzung gemeinsamer Komponenten auf der Gruppenebene zu bestimmen und darauf basierend eine akkurate Fortschreibung der Zeitreihen in die Zukunft vorzunehmen.

Im nachfolgenden Abschnitt 2 wird eine Auswahl der in der betriebswirtschaftlichen Prognostik etablierten univariaten Prognoseverfahren für sporadische Nachfragezeitreihen dargestellt, bevor in Abschnitt 3 auf die multivariate Modellierung und Prognose eingegangen wird.

2 Univariate Prognoseverfahren für Langsamdreher: Ein Überblick

Küsters und Speckenbach (2012) teilen die meisten etablierten Prognoseverfahren für sporadische Nachfragen in heuristische und modellbasierte Verfahren auf. Die erste Gruppe bilden die Verfahren, welche keine expliziten Annahmen über das statistische Modell des wahren DGP der Zeitreihen unterstellen (u.a. Croston 1972, Syntetos und Boylan 2006). Demgegenüber unterstellen die modellbasierten Verfahren ein explizites Modell des DGP der Zeitreihen, welches durch die Schätzung entsprechender Modellparameter ermittelt werden kann. Dazu gehören beispielsweise diskrete Verteilungsmodelle (Johnson und Kotz 1969). Der Vorteil modellbasierter Verfahren besteht darin, dass die statistische Modell-, Schätz- und Testtheorie im Rahmen der Modellierung und Prognose verwendet werden kann. In Kombination mit den getroffenen Modellannahmen ermöglicht dies in der Regel die Beurteilung der Eigenschaften wie Konsistenz, Effizienz und Erwartungstreue resultierender Schätzer (siehe Abschnitt 1.3 sowie Greene 2012, S. 553-558) sowie die Überprüfung der Modellspezifikation (Greene 2012, Fahrmeir et al. 1996).

2.1 Exponentielle Glättung

Die Familie exponentieller Glättungsverfahren gehört zu den traditionellen Prognoseverfahren im Supply Chain Bereich (Tempelmeier 2012). Ursprünglich wurde die exponentielle Glättung als heuristisches Prognoseverfahren von Brown (1959) entwickelt und Jahre später im Kontext der Zustandsraummodelle fundiert (Hyndman et al. 2008).

Exponentielle Glättungsmodelle entsprechen instationären Modellen mit lokal variierenden Niveau-, Trend- und Saisonfiguren (Hyndman et al. 2008, Küsters et al. 2015). Die grundlegende Idee der exponentiellen Glättung besteht in unterschiedlicher Gewichtung der Beobachtungen einer Zeitreihe im

Zeitverlauf: Die nahe am Prognoseursprung liegenden Werte werden höher gewichtet als die Werte aus der früheren Vergangenheit. Hierbei nimmt die Gewichtung früherer Beobachtungen exponentiell ab, so dass das "Gedächtnis" des DGP der Zeitreihen "geglättet" wird.

Die einfache exponentielle Glättung erster Ordnung (siehe Brown 1959) repräsentiert den DGP einer Zeitreihe durch lediglich eine Niveaukomponente $Level_t$ zuzüglich des Fehlerterms ε_t:

$$y_t = Level_t + \varepsilon_t \tag{2.1}$$

Die Punktprognosefunktion $\hat{y}_{T+h|T}$ der einfachen exponentiellen Glättung entspricht dem Wert der Niveaukomponente zum Prognoseursprung T und bleibt konstant für alle Prognosehorizonte $h = 1, 2, \ldots$:

$$\hat{y}_{T+h|T} = Level_T \tag{2.2}$$

In jeder Periode erfolgt eine Niveaukomponentenaktualisierung mit Hilfe der Glättungskonstante α^{ES}, die in der Regel auf das Intervall $(0, 1]$ beschränkt ist, wobei Hyndman et al. (2008) sowie Newbold und Bos (1994) darauf hinweisen, dass die Beschränkung auf $\alpha^{ES} \in (0, 2)$ zulässig ist.

$$Level_t = \alpha^{ES} y_t + \left(1 - \alpha^{ES}\right) Level_{t-1} \tag{2.3}$$

$$Level_t = \alpha^{ES} \left(y_t + \left(1 - \alpha^{ES}\right) y_{t-1} + \left(1 - \alpha^{ES}\right)^2 y_{t-2} + \ldots\right) \tag{2.4}$$

Die einfache exponentielle Glättung wurde von Holt (1957) um eine additive Trendkomponente $Trend_t$ mit der Glättungskonstante γ^{ES} und durch Gardner und McKenzie (1988) um eine gedämpfte Trendkomponente mit dem Trenddämpfungsparameter ϕ^{ES} erweitert, so dass folgende Zerlegung des DGP einer Zeitreihe y_t entsteht:

$$y_t = Level_t + Trend_t + \varepsilon_t \tag{2.5}$$

Die entsprechenden Komponentenaktualisierungen sowie die Prognosefunktion $\hat{y}_{T+h|T}$ des Modells von Holt mit Trenddämpfung sind nachfolgend dargestellt (Gardner und McKenzie 1988). Die Glättungsparameter γ^{ES} und ϕ^{ES}

werden in der Regel auf das Intervall $(0,1]$ beschränkt, allerdings sind auch Werte $\gamma^{ES}, \phi^{ES} > 1$ möglich.

$$\begin{aligned} Level_t &= \alpha^{ES} \cdot y_t + \left(1-\alpha^{ES}\right)\left(Level_{t-1} + \phi^{ES} \cdot Trend_{t-1}\right) & (2.6) \\ Trend_t &= \gamma^{ES} \cdot (Level_t - Level_{t-1}) + \\ &\quad \left(1-\gamma^{ES}\right) \cdot \phi^{ES} \cdot Trend_{t-1} & (2.7) \\ \hat{y}_{T+h|T} &= Level_T + Trend_T \cdot \sum_{j=1}^{h} \left(\phi^{ES}\right)^j & (2.8) \end{aligned}$$

Durch Holt und Winters (Winters 1960) wird eine Erweiterung um eine additive Saisonkomponente mit der Glättungskonstante δ^{ES} vorgenommen (Gardner und McKenzie 1988, Gardner und McKenzie 1989). Dabei wird durch den Parameter $k = \left\lceil \frac{h}{fr} \right\rceil$ sichergestellt, dass die letzte vorhandene und zur Periode $t+h$ korrespondierende Saisonkomponentenschätzung $Season_{t+h-fr}$ zur Prognose eingesetzt wird (Newbold und Bos 1994).

$$\begin{aligned} y_t &= Level_t + Trend_t + Season_t + \varepsilon_t & (2.9) \\ Level_t &= \alpha^{ES} \cdot (y_t - Season_{t-fr}) + \\ &\quad \left(1-\alpha^{ES}\right)\left(Level_{t-1} + \phi^{ES} \cdot Trend_{t-1}\right) & (2.10) \\ Trend_t &= \gamma^{ES} \cdot (Level_t - Level_{t-1}) + \\ &\quad \left(1-\gamma^{ES}\right) \cdot \phi^{ES} \cdot Trend_{t-1} & (2.11) \\ Season_t &= \delta^{ES} \cdot \left(y_t - Level_{t-1} - \phi^{ES} \cdot Trend_{t-1}\right) + \\ &\quad \left(1-\delta^{ES}\right) \cdot Season_{t-fr} & (2.12) \\ \hat{y}_{T+h|T} &= Level_T + Season_{T+h-k\cdot fr} + \\ &\quad Trend_T \cdot \sum_{j=1}^{h} \left(\phi^{ES}\right)^j, \quad k = \left\lceil \frac{h}{fr} \right\rceil & (2.13) \end{aligned}$$

Die obigen Modelle bilden den DGP einer Zeitreihe durch additiv verknüpfte lokal veränderliche Komponenten ab. Häufig ist es notwendig, eine mehrfache Wirkung der Komponenten auf das laufende Niveau der Zeitreihen zu modellieren. Zum Beispiel wirkt sich das Weihnachtsgeschäft in einigen Branchen so stark aus, dass das Niveau der Zeitreihe in dieser Zeit im Vergleich mit den Perioden vor oder nach dem Weihnachtsgeschäft rapide ansteigt. Hierbei eignen sich multiplikative Komponentenbeziehungen, welche am Beispiel einer multiplikativen Saisonalität und eines additiven gedämpften Trends dargestellt sind:

$$\begin{aligned}
y_t &= (Level_t + Trend_t) \cdot Season_t + \varepsilon_t && (2.14)\\
Level_t &= \alpha^{ES} \cdot \left(\frac{y_t}{Season_{t-fr}}\right) + \\
&\quad \left(1-\alpha^{ES}\right)\left(Level_{t-1} + \phi^{ES} \cdot Trend_{t-1}\right) && (2.15)\\
Trend_t &= \gamma^{ES} \cdot (Level_t - Level_{t-1}) + \\
&\quad \left(1-\gamma^{ES}\right) \cdot \phi^{ES} \cdot Trend_{t-1} && (2.16)\\
Season_t &= \delta^{ES}\left(\frac{y_t}{Level_{t-1} + \phi^{ES} \cdot Trend_{t-1}}\right) + \\
&\quad \left(1-\delta^{ES}\right) \cdot Season_{t-fr} && (2.17)\\
\hat{y}_{T+h|T} &= \left(Level_T + Trend_T \cdot \sum_{j=1}^{h}\left(\phi^{ES}\right)^j\right) \cdot \\
&\quad Season_{T+h-k \cdot fr}, \quad k = \left\lceil \frac{h}{fr} \right\rceil && (2.18)
\end{aligned}$$

Wirkt sich ein multiplikativer gedämpfter Trend sowie eine multiplikative Saisonkomponente auf das laufende Niveau der Zeitreihe aus, so kann dies durch das folgende exponentielle Glättungsmodell abgebildet werden (siehe Hyndman et al. 2008):

$$\begin{aligned}
y_t &= Level_t \cdot Trend_t \cdot Season_t + \varepsilon_t && (2.19)\\
Level_t &= \alpha^{ES} \cdot \left(\frac{y_t}{Season_{t-fr}}\right) + \\
&\quad \left(1-\alpha^{ES}\right) \cdot Level_{t-1} \cdot (Trend_{t-1})^{\phi^{ES}} && (2.20)\\
Trend_t &= \gamma^{ES} \cdot \frac{Level_t}{Level_{t-1}} + \left(1-\gamma^{ES}\right)(Trend_{t-1})^{\phi^{ES}} && (2.21)\\
Season_t &= \delta^{ES} \cdot \left(\frac{y_t}{Level_{t-1} \cdot (Trend_{t-1})^{\phi^{ES}}}\right) + \\
&\quad \left(1-\delta^{ES}\right) \cdot Season_{t-fr} && (2.22)
\end{aligned}$$

$$\hat{y}_{T+h|T} = Level_T \cdot (Trend_T)^{\sum_{j=1}^{h}(\phi^{ES})^j} \cdot Season_{T+h-k \cdot fr}, \quad k = \left\lceil \frac{h}{fr} \right\rceil \tag{2.23}$$

Pegels (1969) und Gardner (1985) entwickeln eine anwendungsorientierte Klassifikation exponentieller Glättungsmodelle zur Auswahl der Prognosefunktion für eine konkrete Zeitreihe in Abhängigkeit von der Art der Trendstruktur (kein Trend, linear, exponentiell oder gedämpft) und von der Art der Saisonstruktur (keine Saison, additiv oder multiplikativ).

Wird anhand von exponentiellen Glättungsmodellen die Quantilsprognose $\hat{q}_{T+H|T}^{SL_\alpha}$ der über die Wiederbeschaffungszeit H kumulierten Nachfrage Y_{T+H} vom Prognosehorizont T zum Zielservicegrad SL_α erstellt, so basieren diese in der Regel auf den Punktprognosen $\hat{y}_{T+h|T}$ mit $h = 1, 2, \ldots, H$. Mit Hilfe der Punktprognosen $\hat{y}_{T+h|T}$ mit $h = 1, 2, \ldots, H$ werden typischerweise die über H Perioden kumulierten Punktprognosen $\hat{Y}_{T+H|T} = \sum_{h=1}^{H} \hat{y}_{T+h|T}$ berechnet und in die Normalverteilung wie folgt eingebettet:

$$\hat{q}_{T+H|T}^{SL_\alpha} = \hat{Y}_{T+H|T} + Z_{SL_\alpha} \cdot \sqrt{Var\left(\sum_{h=1}^{H} \hat{e}_{T+h|T}\right)} \tag{2.24}$$

Mit Z_{SL_α} wird das SL_α–Quantil der Standardnormalverteilung bezeichnet. Die Schätzung der Varianz $Var\left(\hat{Y}_{T+H|T}\right)$ der kumulierten Punktprognosen $\hat{Y}_{T+H|T}$ erfolgt durch die Schätzung der Varianz $Var\left(\sum_{h=1}^{H} \hat{e}_{T+h|T}\right)$ der kumulierten h–stufigen Prognosefehler

$$\hat{e}_{T+h|T} = y_{T+h} - \hat{y}_{T+h|T}. \tag{2.25}$$

Dabei wird in der Praxis häufig die Approximation

$$Var\left(\sum_{h=1}^{H} \hat{e}_{T+h|T}\right) \approx \sum_{h=1}^{H} \hat{\sigma}^2(h) \tag{2.26}$$

verwendet, wobei die empirische Varianz der h–stufigen Prognosefehler auf Basis der Zeitreihenhistorie $y_1, \ldots, y_T$ wie folgt berechnet wird:

$$\hat{\sigma}^2(h) = \frac{\sum_{t=1}^{T-h} (\hat{e}_{t+h})^2}{T-h} \tag{2.27}$$

Diese Approximation setzt die in den meisten Fällen nicht vorhandene zeitliche Unabhängigkeit der Fehlerterme $\hat{e}_{t+h}$ voraus und ignoriert die beispielsweise aufgrund der Modellfehlspezifikation typischerweise positive Autokorrelationsstruktur in den Prognosefehlern. Die daraus resultierenden Varianzschätzer und dementsprechend die Quantilsprognosen werden somit erheblich unterschätzt (Küsters et al. 2015, Küsters und Speckenbach 2012).

Die Glättungskonstanten α^{ES} und ggf. $\phi^{ES}, \gamma^{ES}, \delta^{ES}$ werden häufig a priori auf Erfahrungswerte gesetzt, wie in Gardner (1985) auf die Intervalle $\alpha^{ES}, \gamma^{ES}, \delta^{ES} \in (0.1, 0.3)$ und $\phi^{ES} \in (0.9, 0.99)$. Alternativ können diese mit Hilfe von Gittersuch- bzw. von nichtlinearen Optimierungsverfahren (Küsters und Bell 2001) geschätzt werden. Als zu optimierende Funktion wird in der Regel die Fehlerquadratsumme $\sum_{t=1}^{T-1} \hat{e}_{t+1|t}^2$ der einstufigen ex post berechneten Prognosefehler $\hat{e}_{t+1|t}$ verwendet, welche im definierten Parameterraum minimiert wird (Hyndman et al. 2008). Die datengetriebene Schätzung der Glättungsparameter sollte bevorzugt werden, da eine willkürliche Setzung zur Modellfehlspezifikation führt und somit eine Autokorrelation in den Fehlertermen verursachen kann (Newbold und Bos 1989).

Wie in jedem rekursiven Verfahren wird sowohl für initiales Niveau ($Level_0$) als auch ggf. für den initialen Trend ($Trend_0$) und für die Saisonindizes ($Season_0, Season_{-1}, \ldots, Season_{-fr+1}$) jeweils eine Komponenteninitialisierung vorgenommen. Diese kann heuristisch beispielsweise durch eine Setzung von $Level_0 = y_1$, $Trend_0 = 0$ sowie $Season_0 = 0$ im additiven und $Season_0 = 1$ im multiplikativen Fall erfolgen. Eine weitere Möglichkeit besteht in einer simultanen Schätzung durch Optimierungsverfahren (siehe dazu Hyndman und Khandakar 2008). Einige Initialisierungsverfahren findet man in Makridakis und Hibon (1991) oder Newbold und Bos (1994).

Die exponentielle Glättung wurde in der Supply Chain als ein heuristisches Verfahren entwickelt (Brown 1959, Schultz 1987, Gardner 1985). Seit der Darstellung exponentieller Glättung im Kontext der Zustandsraummodelle durch Hyndman et al. (2008) kann die exponentielle Glättung als modellbasiertes Verfahren betrachtet werden, was wiederum den Einsatz statistischer Modelltheorie der Zustandsraummodelle ermöglicht.

Unter der Voraussetzung ausreichender Zeitreihenhistorie erlaubt die exponentielle Glättung eine relativ schnelle und einfache Berechnung von Prognosen umfangreicher Datenmengen (Küsters et al. 2015). Allerdings widerspricht die Modelllogik exponentieller Glättung dem DGP sporadischer Nachfragezeitreihen. Da die zum Prognoseursprung näher liegenden Werte höher gewichtet werden als die weiter in der Vergangenheit liegenden Beobachtungen, weisen die auf Basis von mehreren zusammenhängenden Nullperioden erstellten Prognosen geringere Werte auf. Die Zeitreihe eines Langsamdrehers weist aber nach einigen Perioden ohne Nachfrage wieder positive Werte auf, so dass das Niveau der Zeitreihe nach Nullperioden wieder ansteigt. Das Glättungsmodell "erwartet" allerdings keinen Sprung von Null auf eine positive Nachfrage. Dementsprechend können die Verfahren exponentieller Glättungsfamilie nur suboptimal zur Prognose sporadischer Zeitreihen eingesetzt werden. Aus praktischer Sicht empfehlen sich die exponentiellen Glättungsmodelle (häufig lediglich eine einfache exponentielle Glättung nach Brown 1959) für kurzfristige Prognose (beispielsweise von $h \geq 4$ Perioden), wobei die Prognosefunktion in jeder Periode neu spezifiziert werden sollte.

Des Weiteren kann die Sporadizität der Zeitreihen zu einer numerischen Instabilität der Optimierungsverfahren bei der Parameterschätzung vor allem für multiplikative Trend- oder Saisonmodelle führen, da die Nullperioden keine Informationsbasis für die Schätzung von Trend- und Saisonkoeffizienten bereitstellen. Dies hat zur Folge, dass die Schätzung der Startwerte der Strukturkomponenten häufig nicht möglich ist. Des Weiteren erfolgt die Schätzung der Glättungsparameter oftmals an den Rändern ihrer zulässigen Parameterräume. Zusätzlich tritt vor allem bei kurzen Zeitreihen das Problem der Initialisierung des Verfahrens auf (Hyndman et al. 2008, Küsters et al. 2015), welches durch Nullwerte auf der Ebene einzelner Zeitreihen verschärft wird. Dennoch gehören die exponentiellen Glättungsmodelle zu den Standardverfahren in der Güterwirtschaft, so dass diese in den empirischen Methodenvergleich im Rahmen der Fallstudie (Kapitel 6) aufgenommen werden. Konkret wird mit Hilfe des R-Pakets `forecast` (Hyndman und Khandakar 2008) das nach dem statistischen Informationskriterium AICc (Abschnitt 3.3.4) beste Verfahren aus der Familie exponentieller Glättungsmodelle als Verfahren `ESbest` automatisch ausgewählt.

2.2 Verfahren von Croston und dessen Modifikationen

Das auf der exponentiellen Glättung beruhende und aus der Literatur bekannteste Verfahren zur Prognose einzelner sporadischer Nachfragezeitreihen ist das Verfahren von Croston (1972). Dessen Idee besteht in der Anwendung einfacher exponentieller Glättung separat auf den Schätzer $\hat{z}_t$ für die Höhe der Nachfrage z_t und auf den Schätzer $\hat{d}_t$ für den zeitlichen Abstand d_t zwischen zwei positiven Nachfragewerten. Dabei wird d als geometrisch-verteilt angenommen, so dass die Wahrscheinlichkeit für den Eintritt positiver Nachfrage in der Periode t als $\frac{1}{d}$ berechnet wird. Die Höhe der Nachfragen z_t in der Periode t, welche in der theoretischen Herleitung von Croston (1972) und Rao (1973) als normalverteilt mit $z_t \sim N\left(\mu_z, \sigma_z^2\right)$ angenommen wird, wird unabhängig von deren Eintrittswahrscheinlichkeit $\frac{1}{d_t}$ und implizit als positiv betrachtet (siehe Hinweise in Küsters und Speckenbach 2012).

Die Komponentenaktualisierungen im Rahmen des Verfahrens von Croston sind in der Tabelle 2.1 korrespondierend zu jeder Periode $t = 2, \ldots, T$ aufgelistet. $\alpha^{crost} \in (0,\, 1)$ bezeichnet eine Glättungskonstante, die in der Originalversion von Croston heuristisch und für beide Komponenten $\hat{z}_t$ und $\hat{d}_t$ auf den gleichen Wert gesetzt wird (üblich sind Werte in der Größenordnung $0.1 - 0.2$, siehe Croston 1972).

Tabelle 2.1: Komponentenaktualisierung des Verfahrens von Croston

Falls $y_t > 0$	Falls $y_t = 0$
$\hat{z}_t = \hat{z}_{t-1} + \alpha^{crost} \cdot (y_t - \hat{z}_{t-1})$	$\hat{z}_t = \hat{z}_{t-1}$
$\hat{d}_t = \hat{d}_{t-1} + \alpha^{crost} \cdot \left(g_{t-1} - \hat{d}_{t-1}\right)$	$\hat{d}_t = \hat{d}_{t-1}$
$\widehat{MAD}_t = \left(1 - \alpha^{crost}\right) \cdot \widehat{MAD}_{t-1} + \alpha^{crost} \cdot \mid y_t - \hat{z}_{t-1} \mid$	$\widehat{MAD}_t = \widehat{MAD}_{t-1}$
$g_t = 1$	$g_t = g_{t-1} + 1$

Zur Messung der Länge der Nullperioden zwischen der laufenden Beobachtung in der Periode t und der letzten positiven Beobachtung wird g_t als Zählvariable eingeführt. Die Punktprognose $\hat{y}_{t+h|t}$ vom Ursprung t wird als durchschnittliche Nachfrage pro Periode

$$\hat{y}_{t+h|t} = \frac{\hat{z}_t}{\hat{d}_t} \tag{2.28}$$

für alle Horizonte h berechnet und basiert auf der Unabhängigkeitsannahme zwischen der Nachfragehöhe z_t und der Eintrittswahrscheinlichkeit $\frac{1}{d_t}$ einer positiven Beobachtung. Zur Schätzung der Varianz der einstufigen Punktprognose wird die geglättete mittlere absolute Abweichung (mean absolute deviation) $\widehat{MAD}_t$ verwendet, so dass die Standardabweichung $sd(\hat{y}_t)$ der Punktprognosen $\hat{y}_t$ durch

$$sd(\hat{y}_t) \approx 1.25 \cdot \widehat{MAD}_t \tag{2.29}$$

approximiert wird. Der Faktor 1.25 ergibt sich unter der Annahme normalverteilter Prognosefehler als Relation zwischen der Standardabweichung einer Normalverteilung zur mittleren absoluten Abweichung (siehe Geary 1935, Montgomery et al. 1990). Die Berechnung der Standardabweichung der über die Wiederbeschaffungszeit H kumulierten Punktprognosen $\hat{Y}_{t+H}$ erfolgt unter der Annahme der Unabhängigkeit und identischer Normalverteilung von Prognosefehlern für alle Horizonte $h = 1, \ldots, H$ als

$$sd\left(Y_{t+H} - \hat{Y}_{t+H}\right) \approx \sqrt{H} \cdot 1,25 \cdot \widehat{MAD}_t, \tag{2.30}$$

obwohl die Prognosefehler $\hat{e}_{t+h} = y_{t+h} - \hat{y}_{t+h}$ für $h = 1, \ldots, H$ in der Regel korreliert sind und die stetige symmetrische Normalverteilung auch näherungsweise für Langsamdreher nicht geeignet ist (siehe u.a. Küsters und Speckenbach 2012). Die Quantilsprognosen $\hat{q}_{t+H}^{SL_\alpha}$ werden nach der Originalfassung von Croston (wie in der exponentiellen Glättung) durch die Einbettung der Varianz- und Punktprognosen in die Normalverteilung erstellt (Formel 2.24). Die Komponenteninitialisierung wird in der Arbeit von Croston nicht explizit angegeben. Eine heuristische Möglichkeit ist die Setzung $\hat{d}_1 = g_1 = 1$ und $\widehat{MAD}_1 = 0$. Die initiale Nachfragehöhe $\hat{z}_1$ kann entweder als $\hat{z}_1 = y_1$ (Küsters und Speckenbach 2012, Willemain et al. 1994) oder als Mittelwert der ersten Perioden (wie bei Snyder (2002) Mittelwert der ersten drei Perioden) gesetzt werden oder datengetrieben im Rahmen der Kleinste-Quadrate-Schätzmethode durch die Minimierung der Summe quadrierter Prognosefehler geschätzt werden (Speckenbach 2015, Snyder 2002).

Seit der Veröffentlichung des Verfahrens von Croston findet man in der Literatur eine Reihe an Publikationen, welche auf die Mängel und Inkonsistenzen des Verfahrens hinweisen, wie beispielsweise der fehlerhafte Varianzschätzer, dessen Formel in der Arbeit von Rao (1973) korrigiert wurde, oder die Annahme der normalverteilten Nachfrage, die mit der diskreten Natur sporadischer Daten nicht verträglich ist (Küsters und Speckenbach 2012).

Syntetos und Boylan (2001) haben in ihrer Arbeit nachgewiesen, dass der Punktprognoseschätzer für die erwartete Nachfrage $E(y_t)$ unter der Stationaritätsannahme verzerrt ist, da aus der Stationarität des Quotienten $\frac{\hat{z}_t}{\hat{d}_t}$ keine Rückschlüsse auf die Stationarität von z_t und d_t gezogen werden können, so dass:

$$E(y_t) = E\left(\frac{\hat{z}_t}{\hat{d}_t}\right) \neq \frac{E(\hat{z}_t)}{E\left(\hat{d}_t\right)} \tag{2.31}$$

Mit Hilfe einer Taylor-Reihenentwicklung bis zur zweiten Ableitung der Zielfunktion wurde unter der Annahme der stationären Nachfrage y_t der Schätzer

$$E(y_t) \approx \hat{y}_t^{SBC} = \left(1 - \frac{\alpha^{crost}}{2}\right) \cdot \frac{\hat{z}_t}{\hat{d}_t} \tag{2.32}$$

hergeleitet, für welchen die Eigenschaft der approximativen Erwartungstreue näherungsweise erfüllt ist. Korrespondierend zum obigen Schätzer wird auch eine Korrektur des Varianzschätzers vorgenommen (siehe dazu Syntetos und Boylan 2001). In der Arbeit von Eaves und Kingsman (2004) wird jedoch darauf hingewiesen, dass es sich bei dieser Korrektur, die sich in der Literatur unter der Bezeichnung Syntetos-Boylan-Correction (SBC) etabliert hat, immer noch um einen verzerrten Schätzer handelt, da die Herleitung auf der Taylor-Reihenentwicklung beruht und wiederum eine Approximation der erwarteten Nachfrage liefert. Außerdem ist die Annahme der Stationarität der Nachfrage in der Güterwirtschaft typischerweise nicht erfüllt.

Küsters und Speckenbach (2012) zählen mehrere Inkonsistenzprobleme des Verfahrens von Croston auf. Beispielsweise gilt die Varianzformel (2.30) lediglich unter der Annahme stationärer DGP sowie unter der Annahme unabhängig und identisch verteilter Zeitreihenbeobachtungen. Im instationären Fall, welcher implizit durch die Verwendung der exponentiellen Glättung erster Ordnung unterstellt wird, können die obigen Formeln lediglich als grobe Approximation dienen. Die Prognosevarianz nimmt im instationären Fall mit wachsendem Prognosehorizont h in der Regel zu, so dass Formel (2.30) eine erhebliche Unterschätzung der Unsicherheit im Prognoseraum generiert.

Die Setzung der Glättungskonstanten α^{crost} für beide Schätzer $\hat{z}_t$ und $\hat{d}_t$ auf einen gleichen "Erfahrungswert" stellt einen weiteren Kritikpunkt des Verfahrens von Croston dar und impliziert das gleiche Gedächtnis für die Höhe der Nachfrage und für den davon unabhängigen durchschnittlichen Abstand zwischen positiven Beobachtungen, was nicht zwangsläufig erfüllt sein muss. Snyder et al. (2012a) schlugen ein adaptives Croston Verfahren vor, in welchem die Glättungskonstante zeitvariabel als α_t^{crost} geschätzt wird. Durch die Verwendung nichtlinearer Optimierungsverfahren kann die Glättungskonstante datengetrieben geschätzt werden, wie in Speckenbach (2015) gezeigt wird. Snyder (2002) stellt im Rahmen der Methode MCROST mit Log-Space sowie AVAR (adaptive variance version) ein heteroskedastisches Modell mit periodenspezifischen Varianzen der Prognosefehler σ_t^2 dar, in welchem die Varianzfortschreibung mit Hilfe einer einfachen exponentiellen Glättung mit der entsprechenden Glättungskonstante erfolgt. Dabei wird allerdings weiterhin die Unabhängigkeit und eine Normalverteilung der Prognosefehler $\hat{e}_t \sim N\left(0, \sigma_{t-1}^2\right)$ unterstellt.

Trotz allen Modellmängeln und Inkonsistenzen ist das Verfahren von Croston mit und ohne SBC des Punktprognoseschätzers in der Praxis weit verbreitet. Demzufolge wird das Verfahren von Croston im Methodenvergleich in der empirischen Studie verwendet.

2.3 Bootstrap von Willemain

Ein weiteres Verfahren zur Prognose sporadischer Nachfragen wurde von Willemain et al. (2004) patentiert. Dieser Ansatz beruht auf einem nichtparametrischen Bootstrapverfahren, welches an sporadische Zeitreihen adaptiert wird und dessen Ursprung auf den Bootstrap von Efron (1979) zurückführt.

Das Verfahren wird nachfolgend skizziert und kommentiert:

1. Die Anzahl der Bootstrap-Replikationen B (Größenordnung[4] $10^4 - 10^5$) und der maximale Prognosehorizont (Wiederbeschaffungszeit) H werden festgelegt.

2. Mit Hilfe eines Zufallszahlengenerators werden $B \times H$ standardnormalverteilte Zufallsvariablen erzeugt.

3. Die Beobachtungen y_t der zu prognostizierenden Zeitreihe werden in jeder Periode t mit $t = 1, \ldots, T$ durch eine Indikatorvariable x_t kodiert: $x_t = 0$ für die Nullnachfrageperiode $y_t = 0$ und $x_t = 1$ für die Periode mit positiver Nachfrage $y_t > 0$. Die Übergangswahrscheinlichkeiten $P^{00} = P(x_t = 0 \mid x_{t-1} = 0)$, $P^{01} = P(x_t = 0 \mid x_{t-1} = 1)$, $P^{10} = P(x_t = 1 \mid x_{t-1} = 0)$ sowie $P^{11} = P(x_t = 1 \mid x_{t-1} = 1)$ werden als konditionale relative Häufigkeiten $\hat{P}^{00}$, $\hat{P}^{01}$, $\hat{P}^{10}$, $\hat{P}^{11}$ anhand der gesamten Zeitreihe geschätzt, so dass eine empirische Markov-Kette erster Ordnung resultiert. Es wird angenommen, dass der initiale Zustand für $t = 0$ eine positive Nachfrage ($x_0 = 1$) aufweist.

4. Mit den geschätzten Übergangswahrscheinlichkeiten $\hat{P}^{00}$, $\hat{P}^{01}$, $\hat{P}^{10}$ sowie $\hat{P}^{11}$ des in Schritt 3 entstandenen Markov-Modells werden H konditional Bernoulli-verteilte Zufallsvariablen $x_{t^*} \mid x_{t^*-1}$ vom Prognoseursprung T aus für $t^* = T + 1, \ldots, T + H$ generiert, wobei die Konditionierung auf den vorherigen Wert x_{t^*-1} erfolgt. Somit entsteht eine Null-Eins-Kette (Markov-Kette erster Ordnung) der Länge H.

5. Um die Höhe der positiven Nachfrage korrespondierend zu den Eins-Werten der erzeugten Markov-Kette (aus Schritt 4) zu berechnen, werden zunächst die positiven Beobachtungen der herkömmlichen Zeitreihe y_t, $t = 1, \ldots, T$ zu einer empirischen Verteilung zusammengefasst.

[4]Diese Größenordnung sichert eine statistisch präzise Berechnung der Varianz- und Quantilsprognosen, welche sich durch eine geringe Unsicherheit bezüglich des Parameterschätzers auszeichnet (siehe Anhang A1 für eine formale Begründung)

6. Aus der in Schritt 5 resultierenden diskreten Verteilung werden zufällig positive Werte gezogen, durch welche die 1−Werte der in Schritt 4 erstellten Null-Eins-Kette ersetzt werden.

Die Schritte 4, 5 und 6 werden B Mal wiederholt, so dass sich B Prognosepfade ergeben, wobei jeder Pfad eine h−stufige Punktprognose mit $h = 1, \ldots, H$ darstellt.

7. Um die Variation der Wertebereiche der h−stufigen Prognosepfade aus Schritt 6 zu erhöhen, werden diese zu den Werten der mit Hilfe eines Zufallszahlengenerators erzeugten standardnormalverteilten Zufallsvariablen (aus Schritt 2) addiert (**jittering**), welche sowohl positive als auch negative Werte enthalten und somit eine Variation der Punktprognosen bewirken.

8. Aus den B Prognosepfaden aus Schritt 7 können dann die einzelnen Prognosen berechnet werden:

   - Die Punktprognosen $\hat{y}_{t+h|t}$ werden aus den B Werten des jeweiligen Prognosepfades für $h = 1, \ldots, H$ durch Mittelwertberechnung ermittelt.

   - Die über die Wiederbeschaffungszeit H kumulierten Punktprognosen $\hat{Y}_{t+H}$ lassen sich durch Addition der einzelnen Punktprognosen $\hat{y}_{t+h|t}$ für $h = 1, \ldots, H$ berechnen.

   - Bei der Erstellung von Quantilsprognosen der über die Wiederbeschaffungszeit H kumulierten Nachfrage werden zunächst die simulierten Werte innerhalb eines Prognosepfades aufaddiert, so dass B Prognosepfade für die kumulierte Nachfrage $\hat{Y}_{t+H}$ entstehen. Aus diesen Werten wird eine empirische Verteilung der über die Wiederbeschaffungszeit H kumulierten Nachfrage generiert. Die Quantilsprognosen lassen sich dann als SL_α−Quantile aus dieser empirischen Verteilung bestimmen.

Der Bootstrap von Willemain impliziert ein stationäres Modell, welches zur Modellierung stationärer DGP verwendet werden kann. Mit Hilfe der im

Markov-Modell bestimmten Übergangswahrscheinlichkeiten wird allerdings die Autokorrelation erster Ordnung modelliert, so dass keine Unabhängigkeit einzelner Prognoseperioden unterstellt wird. Durch die "Jitteringstechnik" wird die Variation der Prognosewerte erhöht. Allerdings ist zum einen die Ziehung standardnormalverteilter nichtganzzahliger Zufallsvariablen im Kontext sporadischer Nachfragen suboptimal. Zum anderen impliziert das Anheben der resultierenden negativen Werte auf Null ein einseitiges Jittering, so dass künstlich ein heteroskedastisches Muster erzeugt werden kann, da die Varianz nur innerhalb der positiven Werte der standardnormalverteilten Zufallsvariablen gemessen wird und somit keinen konstanten Wert Eins mehr aufweist.

Das Verfahren von Willemain verspricht eine hohe Prognosegüte gemessen an statistischen Kriterien (Willemain und Smart 2001). Dabei ist der Nutzen des Verfahrens und ggf. dessen Verbesserung aufgrund der Patentierung beschränkt. Infolge dessen sind derzeit keine umfassenden empirischen Studien sowohl zum Vergleich des Verfahrens von Willemain mit alternativen Prognoseverfahren für sporadische Nachfragen als auch zur Evaluation der Prognosegüte für unterschiedliche DGP der Langsamdreherzeitreihen bekannt.

Der Vorteil des Verfahrens besteht darin, dass an die numerische Schätzung einer großen Menge an Zeitreihen keine expliziten Anforderungen bezüglich des DGP, der Zeitreihenlänge sowie der Höhe des Nullanteils gestellt werden. Dies hat wiederum eine große praktische Bedeutung, da die realen Zeitreihen häufig zu kurz sind oder bis zu 90% Nullbeobachtungen enthalten, so dass viele statistische Modelle aufgrund numerischer Schätzprobleme nicht angewendet werden können (siehe dazu Abschnitt 6.4.3). Aus diesem Grund wird der Bootstrap von Willemain und Smart (2001) in den Methodenvergleich im Rahmen der Fallstudie (Kapitel 6) aufgenommen.

2.4 Univariate Verteilungen für Langsamdreher

Eine Klasse modellbasierter Verfahren zur Prognose einzelner Zeitreihen mit sporadischen Eigenschaften bilden diskrete Verteilungsmodelle wie die Poissonverteilung, geometrische Verteilung, Binomial- oder negative Binomialverteilung (siehe dazu Johnson und Kotz 1969 sowie Johnson et al. 1992). Häufig findet man die mikroökonometrische Modellierung von sporadischen Querschnittsdaten mit Hilfe diskreter Verteilungen in Mikroökonomie und Soziologie (Winkelmann 2008, Hilbe 2011, Cameron und Trivedi 2013, Staub und Winkelmann 2012), Ökologie (Zuur et al. 2009), Mikrobiologie (Gonzales-Barron et al. 2010) oder Lagerhaltung (Kemp 1967, Zeileis et al. 2008). Die Modellierung von Langsamdrehern mit Hilfe einer geometrischen und einer Binomialverteilung wird in der vorliegenden Arbeit ausgeschlossen, da diese durch Spezialfälle der negativen Binomialverteilung (geometrische Verteilung stellt einen Spezialfall der negativen Binomialverteilung NB2 für $\alpha^{NB} = 1$ dar) und Poissonverteilung (als Grenzwert der Binomialverteilung mit vernachlässigbar kleiner Wahrscheinlichkeit in jeder einzelnen Ziehung) abgebildet werden können (Forbes et al. 2011, Johnson et al. 1992).

2.4.1 Poissonverteilung

Die Poissonverteilung (Johnson et al. 1992) wird oft als Verteilung seltener Ereignisse bezeichnet und modelliert im univariaten Fall die Wahrscheinlichkeiten eines Merkmals Y, dessen Ausprägungen y_t selten und unabhängig voneinander eintreten. Die Poissonverteilung stellt den Grenzfall einer Binomialverteilung mit einem vernachlässigbar kleinen Wahrscheinlichkeitswert für das Erfolgsereignis im Rahmen eines Bernoulli-Experimentes dar. Eine ausführliche Herleitung der Poissonverteilung sowie die Beschreibung ihrer statistischen Eigenschaften findet man u.a. in Johnson et al. (1992). Die Poissonverteilung wird durch den Parameter $\lambda^{pois} \geq 0$ spezifiziert, welcher zugleich den Erwartungswert und die Varianz der Verteilung darstellt. Die Dichtefunktion der Poissonverteilung für diskrete $y_t = 0, 1, 2, \ldots$ mit $t = 1, \ldots, T$ hat folgende Form:

$$P_{pois}\left(Y = y_t \mid \lambda^{pois}\right) = \frac{exp\left(-\lambda^{pois}\right) \cdot \left(\lambda^{pois}\right)^{y_t}}{y_t!} \quad (2.33)$$

$$E(Y) = Var(Y) = \lambda^{pois} \quad (2.34)$$

Die zentralen Eigenschaften der Poissonverteilung werden nachfolgend zusammengefasst:

- Die univariate Poissonverteilung stellt ein äquidispersives stationäres Modell dar, in welchem der Erwartungswert mit der Varianz übereinstimmt (äquidispersiv) und im Zeitverlauf konstant bleibt (Johnson et al. 1992).

- Für die Poissonverteilung in der obigen Parametrisierung ist der Mittelwert der Zeitreihe $\hat{\lambda}^{pois} = \frac{1}{T}\sum_{t=1}^{T} y_t$ ein erwartungstreuer, konsistenter und effizienter Schätzer für λ^{pois} (siehe Abschnitt 1.3), welcher mit Hilfe der Maximum-Likelihood oder Momenten-Methode analytisch hergeleitet werden kann (siehe Johnson et al. 1992). Dieser kann unabhängig von der Zeitreihenlänge und vom Ausmaß der Sporadizität geschätzt werden, so dass die univariate Poissonverteilung einem globalen Mittelwertmodell mit einer für alle Prognosehorizonte $h = 1, \ldots, H$ konstanten Prognosefunktion entspricht:

$$\hat{y}_{t+h|t} = \hat{\lambda}^{pois} \quad (2.35)$$

- Durch die Höhe des λ^{pois}–Wertes wird der Wertebereich positiver Nachfragen aber auch implizit der Nullanteil einer Zeitreihe modelliert. Größere λ^{pois} Werte implizieren somit höhere Werte positiver Nachfragen und einen geringeren Nullanteil als kleinere λ^{pois} Werte.

- Die Poissonverteilung ist faltungsinvariant, so dass die Summen stochastisch unabhängiger poissonverteilter Zufallsvariablen wieder einer Poissonverteilung folgen. Der Erwartungswert der Summe von stochastisch unabhängigen poissonverteilten Zufallsvariablen berechnet sich als Summe der Erwartungswerte einzelner poissonverteilter Zufallsvariablen. Diese Eigenschaft hat vor allem bei der Berechnung von kumulierten Prognosen (über die Wiederbeschaffungszeit H kumulierte Punktprognosen $\hat{Y}_{t+H}$ sowie die Punktprognosen $\hat{A}_t$ für ein Aggregat A_t) hohe Relevanz (für ein

Beispiel siehe Tempelmeier 2012, S. 44-45). Aufgrund der Faltungsinvarianz der Poissonverteilung gilt für die einzelnen Punktprognosen einer Zeitreihe y_t für Prognosehorizonte $h = 1, \ldots, H$:

$$y_{t+h|t} \sim Pois\left(\lambda^{pois}\right) \qquad Y_{t+H|t} \sim Pois\left(H \cdot \lambda^{pois}\right) \tag{2.36}$$

$$\hat{y}_{t+h|t} = \hat{\lambda}^{pois} \qquad \hat{Y}_{t+H|t} = H \cdot \hat{\lambda}^{pois} \tag{2.37}$$

- Die Quantilsprognosen $\hat{q}_{t+H}^{SL_\alpha}$ der über die Wiederbeschaffungszeit H kumulierten Nachfrage Y_{t+H} können analytisch als Quantile der Poissonverteilung berechnet werden, wobei die exakten Quantilswerte in der Regel nichtganzzahlig sind (siehe Abschnitt 4.1.3):

$$P_{pois}\left(Y_{t+H} \leq \hat{q}_{t+H}^{SL_\alpha} \mid \hat{\lambda}^{pois}\right) \quad \geq \quad SL_\alpha \tag{2.38}$$

Die wichtigen Eigenschaften der Poissonverteilung wie die analytische Berechnung des Maximum-Likelihood Schätzers für den Parameter λ^{pois}, die Faltungsinvarianz und die daraus resultierende Möglichkeit einer analytischen Berechnung von kumulierten Punktprognosen und Quantilsprognosen erklären die Verbreitung dieses Verteilungsmodells zur Modellierung von Zähldaten (Winkelmann 2008, Hilbe 2011).

Die Poissonverteilung dient außerdem als Grundlage für die Entwicklung weiterer univariater und multivariater Modelle zur Modellierung und Prognose von Langsamdrehern. Allerdings stellt sowohl die Stationarität als auch die Äquidispersion der Poissonverteilung eine massive Einschränkung bei der Modellierung von Langsamdrehern in der Güterwirtschaft dar. In der Fallstudie (Kapitel 6) wird durch eine deskriptive Datenanalyse gezeigt, dass äquidispersive sporadische Zeitreihen, bei welchen der Mittelwert und die Varianz der Zeitreihen annähernd übereinstimmen, selten sind (siehe Tabellen 6.2, 6.4 und 6.6). Auch in Hilbe (2011) und Winkelmann (2008) findet man Hinweise darauf, dass die Überdispersion in den Zähldaten häufiger als die Äquidispersion auftritt.

2.4.2 Negative Binomialverteilung

Die Überdispersionseigenschaft der Zeitreihen kann u.a. mit Hilfe der negativen Binomialverteilung abgebildet werden, welche als eine Mischverteilung einer Poisson- und Gammaverteilung hergeleitet werden kann (siehe Cameron und Trivedi 2013 oder Johnson und Kotz 1969). Je nach Parametrisierung (siehe beispielsweise Johnson et al. 1992, Winkelmann 2008, Küsters und Speckenbach 2012 oder Cameron und Trivedi 2013) kann die negative Binomialverteilung durch folgende zwei Repräsentationen, welche allerdings die gleiche Wahrscheinlichkeitsverteilung generieren, für diskrete Beobachtungen $y_t = 0, 1, 2, \ldots$ und für positive Werte der Parameter λ^{NB}, θ^{NB}, $\alpha^{NB} \geq 0$ dargestellt werden. $\Gamma(c) = \int_0^\infty z^{c-1} e^{-z} dz$ bezeichnet nachfolgend die Gamma-Funktion mit $c > 0$.

- **Negative Binomialverteilung 1 (NB1)** mit der Dichtefunktion

$$P_{NB1}\left(Y{=}y_t|\lambda^{NB},\theta^{NB}\right) = \tag{2.39}$$

$$\frac{\Gamma\left(\frac{\lambda^{NB}}{\theta^{NB}}+y_t\right)}{\Gamma\left(\frac{\lambda^{NB}}{\theta^{NB}}\right)\cdot\Gamma\left(y_t+1\right)} \cdot \left(\frac{1}{1+\theta^{NB}}\right)^{\frac{\lambda^{NB}}{\theta^{NB}}} \cdot \left(\frac{\theta^{NB}}{1+\theta^{NB}}\right)^{y_t} \tag{2.40}$$

$$E(Y) = \lambda^{NB} \tag{2.41}$$

$$Var(Y) = \lambda^{NB}\cdot\left(1+\theta^{NB}\right), \tag{2.42}$$

$$\text{wobei } \alpha^{NB}{=}\frac{\lambda^{NB}}{\theta^{NB}} \tag{2.43}$$

- **Negative Binomialverteilung 2 (NB2)** mit der Dichtefunktion

$$P_{NB2}\left(Y{=}y_t|\lambda^{NB},\alpha^{NB}\right) =$$

$$\frac{\Gamma\left(\alpha^{NB}+y_t\right)}{\Gamma\left(\alpha^{NB}\right)\cdot\Gamma\left(y_t+1\right)} \cdot \left(\frac{\alpha^{NB}}{\alpha^{NB}+\lambda^{NB}}\right)^{\alpha^{NB}} \cdot \left(\frac{\lambda^{NB}}{\alpha^{NB}+\lambda^{NB}}\right)^{y_t} \tag{2.44}$$

$$E(Y) = \lambda^{NB} \tag{2.45}$$

$$Var(Y) = \lambda^{NB} + \frac{\left(\lambda^{NB}\right)^2}{\alpha^{NB}}, \tag{2.46}$$

$$\text{wobei } \theta^{NB}{=}\frac{\lambda^{NB}}{\alpha^{NB}} \tag{2.47}$$

Formal wird der Zusammenhang zwischen dem Erwartungswert und der Varianz der NB-Verteilung durch eine in λ^{NB} lineare Funktion in der NB1 und durch ein quadratisches Polynom in der NB2 Parametrisierung abgebildet. Im univariaten stationären Fall sind die beiden obigen Repräsentationen identisch. Durch NB2 kann ein "heteroskedastisches" Muster abgebildet werden, welches bei der Modellierung instationärer DGP verwendet werden kann (siehe Cameron und Trivedi 2013, S. 87-89). Bei der Modellierung von Langsamdrehern mit Hilfe der negativen Binomialverteilung sind folgende Eigenschaften und Spezialfälle zu beachten:

- Die negative Binomialverteilung (NB1 und NB2) bildet aufgrund der Beziehung $E(Y) < Var(Y)$ die Überdispersion in den Daten ab.

- Wie auch in der Poissonverteilung bezeichnet λ^{NB} den Lageparameter der negativen Binomialverteilung, dessen Schätzer die konstante Punktprognosefunktion für alle Horizonte $h = 1, \ldots, H$ darstellt:

$$\hat{y}_{t+h|t} = \hat{\lambda}^{NB} \tag{2.48}$$

- Der Dispersionsparameter wird als θ^{NB} in NB1 oder α^{NB} in NB2 bezeichnet. Numerisch können $\lambda^{NB}, \alpha^{NB}$ und θ^{NB} mit Hilfe der Maximum-Likelihood Methode geschätzt werden (siehe u.a. Johnson et al. 1992, Cameron und Trivedi 2013).

- Für $\alpha^{NB} = 1$ entspricht die negative Binomialverteilung (NB2) der geometrischen Verteilung und für $\alpha^{NB} \to \infty$ der Poissonverteilung (siehe Johnson et al. 1992, Winkelmann 2008). Eggenberger und Pólya (1923) zeigten für den Grenzfall eines Urnenmodells, dass die negative Binomialverteilung als ein Spezialfall der Pólya-Verteilung betrachtet werden kann (Cameron und Trivedi 2013, S. 120-121). Letztgenannte wird gelegentlich zur Modellierung der Langsamdreherverteilungen (Snyder et al. 2012a) verwendet, wird allerdings in der vorliegenden Arbeit nicht näher betrachtet.

- Die negative Binomialverteilung weist im Gegensatz zur Poissonverteilung keine allgemeine Faltungsinvarianz auf, so dass die kontemporär aggregierten stochastisch unabhängigen Zufallsvariablen nicht mehr einer negativen Binomialverteilung folgen. Eine Ausnahme bildet der Fall, wenn die stochastisch unabhängigen negativ binomialverteilten Variablen den identischen Dispersionsparameter θ^{NB} aufweisen (Winkelmann 2008, S. 24). Deren Summe folgt wieder einer negativen Binomialverteilung, in welcher der Erwartungswert der Summe von Zufallsvariablen durch die Summe einzelner Erwartungswerte gebildet wird und der Dispersionsparameter θ^{NB} für die Summe der Variablen gleich θ^{NB} bleibt. Diese Eigenschaft hat eine praktische Implikation bei der Berechnung der über die Wiederbeschaffungszeit kumulierten Punktprognosen für die Zeitreihen mit dem gleichen zeitinvarianten θ^{NB}. Unter der Annahme der stochastischen Unabhängigkeit der $h-$stufigen Punktprognosen mit $h = 1, \ldots, H$ können die Punktprognosen sowie die Quantilsprognosen $\hat{q}^{SL_\alpha}_{t+H}$ der über die Wiederbeschaffungszeit H kumulierten Nachfrage Y_{t+H} wie folgt berechnet werden:

$$y_{t+h|t} \sim NB1\left(\lambda^{NB}, \theta^{NB}\right) \qquad Y_{t+H|t} \sim NB1\left(H \cdot \lambda^{NB}, \theta^{NB}\right) \tag{2.49}$$

$$\hat{y}_{t+h|t} = \hat{\lambda}^{NB} \qquad \hat{Y}_{t+H|t} = H \cdot \hat{\lambda}^{NB} \tag{2.50}$$

$$P_{NB1}\left(Y_{t+H} \leq \hat{q}^{SL_\alpha}_{t+H} \mid \hat{\lambda}^{NB}, \hat{\theta}^{NB}\right) = SL_\alpha \tag{2.51}$$

Die Schätzer der NB-Verteilung, welche auf der Grundlage überdispersiver stationärer DGP berechnet werden, sind in der Regel effizient und konsistent. Für instationäre überdispersive Zeitreihen, in welchen sich die Varianz oder der Erwartungswert im Zeitverlauf ändert und gleichzeitig die Varianz höher als der Erwartungswert ist, bleiben die Parameterschätzer innerhalb der NB2 Verteilungsparametrisierung konsistent, sind aber nicht mehr effizient (siehe Cameron und Trivedi (2013), S. 87-89). Im Fall äqui- oder unterdispersiver DGP ist die Parameterschätzung durch eine NB-Verteilung aufgrund numerischer Probleme nicht möglich, da in diesem Fall die Restriktionen auf die Modellparameter $\theta^{NB}, \alpha^{NB}, \lambda^{NB} > 0$ nicht eingehalten werden können (siehe Abschnitt 6.4.3).

Zusätzlich ist darauf hinzuweisen, dass die Nullwahrscheinlichkeit $P\left(y_t = 0\right)$ einer negativen Binomialverteilung aus dem Verhältnis zwischen dem Erwartungswert und dem Überdispersionsparameter implizit bestimmt wird, wie dies formal für die NB2 Repräsentation dargestellt werden kann (Winkelmann 2008, S. 174 ff.).

$$P_{NB2}\left(y_t = 0 \mid \lambda^{NB}, \alpha^{NB}\right) = \left(\frac{\alpha^{NB}}{\alpha^{NB} + \lambda^{NB}}\right)^{\alpha^{NB}} \tag{2.52}$$

Demzufolge kann die Höhe der Nullwahrscheinlichkeit nicht getrennt vom Datengenerierungsprozess positiver Beobachtungen modelliert werden, so dass an dieser Stelle der Einsatz von Mischverteilungen für Langsamdreher unverzichtbar ist.

2.4.3 Mischverteilungen

Unter einer **Mischverteilung** (**mixture distribution**) wird eine **zusammengesetzte** Verteilung im diskreten Fall oder eine **Überlagerung** von Verteilungen im stetigen Fall bezeichnet, welche durch eine Linearkombination einzelner Verteilungsfunktionen entsteht (Johnson et al. 1992, S. 53 ff.). Im Rahmen der nachfolgend dargestellten Mischverteilungen handelt es sich um Spezialformen von diskreten Mischverteilungen in Form der **nullinflationierten** (zero inflated) Verteilungen und **Hurdle-Verteilungen** mit Stutzung auf Null, welche zur Modellierung von sporadischen DGP verwendet werden können (siehe dazu Cameron und Trivedi 2013, Hilbe 2011, Winkelmann 2008, Zeileis und Croissant 2010). Hierbei können folgende Modellkomponenten in einer Mischverteilung zusammengesetzt werden:

1. **Nachfrageeintrittsereignis**, welches durch eine Bernoulli-verteilte und möglicherweise latente Variable $bern_t$ in der Periode t modelliert wird. Eine Nullnachfrage $y_t = 0$ in der Periode t wird durch $bern_t = 0$ abgebildet. Das Eintrittsereignis positiver Nachfrage $y_t > 0$ kann durch $bern_t = 1$ abgebildet werden. Dabei bleibt die Nullwahrscheinlichkeit $P(bern_t = 0)$ im stationären Fall in jeder Periode konstant.

$$bern_t = \begin{cases} 0, & y_t = 0 \\ 1, & y_t = 1, 2, \ldots \end{cases} \tag{2.53}$$

2. **Nachfragehöhe** für die Perioden mit positiven Nachfrageeintrittsereignissen. Die Nachfragehöhe kann mit Hilfe von Langsamdreherverteilungen wie Poisson oder NB und deren gestutzten Formen modelliert werden.

Die obigen Modellkomponenten werden zur Modellbildung von nullinflationierten Verteilungen und Hurdle-Verteilungen verwendet.

- Eine **nullinflationierte Verteilung** entsteht als eine Mischverteilung von zwei Variablen $bern_t \in \{0,1\}$ und $Y^* = 0,1,2,\ldots$ Die Ereignisvariable $bern_t$ folgt einer Bernoulli-Verteilung mit der Wahrscheinlichkeit $P(bern_t = 0) = \omega \in [0;1]$. Die diskrete Variable Y^* folgt einer klassischen Langsamdreherverteilung, welche durch die entsprechende diskrete Dichtefunktion $P(Y^* = y_t \mid \boldsymbol{\vartheta})$ beschrieben wird. $\boldsymbol{\vartheta}$ repräsentiert den Parametervektor einer Langsamdreherverteilung und wird beispielsweise für die Poissonverteilung durch $\vartheta = \lambda^{pois}$ und für die NB2-Verteilung durch den Parametervektor $\boldsymbol{\vartheta} = \left[\lambda^{NB}, \alpha^{NB}\right]^T$ repräsentiert.

  Dabei setzt sich die Nullwahrscheinlichkeit einer nullinflationierten Verteilung aus der impliziten Nullwahrscheinlichkeit $P(Y^* = 0 \mid \boldsymbol{\vartheta})$ der Langsamdreherverteilung für Y^* und aus einer autonomen Nullwahrscheinlichkeit ω zusammen (siehe u.a. Cameron und Trivedi 2013, Hilbe 2011, Winkelmann 2008). Für die Zeitreihe y_t kann die Dichtefunktion einer nullinflationierten Verteilung $P_{ZI}(Y = y_t \mid \boldsymbol{\vartheta}, \omega)$ wie folgt parametrisiert werden:

$$P_{ZI}(Y{=}y_t|\boldsymbol{\vartheta},\omega){=}\begin{cases}\omega + (1-\omega)\cdot P(Y^*{=}y_t|\boldsymbol{\vartheta}), & y_t{=}0\\ (1-\omega)\cdot P(Y^*{=}y_t|\boldsymbol{\vartheta}), & y_t{=}1,2,\ldots\end{cases} \tag{2.54}$$

  Der Erwartungswert sowie die Varianz einer nullinflationierten Verteilung werden wie folgt berechnet:

$$\begin{aligned} E(Y) &= \lambda^{ZI}{=}(1-\omega)\cdot E(Y^*) & (2.55)\\ Var(Y) &= \left(\sigma^2\right)^{ZI}{=}(1-\omega)\cdot E\left((Y^*)^2\right) - ((1-\omega)\cdot E(Y^*))^2 & (2.56)\end{aligned}$$

- Weitere Mischverteilungsmodelle zur Modellierung sporadischer Nachfragezeitreihen sind **Hurdle-Verteilungen**. Diese entstehen durch eine Zusammensetzung einer um Nullwerte gestutzten Verteilung für Langsamdreher mit der Dichtefunktion $P\,(Y{=}y_t|y_t > 0){=}P_{trunc}\,(Y^{pos})$ und einer autonomen Nullwahrscheinlichkeit $P\,(bern_t{=}0){=}\omega$.

Bei **Stutzung (truncation) einer Verteilung** wird ein Bereich (ein Intervall von Ausprägungen oder eine einzelne Ausprägung im diskreten Fall) aus der herkömmlichen Verteilung einer Zeitreihe mit der Dichte $P\,(Y{=}y_t)$ ausgeschlossen, so dass eine neue **gestutzte** (reduzierte) Verteilung entsteht (Johnson et al. 1992, S. 53). Für sporadische Nachfragezeitreihen wird in der Regel eine Linksstutzung (um Nullausprägung) vorgenommen. Allgemein sind auch Stutzungen um andere Ausprägungen der Zeitreihen, wie um Eins-Ausprägungen, möglich (Winkelmann 2008, S. 31 und Cameron und Trivedi 2013, S. 128 ff.). Die Dichtefunktion einer um Nullausprägung gestutzten diskreten Verteilung bildet lediglich Wahrscheinlichkeiten positiver Werte $y_t{>}0$ ab und entspricht einer konditionalen Wahrscheinlichkeitsfunktion (Winkelmann 2008, S. 30 und Cameron und Trivedi 2013):

$$P\,(Y{=}y_t|y_t{>}0){=}P_{trunc}\,(Y^{pos}){=}\frac{P\,(Y{=}y_t)}{1-P\,(Y{=}0)} \tag{2.57}$$

Anders als bei nullinflationierten Verteilungen wird die Nullwahrscheinlichkeit in den Hurdle-Verteilungen ausschließlich durch ω repräsentiert, wie dies nachfolgend formal anhand der Dichtefunktion ersichtlich wird:

$$P_{ZH}\,(Y{=}y_t|\boldsymbol{\vartheta},\omega){=}\begin{cases}\omega, & y_t{=}0\\ (1-\omega)\cdot P_{trunc}\,(Y^{pos}{=}y_t|\boldsymbol{\vartheta}), & y_t{\in}\{1,2,\ldots\}\end{cases} \tag{2.58}$$

Der Erwartungswert sowie die Varianz können wie folgt berechnet werden (vgl. Winkelmann 2008, S. 30 ff., S. 181 ff.):

$$E\,(Y){=}\lambda^{ZH} = \frac{1-\omega}{1-P\,(Y{=}0|\boldsymbol{\vartheta})}\cdot E\,(Y^{pos}) \tag{2.59}$$

$$Var\,(Y){=}\left(\sigma^2\right)^{ZH} = \frac{(1-\omega)\cdot E\left((Y^{pos})^2\right)}{1-P\,(Y{=}0|\boldsymbol{\vartheta})} - \left(\frac{(1-\omega)\cdot E\,(Y^{pos})}{1-P\,(Y{=}0|\boldsymbol{\vartheta})}\right)^2 \tag{2.60}$$

$E\,(Y^{pos})$ stellt den Erwartungswert der um Nullwerte gestutzten Variable $Y^{pos}{=}y_t|y_t{>}0$ dar.

Nachfolgend wird auf die zentralen Eigenschaften der nullinflationierten Verteilungen und der Hurdle-Verteilungen, auf deren Parametrisierung sowie auf die Besonderheiten der Parameterschätzung hingewiesen:

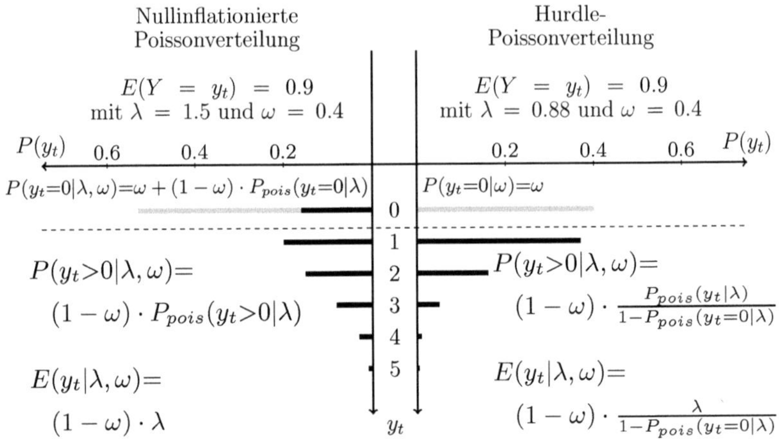

Abbildung 2.1: Exemplarischer Vergleich von Mischverteilungen für Langsamdreher

- Sowohl nullinflationierte als auch Hurdle-Verteilungen der obigen Form können zur Modellierung stationärer DGP mit Überdispersionseigenschaft $(E(Y) < Var(Y))$ verwendet werden. Im Gegensatz zu den nullinflationierten Verteilungen ermöglichen die Hurdle-Verteilungen eine Modellierung von unterdispersiven DGP, denn sowohl die Über- als auch Unterdispersionseigenschaft kann durch die Steuerung des Verhältnisses zwischen ω und der Nullwahrscheinlichkeit einer Langsamdreherverteilung $P(Y = 0 \mid \boldsymbol{\vartheta})$ abgebildet werden (siehe Cameron und Trivedi 2013).

- Durch die Einbettung des Parameters ω modellieren beide Mischverteilungen einen autonomen Anteil an Nullbeobachtungen des DGP (siehe Cameron und Trivedi 2013 sowie Abbildung 2.1). ω repräsentiert in einem Zero-Hurdle-Modell die vollständige Nullwahrscheinlichkeit der zu modellierenden Verteilung einer Zeitreihe, so dass $bern_t$ unmittelbar beobachtbar ist (grauer Balken der Nullwahrscheinlichkeit auf Abbildung 2.1 rechts). Im Gegensatz dazu ist $bern_t$ in einem nullinflationierten Modell eine latente

Größe. Je nach Höhe der Wahrscheinlichkeit $P(Y = 0)$ der postulierten Langsamdreherverteilung kann ω variieren, um den Anteil an Nullnachfragen in einer Zeitreihe abzubilden (siehe den grau-schwarzen Balken auf Abbildung 2.1 links).

- In Abhängigkeit von der Höhe der Nullwahrscheinlichkeit ω ergeben sich folgende Fälle:

  - $\omega = 0$: Die Klasse der Mischverteilungen wird verlassen, der DGP wird lediglich durch eine Langsamdreherverteilung abgebildet. Im Hurdle-Modell wird der DGP durch eine um Nullwerte gestutzte Verteilung repräsentiert, da $P(Y = 0) = 0$ beträgt.

  - $\omega = 1$: Die Zeitreihe besteht ausschließlich aus Nullbeobachtungen; dieser Fall kann beispielsweise in einer dynamischen Prognoseevaluation (Abschnitt 4.2) von einer aus vielen konsekutiven Nullen (über 80–90%) bestehenden Zeitreihen auftreten, in der die initiale Kalibrationsstichprobe ausschließlich aus Nullbeobachtungen bestehen kann.

  - $\omega \in (0, 1)$: Ein regulärer Fall der Mischverteilungen, korrespondierend zu welchem hohe $\omega-$Werte eine starke Nullbesetzung und geringe $\omega-$Werte eine schwache Nullbesetzung in den Zeitreihen abbilden.

- Der Verteilungsparameter ω und der Parametervektor $\boldsymbol{\vartheta}$, welcher aus den Parametern entsprechender Langsamdreherverteilungen besteht, können sowohl heuristisch gesetzt als auch mit Hilfe von Schätzverfahren wie die Maximum-Likelihood Methode numerisch geschätzt werden (Abschnitt 3.3).

- Für beide obige Mischverteilungsformen stellt der konditionale Erwartungswert (λ^{ZI} für Zero-Inflated und λ^{ZH} für Zero-Hurdle-Modell) die für die Horizonte $h = 1, \ldots, H$ konstante Punktprognose dar. Die Konditionierung erfolgt dabei auf die Zeitreihenhistorie $y_1, \ldots, y_t$ sowie auf die Parameterschätzer $\hat{\omega}$ und $\hat{\boldsymbol{\vartheta}}$. Die über H Perioden kumulierten Punktprognosen repräsentieren die Punktprognose über die Wiederbeschaffungszeit H.

$$\hat{y}_{t+h|t} = \hat{\lambda}^{ZI} \qquad \hat{y}_{t+h|t} = \hat{\lambda}^{ZH} \tag{2.61}$$

$$\hat{Y}_{t+H|t} = H \cdot \hat{\lambda}^{ZI} \qquad \hat{Y}_{t+H|t} = H \cdot \hat{\lambda}^{ZH} \tag{2.62}$$

- Die Mischverteilungen sind allgemein nicht faltungsinvariant. Lediglich eine Mischung aus mehreren Poissonverteilungen mit unterschiedlichen λ kann im Spezialfall eine faltungsinvariante Eigenschaft aufweisen. Die nicht erfüllte Eigenschaft der Faltungsinvarianz führt dazu, dass die Quantilsprognosen nicht analytisch berechnet werden können, sondern nur empirisch mit Hilfe der Simulation von Prognosepfaden geschätzt werden. Die Berechnung von Quantilsprognosen per Simulation wird im Rahmen des Prognoseprozesses basierend auf multivariaten instationären Modellen in Abschnitt 4.1.4 auf S. 103 ausführlich beschrieben.

2.5 Weitere univariate Ansätze

Neben den obigen Modellen können weitere univariate Verfahren zur Prognose sporadischer Zeitreihen eingesetzt werden.

Gamberini et al. (2010) führen einen Vergleich zwischen Holt-Winters und (S)ARIMA Modellen für hochpreisige Ersatzteile durch, wobei aus der Arbeit nicht ersichtlich wird, wie die ARIMA-Modellidentifikation für sporadische Daten erfolgt. Zudem wird eine Reihe heuristischer Schritte angewendet, wie das Ersetzen von durch das Modell generierten negativen Werten durch Null.

Sandmann und Bober (2009) analysieren in ihrer Arbeit sporadische Nachfragezeitreihen mit Hilfe von ARIMA-Modellen, deren Modellierung in einem konstruierten numerischen Beispiel mit geometrisch-verteilten Zeitreihen abgebildet wird. Die in der Arbeit verwendeten Stationaritäts- und Unabhängigkeitsüberprüfungen sowie die Verteilungstests (wie u.a. Kolmogorov Smirnov Test) erfordern stetige Wertebereiche der Zeitreihe. Diese Annahmen sind allerdings für sporadische Zeitreihen nicht erfüllt.

Eine auf ARIMA-Modellen für diskrete Daten basierende Verfahrensgruppe entsteht mit der Entwicklung der so genannten **IN**teger **A**uto**R**egressive (INAR) Modelle, die durch Arbeiten von Al-Osh und Alzaid (1987) und Al-Osh und Alzaid (1988) bekannt werden. Die Modellierung der Zeitreihen im Rahmen dieser Modelle erfolgt mit Hilfe einer zusammengesetzten Verteilung, welche durch eine Mischung der Binomialverteilung und einer diskreten Verteilung (in der Regel Poissonverteilung) entsteht. Mit Hilfe dieser Modelle können Autokorrelationsstrukturen in den Zeitreihen abgebildet werden. Die meisten Studien mit INAR-Modellen basieren bisher allerdings auf Querschnittszähldaten (wie in Böckenholt 2003, Böckenholt 1999, Jung und Tremayne 2006 oder Martin et al. 2013). Des Weiteren werden typischerweise INAR(1) Modelle, welche lediglich die Autokorrelation erster Ordnung modellieren, geschätzt, da die Schätzung der Modelle höherer $AR-$Ordnung mit Hilfe der Maximum-Likelihood Methode nichttrivial ist (siehe Weiß 2008) und somit den Einsatz spezieller numerischer Schätztechniken erfordert (Winkelmann 2008). Im Rahmen der vorliegenden Arbeit wird dieser Ansatz nicht weiter verfolgt.

Das breite Spektrum an verschiedenen univariaten Methoden, die von heuristischen bis zu modellbasierten Methoden reichen, macht die Problematik der Prognoseerstellung für Langsamdreher auf der SKU-Ebene deutlich. Mit Ausnahme der Glättungsverfahren sind die beschriebenen univariaten Modelle in der Lage, ausschließlich stationäre DGP abzubilden. Das Verfahren von Croston impliziert zwar einen lokal instationären Prozess, welcher durch exponentielle Glättung modelliert wird, leitet aber die Modellschätzer unter der Stationaritätsannahme her, welche in der Regel nicht erfüllt ist. Exponentielle Glättungsmodelle ermöglichen zwar die Abbildung von Instationaritäten in Form von Strukturkomponenten, widersprechen allerdings dem sporadischen DGP und sind häufig aufgrund der starken Nullbesetzung auf SKU-Ebene nicht schätzbar. Für kurze Zeitreihen tritt zusätzlich das Problem der Parameterinitialisierung auf.

Eine Möglichkeit der Modellierung instationärer DGP im univariaten Fall stellt der Einsatz von Regressionsmodellen im Rahmen univariater Verteilungen dar, wie beispielsweise die Poissonregression, die negative Binomialregression oder die Regressionen basierend auf Mischverteilungen. In der Literatur findet man ein breites Spektrum an empirischen Untersuchungen, wobei die meisten mit Querschnittszähldaten typischerweise in der Mikroökonometrie durchgeführt werden (siehe Cameron und Trivedi 2013, Hilbe 2011 oder Winkelmann 2008). Die Idee besteht darin, den konditionalen Erwartungswert λ der postulierten Verteilung zeitvariabel als λ_t durch ein Regressionsmodell zu modellieren, wie in Abschnitt 3.2.3 beschrieben. Diese Modelle können allerdings nicht unmittelbar für die einzelnen sporadischen SKU verwendet werden. Beispielsweise führt die Schätzung von Strukturen (vor allem von saisonalen Strukturen) aufgrund einer hohen Nullbesetzung zu numerischen Problemen wie fehlende Konvergenz des Verfahrens, Rangabfall der Hesse-Matrix usw. (siehe dazu Abschnitte 3.3.1, 3.3.2 und 6.4.3).

3 Multivariate Prognoseverfahren für Langsamdreher

Die zeitlichen Verlaufsstrukturen, welche auf der Ebene einzelner Zeitreihen (univariat) nicht gemessen werden können, können u.U. in einer Gruppe sporadischer Zeitreihen (multivariat) geschätzt werden. Dieser Ansatz wird häufig als hierarchischer oder aggregierter Ansatz bezeichnet (siehe Newbold und Bos 1994, Armstrong 2001, S. 367) und stellt eine Möglichkeit dar, die instationären DGP sporadischer Zeitreihen zu modellieren. Dabei erfordert die Anwendung des multivariaten Ansatzes die Verwendung spezieller Prognosetechniken und Gruppierungsmechanismen für sporadische Zeitreihen, welche den Hauptfokus der vorliegenden Arbeit darstellen. Nachfolgend wird zunächst auf die grundlegende Idee des hierarchischen Ansatzes sowie auf die Prognosetechniken in Produkthierarchien eingegangen, bevor die neuartigen und auf den Fall der Langsamdrehergruppen übertragenen Ansätze zur Prognose und Gruppierung beschrieben werden.

3.1 Hierarchischer Ansatz für Prognosen

Die Grundidee des hierarchischen Prognoseansatzes besteht darin, die in mehreren einzelnen Zeitreihen vorhandenen gemeinsamen Strukturen auf Produkthierarchieebene zu modellieren und zur Steigerung der Prognosegüte zu nutzen. Dazu werden die ähnlichen Zeitreihen $y_{i,t}$ in Gruppen zusammengefasst (Newbold und Bos 1994, S. 267). Im Rahmen der Absatzplanung dient als Aggregierungsmerkmal beispielsweise der räumliche Differenzierungsgrad des Absatzes eines Produktes (Ebene einzelner Filiale - regionale Ebene - Landesebene). Häufig erfolgt die Aggregation basierend auf den Kriterien der Produktherkunft (Produktmarke, Produkthersteller) oder der Produkteigenschaften wie Verpackungstypen, Material, Farben und Größen eines Produktes (siehe Bock 1974, S. 360 ff. und Herrmann und Huber 2013, S. 5-9 sowie Abbildung 3.1). Die hierarchische Struktur der Aggregierungsmerkmale wird auf die Datenbasis übertragen, so dass eine Hierarchie entsteht, in der

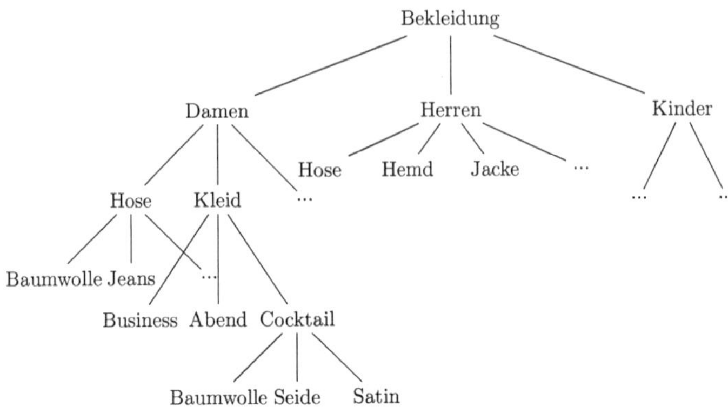

Abbildung 3.1: Beispiel einer Produkthierarchie "Bekleidung"

die einzelnen Zeitreihen auf der untersten (Mikro bzw. Bottom) Ebene und deren aggregierte Werte auf der obersten (Makro bzw. Top) Ebene zusammengefasst werden. Die Anzahl der Ebenen in Produkthierarchien, die als Hierarchietiefe (Fliedner 2001, Bock 1974, S. 306 ff.) bezeichnet wird, wird in der Regel durch den Anwender bestimmt (Fliedner und Lawrence 1995). Wenn lediglich eine Hierarchieebene über den einzelnen Produktzeitreihen definiert wird, spricht man von flachen Hierarchien (siehe Abbildung 5.1 auf S. 128). Solche Produkthierarchien können durch Gruppenbildung einzelner Zeitreihen mit clusteranalytischen Verfahren erstellt werden (Kapitel 5).

Die obigen Gruppierungskriterien können allerdings nicht gewährleisten, dass die entstehenden Zeitreihengruppen die SKU mit ähnlichen zeitlichen Strukturen zusammenfassen. An dieser Stelle ist es sinnvoll, Gruppierungsverfahren zu entwickeln, welche die Zeitreihen mit gemeinsamen Verlaufsmustern (Saison oder Trend) gruppieren, wobei im sporadischen Fall der Umgang mit zahlreichen Nullperioden eine zusätzliche Herausforderung darstellt. Darauf wird in Abschnitt 5.3 explizit eingegangen.

Die Modellierung und Prognose von Zeitreihen können auf unterschiedlichen Aggregierungsebenen (auf der SKU Ebene, auf den Zwischenebenen, auf der Aggregatsebene oder durch die Kombination vorheriger) mit Hilfe der nachfolgend dargestellten Prognosetechniken erfolgen. Häufig bestimmen die Datenspezifik, die vorhandene Dispositions- und Hierarchiestruktur, der Prognosehorizont und die Länge der Wiederbeschaffungszeiten, welche Prognosetechnik in Produkthierarchien zur Modellierung und Prognose besser geeignet ist (Shlifer und Wolff 1979, Küsters und Bell 2001, S. 269).

3.1.1 Top Down Prognosetechnik

Werden die Prognosen auf der oberen Hierarchieebene (Ebene des Aggregates) erstellt und auf den tiefer liegenden Hierarchiestufen benötigt, so können die erstellten Prognosen mit Hilfe eines Aufbruchschlüssels aufgeteilt werden (Shlifer und Wolff 1979). Diese Vorgehensweise ist unter dem **Top Down** (TD) Prinzip bekannt und wird häufig im Rahmen der Produktionsplanung verwendet (siehe ein Beispiel in Stadtler und Kilger 2008 auf S. 31 sowie Gross und Sohl 1990). Die auf der oberen Hierarchieebene aggregierten Werte der Langsamdreher weisen in der Regel kein sporadisches Muster mehr auf, so dass die dominierenden Effekte und Strukturen in den Aggregaten sichtbar und messbar sind (siehe dazu Abbildung 1.1 auf S. 10). Auf der Makroebene können die klassischen Instrumente der Zeitreihenanalyse zur Modellierung und Prognose der aggregierten Zeitreihe verwendet werden.

In der Literatur wird häufig darauf hingewiesen, dass die Top Down Technik für langfristige Prognosen besser geeignet ist als das in Teilabschnitt 3.1.2 dargestellte Bottom Up Prinzip (Shlifer und Wolff 1979, Armstrong 2001). Die Unterscheidung zwischen kurz-, mittel- und langfristig hängt allerdings vom Prognosekontext ab. Im Kontext der Lagerbevorratung spricht beispielsweise Tempelmeier (2012) auf S. 52 von langen Prognosehorizonten bei einer Wiederbeschaffungszeit $H = 10$ und von mittleren Horizonten bei $H = 4$ oder $H = 5$ Perioden.

Zu den Vorteilen der Top Down Vorgehensweise gehört u.a. die durch die Aggregation reduzierte Volatilität in den Daten, die zu einer Reduktion der Varianz von Modellfehlern auf der Top-Ebene führen kann (siehe Vogt 2006, Fildes 1985, Armstrong 2001, Grunfeld und Griliches 1960). Allerdings besteht die Gefahr, dass die einzelnen gegenläufigen Strukturen unterschiedlicher SKU (wie positiver und negativer Trend) im Aggregat verschwinden, oder dass die dominierenden Strukturen einzelner Zeitreihen das Gesamtbild des Aggregates verzerren (Kahn 1998). Hinzu kommt das Problem der Bestimmung des Aufbruchschlüssels zum Zweck der Aufteilung aggregierter Prognosewerte (siehe Gross und Sohl 1990, Vogt 2006).

Fliedner (2001) gibt eine Übersicht über die traditionellen Prognosetechniken in Hierarchien und berichtet in Fliedner (1999), dass die Top Down Prognosen für die Zeitreihen, die miteinander korreliert sind, eine bessere Prognosegüte als univariate Prognosen aufweisen. Die Studie erfolgt auf Basis eines über 228 Perioden simulierten Datensatzes, welcher 50 Mal für verschiedene Simulationsszenarien generiert wurde und mit einer einfachen exponentiellen Glättung und mit der Methode gleitender Durchschnitte prognostiziert wird. Dabei muss allerdings beachtet werden, dass die Evaluation auf Basis von simulierten Daten der Schnelldreherzeitreihen stattfindet. Die bei Langsamdrehern möglicherweise vorhandenen Korrelationsstrukturen sind aufgrund der Sporadizität schwer zu identifizieren, so dass bereits die Gruppierung von Langsamdreherzeitreihen mit ähnlichen Verläufen problematisch ist. Folglich können sich Zeitreihen mit unterschiedlichen Strukturen in einer Gruppe vorfinden, was wiederum zu Verzerrung als auch zu hohen Varianzwerten der Top Down Prognosen im Vergleich mit den univariaten Prognosen führen kann. Dementsprechend kann die Aussage von Fliedner (1999) nicht ohne Weiteres auf die Langsamdreherprodukthierarchien übertragen werden.

3.1.2 Bottom Up Prognosetechnik

Als Gegenpol zum Top Down Prinzip kann die **Bottom Up** (BU) Prognosetechnik zur Erstellung von Prognosen in Produkthierarchien verwendet werden. Die Prognosen werden auf der untersten Hierarchieebene (Ebene einzelner SKU) erstellt und können zum Zweck der Berechnung von Aggregatsprognosen zusammengefasst werden (siehe Abbildung 3.1). Die Motivation resultiert u.a. daraus, dass die Zeitreihen auf der untersten Ebene heterogen sind, da sich Zeitreihen mit unterschiedlich starken Schwankungen der DGP (Shlifer und Wolff 1979), unterschiedlichen Strukturen und Anläufen (siehe Kahn 1998) sowie unterschiedlichen Längen (siehe Vogt 2006) in einer Gruppe vorfinden können. Im Rahmen der BIP-Prognosen von 18 Ländern berichten Zellner und Tobias (1999) von einer besseren Performance der Bottom Up Prognosen im Vergleich mit Top Down Prognosen. Zur gleichen Bewertung kamen Kinney (1971) und Collins (1976), die eine Evaluation der Umsatz- und Absatzprognosen für einzelne US Unternehmen in aggregierter (TD) und segmentierter (BU) Betrachtung durchführten. Des Weiteren weisen Schwarzkopf et al. (1988) darauf hin, dass die auf der Ebene einzelner Zeitreihen erstellten Prognosen im Fall fehlender Werte eine bessere Performance liefern.

Für den Datensatz des Prognosewettbewerbs M-Competition (siehe Makridakis et al. 1982) finden Dangerfield und Morris (1992) heraus, dass die Präzision der BU Prognosen im Vergleich mit TD höher ist, vor allem wenn die einzelnen Zeitreihen hochgradig korreliert sind. Für Langsamdreher bleiben nach wie vor die Probleme der Datensporadizität und der Kürze der Zeitreihen erhalten, so dass die ggf. vorhandenen Saison-, Kalender- oder weitere zyklisch wiederkehrende Einflüsse auf der unteren Ebene nicht gemessen werden können und die obigen Schlussfolgerungen nicht ohne Weiteres für Langsamdreher zutreffen.

3.1.3 Mischformen

Neben den entgegengesetzten Prognosetechniken Top Down und Bottom Up können auch deren Mischformen zur Prognose in Aggregaten verwendet werden. Kahn (1998) gibt einen Hinweis darauf, dass durch eine **Mischform**, welche die Vorteile beider TD und BU Ansätze kombiniert, eine höhere Prognosegüte erzielt werden kann. Nachfolgend werden einige Mischformen kommentiert.

- Als eine Mischform wird das so genannte **Middle Out** Prinzip (Vogt 2006) bezeichnet. Dessen Grundgedanke besteht in der Erstellung von Prognosen auf der mittleren Hierarchieebene und weiterer Aggregierung zu TD Prognosen sowie weiterer Aufteilung zu BU Prognosen. Diese Vorgehensweise führt in der Regel zu einer Minderung der Nachteile der einzelnen Ansätze. Für Langsamdreher muss die mittlere Hierarchieebene so gewählt werden, dass keine Datensporadizität mehr vorhanden ist und die Modellierung der zeitlichen Verlaufsstrukturen möglich ist. Anderenfalls kann der Nachteil der TD Vorgehensweise u.U. eine ausgeprägte Form annehmen, da eine Aggregierung von Zeitreihen mit ähnlicher Struktur stattfinden muss, damit sich die entgegenwirkenden Einflüsse nicht ausgleichen.

- Hyndman et al. (2011) geben einen Überblick über die klassischen Prognosetechniken im Aggregat und beschreiben ein Verfahren zur Bestimmung optimaler Kombination von Prognosen in Hierarchien. Mit Hilfe der verallgemeinerten Kleinste-Quadrate Methode wird eine optimale Linearkombination der Prognosen verschiedener Hierarchieebenen gesucht, deren Gewichtungen (Aufbruchschlüssel) durch die Minimierung der Varianz der Prognosefehler geschätzt werden. Das Verfahren wurde anhand eines Datensatzes aus 56 einzelnen Zeitreihen aus der Tourismusbranche in Australien demonstriert, in welchem die Hierarchieebenen als Reiseart und Reiseregionen definiert werden. Das Verfahren wird allerdings unter der Annahme der Erwartungstreue der auf jeder Hierarchieebene erstellten Prognosen hergeleitet, welche vor allem für instationäre Zeitreihen nicht erfüllt ist (Vogt 2006, S. 18-19). Leider kann dieses Verfahren für sporadische Hierarchien nicht verwendet werden, weil u.a. sichergestellt werden muss, dass das gebildete Teilaggregat gemeinsame ausgeprägte Strukturen und kein sporadisches Muster mehr aufweist. Anderenfalls kann für sporadische Zeitreihen das Problem auftreten, dass sich die Werte der Modellkoeffizienten im Promillebereich befinden, während deren Varianzen im Vergleich mit den Koeffizienten viel größere Werte aufweisen (vor allem bei der Gruppierung von Zeitreihen mit unterschiedlichen Strukturen). Im diesem Fall ist die Berechnung der Inversen der Varianz-Kovarianz-Matrix aufgrund des Rangabfalls numerisch nicht möglich.

- Eine weitere Kombination von TD und BU Prinzipien wurde von Bunn und Vassilopoulos (1993), Bunn (1996) sowie Bunn und Vassilopoulos (1999) vorgenommen. Die Idee besteht in der Schätzung gemeinsamer Saisonstruktur auf der Aggregatsebene (TD) und in der Einbettung dieser als eine Saisonkomponente in die Prognosen einzelner Zeitreihen (BU). Dabei wird als Saisonkomponente zum einen der für alle Zeitreihen gleiche mittlere Saisonindex verwendet. Zum anderen kann der Saisonanteil, welcher proportional zum Absatz oder zum Umsatzvolumen jeder Zeitreihe im Aggregat berechnet wird, in die BU Prognosen eingebettet werden. Diese Mischform wird für Datensätze mit stark saisonalen Handelsartikeln (u.a. Schreibware oder Tischlampen) demonstriert, wobei diese als Schnelldreher in den Prognoseprozess eingingen, so dass die Gruppierung der Zeitreihen durch ausgeprägte gleichartige Saisonstrukturen möglich war.

Die meisten oben beschriebenen Studien befassen sich mit nichtsporadischen Zeitreihen, so dass die Übertragung der Ergebnisse und die direkte Nutzung der Ansätze für die Aggregate der Langsamdreher nicht sinnvoll oder numerisch nicht möglich ist. Eine Reihe von Forschungsergebnissen weist darauf hin, dass die Wahl der Prognosetechnik im Aggregat von den Zusammenhangstrukturen zwischen den einzelnen Zeitreihen, von der Struktur einzelner Zeitreihen und vom Anwendungsbereich der Prognosen abhängt (Tiao und Guttman 1980, Kohn 1982). Mit Hilfe von Mischformtechniken wird versucht, die Vor- und Nachteile der einzelnen TD und BU Techniken durch deren Kombination auszugleichen.

Im Rahmen der vorliegenden Arbeit wird ein Mischformansatz für Prognosen verwendet, in welchem sowohl die für eine Gruppe von sporadischen Zeitreihen gemeinsamen Komponenten als auch zeitreihenspezifische Komponenten in einem Pandeldatenmodell kombiniert und simultan geschätzt werden.

3.2 Paneldatenregressionen in Gruppen sporadischer Zeitreihen

Die gemeinsamen Strukturkomponenten wie Trend oder Saison können für mehrere Zeitreihen simultan in einem multivariaten Modell modelliert und geschätzt werden. In der statistischen Literatur werden diese Modelle häufig als **hierarchische Modelle** (hierarchical vs. mixed models vs. longitudinal models, siehe Greene 2012, S. 679) und in der klassischen Ökonometrie als **Paneldatenmodelle** (panel data models, siehe Baltagi 2005, Mátyás und Sevestre 1996) bezeichnet.

Mit dem Begriff **Paneldaten** (hier Zeitreihen- bzw. Produktpanel) wird in der vorliegenden Arbeit eine aus I sporadischen Zeitreihen bestehende Gruppe bezeichnet, in welcher die Zeitreihen jeweils höchstens T Perioden lang sind. Sind die Zeitreihenlängen unterschiedlich, so liegen **unbalanced panel data** vor. Anderenfalls, wenn alle I Zeitreihen die gleiche Länge T aufweisen, liegt ein **balanced panel** vor (Baltagi 2005 oder Greene 2012, S. 388 ff.).

Die klassische Paneldatenanalyse befasst sich typischerweise mit den Paneldaten, in welchen die zahlreichen Individuen (hier Zeitreihen) durch eine geringe Anzahl an Zeitpunkten T (typischerweise in der Größenordnung zwei bis sechs) zu einem Panel mit $I \gg T$ erweitert werden (siehe Baltagi 2005, Greene 2012, S. 388 sowie Cameron und Trivedi 2013, S. 343). In diesem Fall werden die Gesetze der asymptotischen Modelltheorie wie das Gesetz der großen Zahlen und der Zentrale Grenzwertsatz über die Querschnittsdimension I angewendet (Baltagi 2005). Dies impliziert, dass die Anzahl an Individuen gegen unendlich konvergiert ($I \to \infty$) bzw. dass die Stichprobe an Individuen unendlich groß sein kann. Diese Voraussetzung ist allerdings für ein Produkt- bzw. Zeitreihenpanel mit fester Anzahl an Zeitreihen nicht erfüllt.

Das primäre Ziel der Paneldatenanalyse besteht in der Regel darin, die unbeobachtbare Heterogenität der Daten zu modellieren, indem man die zeitliche Dimension als eine "Hilfsdimension" verwendet (Baltagi 2005). Im Gegensatz dazu besteht das primäre Ziel der multivariaten Modellschätzung für Langsamdreher aus zeitreihenanalytischer Sicht darin, die zeitlichen Strukturen der Langsamdreher zu identifizieren und mit Hilfe einer weiteren Dimension I präziser zu ermitteln und nicht die Heterogenität zwischen einzelnen Zeitreihen zu modellieren. Eine logische Überlegung aus der Zeitreihenanalyse ist somit die Verwendung der zeitlichen Dimension T als unendliche Dimension ($T \to \infty$) zur Verwendung der Gesetze asymptotischer Modelltheorie, da die Zeitreihen keine Beschränkung auf eine Maximallänge haben und theoretisch betrachtet unendlich lang werden können. Die statistische Modelltheorie ist vor allem zur Beurteilung statistischer Eigenschaften der resultierenden Parameterschätzer, wie Erwartungstreue, Konsistenz und Effizienz, von Bedeutung (Greene 2012, S. 553-563 sowie Abschnitt 1.3).

In der güterwirtschaftlichen Praxis besteht allerdings das Problem, dass die Zeitreihenlänge T zur Anwendung asymptotischer Gesetze nicht ausreichend ist. Dennoch müssen in der Praxis Prognosen bereits für kurze Zeitreihen (mit der Länge von $12 - 24$ Perioden) erstellt werden. In diesem Fall kann die asymptotische Modelltheorie, streng genommen, weder durch die Querschnittsdimension noch durch die zeitliche Dimension angewendet werden, so dass die asymptotischen Eigenschaften der Modellschätzer zunächst nachgewiesen werden müssen. Da sich die vorliegende Arbeit nicht auf die Asymptotik der dargestellten Paneldatenmodelle für Langsamdreher konzentriert sondern auf deren Anwendung in der Güterwirtschaft, wird darauf nicht explizit eingegangen. Anhaltspunkte zum Nachweis asymptotischer Eigenschaften der Modellschätzer findet man in Baltagi (2005).

Ausgehend von den Erhebungstechniken der vorliegenden Daten werden in der Paneldatenforschung Modelle mit fixen (**fixed-effects panel data models**, **FE**) oder zufälligen (**random-effects panel data models**, **RE**) Effekten verwendet (siehe Greene 2003, Baltagi 2005, S. 18 oder Mátyás und Sevestre 1996, S. 26-27).

RE-Modelle unterstellen, dass die einzelnen Individuen selbst das Ergebnis eines Zufalls-(ziehungs)prozesses sind. Ein klassisches Beispiel dazu stellen die Paneldaten im Rahmen von Haushaltserhebungen dar, in welchen gleiche Merkmale eines Haushaltes (wie Einkommen oder monatliche Ausgaben) korrespondierend zu den Zeitpunkten $t = 1, \dots, T$ von zufällig ausgewählten Haushalten erhoben werden, so dass die Zeitreihe zu jedem Zeitpunkt t eine Zufallsgröße darstellt und demnach einem **Random-Effect** unterliegt. Somit weist der zu modellierende individuelle Effekt eine Zufallsschwankung auf, welche durch "Ziehungen" einzelner Individuen zu unterschiedlichen Zeitpunkten resultiert (Baltagi 2005, Mátyás und Sevestre 1996).

In sporadischen Aggregaten findet zu jedem Zeitpunkt t eine Vollerhebung und keine Zufallsziehung der Produkte statt. Dementsprechend stellt der individuelle Struktureffekt eine feste Größe dar. Dies entspricht einem **Fixed-Effect** (Baltagi 2005). Darauf bezogen fokussiert sich die vorliegende Arbeit auf die FE-Paneldatenmodelle zum Zweck der Modellierung der DGP in Gruppen der Langsamdreher. Durch die Einbettung von Regressoren in ein FE-Paneldatenmodell können die gemeinsamen und zeitreihenspezifischen Effekte simultan modelliert und geschätzt werden. In **fixed-group-effects** Modellen können die globalen Effekte mit Hilfe eines deterministischen Regressionsmodells geschätzt werden. Die Modellierung lokal veränderlicher gemeinsamer Effekte in Zeitreihengruppen ist durch die Schätzung von **fixed-time-effects** Modellen möglich. Beide Arten der Paneldatenmodelle werden im Rahmen von Paneldatenmodellen für diskrete Daten eingesetzt und häufig in der Mikroökonometrie verwendet, wo diese unter dem Begriff **Panel Models for Count Data** bekannt sind (siehe u.a. Cameron und Trivedi 2013 und Hilbe 2011).

Nachfolgend werden die bisher überwiegend aus der Mikroökonometrie bekannten fixed-effects Paneldatenmodelle für diskrete Daten auf die Modellierung von Gruppen sporadischer Zeitreihen übertragen. Auf die Modellspezifikation und auf die Parametrisierung wird detailliert eingegangen.

3.2.1 Grundidee

In der klassischen linearen Regression $\boldsymbol{y} = \boldsymbol{X} \cdot \boldsymbol{\vartheta} + \boldsymbol{\varepsilon}$ für die metrische abhängige Variable $\boldsymbol{y}$ wird die Struktur der abhängigen Variable durch eine deterministische Komponente $\boldsymbol{\eta}(\boldsymbol{\vartheta}) = \boldsymbol{X} \cdot \boldsymbol{\vartheta}$ (**linearer Prädiktor**) und durch eine Zufallskomponente $\boldsymbol{\varepsilon}$ (**Fehlerterm**) repräsentiert (Greene 2012, S. 60-61). Die stochastische Modellspezifikation erfolgt dabei in der Regel explizit durch Annahmen über den Fehlerterm $\boldsymbol{\varepsilon}$. Dazu gehören Annahmen über die identische Verteilung der Fehlerterme (häufig identische Normalverteilung), über die konditionalen Momente $E(\boldsymbol{\varepsilon} \mid \boldsymbol{X})$, $Var(\boldsymbol{\varepsilon} \mid \boldsymbol{X})$ sowie ggf. ergänzend durch eine Annahme über die Korrelationsstruktur (Greene 2012, S. 61-65).

Alternativ kann die Modellspezifikation unmittelbar über die stochastische Spezifikation der Struktur der abhängigen Variable $\boldsymbol{y}$ erfolgen. Dies impliziert eine direkte Modellierung der konditionalen Verteilung $f(\boldsymbol{y} \mid \boldsymbol{X})$ und der konditionalen Momente $E(\boldsymbol{y} \mid \boldsymbol{X})$ und $Var(\boldsymbol{y} \mid \boldsymbol{X})$ gegeben die Regressormatrix $\boldsymbol{X}$ (Greene 2012, S. 846 ff. und S. 61-65). Der Fehlerterm $\boldsymbol{\varepsilon}$ wird nicht explizit spezifiziert und wird typischerweise lediglich als Residuum $\hat{\boldsymbol{\varepsilon}}$ im Rahmen der Residuendiagnostik inspiziert (Cameron und Trivedi 2013, S. 178 ff.). Hierbei muss beachtet werden, dass Annahmen wie eine identische Verteilung oder die Annahme der Homoskedastizität der Fehlerterme in den Modellen der Langsamdreher in der Regel nicht erfüllt sind (Abschnitt 3.3.3 sowie Cameron und Trivedi 2013, S. 178 ff., Greene 2012, S. 846 ff.).

Die Grundidee der Paneldatenmodelle für Gruppen sporadischer Zeitreihen besteht darin, den konditionalen Erwartungswert $E(y_{i,t} \mid \boldsymbol{X})$ sowie die konditionale Varianz $Var(y_{i,t} \mid \boldsymbol{X})$ einer Zeitreihe $i = 1, \ldots, I$ zum Zeitpunkt $t = 1, \ldots, T$ als Momente einer Langsamdreherverteilung zeitvariabel in einem FE-Paneldatenmodell multivariat zu modellieren. Dadurch können die instationären DGP einzelner Zeitreihen abgebildet werden. Die konditionale (gemeinsame oder zeitreihenspezifische) stochastische Struktur der Zeitreihen in einer Gruppe wird durch die Strukturkomponenten abgebildet, welche als Regressoren in der Matrix $\boldsymbol{X}$ modelliert werden. Die Einflussstärke der Regressoren in $\boldsymbol{X}$ auf die abhängige Variable $\boldsymbol{y}$ wird durch die geschätzten Koeffizienten im Parametervektor $\hat{\boldsymbol{\vartheta}}$ repräsentiert, welcher mit Hilfe der Maximum-Likelihood Methode geschätzt wird (Abschnitt 3.3).

$$f(y_{i,t} \mid \boldsymbol{X}, \boldsymbol{\vartheta}) = P\left(\lambda_{i,t}, \sigma^2_{i,t}\right) \tag{3.1}$$

$$E(y_{i,t} \mid \boldsymbol{X}, \boldsymbol{\vartheta}) = \lambda_{i,t} > 0 \tag{3.2}$$

$$Var(y_{i,t} \mid \boldsymbol{X}, \boldsymbol{\vartheta}) = \sigma^2_{i,t} > 0 \tag{3.3}$$

An Stelle der konditionalen Dichtefunktion $f(y_{i,t} \mid \boldsymbol{X}, \boldsymbol{\vartheta})$ für die Beobachtung der $i-$ten Zeitreihe zum Zeitpunkt t wird die Dichtefunktion einer postulierten Langsamdreherverteilung (z.B. Poisson, NB oder Mischverteilungen) eingesetzt. Gegeben die Regressormatrix $\boldsymbol{X}$ werden die Nachfragewerte $y_{i,t}$ für $i = 1, \ldots, I$ und $t = 1, \ldots, T$ als konditional unabhängig angenommen. Die Langsamdreherverteilung wird vollständig durch den konditionalen

Erwartungswert $E(y_{i,t} \mid \boldsymbol{X}, \boldsymbol{\vartheta}) = \lambda_{i,t} > 0$ und durch die konditionale Varianz $Var(y_{i,t} \mid \boldsymbol{X}, \boldsymbol{\vartheta}) = \sigma^2_{i,t} > 0$ spezifiziert (Fahrmeir und Tutz 2001):

1) Der konditionale Erwartungswert $\lambda_{i,t}(\boldsymbol{\vartheta})$ bildet die Struktur der Zeitreihe $y_{i,1}, \ldots, y_{i,T}$ im Zeitverlauf für $t = 1, \ldots, T$ ab. Die Struktur wird mit Hilfe eines Regressionsmodells in Form einer in den Parametern $\boldsymbol{\vartheta}$ linearen Funktion $\boldsymbol{\eta}(\boldsymbol{\vartheta}) = \boldsymbol{X} \cdot \boldsymbol{\vartheta}$ (**linearer Prädiktor** $\eta_{i,t}(\boldsymbol{\vartheta}) \in \mathbb{R}$ für $y_{i,t}$ mit $i = 1, \ldots, I$ und $t = 1, \ldots, T$) abgebildet und hängt von den in $\boldsymbol{X}$ eingebetteten Regressoren sowie von den entsprechenden zu schätzenden Regressionskoeffizienten $\boldsymbol{\vartheta}$ ab.

2) Anders als in der klassischen Regression, in welcher der lineare Prädiktor gleichzeitig den konditionalen Erwartungswert der abhängigen Variablen repräsentiert, muss für die Modelle der Langsamdreher zunächst sichergestellt werden, dass der konditionale Erwartungswert positive Werte aufweist: $\lambda_{i,t}(\boldsymbol{\vartheta}) > 0$. Dies wird durch die Modellierung der funktionalen Beziehung zwischen dem reellwertigen linearen Prädiktor $\boldsymbol{\eta}(\boldsymbol{\vartheta})$ und dem konditionalen Erwartungswert $\boldsymbol{\lambda}(\boldsymbol{\vartheta})$ mit einer Link-Funktion realisiert.

Nachfolgend werden die beiden Aspekte der Modellierung beschrieben.

3.2.2 Regressormatrix und Parametervektor

Für eine Gruppe $\boldsymbol{\mathcal{Y}}$ bestehend aus $i = 1, \ldots, I$ Zeitreihen

$$\boldsymbol{\mathcal{Y}}_{I \cdot T \times 1} = \begin{bmatrix} \boldsymbol{y}_1 \\ \boldsymbol{y}_2 \\ \vdots \\ \boldsymbol{y}_I \end{bmatrix}, \text{ mit } \boldsymbol{y_i} = \begin{bmatrix} \boldsymbol{y}_{i,1} \\ \boldsymbol{y}_{i,2} \\ \vdots \\ \boldsymbol{y}_{i,T} \end{bmatrix} \tag{3.4}$$

wird die Regressormatrix $\boldsymbol{X} \sim I \cdot T \times I \cdot p$ durch eine Blockmatrix repräsentiert. Im Kontext eines **fixed-group-effects** Paneldatenmodells für $i = 1, \ldots, I$ besteht $\boldsymbol{X}$ aus einzelnen $\boldsymbol{X}_i^{FG} = \boldsymbol{X}_i$ Matrizen und im Kontext eines **fixed-time-effects** Paneldatenmodells aus einzelnen $\boldsymbol{X}_i^{FT} = \boldsymbol{X}_i$ Matrizen.

$$\boldsymbol{X}_{I\cdot T\times I\cdot p} = \begin{bmatrix} \boldsymbol{X}_1 & \boldsymbol{0} & \ldots & \boldsymbol{0} \\ \boldsymbol{0} & \boldsymbol{X}_2 & \ldots & \boldsymbol{0} \\ \vdots & \vdots & \ddots & \vdots \\ \boldsymbol{0} & \boldsymbol{0} & \ldots & \boldsymbol{X}_I \end{bmatrix} \tag{3.5}$$

Die einzelnen $\boldsymbol{X}_i^{FG}$ und $\boldsymbol{X}_i^{FT}$ Matrizen bilden den DGP jeder einzelnen Zeitreihe $i = 1, \ldots, I$ durch ausgewählte (zeitreihenspezifische vs. gemeinsame sowie lokale vs. globale) Strukturkomponenten ab und werden im nächsten Schritt zur gemeinsamen Blockmatrix $\boldsymbol{X}_{I\cdot T\times I\cdot p}$ zusammengefasst, welche eine simultane Modellierung des Gesamtaggregates ermöglicht. Es wird vorausgesetzt, dass die einzelnen $\boldsymbol{X}_i^{FG}$ oder $\boldsymbol{X}_i^{FT}$ Matrizen für alle $i = 1, \ldots, I$ eine identische Struktur aufweisen und aus gleichen Regressoren bestehen. Die Dimension $I \cdot T \times I \cdot p$ der Matrix $\boldsymbol{X}$ ergibt sich wie folgt:

- I bezeichnet die Anzahl der Zeitreihen in einer Gruppe.
- Zur Vereinfachung der Darstellung wird davon ausgegangen, dass jede Zeitreihe T Perioden lang ist. Für die Zeitreihen mit unterschiedlicher Länge erfolgt die Modellierung analog. Dabei ändert sich die Dimension von $I \cdot T \times I \cdot p$ zu $\left(\sum_{i=1}^{I} T_i\right) \times I \cdot p$, wobei als T_i die itemspezifische Länge $i = 1, \ldots, I$ bezeichnet wird.
- Als p wird die Anzahl der ins Modell eingebetteten Regressoren bezeichnet, welche sich in jeder Matrix $\boldsymbol{X}_i^{FG}$ oder $\boldsymbol{X}_i^{FT}$ vorfinden.

Entsprechend den in der Regressormatrix $\boldsymbol{X}^{FG}$ oder $\boldsymbol{X}^{FT}$ eingebetteten p Regressoren wird der Modellparametervektor $\boldsymbol{\vartheta}$ als Blockspaltenvektor der Länge $I \cdot p$

$$\boldsymbol{\vartheta}_{I\cdot p\times 1} = \left[\boldsymbol{\vartheta}_1^T, \boldsymbol{\vartheta}_2^T, \ldots, \boldsymbol{\vartheta}_I^T\right]^T \tag{3.6}$$

parametrisiert, wobei $\boldsymbol{\vartheta}_i$ den Spaltenvektor der Länge p für jede Zeitreihe $i = 1, \ldots, I$ repräsentiert.

Die Schätzung gemeinsamer Strukturkomponenten wird bei dieser Art der Parametrisierung durch die Einführung von Restriktionen ermöglicht. Dabei stellt $\widetilde{\boldsymbol{R}}$ die Matrix und $\widetilde{\boldsymbol{r}}$ den Vektor der Restriktionen für eine Gruppe aus I Zeitreihen dar:

$$\widetilde{\boldsymbol{R}} \cdot \boldsymbol{\vartheta} = \widetilde{\boldsymbol{r}} \tag{3.7}$$

$$\widetilde{\boldsymbol{r}} = [\widetilde{\boldsymbol{r}}_1, \widetilde{\boldsymbol{r}}_2, \ldots, \widetilde{\boldsymbol{r}}_{I-1}]^T \tag{3.8}$$

$$\widetilde{\boldsymbol{R}} = \begin{bmatrix} \widetilde{\boldsymbol{R}}_1^+ & \widetilde{\boldsymbol{R}}_2^- & \boldsymbol{0} & \boldsymbol{0} & \boldsymbol{0} \\ \widetilde{\boldsymbol{R}}_2^+ & \boldsymbol{0} & \widetilde{\boldsymbol{R}}_3^- & \boldsymbol{0} & \boldsymbol{0} \\ \vdots & \vdots & \vdots & \ddots & \boldsymbol{0} \\ \widetilde{\boldsymbol{R}}_{I-1}^+ & \boldsymbol{0} & \boldsymbol{0} & \ldots & \widetilde{\boldsymbol{R}}_I^- \end{bmatrix} \tag{3.9}$$

Unter der Voraussetzung identischer Parametrisierung einzelner Matrizen $\boldsymbol{X}_i$ ($\boldsymbol{X}_i^{FG}$ vs. $\boldsymbol{X}_i^{FT}$) ist für die einzelnen Matrizen $\widetilde{\boldsymbol{R}}_i$ der Restriktionen der $i-$ten Zeitreihe erfüllt:

$$\widetilde{\boldsymbol{R}}_1^+ = \widetilde{\boldsymbol{R}}_2^+ = \ldots = \widetilde{\boldsymbol{R}}_i^+ = \ldots = \widetilde{\boldsymbol{R}}_{I-1}^+ \tag{3.10}$$

$$\widetilde{\boldsymbol{R}}_2^- = \widetilde{\boldsymbol{R}}_3^- = \ldots = \widetilde{\boldsymbol{R}}_2^- = \ldots = \widetilde{\boldsymbol{R}}_I^- \tag{3.11}$$

$$\widetilde{\boldsymbol{R}}_i^- = (-1) \cdot \widetilde{\boldsymbol{R}}_i^+ \tag{3.12}$$

Nachfolgend wird sowohl auf die Struktur der Regressormatrizen $\boldsymbol{X}_i^{FG}$ und $\boldsymbol{X}_i^{FT}$ als auch auf die Parametrisierung des Parametervektors $\boldsymbol{\vartheta}_i$ und der entsprechenden Restriktionen ($\widetilde{\boldsymbol{R}}$ und $\widetilde{\boldsymbol{r}}$) eingegangen, welche zur Abbildung des DGP in Abhängigkeit von den Strukturkomponenten (global vs. lokal instationäre oder itemspezifische vs. gemeinsame Strukturen) modelliert werden.

Die nachfolgend dargestellte Komponentenzerlegung lehnt sich an den Ansatz von Pegels (1969) sowie von Gardner (1985) im Rahmen exponentieller Glättungsmodelle an (siehe Hyndman et al. 2008 sowie Abschnitt 2.1). Der DGP einer Zeitreihe kann durch die

- Niveaukomponente $Level_t$ (gemeinsam) vs. $Level_{i,t}$ (itemspezifisch),
- Trendkomponente $Trend_t$ (gemeinsam) vs. $Trend_{i,t}$ (itemspezifisch),
- Saisonkomponente $Season_t$ und

- stochastische autoregressive (dynamische endogene) Strukturkomponente Dyn_{t-r} (gemeinsam) vs. $Dyn_{i,t-r}$ (itemspezifisch) mit $r = 1, 2, \ldots$

repräsentiert werden. Durch weitere Komponenten können Konjunkturzyklen, Produktlebenszyklen, Kalendereffekte oder externe Regressoreffekte repräsentiert werden (siehe Harvey 1994). Diese werden allerdings in der vorliegenden Arbeit nicht betrachtet. Die obigen Strukturkomponenten werden nun mit Hilfe nachfolgend dargestellter Regressoren in einer Matrix $\boldsymbol{X}_i^{FG}$ oder in einer Matrix $\boldsymbol{X}_i^{TG}$ zusammengefasst und ermöglichen somit die Modellierung sowohl **global** als auch **lokal** instationärer DGP.

1. Regressoren zur Abbildung **global** wirkender **Instationaritätsmuster**

- **Niveau-** und **Trendkomponente** (*Level* und *Trend*):
  Wird ein global wirkendes itemspezifisches Niveau $Level_{i,t} = Level_i$ für jede i–te Zeitreihe mit $i = 1, \ldots, I$ unterstellt, so kann dieses mit Hilfe des Einheitsvektors der Länge T als Regressor $\boldsymbol{x_{level}} = \underbrace{[1, \ldots, 1]}_{\text{Länge } T}^T$ sowohl im Kontext der fixed-group-effects in der Matrix $\boldsymbol{X}_i^{FG}$ als auch im Kontext der fixed-time-effects Modelle in $\boldsymbol{X}_i^{FT}$ parametrisiert werden. Zur Modellierung des globalen Trendeinflusses wird ein diskreter Zeitindex $\boldsymbol{x_{trend}} = [1, \ldots, T]^T$ als Regressor $\boldsymbol{x_{trend}}$ in einem fixed-group-effects Modell verwendet. Unterstellt man keine weiteren Einflüsse außer Niveau und Trend, so kann die Regressormatrix $\boldsymbol{X}_i^{FG}$ wie folgt parametrisiert werden:

$$\boldsymbol{X}_i^{FG} = \begin{bmatrix} 1 & 1 \\ 1 & 2 \\ \vdots & \vdots \\ 1 & T \end{bmatrix} \quad \begin{matrix} \\ \underbrace{}_{\boldsymbol{x_{level}}} \underbrace{}_{\boldsymbol{x_{trend}}} \end{matrix} \tag{3.13}$$

  Die Matrix (3.13) kann sowohl zur Modellierung zeitreihenübergreifender globaler als auch zur Modellierung itemspezifischer globaler Trend- und Niveaustruktur verwendet werden. Erfolgt die Modellierung itemspezifischer Trend- ($Trend_{i,t}$) und itemspezifischer Levelkomponenten ($Level_i$), so wird der entsprechende Parametervektor $\boldsymbol{\vartheta_i}$ als $\boldsymbol{\vartheta_i} = [\vartheta_{level_i}, \vartheta_{trend_i}]^T$ für $i = 1, \ldots, I$ parametrisiert. Erfolgt die Schätzung von itemspezifischen Niveaukomponenten eines für alle $i = 1, \ldots, I$ Zeitreihen gemeinsamen Trends $Trend_t$, so muss der Blockvektor der Modellparameter $\boldsymbol{\vartheta}_{2 \cdot I \times 1} = [\vartheta_{level_1}, \vartheta_{trend_1}, \;\ldots,\; \vartheta_{level_I}, \vartheta_{trend_I}]^T$ restringiert werden (siehe Gleichungen der Restriktionen 3.7 bis 3.12). Die Restriktionsmatrizen $\widetilde{\boldsymbol{R}}_i^+$, $\widetilde{\boldsymbol{R}}_i^-$ und $\widetilde{\boldsymbol{R}}$ sowie der Vektor der Restriktionen $\widetilde{\boldsymbol{r}}$ werden eingeführt:

$$\left(\widetilde{\boldsymbol{R}}_i^+\right)_{1\times 2} = [0, 1] \quad \text{für } i = 1, \ldots, (I-1) \tag{3.14}$$

$$\left(\widetilde{\boldsymbol{R}}_i^-\right)_{1\times 2} = [0, -1] \text{ für } i = 2, \ldots, I \tag{3.15}$$

$$\widetilde{\boldsymbol{R}}_{(I-1)\times 2\cdot I} = \begin{bmatrix} 0 & 1 & 0 & -1 & \ldots & 0 & 0 \\ 0 & 1 & 0 & 0 & \ldots & 0 & 0 \\ \vdots & \vdots & \vdots & \vdots & \ldots & \vdots & \vdots \\ 0 & 1 & 0 & 0 & \ldots & 0 & -1 \end{bmatrix} \tag{3.16}$$

$$\boldsymbol{\vartheta}_{2\cdot I\times 1} = [\vartheta_{level_1}, \vartheta_{trend_1}, \;\ldots,\; \vartheta_{level_I}, \vartheta_{trend_I}]^T \tag{3.17}$$

$$\widetilde{\boldsymbol{r}}_{(I-1)\times 1} = \mathbf{0}^T \tag{3.18}$$

Die Parameter $\vartheta_{trend_2}, \ldots, \vartheta_{trend_I}$ werden durch $\vartheta_{trend_i} - \vartheta_{trend_1} = 0$ für $i = 2, \ldots, I$ restringiert. Damit wird sichergestellt, dass die Schätzung von ϑ_{trend_1} zeitreihenübergreifend erfolgt.

Die Schätzung der Modelle mit lediglich einer globalen itemspezifischen Niveaukomponente $Level_i = \vartheta_{level_i} \cdot \boldsymbol{x_{level}}$ impliziert einen stationären DGP, welcher durch die univariaten Verteilungen (Abschnitt 2.4) abgebildet werden kann. Dementsprechend wird dieser Spezialfall nachfolgend nicht explizit betrachtet.

- **Saisonkomponente** (*Season*):
  Werden neben Trend und Niveau auch globale Saisoneinflüsse modelliert, so können diese durch nachfolgend angegebene Parametrisierungen ins Regressionsmodell eingebettet werden.

Die deterministische Saisonkomponente $Season_t$ kann durch die Einbettung von Saisonindikatorvariablen

$$d_{t,j} = \begin{cases} 1, & t \text{ entspricht der gleichen Periode wie } j, \\ & \text{mit } j = 1, \ldots, fr \\ 0, & \text{sonst} \end{cases} \tag{3.19}$$

mit Hilfe der **Dummy Repräsentation** (Wei 2006, S. 160 ff.) modelliert werden. Die entsprechenden Dummy-Regressoren $\boldsymbol{d}_j = [d_{1,j}, \ldots, d_{T,j}]^T$ für alle Perioden $j = 1, \ldots, fr$ des Saisonzyklusses mit der Datenperiodizität fr werden wie folgt parametrisiert:

$$\boldsymbol{d}_1 = \Big[\underbrace{1, 0, \ldots, 0, 0}_{\text{Länge } fr}, \underbrace{1, 0, \ldots, 0, 0}_{\text{Länge } fr}, \ldots\Big]^T \tag{3.20}$$

$$\ldots \quad \ldots \quad \ldots$$

$$\boldsymbol{d}_j = \Big[\underbrace{\overbrace{0, \ldots, 1}^{\text{Länge } j}, \ldots, 0}_{\text{Länge } fr}, \underbrace{\overbrace{0, \ldots, 1}^{\text{Länge } j}, \ldots, 0}_{\text{Länge } fr}, \ldots\Big]^T \tag{3.21}$$

$$\ldots \quad \ldots \quad \ldots$$

$$\boldsymbol{d}_{(fr-1)} = \Big[\underbrace{0, 0, \ldots, 1, 0}_{\text{Länge } fr}, \underbrace{0, 0, \ldots, 1, 0}_{\text{Länge } fr}, \ldots\Big]^T \tag{3.22}$$

$$\boldsymbol{d}_{fr} = \Big[\underbrace{0, 0, \ldots, 0, 1}_{\text{Länge } fr}, \underbrace{0, 0, \ldots, 0, 1}_{\text{Länge } fr}, \ldots\Big]^T \tag{3.23}$$

Gehen alle obigen fr Regressoren in ein Regressionsmodell ein, so entsteht das Problem der Multikollinearität aufgrund der linearen Abhängigkeit zwischen den Dummy-Vektoren $\boldsymbol{d}_j$ mit $j = 1, \ldots, fr$ und der im Modell vorhandenen Regressionskonstanten. Um das Problem der Multikollinearität zu vermeiden, wird mit Hilfe der Eckpunktkodierung (Küsters und Kalinowski 2001) die Regressormatrix $\boldsymbol{D}_{T\times(fr-1)}$ für einen Saisonzyklus mit fr Perioden durch

$$\boldsymbol{D}_{T\times(fr-1)} = \left[\boldsymbol{d}_1, \boldsymbol{d}_2, \ldots, \boldsymbol{d}_{(fr-1)}\right] \tag{3.24}$$

gebildet, welche insgesamt $(fr - 1)$ Dummy-Vektoren enthält, da die Saisonperiode $\boldsymbol{d}_{fr}$ als Eckpunkt gewählt wurde.

Diese Repräsentation hat den Vorteil, dass die Saisonperioden unabhängig voneinander modelliert werden können, so dass eine Beschränkung auf einzelne, ggf. nicht aufeinander folgende Saisonperioden möglich ist. Weist die Zeitreihe eine zusammenhängende über den ganzen Jahressaisonzyklus wirkende Struktur auf, müssen allerdings alle $(fr - 1)$ Regressionskoeffizienten der Indikatorvariablen geschätzt werden, um den Saisonverlauf abzubilden.

Eine andere Möglichkeit zur Abbildung und Schätzung der Saisonverläufe stellt die Einbettung trigonometrischer Sequenzpaare (*sin* und *cos*) für alle $t = 1, \ldots T$ dar. Diese Parametrisierung wird häufig als **Fourier Repräsentation** bezeichnet (Wei 2006, S. 160 ff.):

– für $j = 1, \ldots, (\frac{fr}{2} - 1)$

$$d_{t,j}^{cos} = cos\left(\frac{2\pi t}{fr} \cdot j\right) \quad \text{und} \quad d_{t,j}^{sin} = sin\left(\frac{2\pi t}{fr} \cdot j\right) \tag{3.25}$$

– für $j = \frac{fr}{2}$

$$d_{t,j}^{cos} = cos\left(\frac{2\pi t}{fr} \cdot j\right) \tag{3.26}$$

Dabei ist die maximale Anzahl an Regressoren (*sin* und *cos* Sequenzen) wie bei dem obigen Dummy-Modell, auf $(fr - 1)$ gesetzt, da die letzte $cos-$Sequenz für $j = \frac{fr}{2}$ einzeln im Modell auftritt und die entsprechende $sin-$Komponente $sin\left(\frac{2\pi t}{fr} \cdot \frac{fr}{2}\right) = sin(\pi t) = 0$ für alle t Null beträgt. Die resultierende Regressormatrix zur Saisonmodellierung kann als

$$\boldsymbol{D}_{T\times(fr-1)} = \left[\boldsymbol{d}_1^{cos}, \boldsymbol{d}_1^{sin}, \ldots, \boldsymbol{d}_{(fr/2-1)}^{cos}, \boldsymbol{d}_{(fr/2-1)}^{sin}, \boldsymbol{d}_{(fr/2)}^{cos}\right] \tag{3.27}$$

parametrisiert werden. In der Regel erlaubt die Fourier Repräsentation die Abbildung der zusammenhängenden Saisonschwingung durch die Kombination der $sin - cos$ Paare. Dementsprechend ist eine parametersparende Saisonrepräsentation durch das Fortlassen einzelner $sin - cos$ Sequenzen möglich. Beispielsweise kann ein kompletter Saisonverlauf lediglich mit einem oder mit zwei Sequenzen oder Sequenzpaaren abgebildet werden. Im Fall komplexer Saisonmuster müssen u.U. alle $(fr - 1)$ Koeffizienten geschätzt werden, so dass beide Repräsentationen aus der Sicht der Parameteranzahl gleichwertig sind.

Erfolgt die Modellierung der für alle I Zeitreihen gemeinsamen Saisonstruktur ($Season_t$) mit Hilfe aller $(fr - 1)$ Dummy-Regressoren in einem Modell mit itemspezifischen zeit-invarianten Niveaukomponenten ($Level_i$), so beträgt der zur $i-$ten Zeitreihe korrespondierende Parametervektor $\boldsymbol{\vartheta_i} = \left[\vartheta_{level_i}, \vartheta_{season_{1_i}}, \ldots, \vartheta_{season_{(fr-1)_i}}\right]^T$. Der Parametervektor $\boldsymbol{\vartheta}$ für die Gruppe von I Zeitreihen setzt sich zusammen aus:

$$\begin{aligned} \boldsymbol{\vartheta}_{fr \cdot I \times 1} &= \Big[\vartheta_{level_1}, \vartheta_{season_{1_1}}, \ldots, \vartheta_{season_{(fr-1)_1}}, \ldots, \\ &\qquad \vartheta_{level_I}, \vartheta_{season_{1_I}}, \ldots, \vartheta_{season_{(fr-1)_I}}\Big]^T \end{aligned} \tag{3.28}$$

Die Restriktionsmatrix $\widetilde{\boldsymbol{R}}$ weist die Dimension $(I - 1) \cdot (fr - 1) \times fr \cdot I$ auf und besteht aus den einzelnen Matrizen (Gleichungen 3.7 bis 3.12):

– für $i = 1, \ldots, (I - 1)$

$$\left(\widetilde{\boldsymbol{R}}_i^+\right)_{(fr-1) \times fr} = \begin{bmatrix} 0 & 1 & 0 & \ldots & 0 \\ 0 & 0 & 1 & \ldots & 0 \\ \vdots & \vdots & \vdots & \ddots & \vdots \\ 0 & 0 & 0 & \ldots & 1 \end{bmatrix} \tag{3.29}$$

– für $i = 2, \ldots, I$ siehe Formel (3.12)

$$\left(\widetilde{\boldsymbol{R}}_i^-\right)_{(fr-1) \times fr} = (-1) \cdot \left(\widetilde{\boldsymbol{R}}_i^+\right)_{(fr-1) \times fr} \tag{3.30}$$

Der Spaltenvektor $\widetilde{\boldsymbol{r}}$ der Restriktionen $\widetilde{\boldsymbol{r}} = \boldsymbol{0}^T$ weist die Dimension $\widetilde{\boldsymbol{r}} \sim (I - 1) \cdot (fr - 1) \times 1$ auf. Durch diese Restriktionen wird sichergestellt, dass eine gemeinsame Saisonkomponente zeitreihenübergreifend modelliert und für eine Gruppe simultan geschätzt werden kann.

2. Regressoren zur Abbildung **lokal** wirkender **Instationaritätsmuster**: Die lokal auf das globale Niveau wirkenden Einflüsse können in den Paneldatenmodellen für sporadische Aggregate u.a. mit Hilfe verzögerter endogener Variablen durch Einbettung autoregressiver Strukturkomponenten Dyn in die $\boldsymbol{X}^{FG}-$Matrix oder im Rahmen von fixed-time-effects Paneldatenmodellen mit Hilfe der Regressormatrix $\boldsymbol{X}^{FT}$ modelliert werden.

- **Autoregressive** Strukturkomponente (Dyn):
Die autoregressive Strukturkomponente wird durch eine um r Perioden verzögerte endogene Variable $y_{i,t-r}$ mit $r = 1, 2, \ldots$ repräsentiert und als Regressor in das Modell des linearen Prädiktors der $i-$ten Zeitreihe eingebettet, um die Dynamik der DGP und den Einfluss vorheriger Perioden der $i-$ten Zeitreihe auf die Gegenwart und Zukunft autoprojektiv zu modellieren. Die Regressormatrix $\boldsymbol{X}_i^{FG}$ wird demnach um die verzögerte endogene Variable erweitert, wie dies nachfolgend für das Modell mit Niveau, Trend und mit einer um r Perioden verzögerten endogenen Variable $y_{i,t-r}$ für $t = (r+1), \ldots, T$ exemplarisch dargestellt wird.

$$\boldsymbol{X}_i^{FG} = \begin{bmatrix} 1 & 1 & - \\ 1 & 2 & - \\ \vdots & \vdots & \vdots \\ 1 & r & - \\ 1 & r+1 & y_{i,1} \\ \vdots & \vdots & \vdots \\ \underbrace{1}_{x_{level}} & \underbrace{T}_{x_{trend}} & y_{i,T-r} \end{bmatrix} \tag{3.31}$$

Bei der Ordnung r ist zu beachten, dass dieser Wert r eine inhaltlich plausible Bedeutung haben muss. Beispielsweise beträgt $r = 1$ für die Effekte, welche um eine Periode verzögert wirken, oder $r = fr$ für einen saisonal verzögerten endogenen Einfluss (um einen Saisonzyklus). Problematisch ist allerdings vor allem im letzten Fall der Saisonverzögerung die

Schätzung der Regressionskoeffizienten, da zum Zweck der Modellierung auf die ersten r Perioden der Zeitreihen in der Regel verzichtet wird, so dass beispielsweise für $r = fr$ ein Datenverlust um eine ganze Saisonperiode in Kauf genommen werden muss.

- Modellierung gemeinsamer lokaler Strukturen in **fixed-time-effects** Paneldatenmodellen:
  Gemeinsame, auf alle Zeitreihen in einer Gruppe gleich wirkende lokale Effekte können mit Hilfe von fixed-time-effects Paneldatenmodellen modelliert werden. Dabei wird zu jedem Zeitpunkt t eine für alle Zeitreihen $y_{1,t}, y_{2,t}, \ldots, y_{I,t}$ gemeinsame Strukturkomponente ϑ_t^{loc} geschätzt. Die entsprechende Dummy-Matrix $\boldsymbol{D}_{T\times(T-1)}^{loc}$ wird für alle Zeitreihen des Aggregates identisch parametrisiert:

$$\boldsymbol{D}_{T\times(T-1)}^{loc} = \underbrace{\begin{bmatrix} 0 & \ldots & 0 \\ 1 & \ldots & 0 \\ \vdots & \ddots & \vdots \\ 0 & \ldots & 1 \end{bmatrix}}_{T-1} \tag{3.32}$$

Die Dimension $T \times (T-1)$ der Matrix ergibt sich durch das Eliminieren der ersten Spalte (für $t = 1$) aus einer Einheitsmatrix der Dimension $T \times T$, um Multikollinearität im Regressionsmodell zu vermeiden. Die Auswirkung gemeinsamer lokaler Effekte auf das globale Niveau jeder Zeitreihe kann durch folgende Regressormatrix $\boldsymbol{X}_i^{FT}$ modelliert werden:

$$\boldsymbol{X}_i^{FT} = \begin{bmatrix} 1 & 0 & \ldots & 0 \\ 1 & 1 & \ldots & 0 \\ \vdots & \vdots & \ddots & \vdots \\ 1 & 0 & \ldots & 1 \end{bmatrix} \quad \text{mit } \underbrace{}_{\boldsymbol{x}_{level}} \; \underbrace{}_{\boldsymbol{D}_{T\times(T-1)}^{loc}} \tag{3.33}$$

Analog zu den Modellen mit gemeinsamen Trendstrukturen (auf S. 62) und Saisonstrukturen (auf S. 65) erfolgt die Parametrisierung des Regressorvektors $\boldsymbol{\vartheta}$ sowie der Restriktionen:

$$\boldsymbol{\vartheta}_{T\cdot I\times 1} = \Big[\vartheta_{level_1}, \left(\vartheta_2^{loc}\right)_1, \ldots, \left(\vartheta_T^{loc}\right)_1, \ldots, \vartheta_{level_I}, \left(\vartheta_2^{loc}\right)_I, \ldots, \left(\vartheta_2^{loc}\right)_I\Big]^T \tag{3.34}$$

Die Restriktionsmatrix $\widetilde{\boldsymbol{R}}$ besteht aus den einzelnen Restriktionsmatrizen und weist die Dimension $\widetilde{\boldsymbol{R}} \sim (I-1)\cdot(T-1)\times(T\cdot I)$ auf:

– für $i = 1, \ldots, (I-1)$

$$\left(\widetilde{\boldsymbol{R}}_i^+\right)_{(T-1)\times T} = \begin{bmatrix} 0 & 1 & 0 & \ldots & 0 \\ 0 & 0 & 1 & \ldots & 0 \\ \vdots & \vdots & \vdots & \ddots & \vdots \\ 0 & 0 & 0 & \ldots & 1 \end{bmatrix} \tag{3.35}$$

– für $i = 2, \ldots, I$ siehe Formel (3.12)

$$\left(\widetilde{\boldsymbol{R}}_i^-\right)_{(T-1)\times T} = (-1)\cdot\left(\widetilde{\boldsymbol{R}}_i^+\right)_{(T-1)\times T} \tag{3.36}$$

Der Spaltenvektor $\widetilde{\boldsymbol{r}}$ der Restriktionen $\widetilde{\boldsymbol{r}} = \mathbf{0}^T$ weist die Dimension $\widetilde{\boldsymbol{r}} \sim (I-1)\cdot(T-1)\times 1$ auf.

Diese Modellvariante bietet eine parametersparende Möglichkeit, gemeinsame lokale Strukturen in einer Gruppen von Zeitreihen zu schätzen, denn es wird die stochastische Struktur komplett durch die Parameter des Vektors $\left(\boldsymbol{\vartheta}^{loc}\right)_1 = \boldsymbol{\vartheta}^{loc} = \left[\vartheta_2^{loc}, \ldots, \vartheta_T^{loc}\right]^T$ repräsentiert, so dass keine weiteren Regressoren wie Trend- und Saisonregressoren zur Modellierung verwendet werden müssen. Dementsprechend wird die Einbettung globaler Trend- und Saisonkomponenten sowie eines dynamischen endogenen Regressors *Dyn* in einer Regressormatrix $\boldsymbol{X}_i^{FT}$ nicht betrachtet.

Allerdings muss zum einen sichergestellt werden, dass alle Zeitreihen in einer Gruppe ähnliche lokale Strukturen aufweisen. Zum anderen werden für die Zeitreihenprognosen die in die Zukunft fortgeschriebenen Parameterschätzer $\hat{\vartheta}_{T+1}^{loc}, \ldots, \hat{\vartheta}_{T+H}^{loc}$ benötigt. Eine spezielle Technik der Prognose von lokalen Strukturparametern mit exponentiellen Glättungsverfahren wird in Teilabschnitt 4.1.2 beschrieben.

Die obigen Regressoren können zur Modellierung sowohl itemspezifischer als auch gemeinsamer Effekte im Aggregat im Kontext von fixed-effects-Modellen verwendet werden. Ob die Effekte auf der Ebene einzelner Zeitreihen (Bottom Up) oder als gemeinsame Effekte zeitreihenübergreifend (Top Down) geschätzt werden, wird durch die Einführung entsprechender Restriktionen modelliert. Abbildung 3.2 stellt einige praktisch relevante Modellspezifikationen dar, wobei die Regressoren sowie die zugehörigen Modellparameter einzeln am Beispiel der i−ten Zeitreihe aufgelistet sind. Als Basismodell wird das globale Niveaumodell $\boldsymbol{\eta_i}^{level}\left(\vartheta_{level_i}\right)$ gesetzt, in welchem das Niveau itemspezifisch als ϑ_{level_i} für jede Zeitreihe $i = 1, \ldots, I$ geschätzt wird. Dieses Modell entspricht einer unabhängigen Modellierung einzelner Zeitreihen mit der Annahme eines stationären DGP, wie diese in den vorherigen Abschnitten beschrieben wurden. Das Basismodell kann durch weitere Strukturkomponenten erweitert werden. An dieser Stelle kann der DGP entweder durch eine gemeinsame lokale Komponente oder im Rahmen der fixed-time-effects Modelle mit Hilfe der Regressormatrix $\boldsymbol{X}^{FT}$ (Abbildung 3.2 rechts) oder durch die einzelnen Strukturen im Rahmen der fixed-group-effects Modelle (wie Trend, Saison oder autoregressive Komponente, siehe Abbildung 3.2 links) mit Hilfe der Matrix $\boldsymbol{X}^{FG}$ repräsentiert werden. Einzelne in der Praxis relevante Modellspezifikationen werden in Abschnitt 3.2.3 parametrisiert.

Die auf Abbildung 3.2 exemplarisch dargestellten Modelle für den linearen Prädiktor $\boldsymbol{\eta_i}$ werden nun mit Hilfe einer Link-Funktion zur Modellierung konditionaler Erwartungswerte im Rahmen ausgewählter Langsamdreherverteilungen verwendet.

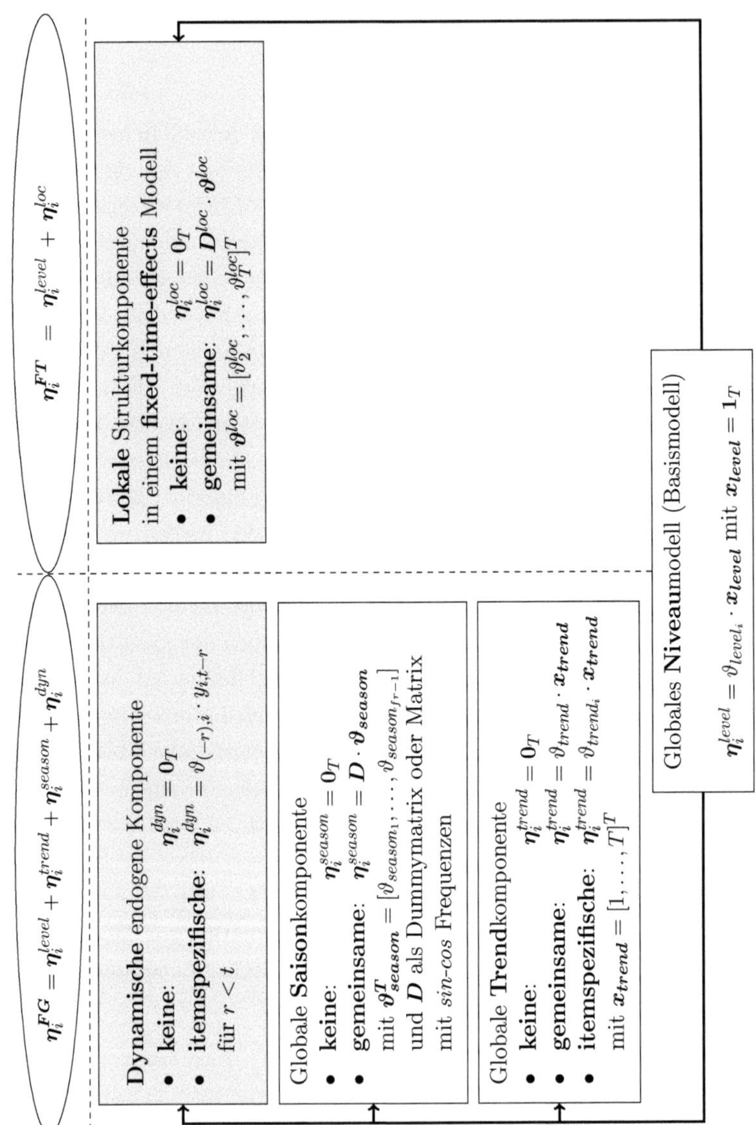

Abbildung 3.2: Modelle für den linearen Prädiktor $\boldsymbol{\eta}_i\,(\boldsymbol{\vartheta})$

3.2.3 Modellierung konditionaler Erwartungswerte

Der Wertebereich des linearen Prädiktors $\eta_{i,t}(\boldsymbol{\vartheta})$ kann durch die Menge der reellen Zahlen abgebildet werden, so dass $\eta_{i,t}(\boldsymbol{\vartheta}) \in \mathbb{R}$. Da der konditionale Erwartungswert $\lambda_{i,t}$ einer Langsamdreherverteilung ausschließlich positive Werte aufweisen darf, wird eine Transformation des linearen Prädiktors $\eta_{i,t}(\boldsymbol{\vartheta})$ mit Hilfe einer Link-Funktion vorgenommen:

$$\begin{array}{ccc} \eta_{i,t} & \xleftrightarrow{\textit{Link} - \textit{Funktion}} & \lambda_{i,t} \\ \in \mathbb{R} & & \in \mathbb{R}_{+} \end{array} \tag{3.37}$$

In der Regel wird als Link-Funktion sowohl bei der Poisson- als auch bei der NB-Verteilung die Exponentialfunktion exp verwendet, welche einen nichtlinearen Zusammenhang zwischen dem Erwartungswert $\boldsymbol{\lambda}$ und dem Parametervektor $\boldsymbol{\vartheta}$ impliziert (Cameron und Trivedi 2013).

$$\lambda_{i,t} = exp(\eta_{i,t}(\boldsymbol{\vartheta})) \tag{3.38}$$

$$\eta_{i,t}(\boldsymbol{\vartheta}) = [\boldsymbol{X}_i]_{t,\bullet} \cdot \boldsymbol{\vartheta}_i \tag{3.39}$$

Dabei repräsentiert $[\boldsymbol{X}_i]_{t,\bullet}$ die Zeile t aus der Regressormatrix $\boldsymbol{X}_i$ der $i-$ten Zeitreihe. Die Verwendung der Exponentialfunktion erklärt sich u.a. durch die Zugehörigkeit der Poisson- sowie der NB-Verteilung zur regulären Exponentialfamilie (siehe McCullagh und Nelder 1989, S. 19-20). Die kanonische Darstellung der Verteilungsmodelle der Exponentialfamilie erfordert den Einsatz einer Link- bzw. Response-Funktion, welche für die Poisson- und für die NB-Verteilung durch die Exponentialfunktion repräsentiert wird (McCullagh und Nelder 1989, S. 27-34).

Die Zugehörigkeit zur Exponentialfamilie sowie die Verwendung der Standardparametrisierung wie eine kanonische Form inklusive der Link-Funktion liefert enorme Vorzüge bei der Schätzung der Modellparameter, da in diesem Fall eine ausgearbeitete Modellschätztheorie existiert, wie beispielsweise eine in Modellparameter unimodale Likelihood-Funktion und eine analytische Form der Informationsmatrix in der ML-Schätzung (Abschnitt 3.3).

Formal handelt es sich bei Gleichung (3.38) um ein Regressionsmodell der Form $ln(\boldsymbol{\lambda}) = \boldsymbol{\eta}(\boldsymbol{\vartheta}) = \boldsymbol{X} \cdot \boldsymbol{\vartheta}$ mit der logarithmierten abhängigen Variablen $ln(\boldsymbol{\lambda})$ (siehe Greene 2012, S. 846 ff.). Die Verwendung der Exponentialfunktion impliziert somit eine multiplikative Verknüpfung zwischen einzelnen Strukturkomponenten (siehe Cameron und Trivedi 2013, S. 342-343 und 346). Demzufolge ist eine Interpretation einzelner Strukturkomponenten im güterwirtschaftlichen Kontext als Streckungs- und Stauchungsfaktoren, welche sich auf das itemspezifische Zeitreihenniveau auswirken, möglich.

Erfolgt die Modellierung und Prognose der Langsamdreher mit Hilfe von Mischverteilungen, deren Erwartungswerte zusätzlich von der autonomen Nullwahrscheinlichkeit ω abhängen (siehe dazu univariate Mischverteilungen in Abschnitt 2.4.3), kann die autonome Nullwahrscheinlichkeit entweder itemspezifisch zeitvariabel als $\omega_{i,t}$ oder itemspezifisch zeitinvariant als $\omega_{i,t} = \omega_i$ für alle $i = 1, \ldots, I$ modelliert werden.

Eine realitätsnähere Annahme stellt allerdings die in jeder Periode variierende itemspezifische Nullwahrscheinlichkeit $\omega_{i,t}$ dar, da diese genau so wie die Höhe positiver Nachfragen durch Trend- und Saisonschwankungen beeinflusst wird. Steigt beispielsweise der $\lambda_{i,t}$ Wert in der Periode t, so sinkt in der gleichen Periode t die Nullwahrscheinlichkeit $\omega_{i,t}$. Zur Abbildung des zeitlichen Verlaufs der Nullwahrscheinlichkeit $\omega_{i,t}$ kann ein logistisches Regressionsmodell (Fahrmeir et al. 1996) spezifiziert werden:

$$\begin{matrix} \eta^{\omega}_{i,t} & \xleftrightarrow{\quad Logit - Link \quad} & \omega_{i,t}. \\ \in \mathbb{R} & & \in (0,1) \end{matrix} \tag{3.40}$$

$$\eta^{\omega}_{i,t} = [\boldsymbol{X}^{\omega}_i]_{t,\bullet} \cdot \boldsymbol{\vartheta}^{\omega}_i \tag{3.41}$$

$$\omega_{i,t}(\boldsymbol{\vartheta}^{\omega}) = \frac{exp\left(\eta^{\omega}_{i,t}(\boldsymbol{\vartheta}^{\omega})\right)}{1 + exp\left(\eta^{\omega}_{i,t}(\boldsymbol{\vartheta}^{\omega})\right)} \tag{3.42}$$

Dabei repräsentiert $[\boldsymbol{X}^{\omega}_i]_{t,\bullet}$ die Zeile t aus der Regressormatrix $\boldsymbol{X}^{\omega}_i$ korrespondierend zur i−ten Zeitreihe. In Analogie zur Modellierung des linearen Prädiktors $\boldsymbol{\eta}(\boldsymbol{\vartheta})$ für die Nachfragehöhe repräsentiert $\boldsymbol{X}^{\omega}_i$ die Regressormatrix sowie $\boldsymbol{\vartheta}^{\omega}_i$ den zu schätzenden Vektor der Regressionsparameter für die $i-$te Zeitreihe. Die logistische Link-Funktion (Gleichung 3.42) stellt bei der Schätzung sicher, dass die Nullwahrscheinlichkeit $\hat{\omega}_{i,t}$ im Intervall $(0,1)$ liegt.

Das obige Logit-Modell entspricht der Modellierung von ω als Nullwahrscheinlichkeit einer Bernoulli-Verteilung, kann aber durch Nullwahrscheinlichkeiten weiterer diskreter Verteilungen wie Poisson oder NB repräsentiert werden. Die Verwendung einer Poisson-Verteilung oder NB-Verteilung zur Modellierung autonomer Nullwahrscheinlichkeit findet sich selten in der Literatur und wird in Cameron und Trivedi (2013), S. 231 ff. sowie in Deb und Trivedi (1997) dadurch begründet, dass im Rahmen von Mischverteilungen die gleiche Verteilungsfamilie sowohl zur Modellierung von positiven als auch von Nullbeobachtungen verwendet werden kann. Beispielsweise kann an der Stelle des Logit-Modells (Gleichung 3.42) das Modell $\boldsymbol{\omega}_i\left(\boldsymbol{\vartheta}_i^{\omega}\right) = exp(-\boldsymbol{X}_i^{\omega} \cdot \boldsymbol{\vartheta}_i^{\omega})$ der Nullwahrscheinlichkeit einer Poissonverteilung zur Abbildung von $\boldsymbol{\omega}$ verwendet werden.

Sowohl das Logit-Modell als auch das Modell der Nullwahrscheinlichkeit auf Basis einer Poissonverteilung werden für einige Gruppen der Fallstudie in Kapitel 6 zur Schätzung von $\boldsymbol{\omega}$ verwendet. Ergebnisse der Modellschätzung sowohl hinsichtlich der Parameterwerte als auch hinsichtlich der Signifikanz und des Zeitaufwandes sind hochgradig ähnlich.

Die Verwendung der NB1 oder NB2 Verteilung zur $\boldsymbol{\omega}$ Modellierung erfordert die Schätzung der Überdispersionsparameter für die Nullwahrscheinlichkeit, welche eine zusätzliche Modellkomplexität bewirkt und keine stabile Schätzung aufgrund des Rangabfalls der Hesse-Matrix sicherstellt (für einen Überblick über numerische Probleme bei der Parameterschätzung siehe Abschnitt 6.4.3). Aus diesen Gründen wird in der vorliegenden Arbeit ausschließlich das Logit-Modell (Gleichung 3.42) zur Modellierung der Nullwahrscheinlichkeiten ω verwendet.

Die durch Regressionsmodelle parametrisierten linearen Prädiktoren für die Modelle der mittleren Nachfrage $\lambda_{i,t}$ sowie ggf. für die autonome Nullwahrscheinlichkeit $\omega_{i,t}$ in Mischverteilungen werden in Kombination mit den entsprechenden Link-Funktionen (Exponential- und Logit-Funktion) bei der Parametrisierung der Paneldatenmodelle für sporadische Zeitreihen verwendet. Diese werden exemplarisch im folgenden Abschnitt parametrisiert.

In Abhängigkeit davon, welche Strukturkomponenten zur Abbildung der DGP einer Gruppe von Langsamdrehern verwendet werden, können unterschiedliche Modelle spezifiziert werden. Dabei muss allerdings beachtet werden, dass sich nicht alle Regressorkombinationen, welche kombinatorisch möglich sind, zur multivariaten Modellierung und Prognose sporadischer Zeitreihen eignen. Beispielsweise wird der Fall itemspezifischer Saisonalität in der vorliegenden Arbeit ausgeschlossen, da häufig die Schätzung der Koeffizienten der Saisonregressoren für jede einzelne und in der Regel kurze sporadische Zeitreihe ($2-4$ Saisonzyklen lang) numerisch nicht möglich ist. Newbold und Bos (1994) geben an, dass für die Saisonidentifizierung in den Zeitreihen der Schnelldreher mindestens drei Saisonzyklen vorhanden sein müssen. Auf sporadische Zeitreihen kann dieser Richtwert nicht übertragen werden, denn es können alle drei korrespondierenden Saisonperioden aufgrund der Sporadizität den Wert Null aufweisen und somit keine zuverlässige Schätzung der Saisonparameter gewährleisten (siehe Kapitel 6).

Einige geeignete Modellvarianten zur multivariaten Modellierung der instationären DGP in Gruppen sporadischer Zeitreihen werden nachfolgend angegeben und kommentiert.

- Werden in einer Gruppe die Zeitreihen mit ähnlicher globaler Saison- und Trendstruktur zusammengefasst, welche sich auf das zeitreihenspezifische globale Niveau auswirken, so kann eine **gemeinsame Saisonkomponente** (Top Down), eine **gemeinsame Trendkomponente** (Top Down) sowie eine **itemspezifische Niveaukomponente** (Bottom Up) zur multivariaten Modellierung der DGP der Zeitreihen in einer Gruppe verwendet werden. Das Modell des linearen Prädiktors der i–ten Zeitreihe mit $i = 1, \ldots, I$ sowie deren konditionaler Erwartungswert $\boldsymbol{\lambda}_i \mid \boldsymbol{X}$ werden wie folgt parametrisiert:

$$\boldsymbol{X}_i = [\boldsymbol{x_{level}}, \boldsymbol{x_{trend}}, \boldsymbol{D}] \tag{3.43}$$

$$\boldsymbol{\vartheta}_i = \left[\vartheta_{level_i}, \vartheta_{trend}, \vartheta_{season_1}, \ldots, \vartheta_{season_{fr-1}}\right]^T \tag{3.44}$$

$$\boldsymbol{\lambda}_i \mid \boldsymbol{X}_i = \underbrace{exp\left(\vartheta_{level_i} \cdot \boldsymbol{x_{level}}\right)}_{\substack{Level_i \\ \text{Bottom Up}}} \cdot \underbrace{exp\left(\vartheta_{trend} \cdot \boldsymbol{x_{trend}}\right)}_{\substack{Trend \\ \text{Top Down}}} \cdot \underbrace{exp\left(\boldsymbol{D} \cdot \boldsymbol{\vartheta_{season}}\right)}_{\substack{Season \\ \text{Top Down}}} \tag{3.45}$$

Betrachtet man die Einflüsse der Strukturkomponenten einzeln, so ergibt sich beispielsweise bei einem negativen Wert $\vartheta_{trend} < 0$ eine Stauchung des Erwartungswertes $\boldsymbol{\lambda}_i$ um $exp(\vartheta_{trend})$ in jeder Periode $t = 1, \ldots, T$. Ein in der Periode t positiver Saisoneinfluss ($\boldsymbol{D}_{t,\bullet} \cdot \boldsymbol{\vartheta_{season}} > 0$) führt zur Erhöhung des Niveaus der $i-$ten Zeitreihe in der Periode t um den Faktor $exp(\boldsymbol{D}_{t,\bullet} \cdot \boldsymbol{\vartheta_{season}})$. Die Zeile t aus der Matrix $\boldsymbol{D}$ wird mit $\boldsymbol{D}_{t,\bullet}$ bezeichnet.

Ist der Nettoeffekt ($\vartheta_{trend} \cdot t + \boldsymbol{D}_{t,\bullet} \cdot \boldsymbol{\vartheta_{season}} > 0$) gemeinsamer Trend- und Saisonstruktur für alle Zeitreihen in einer Gruppe in der Periode t positiv, so führt das zur "Streckung" des Niveaus $Level_i$ für jede Beobachtung $y_{i,t}$ und somit zur Steigerung des Erwartungswertes $\lambda_{i,t}$. Anderenfalls wird bei einem negativen Nettoeffekt das Niveau $Level_i$ der $i-$ten Zeitreihe "gestaucht". Das obige Modell impliziert den auf alle Zeitreihen gleich wirkenden globalen Einfluss gemeinsamer Saison- und Trendkomponenten. Mit Hilfe entsprechender Restriktionen (Gleichungen 3.7, 3.12 auf S. 60 sowie Parametrisierungen auf S. 62 und 65) erfolgt die Schätzung der Trend- und Saisonstrukturen als gemeinsame Komponenten.

- Eine weitere Modellvariante ermöglicht eine multivariate Schätzung der DGP in einer Gruppe von Zeitreihen, welche zwar gleiche Saisonverläufe, allerdings itemspezifische globale Niveaus und möglicherweise itemspezifische globale Trendverläufe aufweisen. In diesem Fall kann das Modell für den linearen Prädiktor durch eine **gemeinsame globale Saisonkomponente** und **itemspezifische Trend-** sowie **Niveaukomponenten** parametrisiert werden:

$$\boldsymbol{\vartheta}_i = \left[\vartheta_{level_i}, \vartheta_{trend_i}, \vartheta_{season_1}, \ldots, \vartheta_{season_{fr-1}}\right]^T \quad (3.46)$$

$$\boldsymbol{\lambda}_i \mid \boldsymbol{X}_i = \underbrace{exp\left(\vartheta_{level_i} \cdot \boldsymbol{x_{level}}\right)}_{\substack{Level_i \\ \text{Bottom Up}}} \cdot \underbrace{exp\left(\vartheta_{trend_i} \cdot \boldsymbol{x_{trend}}\right)}_{\substack{Trend_i \\ \text{Bottom Up}}} \cdot \underbrace{exp\left(\boldsymbol{D} \cdot \boldsymbol{\vartheta_{season}}\right)}_{\substack{Season \\ \text{Top Down}}} \quad (3.47)$$

Bezogen auf den Trendeinfluss lässt sich sowohl die unterschiedliche Einflussstärke als auch die unterschiedliche Richtung des Zusammenhangs (positiv für $\vartheta_{trend_i} > 0$ oder negativ für $\vartheta_{trend_i} < 0$) itemspezifisch modellieren. Durch die Restriktionen (siehe S. 65) wird sichergestellt, dass die Saisonkomponente in einer Gruppe zeitreihenübergreifend geschätzt wird.

- Die obigen Trend- und Saisonkomponenten bilden global instationäre Prozesse ab. Durch die Einbettung und durch die simultane Schätzung dynamischer (endogener) Regressoren **itemspezifisch** $(y_{i,t-r})$ oder **gemeinsam** auf der Aggregatsebene $\left(A_{t-r} = \sum_{i=1}^{I} y_{i,t-r}\right)$ ist es möglich, die **lokal** veränderlichen (hier verzögerten endogenen) Strukturen abzubilden. Unterstellt man ein einperiodisches Gedächtnis $(r = 1)$ des DGP jeder einzelnen Zeitreihe, so kann die stochastische Struktur zeitreihenspezifisch durch $y_{i,t-1}$ für $i = 1, \ldots, I$ abgebildet werden. In Abhängigkeit vom Vorzeichen der Modellkoeffizienten resultiert eine Streckung (für $\vartheta_{(-1),i} > 0$) oder eine Stauchung (für $\vartheta_{(-1),i} < 0$) des itemspezifischen Niveaus. An dieser Stelle wird allerdings unterstellt, dass sich die Vorperiode in gleichem Ausmaß auf die nachfolgende Periode auswirkt. Dieser Einfluss wird als zeitinvariant angenommen und durch den konstanten Parameter $\hat{\vartheta}_{(-1),i}$ itemspezifisch geschätzt. Hierbei ist anzumerken, dass die dynamische endogene Komponente lediglich instrumentell als zusätzlicher Regressor verwendet wird, so dass keine Untersuchung der Stationaritätseigenschaften der zugrunde liegenden DGP, beispielsweise mit Hilfe von Unit Root Tests, erfolgt. Diese Überprüfung ist allerdings im sporadischen Fall in einem multiplikativen Modell nichttrivial.

Werden in diesem Modell zusätzlich zur dynamischen endogenen Variable $y_{i,t-1}$ auch **gemeinsame Saison-** und **Trendeinflüsse** geschätzt, so wird der Parametervektor $\boldsymbol{\vartheta}_i$ sowie der konditionale Erwartungswert $\boldsymbol{\lambda}_i \mid \boldsymbol{X}$ wie folgt parametrisiert:

$$\boldsymbol{\vartheta}_i = \left[\vartheta_{level_i}, \vartheta_{(-1),i}, \vartheta_{trend}, \vartheta_{season_1}, \ldots, \vartheta_{season_{fr-1}}\right]^T \quad (3.48)$$

$$\boldsymbol{\lambda}_i|\boldsymbol{X}_i = \underbrace{exp\left(\vartheta_{level_i} \cdot \boldsymbol{x_{level}}\right) \cdot exp\left(\vartheta_{(-1),i} \cdot y_{i,t-1}\right)}_{\substack{Level_i \text{ und Komponente } Dyn_{i,t-1} \\ \text{Bottom Up}}} \cdot \underbrace{exp\left(\vartheta_{trend} \cdot \boldsymbol{x_{trend}}\right) \cdot exp\left(\boldsymbol{D} \cdot \boldsymbol{\vartheta_{season}}\right)}_{\substack{Trend \text{ und } Season \\ \text{Top Down}}} \quad (3.49)$$

- Wird die **lokal veränderliche** Struktur einer Gruppe sporadischer Zeitreihen durch eine **gemeinsame** (deterministische) Komponente modelliert, so kann diese im **fixed-time-effects** Paneldatenmodell geschätzt werden.

$$\boldsymbol{\vartheta}_i = \left[\vartheta_{level_i}, \vartheta_2^{loc}, \ldots, \vartheta_T^{loc}\right]^T \quad (3.50)$$

$$\boldsymbol{\lambda}_i|\boldsymbol{X}_i = \underbrace{exp\left(\vartheta_{level_i} \cdot \boldsymbol{x_{level}}\right)}_{\substack{Level_i \\ \text{Bottom Up}}} \cdot \underbrace{exp\left(\boldsymbol{D}^{loc} \cdot \boldsymbol{\vartheta}^{loc}\right)}_{\substack{\text{Lokale Struktur} \\ \text{Top Down}}} \quad (3.51)$$

$$\lambda_{i,t} = exp\left(\vartheta_{level_i}\right) \cdot exp\left(\vartheta_t^{loc}\right) \quad (3.52)$$

In diesem Modell wirkt sich die zum Zeitpunkt t korrespondierende lokale Strukturkomponente ϑ_t^{loc} in gleichem Ausmaß $exp\left(\vartheta_t^{loc}\right)$ auf das itemspezifische Niveau aus und kann somit eine Streckung oder Stauchung des Levels jeder Zeitreihe bewirken. Die entsprechenden Restriktionen zum Zweck der Schätzung gemeinsamer lokaler Strukturen in einem fixed-time-effects Paneldatenmodell sind auf S. 68 parametrisiert.

Neben den obigen exemplarisch dargestellten Modellvarianten können je nach Problemstellung aus der Praxis auch weitere Parametrisierungen entwickelt werden. Im nächsten Schritt werden die obigen Modelle für den linearen Prädiktor und konditionalen Erwartungswert in eine Langsamdreherverteilung eingebettet.

3.2.4 Paneldatenregressionsmodelle mit Langsamdreherverteilungen

Nachfolgende multivariate Modelle basieren auf den oben dargestellten univariaten Verteilungen (siehe Kapitel 2). Formal sind Anpassungen bezüglich der Indizierung vorzunehmen, da der konditionale Erwartungswert $\lambda_{i,t}$ (Formel 3.38) sowie ggf. die autonome Nullwahrscheinlichkeit $\omega_{i,t}$ (Formel 3.40) hier itemspezifisch und zeitvariabel für $y_{i,t}$ mit $i = 1, \ldots, I$ und $t = 1, \ldots, T$ modelliert werden:

- Paneldaten-Poissonregression

$$P_{pois}\left(y_{i,t} \mid \boldsymbol{\vartheta}\right) = \frac{exp\left(-\lambda_{i,t}^{pois}\right) \cdot \left(\lambda_{i,t}^{pois}\right)^{y_{i,t}}}{y_{i,t}!} \tag{3.53}$$

- Paneldaten-NB2 Regression mit dem Überdispersionsparameter α_i^{NB} für $i = 1, \ldots, I$ (zeitreihenspezifisch)

$$P_{NB2}\left(y_{i,t} \mid \boldsymbol{\vartheta}, \alpha_i^{NB}\right) = \\ = \frac{\Gamma\left(\alpha_i^{NB} + y_{i,t}\right)}{\Gamma\left(\alpha_i^{NB}\right) \cdot \Gamma\left(y_{i,t}+1\right)} \cdot \left(\frac{\alpha_i^{NB}}{\alpha_i^{NB} + \lambda_{i,t}^{NB}}\right)^{\alpha_i^{NB}} \cdot \left(\frac{\lambda_{i,t}^{NB}}{\alpha_i^{NB} + \lambda_{i,t}^{NB}}\right)^{y_{i,t}} \tag{3.54}$$

- Paneldaten-Nullinflationierte (zero inflated) Regression

$$P_{ZI}\left(y_{i,t}|\boldsymbol{\vartheta}, \boldsymbol{\vartheta}^{\omega}\right) = \begin{cases} \omega_{i,t} + \left(1-\omega_{i,t}\right) \cdot P\left(y_{i,t}|\boldsymbol{\vartheta}\right), & y_{i,t}=0 \\ \left(1-\omega_{i,t}\right) \cdot P\left(y_{i,t}|\boldsymbol{\vartheta}\right), & y_{i,t}=1,2,\ldots \end{cases} \tag{3.55}$$

- Paneldaten-Hurdle-Regression

$$P_{ZH}\left(y_{i,t}|\boldsymbol{\vartheta},\boldsymbol{\vartheta}^{\omega}\right)=\begin{cases}\omega_{i,t}, & y_{i,t}=0\\ (1-\omega_{i,t})\cdot\frac{P(y_{i,t}|\boldsymbol{\vartheta})}{1-P(0|\boldsymbol{\vartheta})}, & y_{i,t}=1,2,\ldots\end{cases} \tag{3.56}$$

An der Stelle $P\left(y_{i,t} \mid \boldsymbol{\vartheta}\right)$ in nullinflationierten und Hurdle-Regressionen kann beispielsweise die Dichtefunktion einer Langsamdreherverteilung (P_{pois} oder P_{NB2}) eingesetzt werden.

Alle obigen Paneldatenmodelle erlauben die multivariate Modellierung instationärer DGP in Gruppen sporadischer Zeitreihen. Die Zusammenhangstruktur wird dabei durch den Modellparametervektor $\boldsymbol{\vartheta}$ sowie ggf. durch $\boldsymbol{\vartheta}^{\omega}$ repräsentiert, welche mit der nachfolgend beschriebenen Maximum-Likelihood Methode geschätzt werden.

3.3 Maximum-Likelihood Schätzung und statistische Inferenz

Die Schätzung des Parametervektors $\boldsymbol{\vartheta}$ der oben dargestellten Paneldatenregressionsmodelle für sporadische Zeitreihen erfolgt mit Hilfe der Maximum-Likelihood Methode (siehe beispielsweise Kapitel 4, 9, 14 in Greene 2012).

Die multivariate Modellierung sporadischer Zeitreihen mit Hilfe der Strukturkomponenten und die Parameterschätzung mit der Maximum-Likelihood Methode beruht auf der Annahme konditionaler Unabhängigkeit einzelner Beobachtungen $y_{i,t}$, gegeben die Regressormatrix $\boldsymbol{X}$. Durch die Regressoren in der Regressormatrix $\boldsymbol{X}$ wird die Zusammenhangstruktur einzelner Zeitreihen in einer Gruppe sporadischer Zeitreihen sowie die Autokorrelation in den einzelnen Zeitreihen abgebildet. Die Parameterschätzung erfolgt durch die Maximierung der Log-Likelihood-Funktion, welche sich als Funktion der Parameter der gemeinsamen Dichtefunktion der Gruppe sporadischer Zeitreihen parametrisieren lässt.

Für den Fall, dass sich in der Regressormatrix $\boldsymbol{X}$ sowohl deterministische Regressoren wie $\boldsymbol{x}_{level}$ oder $\boldsymbol{x}_{trend}$ als auch zeitverzögerte endogene Variablen $y_{i,t-r}$ mit $r = 1, 2, \ldots$ vorfinden, erfolgt die Konditionierung auf die Zeitreihenhistorie. Zum Zweck der korrekten Notation wird nachfolgend als $\widetilde{\boldsymbol{X}}_i$ die itemspezifische Regressormatrix und als $\widetilde{\boldsymbol{X}}$ die für alle I Zeitreihen gemeinsame Regressormatrix bezeichnet, welche **keine** verzögerten endogenen Variablen enthält. $\left[\widetilde{\boldsymbol{X}}_i\right]_{t,\bullet}$ bezeichnet die Zeile t in der Matrix $\widetilde{\boldsymbol{X}}_i$.

Die entsprechende konditionale Dichtefunktion $p\left(y_{i,1}, \ldots, y_{i,T} \mid \widetilde{\boldsymbol{X}}_i\right)$ für die Zeitreihe $y_{i,1}, \ldots, y_{i,T}$ kann unter der Annahme konditionaler Unabhängigkeit einzelner Beobachtungen $y_{i,t}$ wie folgt parametrisiert werden (Greene 2012, S. 563, 598):

$$\begin{aligned} p\left(y_{i,1}, \ldots, y_{i,T} \mid \widetilde{\boldsymbol{X}}_i\right) &= \left[\prod_{t=r+1}^{T} p\left(y_{i,t} \mid y_{i,t-r}\ , \left[\widetilde{\boldsymbol{X}}_i\right]_{t,\bullet}\right)\right] \cdot \\ & \quad p\left(y_{i,1}, \ldots y_{i,r} \mid \widetilde{\boldsymbol{X}}_i\right) \end{aligned} \tag{3.57}$$

Unter der Annahme der konditionalen Unabhängigkeit von I Zeitreihen kann die gemeinsame Dichtefunktion durch

$$p\left(\boldsymbol{y}_1, \ldots, \boldsymbol{y}_I \mid \widetilde{\boldsymbol{X}}\right) = \prod_{i=1}^{I} p\left(y_{i,1}, \ldots, y_{i,T} \mid \widetilde{\boldsymbol{X}}_i\right) \tag{3.58}$$

dargestellt werden. Die korrespondierende Likelihood-Funktion als Funktion der Modellparameter $\boldsymbol{\vartheta}$ sowie die Log-Likelihood-Funktion werden wie folgt parametrisiert:

$$L\left(\boldsymbol{\vartheta} \mid \boldsymbol{y}_1, \ldots, \boldsymbol{y}_I\right) = \prod_{i=1}^{I} p\left(y_{i,1}, \ldots, y_{i,T} \mid \widetilde{\boldsymbol{X}}_i\right) \tag{3.59}$$

$$lnL\left(\boldsymbol{\vartheta} \mid \boldsymbol{y}_1, \ldots, \boldsymbol{y}_I\right) = \sum_{i=1}^{I} ln\left(p\left(y_{i,1}, \ldots, y_{i,T} \mid \widetilde{\boldsymbol{X}}_i\right)\right) \tag{3.60}$$

Zum Zweck der Schätzung des Parametervektors $\boldsymbol{\vartheta}$ wird die gemeinsame Log-Likelihood-Funktion im Parameterraum von $\boldsymbol{\vartheta}$ maximiert. Die notwendige Bedingung für das Maximum von $lnL\left(\boldsymbol{\vartheta}\right)$ ist die Lösung der Likelihood-Gleichung (vgl. Greene 2012, S. 553):

$$\frac{\partial\, lnL\,(\boldsymbol{\vartheta} \mid \boldsymbol{y}_1, \ldots, \boldsymbol{y}_I)}{\partial\, \boldsymbol{\vartheta}} \;=\; 0 \tag{3.61}$$

Das Maximum der Log-Likelihood-Funktion kann für die in Abschnitt 3.2 beschriebenen Paneldatenmodelle in der Regel nicht analytisch bestimmt werden. An dieser Stelle werden im Rahmen der Parameterschätzung numerische Optimierungsverfahren eingesetzt, welche nachfolgend beschrieben werden.

3.3.1 Numerische Optimierungsverfahren

Die numerische Optimierung im Rahmen der Parameterschätzung erfolgt häufig basierend auf Gradientensuchverfahren (siehe Greene 2012, S. 1047, Dennis und Schnabel 1996, S. 16 ff., Küsters und Arminger 1989 sowie Küsters 1987, S. 86-95), welche auf dem Verfahren von Newton basieren und eine Linearisierung der herkömmlichen Log-Likelihood-Funktion durch eine Taylor-Reihenentwicklung vornehmen.

Zu den bekanntesten Optimierungsverfahren gehören der Newton-Raphson-Algorithmus und dessen Modifikationen (Dennis und Schnabel 1996). Deren Idee besteht in einer sukzessiven Näherung an das Maximum der Log-Likelihood-Funktion $lnL\left(\hat{\boldsymbol{\vartheta}} \mid \boldsymbol{y}_1, \ldots, \boldsymbol{y}_I\right)$, welches an der Stelle des Parameterschätzers $\hat{\boldsymbol{\vartheta}}$ erreicht wird. Die Vorgehensweise im Rahmen numerischer Suchverfahren kann wie folgt dargestellt werden.

- **Initialisierungsschritt:** Das Suchverfahren geht von einem Startvektor (initialen Vektor) $\hat{\boldsymbol{\vartheta}}^{(0)}$ aus, welcher oft heuristisch bestimmt wird oder mit anderen numerischen Suchroutinen datengetrieben berechnet werden kann (Dennis und Schnabel 1996).

  - In Hilbe (2011), S. 55 findet man Verweise auf die Parameterinitialisierungen in Softwarelösungen, welche von der Setzung des Vektors $\hat{\boldsymbol{\vartheta}}^{(0)}$ auf $\mathbf{0}$ oder auf $\mathbf{1}$ bis zur Schätzung eines klassischen linearen Regressionsmodells basierend auf den ersten Beobachtungen des Datensatzes oder für den kompletten Datensatz reichen.

– Eine Initialisierungsmöglichkeit im Rahmen der Schätzung eines Paneldatenmodells stellt die Schätzung der Parameter der univariaten Poissonverteilung oder der univariaten Poissonregression aber auch eines anderen univariaten Verfahrens basierend auf den ersten Beobachtungen des Datensatzes dar.

– Im multivariaten Fall der Regressionsmodelle für Paneldaten können die durch univariate Schätzung resultierenden Parameter oder der über alle Zeitreihen berechnete mittlere Wert als eine Startlösung verwendet werden.

Bereits der Initialisierungsschritt stellt in Gruppen sporadischer Zeitreihen ein Problem dar, da sowohl die Schätzung der klassischen Regression als auch die Schätzung der Poissonregression vor allem im univariaten Fall aufgrund der Nullbesetzung numerisch schwierig ist, so dass beispielsweise nicht zulässige Werte (wie in der klassischen Regression, wenn die geschätzten negativen $\boldsymbol{\vartheta}$ Werte zu negativen Werten von $\boldsymbol{\lambda}$ führen) resultieren können.

- **Iterationsschritt:** In jeder neuen Iteration $(b+1)$ erfolgt der Übergang vom Vektor $\hat{\boldsymbol{\vartheta}}^{(b)}$ der $b-$ten Iteration zu $\hat{\boldsymbol{\vartheta}}^{(b+1)}$ durch die Updatevorschrift:

$$\hat{\boldsymbol{\vartheta}}^{(b+1)} = \hat{\boldsymbol{\vartheta}}^{(b)} - w^{(b)} \cdot HS\left(\hat{\boldsymbol{\vartheta}}^{(b)}\right) \cdot \left(grad\,(\boldsymbol{\vartheta})\big|_{\boldsymbol{\vartheta}=\hat{\boldsymbol{\vartheta}}^{(b)}}\right)^T \quad (3.62)$$

Die Updatevorschrift in Formel (3.62) wird in der Regel mit Hilfe des Gradientenvektors

$$grad\,(\boldsymbol{\vartheta}) = \frac{\partial\, lnL\,(\boldsymbol{\vartheta} \mid \boldsymbol{y}_1, \ldots, \boldsymbol{y}_I)}{\partial\, \boldsymbol{\vartheta}} \quad (3.63)$$

sowie mit Hilfe der Hesse-Matrix $HS\,(\boldsymbol{\vartheta})$ (Matrix der zweiten Ableitungen der Log-Likelihood-Funktion)

$$HS\,(\boldsymbol{\vartheta}) = \frac{\partial^2\, lnL\,(\boldsymbol{\vartheta} \mid \boldsymbol{y}_1, \ldots, \boldsymbol{y}_I)}{\partial\, \boldsymbol{\vartheta} \partial\, \boldsymbol{\vartheta}^T} \quad (3.64)$$

realisiert. Dabei wird vorausgesetzt, dass sowohl der Gradientenvektor $grad\,(\boldsymbol{\vartheta})$ als auch die Hesse-Matrix $HS\,(\boldsymbol{\vartheta})$ existieren und analytisch oder numerisch bestimmt werden können (Küsters und Arminger 1989, Dennis und Schnabel 1996 und Fahrmeir et al. 1996). Da eine analytische Berechnung der Hesse-Matrix häufig nicht möglich ist, wird diese oftmals durch deren Schätzer $\widehat{HS}$ ersetzt (siehe Abschnitt 3.3.2).

Der Gewichtungswert $w^{(b)}$ ermöglicht die Steuerung der Schrittweite in der Iteration (b). Ist $w^{(b)}$ zu groß gewählt, so kann dies u.U. zur Divergenz der Verfahren aufgrund von beispielsweise so genannter Spider-Effekte (siehe Gentle 2009, S. 251-253) führen. Zu "kleine" Werte $w^{(b)}$ führen zum einen zu langen Konvergenzzeiten der Verfahren und können zum anderen lokale Maxima auffinden. Die Angabe der Schrittweite sowie die Entscheidung, ob diese zu groß oder zu klein ist, ist bei jeder Modellschätzung unterschiedlich und kann dementsprechend modellspezifisch optimiert werden (siehe dazu Küsters und Arminger 1989, S. 214-216 für eine kurze Beschreibung sowie Luenberger und Ye 2008, S. 217-219 für eine ausführliche Beschreibung der Optimierung der Schrittweite).

- **Stopbedingung:** Der Iterationsschritt wird so lange wiederholt, bis keine maßgebliche Verbesserung der Lösung realisiert wird, welche beispielsweise durch einen Schwellenwert in der Größenordnung 10^{-8} wie folgt gemessen wird: $\left|\hat{\boldsymbol{\vartheta}}^{(b+1)} - \hat{\boldsymbol{\vartheta}}^{(b)}\right| < 10^{-8}$ (Küsters und Arminger 1989). An dieser Stelle wird das Maximum der Log-Likelihood-Funktion erreicht und somit der Vektor der ML-Parameterschätzer als $\hat{\boldsymbol{\vartheta}} = \hat{\boldsymbol{\vartheta}}^{(b+1)}$ bestimmt.

Die Komplexität einzelner Berechnungsschritte sowie die Wahl der Schwellenwerte wirken sich auf die Konvergenzgeschwindigkeit der Algorithmen aus, welche u.a. vom ausgewählten Algorithmusschema abhängt. Für eine ausführliche Diskussion zu verschiedenen Algorithmen nichtlinearer Optimierung siehe u.a. Küsters und Arminger (1989), S. 211-214 oder Dennis und Schnabel (1996).

3.3.2 Varianz-Kovarianz-Matrix der Parameterschätzer

Der Erwartungswert der im Rahmen der numerischen Suche verwendeten Hesse-Matrix $HS(\boldsymbol{\vartheta})$ dient als Grundlage zur Berechnung der asymptotischen Varianz-Kovarianz-Matrix $\boldsymbol{\Sigma}_{\boldsymbol{\vartheta}}$ der Modellparameter $\boldsymbol{\vartheta}$. Allerdings ist die Hesse-Matrix (Formel 3.64) in der Regel analytisch schwer zu berechnen, so dass unterschiedliche numerische Berechnungsmöglichkeiten der Hesse-Matrix und folglich der Varianz-Kovarianz-Matrix der Parameterschätzer in Rahmen folgender Algorithmen der numerischen Optimierung verwendet werden können:

- Der **Newton-Raphson Algorithmus** verwendet als Schätzer $\widehat{HS}(\boldsymbol{\vartheta})$ die empirische (beobachtete) Hesse-Matrix, welche an der Stelle des geschätzten Vektors $\hat{\boldsymbol{\vartheta}}^{(b)}$ der Iteration (b) evaluiert wird.

$$\widehat{HS}\left(\hat{\boldsymbol{\vartheta}}^{(b)}\right) = \left.\frac{\partial^2 \, lnL\,(\boldsymbol{\vartheta} \mid \boldsymbol{y}_1, \ldots, \boldsymbol{y}_I)}{\partial\,\boldsymbol{\vartheta}\partial\,\boldsymbol{\vartheta}^T}\right|_{\boldsymbol{\vartheta}=\hat{\boldsymbol{\vartheta}}^{(b)}} \tag{3.65}$$

  Folglich resultiert der Schätzer $\hat{\boldsymbol{\Sigma}}_{\hat{\boldsymbol{\vartheta}}^{(b)}}$ für die Varianz-Kovarianz-Matrix $\boldsymbol{\Sigma}_{\boldsymbol{\vartheta}}$ der Modellparameter $\boldsymbol{\vartheta}$ (Greene 2012, S. 557, 561), welche sich als inverse Matrix der vom Vorzeichen verschiedenen Hesse-Matrix berechnen lässt:

$$\hat{\boldsymbol{\Sigma}}_{\hat{\boldsymbol{\vartheta}}^{(b)}} = \left[- \left.\frac{\partial^2 \, lnL\,(\boldsymbol{\vartheta} \mid \boldsymbol{y}_1, \ldots, \boldsymbol{y}_I)}{\partial\,\boldsymbol{\vartheta}\partial\,\boldsymbol{\vartheta}^T}\right|_{\boldsymbol{\vartheta}=\hat{\boldsymbol{\vartheta}}^{(b)}} \right]^{-1} \tag{3.66}$$

- Der **Fisher-Scoring** Algorithmus verwendet zur Berechnung von $HS(\boldsymbol{\vartheta})$ die Informationsmatrix $\mathbb{I}(\boldsymbol{\vartheta})$, welche mit Hilfe von lediglich der ersten Ableitung der Log-Likelihood-Funktion berechnet wird und an der Stelle des geschätzten Vektors $\hat{\boldsymbol{\vartheta}}^{(b)}$ der Iteration (b) evaluiert wird (siehe beispielsweise Greene 2012, S. 555):

$$\mathbb{I}\left(\hat{\boldsymbol{\vartheta}}^{(b)}\right) =$$

$$= E\left(\left.\frac{\partial \, lnL\,(\boldsymbol{\vartheta}|\boldsymbol{y}_1, \ldots, \boldsymbol{y}_I)}{\partial\,\boldsymbol{\vartheta}}\right|_{\boldsymbol{\vartheta}=\hat{\boldsymbol{\vartheta}}^{(b)}} \cdot \left.\frac{\partial \, lnL\,(\boldsymbol{\vartheta}|\boldsymbol{y}_1, \ldots, \boldsymbol{y}_I)}{\partial\,\boldsymbol{\vartheta}^T}\right|_{\boldsymbol{\vartheta}=\hat{\boldsymbol{\vartheta}}^{(b)}} \right) \tag{3.67}$$

$$= -E\left(\left.\frac{\partial^2 \, lnL\,(\boldsymbol{\vartheta}|\boldsymbol{y}_1, \ldots, \boldsymbol{y}_I)}{\partial\,\boldsymbol{\vartheta}\partial\,\boldsymbol{\vartheta}^T}\right|_{\boldsymbol{\vartheta}=\hat{\boldsymbol{\vartheta}}^{(b)}} \right) \tag{3.68}$$

Die Inverse $\left[\mathbb{I}\left(\hat{\boldsymbol{\vartheta}}^{(b)}\right)\right]^{-1}$ der Informationsmatrix $\mathbb{I}\left(\hat{\boldsymbol{\vartheta}}^{(b)}\right)$ stellt die asymptotische Varianz-Kovarianz-Matrix $\hat{\boldsymbol{\Sigma}}_{\hat{\boldsymbol{\vartheta}}^{(b)}}$ des Modellparameterschätzers $\hat{\boldsymbol{\vartheta}}^{(b)}$ dar (Greene 2012, S. 553):

$$\hat{\boldsymbol{\Sigma}}_{\hat{\boldsymbol{\vartheta}}^{(b)}} = \left[\mathbb{I}\left(\hat{\boldsymbol{\vartheta}}^{(b)}\right)\right]^{-1} \tag{3.69}$$

- Die **Broyden-Fletcher-Goldfarb-Shanno** (**BFGS**) Methode gehört zur Gruppe der Quasi-Newton Verfahren und stellt ein Sekantenverfahren dar (Broyden 1970, Fletcher 1970, Goldfarb 1970, Shanno 1970). Der Vorteil dieses Verfahrens besteht u.a. darin, dass bei jeder Iteration des Algorithmus auf die Berechnung der zweiten Ableitungen verzichtet wird. Die Hesse-Matrix wird numerisch iterativ approximiert. Die Berechnung der Hesse-Matrix $\widehat{HS}\left(\hat{\boldsymbol{\vartheta}}^{(b)}\right)$ erfolgt in jeder Iteration (b) mit Hilfe der Werte der Log-Likelihood-Funktion und des typischerweise analytisch berechneten Gradientenvektors $grad$, welche an der Stelle $\hat{\boldsymbol{\vartheta}}^{(b)}$ evaluiert werden. Für Details der Herleitung siehe Dennis und Schnabel (1996), S. 198 ff. sowie eine ausführliche Darstellung in Luenberger und Ye (2008), S. 293-296.

In Abhängigkeit von der zur Paneldatenmodellierung verwendeten Langsamdreherverteilung können die verschiedenen obigen Algorithmen zur ML-Schätzung eingesetzt werden, wobei der Newton-Raphson Algorithmus ein allgemein verwendetes Schätzverfahren darstellt:

- Im Rahmen der ML-Schätzung von Poisson- oder NB-Regressionsmodellen wird typischerweise der Fisher-Scoring Algorithmus verwendet. Da die Poisson- und NB-Verteilung der Exponentialfamilie angehören (Dobson und Barnett 2008, McCullagh und Nelder 1989), können diese durch deren entsprechende Darstellung in kanonischer Form im Kontext der verallgemeinerten linearen Modelle (GLM - generalized linear model) geschätzt werden. Durch die Verwendung des GLM-Ansatzes besteht die Möglichkeit der analytischen Berechnung des Erwartungswertes für das Produkt der Gradientenvektoren, so dass die Schätzung der Varianz-Kovarianz-Matrix in der Regel durch den Fisher-Scoring Algorithmus erfolgen kann (siehe Hilbe 2011, S. 43-53).

- Für die Mischverteilungsmodelle, welche nicht der Exponentialfamilie angehören, kann der Newton-Raphson oder BFGS Algorithmus eingesetzt werden. Da der Newton-Raphson Algorithmus allerdings die Berechnung der Hesse-Matrix in jedem Iterationsschritt erfordert, wird häufig die BFGS Methode verwendet, welche auf die Berechnung der zweiten Ableitungen verzichtet und somit eine Reduktion der numerischen Komplexität bewirkt (Zeileis et al. 2008).

Im Rahmen der Fallstudie (Kapitel 6) erfolgt die Parameterschätzung der Paneldatenmodelle auf Basis der Langsamdreherverteilungen durch die in den R-Paketen `glm` sowie `pscl` implementierten Lösungen, mit welchen zum einen die Initialisierung der Modellparameter erfolgt und zum anderen die Maximum-Likelihood Schätzung unter der Verwendung des R-Pakets `maxLik` durchgeführt wird.

Unter den Modellannahmen wie die konditionale Unabhängigkeit der Beobachtungen sowie im Fall erfüllter Regularitätsbedingungen (siehe dazu Greene 2012, S. 554 ff.) der Maximum-Likelihood Schätzung sind die resultierenden Parameterschätzer asymptotisch erwartungstreu, konsistent, asymptotisch normalverteilt und effizient in der Klasse asymptotisch erwartungstreuer Schätzer. Streng genommen müssen die einzelnen Modellannahmen der ML-Methode für die obigen Paneldatenregressionsmodelle der Langsamdreher nachgewiesen werden. In der vorliegenden Arbeit werden die Eigenschaften der resultierenden Schätzer in Analogie zu den Modellen aus Winkelmann (2008), Hilbe (2011), Greene (2012) und Cameron und Trivedi (2013) übernommen. Anhaltspunkte zum Nachweis asymptotischer Eigenschaften der Modellschätzer findet man in Baltagi (2005). Einige Modellannahmen können nach der Modellschätzung im Rahmen der nachfolgend beschriebenen Residuendiagnostik überprüft werden.

3.3.3 Residuendiagnostik

Im Rahmen der Residuendiagnostik eines geschätzten Modells werden die itemspezifischen Residuen

$$\hat{\varepsilon}_{i,t} = y_{i,t} - \hat{\lambda}_{i,t} \tag{3.70}$$

der Zeitreihen $i = 1, \ldots, I$ zum Zeitpunkt $t = 1, \ldots, T$ inspiziert und auf ggf. noch vorhandene Struktur überprüft. Im Gegensatz zu den klassischen linearen Regressionsmodellen, in welchen zu den zentralen Modellannahmen die Homoskedastizität (konstante Varianz) und identische (symmetrische) Normalverteilung der Residuen gehören, sind diese Annahmen für die obigen Modelle der Langsamdreherverteilungen nicht erfüllt.

Die Residuen $\hat{\varepsilon}_{i,t}$ obiger Regressionsmodelle resultieren aus den Modellen asymmetrischer Langsamdreherverteilungen und sind demzufolge heteroskedastisch und weisen zudem eine asymmetrische Verteilung auf (Cameron und Trivedi 2013, S. 178 ff.). Beispielsweise stellt die Varianz der Residuen $Var(\hat{\varepsilon}_{i,t}) = \hat{\sigma}_{i,t}^2 = \hat{\lambda}_{i,t}$ für den Fall $y_{i,t} \sim Pois(\lambda_{i,t})$ eine zeitlich veränderliche (heteroskedastische) Größe dar. Die Schiefe der Verteilung beträgt $\frac{1}{\sqrt{\lambda_{i,t}}}$.

Demzufolge werden im Rahmen der Residuendiagnostik typischerweise die um Heteroskedastizität korrigierten Residuen (**Pearson-Residuen**)

$$\hat{\varepsilon}_{i,t}^{Pearson} = \frac{y_{i,t} - \hat{\lambda}_{i,t}}{\hat{\sigma}_{i,t}} \tag{3.71}$$

verwendet (siehe Cameron und Trivedi 2013, S. 179). Durch die Standardisierung weisen die Pearson-Residuen den Erwartungswert Null und die konstante Varianz Eins auf, sind allerdings immer noch asymmetrisch verteilt. Eine Alternative zu Pearson-Residuen stellen die so genannten **Devianz-Residuen** dar (Cameron und Trivedi 2013, S. 179).

$$\begin{aligned} \hat{\varepsilon}_{i,t}^{Deviance} &= \\ &= sign\left(y_{i,t} - \hat{\lambda}_{i,t}\right) \cdot \sqrt{2 \cdot \left(ln\, f\left(y_{i,t} \mid \hat{\lambda}_{i,t}\right) - ln\, f\left(y_{i,t} \mid y_{i,t}\right)\right)} \end{aligned} \tag{3.72}$$

Mit $ln\, f\,(y_{i,t} \mid y_{i,t})$ wird der maximale Wert der logarithmierten Dichtefunktion für $\lambda_{i,t} = y_{i,t}$ bezeichnet, welcher bei einer exakten Übereinstimmung des Erwartungswertes $\lambda_{i,t}$ mit dem beobachteten Wert $y_{i,t}$ berechnet wird. Durch $ln\, f\left(y_{i,t} \mid \hat{\lambda}_{i,t}\right)$ wird der Wert der logarithmierten Dichtefunktion für die Beobachtung $y_{i,t}$ entsprechend dem geschätzten Modell mit $\hat{\lambda}_{i,t}$ berechnet (siehe Schlittgen 2013).

Die Pearson- sowie die Devianz-Residuen werden nun zur Residuenanalyse verwendet. Als Instrumente der Residuenanalyse eignen sich klassische Instrumente wie die graphische Inspektion der standardisierten und studentisierten Residuen, Residuenplots gegen eingebettete Regressoren und gegen die Zeitreihe $y_{i,1}, \ldots, y_{i,T}$ oder Autokorrelationsfunktionen der Residuen einzelner Items $i = 1, \ldots, I$ (siehe dazu Küsters 2012, Küsters und Kalinowski 2001). Dabei können ggf. Strukturen entdeckt werden, welche durch die eingebetteten Regressoren nicht abgebildet werden konnten. Analog zur Fehlerquadratsumme im Rahmen der Kleinste-Quadrate-Schätzung wird die Summe der quadrierten Devianz-Residuen zur Beurteilung der Modellgüte verwendet.

Werden Strukturen in den Residuen festgestellt, so wird das geschätzte Modell revidiert. In diesem Fall können zum einen weitere Regressoren eingebettet werden, um die konditionale Struktur der Zeitreihen in einer Gruppe genauer abzubilden. Des Weiteren ist ein Umstieg auf andere Strukturkomponenten (z.B. von zeitreihenübergreifenden zu itemspezifischen) und somit auf eine andere Modellfunktion für den linearen Prädiktor sowie auf ein anderes Verteilungsmodell vorzunehmen. Hierbei wird die Residuendiagnostik als Instrument zur Überprüfung der Modellspezifikation verwendet. Die Evaluation der Modellgüte und der Parametersignifikanz kann mit Hilfe der nachfolgend dargestellten statistischen Instrumente erfolgen.

3.3.4 Güte der Modellschätzung und statistische Inferenz

Die im Rahmen der ML-Schätzung optimale Lösung $\hat{\boldsymbol{\vartheta}}$ sowie das geschätzte Modell des linearen Prädiktors $\eta\left(\hat{\boldsymbol{\vartheta}}\right)$ einer Langsamdreherverteilung werden zunächst statistisch evaluiert, bevor diese zur Prognose herangezogen werden. Zu diesem Zweck stehen die klassischen statistischen Instrumente wie Testverfahren (Wald Test oder Likelihood-Ratio Test) sowie Informationskriterien (AIC, BIC oder AICc) zur Verfügung (Greene 2012, S. 566-576).

Die Signifikanz mehrerer Parameter simultan kann mit Hilfe eines multivariaten Wald Tests oder eines Likelihood-Ratio Tests (Greene 2012, S. 566, Winkelmann 2008, S. 113 ff.) beurteilt werden.

- Unter der H_0−Hypothese wird im Rahmen des **Wald Tests** das Modell unter Restriktionen, in der Regel unter linearen Restriktionen $\widetilde{\boldsymbol{R}} \cdot \boldsymbol{\vartheta} = \widetilde{\boldsymbol{r}}$, postuliert. Unter H_1 wird das Modell ohne Restriktionen postuliert.

$$\begin{aligned} H_0: \quad \widetilde{\boldsymbol{R}} \cdot \boldsymbol{\vartheta} &= \widetilde{\boldsymbol{r}} \\ H_1: \quad \widetilde{\boldsymbol{R}} \cdot \boldsymbol{\vartheta} &\neq \widetilde{\boldsymbol{r}}, \end{aligned} \tag{3.73}$$

Die Teststatistik W wird korrespondierend zu den obigen Hypothesen anhand des Schätzers $\hat{\boldsymbol{\vartheta}}$ als

$$W = \left(\widetilde{\boldsymbol{R}} \cdot \hat{\boldsymbol{\vartheta}} - \widetilde{\boldsymbol{r}}\right)^T \left[\widetilde{\boldsymbol{R}} \cdot Var\left(\hat{\boldsymbol{\vartheta}}\right) \cdot \widetilde{\boldsymbol{R}}^T\right]^{-1} \left(\widetilde{\boldsymbol{R}} \cdot \hat{\boldsymbol{\vartheta}} - \widetilde{\boldsymbol{r}}\right) \tag{3.74}$$

berechnet und folgt einer χ^2−Verteilung, wobei die Anzahl der Freiheitsgrade mit der Anzahl der Restriktionen übereinstimmt. Für den Parameterschätzer $\hat{\boldsymbol{\vartheta}} \overset{a}{\sim} N\left(\boldsymbol{\mu}_{\boldsymbol{\vartheta}}, \boldsymbol{\Sigma}_{\boldsymbol{\vartheta}}\right)$ wird die asymptotische Normalverteilung angenommen.

An der Stelle der Matrix der Restriktionen $\widetilde{\boldsymbol{R}}$ sowie des Vektors der Restriktionen $\widetilde{\boldsymbol{r}}$ können zum einen die in Abschnitt 3.2.2 (S. 58 ff.) beschriebenen linearen Restriktionen zum Zweck der Modellierung gemeinsamer Effekte für eine Gruppe sporadischer Zeitreihen eingesetzt werden. Mit Hilfe der W−Statistik kann das H_0−Modell mit gemeinsamen Komponenten gegen das H_1−Modell mit zeitreihenspezifischen Komponenten getestet werden. Die Ablehnung der H_0−Hypothese impliziert, dass die Einbettung von itemspezifischen Komponenten wie Trend oder Saison eine signifikante Verbesserung der Modellgüte bewirkt im Vergleich mit gemeinsamen Strukturen.

Des Weiteren kann der Ein- bzw. der Ausschluss einzelner $j = k+1, \ldots, p$ Regressoren eines Modells mit dem entsprechenden Vektor der Modellparameter $\boldsymbol{\vartheta}_{p\times 1} = [\vartheta_1, \ldots, \vartheta_k, \vartheta_{k+1}, \ldots, \vartheta_p]^T$ mit Hilfe des Wald Tests überprüft werden. In diesem Fall weist die Restriktionsmatrix $\widetilde{\boldsymbol{R}}$ folgende Struktur auf:

$$\widetilde{\boldsymbol{R}}_{(p-k)\times p} = \begin{bmatrix} \underbrace{\begin{matrix} 0 & 0 & \ldots & 0 \\ 0 & 0 & \ldots & 0 \\ & & \ddots & \\ 0 & 0 & \ldots & 0 \end{matrix}}_{k \text{ Spalten}} & \underbrace{\begin{matrix} 1 & 0 & \ldots & 0 \\ 0 & 1 & \ldots & 0 \\ & & \ddots & \\ 0 & 0 & \ldots & 1 \end{matrix}}_{p-k \text{ Spalten}} \end{bmatrix} \tag{3.75}$$

Der Restriktionsvektor $\widetilde{\boldsymbol{r}}$ wird häufig durch den Nullspaltenvektor der Dimension $\widetilde{\boldsymbol{r}} = \boldsymbol{0} \sim (p-k)\times 1$ repräsentiert. Das Modell unter H_1 impliziert, dass mindestens ein Modellparameter ϑ_j mit $j = k+1, \ldots, p$ von Null verschieden ist.

Die Teststatistik W folgt einer χ^2-Verteilung mit $p-k$ Freiheitsgraden. Im univariaten Fall (mit einem Freiheitsgrad) wird der Wald Test zur Überprüfung der Signifikanz einzelner Modellparameter verwendet und entspricht dem $t-$Test auf Signifikanz einzelner Parameter im Rahmen klassischer Regression.

- Die Idee des **Likelihood-Ratio Tests** besteht darin, zwei genestete und auf der gleichen Datenbasis geschätzte Modelle anhand der Werte der aus der Schätzung resultierenden Log-Likelihood-Funktionen zu vergleichen.

  Sei $\hat{L}_1 = L\left(\hat{\boldsymbol{\vartheta}}\right)$ der Wert der Likelihood-Funktion für das unrestringierte Modell des linearen Prädiktors $\eta\left(\boldsymbol{\vartheta}\right) = \boldsymbol{X} \cdot \boldsymbol{\vartheta}$ mit dem Parametervektor $\boldsymbol{\vartheta}_{p\times 1} = [\vartheta_1, \ldots, \vartheta_k, \vartheta_{k+1}, \ldots, \vartheta_p]^T$ unter der H_1-Hypothese. Das Modell unter der H_0-Hypothese entspricht einem restringierten Modell für den linearen Prädiktor $\eta\left(\widetilde{\boldsymbol{\vartheta}}\right) = \boldsymbol{X} \cdot \widetilde{\boldsymbol{\vartheta}}$, wobei $\widetilde{\boldsymbol{\vartheta}}$ nur eine Teilmenge der Parameter aus dem Vektor $\boldsymbol{\vartheta}$ enthält: $\widetilde{\boldsymbol{\vartheta}}_{p\times 1} = [\vartheta_1, \ldots, \vartheta_k, 0, \ldots, 0]^T$. Der entsprechende Wert der Likelihood-Funktion für das restringierte Modell wird als $\hat{L}_0 = L\left(\widehat{\widetilde{\boldsymbol{\vartheta}}}\right)$ bezeichnet und ist größer als $\hat{L}_1$. Die Likelihood-Ratio-

Statistik LR, welche einer $\chi^2_{(p-k)}-$ Verteilung mit $p-k$ Freiheitsgraden folgt, berechnet sich als:

$$LR = -2 \cdot ln \frac{\hat{L}_0}{\hat{L}_1} \tag{3.76}$$

$$LR \sim \chi^2_{(p-k)} \tag{3.77}$$

Um die Entscheidung bezüglich der Gültigkeit der H_0-Hypothese in beiden Tests (Wald und Likelihood-Ratio Test) treffen zu können, wird das Signifikanzniveau α festgelegt (üblich sind die Werte $\alpha = 10\%$, 5% oder 1%). Werden mehrere Modelle geschätzt und statistisch anhand eines Hypothesentests miteinander verglichen, so muss das festgelegte Signifikanzniveau durch eine Bonferroni-Korrektur (siehe dazu Bonferroni 1936 und Fahrmeir et al. 1996, S. 81 ff.) angepasst werden: Führt man n Tests durch, so kann das neue Signifikanzniveau α^{corr} approximativ als $\alpha^{corr} \approx \frac{\alpha}{n}$ berechnet werden. Ist die Anzahl der Tests a priori nicht bekannt, dann können neben den Tests auch Informationskriterien zur Bewertung der Modellgüte eingesetzt werden.

- Die nachfolgenden **Informationskriterien** (IC) werden mit Hilfe von Maximalwerten der Log-Likelihood-Funktionen der geschätzten Modelle berechnet und unterscheiden sich hinsichtlich der funktionellen Art der Abhängigkeit zwischen der zu schätzenden Parameteranzahl (p) und dem Datenumfang (n). Wie die beschriebenen Wald und Likelihood-Ratio Tests setzen auch IC genestete Modelle zum Vergleich voraus. Zu den in der statistischen Literatur etablierten Informationskriterien (siehe Greene 2012, S. 573-576 und Hyndman et al. 2008) gehören das Akaike Informationskriterium AIC (Akaike 1974) sowie seine modifizierte Variante $AICc$ und das Bayesian-Schwarz Informationskriterium BIC. Sowohl BIC für die Stichprobenumfänge $n > 8$ als auch $AICc$ "bestrafen" die Einbettung zusätzlicher Regressoren stärker als AIC.

$$AIC = -2 \cdot lnL\left(\hat{\boldsymbol{\vartheta}}\right) + 2 \cdot p \tag{3.78}$$

$$AICc = -2 \cdot lnL\left(\hat{\boldsymbol{\vartheta}}\right) + 2 \cdot p \cdot \frac{n}{n-p-1} \tag{3.79}$$

$$BIC = -2 \cdot lnL\left(\hat{\boldsymbol{\vartheta}}\right) + p \cdot ln\,(n) \tag{3.80}$$

Die oben dargestellten statistischen Gütekriterien (Informationskriterien und Tests) treffen bei ausreichend großem Datenumfang n eine ähnliche Modellauswahl aus dem genesteten Modellpaar.

3.3.5 Variablen- und Modellselektion

Sowohl die Residuendiagnostik als auch die Kriterien zur Bewertung der Modellgüte werden zum Zweck einer korrekten Modellspezifikation des linearen Prädiktors $\eta(\boldsymbol{\vartheta}) = \boldsymbol{X} \cdot \boldsymbol{\vartheta}$ verwendet. In diesem Kontext wird sowohl die Variablenselektion als auch die Modellselektion vorgenommen.

Im Rahmen der **Variablenselektion** wird zunächst eine Modellklasse festgelegt, welche die Wahl eines Verteilungsmodells sowie die Wahl der eingebetteten Strukturkomponenten (gemeinsam vs. itemspezifisch, lokal vs. global) beinhaltet. Aus den Parametern und Regressoren des linearen Prädiktors werden unterschiedliche genestete Modelle aufgestellt, um die beste Regressorkombination für die festgelegte Modellkategorie zu bestimmen (gemessen an IC oder Testergebnissen). Systematisch kann dies durch eine Variablenselektion ausgehend von einem Basismodell vor- oder rückwärts erfolgen (Allen und Fildes 2001, Fahrmeir et al. 2009, S. 152-179, Fildes 1985).

Als Basismodell kann das Modell mit maximaler Parameteranzahl innerhalb der Modellkategorie, in der Regel ein überspezifiziertes Modell, dienen. Dieses Modell wird in jedem Selektionsschritt um ausgewählte Parameter reduziert und mit dem Modell der Vorstufe typischerweise statistisch (durch Tests oder IC) verglichen. Hierbei handelt es sich um eine **Variablenselektion rückwärts**, welche in jedem Selektionsschritt eine Reduktion der Modellregressoren vornehmen kann (Fahrmeir et al. 2009, S. 152-179). Wird das Basismodell mit wenigen Variablen (in der Regel ein unterspezifiziertes Modell) aufgestellt und in jedem Schritt der Variablenselektion um weitere Parameter erweitert, so dass der Vergleich des neuen erweiterten Modells mit einem kleineren Modell (beim ersten Vergleich mit einem Basismodell) stattfindet, so wird diese Vorgehensweise als eine **Variablenselektion vorwärts** bezeichnet (Chatterjee und Price 1995, S. 241-265). Zusätzlich zu den Vorwärts-

und Rückwärtsselektionsstrategien gibt es deren **Mischformen** (siehe dazu Fahrmeir et al. 2009, S. 152-179), die allerdings im Rahmen dieser Arbeit nicht näher betrachtet werden.

Problematisch in der Rückwärtsselektion für eine Gruppe sporadischer Zeitreihen ist die Tatsache, dass ein überspezifiziertes Basismodell häufig nicht geschätzt werden kann (siehe Hinweise im Rahmen der Fallstudie). Beispielsweise kann in kleinen Gruppen (Größenordnung $2-10$ Zeitreihen) mit sporadischen Zeitreihen keine sinnvolle Schätzung der Strukturkomponenten und deren anschließende Auswahl erfolgen.

Die Vorwärtsselektion beginnt im Gegensatz zur Rückwärtsselektion mit einem möglicherweise unterspezifizierten Modell. Dieses Modell kann entweder sukzessiv erweitert werden, falls eine signifikante Verbesserung der Modellgüte durch die Einbettung weiterer Strukturkomponenten mit Hilfe von IC oder Testergebnissen bestätigt wird, oder unverändert bleiben. Eine plausible Wahl eines multivariaten Basismodells für sporadische Zeitreihen ist das stationäre Modell der Unabhängigkeit, in welchem lediglich eine globale itemspezifische Niveaukomponente $Level_i$ eingebettet ist.

Die Vorgehensweise zur Variablenselektion für eine Vorwärtsselektion wird nachfolgend so beschrieben (Fahrmeir et al. 2009, S. 152-179 sowie Chatterjee und Price 1995, S. 241-265), wie diese in der Fallstudie verwendet wird (Kapitel 6). Die Rückwärtsselektion wird anschließend kurz kommentiert.

1. Definiere das Basismodell, welches im Rahmen der Vorwärtsselektion nicht reduziert wird. Eine sinnvolle Festlegung des Basismodells kann beispielsweise das globale (itemspezifische) Niveaumodell sein: $\eta_{i,t}^{level} = \vartheta_{level_i}$ mit $i = 1, \ldots, I$, $t = 1, \ldots, T$.

2. Definiere die Menge der Regressoren, durch welche das Basismodell erweitert werden kann. Dabei muss darauf geachtet werden, dass die Regressoren möglicherweise gebündelt (wie *sin-cos* Paare zur Modellierung der Saisonstruktur) in das Modell eingebettet oder aus dem Modell ausgeschlossen werden müssen.

3. Erweitere das Basismodell um eine der Variablen (oder *sin-cos* Variablenpaare) aus der Menge in Schritt 2 zu einem temporären Modell.

4. Schätze das temporäre Modell aus Schritt 3.

5. Vergleiche das Basismodell mit dem temporären Modell aus Schritt 4 anhand des vorgegebenen Gütekriteriums (implizites Signifikanzniveau in einem Signifikanztest oder Informationskriterien).

6. Wähle das beste Modell und definiere dieses als neues Basismodell. Reduziere die Variablenmenge unter Punkt 2 um die in Schritt 3 eingebettete(n) Variable(n).

7. Wiederhole die Schritte 3 - 6 bis die Menge unter Punkt 2 keine Variablen mehr enthält.

Analog zur sukzessiven Vorwärtseinbettung erfolgt die Rückwärtsselektion durch die sukzessive Reduktion der Parametermenge aus Schritt 2. Als Basismodell in Schritt 1 wird das nicht erweiterungsfähige Modell gewählt und geschätzt. Die Rückwärtsselektion verläuft bis das resultierende Modell nicht mehr verbesserungsfähig ist (gemessen an Evaluationskriterien).

Das Ergebnis der Variablenselektion ist das optimale Bündel an Regressoren innerhalb einer Modellklasse. Allerdings können die oben beschriebenen statistischen Instrumente zum Vergleich der Modelle aus verschiedenen Modellklassen, welche beispielsweise unterschiedliche Verteilungsmodelle beinhalten, nicht mehr eingesetzt werden, da die verglichenen Modelle nicht mehr genestet sind. Der Modellvergleich für die Gruppe nicht genesteter Modelle erfolgt in der vorliegenden Arbeit durch die **Evaluation der Prognosegüte**, welche im Rahmen eines Prognoseprozesses für jedes Prognoseverfahren erzielt wird. Der Prognoseprozess auf Basis obiger multivariater Regressionsmodelle für Gruppen sporadischer Zeitreihen sowie die Kriterien zur Beurteilung der Prognosegüte geschätzter Modelle werden in den nachfolgenden Kapiteln beschrieben.

4 Prognose und Evaluation in Aggregaten der Langsamdreher

Die Erstellung von Prognosen basiert auf der Zeitreihenhistorie, welche bis zum vorgegebenen Prognoseursprung zur Modellspezifikation, zur Schätzung der Modellparameter und weiterhin zur Prognose benutzt wird. Um eine Aussage über die Qualität eines Prognoseverfahrens treffen zu können, werden die erstellten Prognosen durch eine Evaluation der Prognosegüte bewertet.

4.1 Berechnung von Prognosen

Je nach Prognosezweck sind unterschiedliche Prognosearten erforderlich. Dazu gehören zum einen Punktprognosen, welche eine Abschätzung des Niveaus der zukünftigen Nachfrage liefern. Zum anderen werden in der Lagerhaltung Quantilsprognosen benötigt, welche zusätzlich zum Nachfrageniveau auch Nachfrageschwankungen im Risikozeitraum berücksichtigen.

4.1.1 Punktprognosen

In erster Linie werden im Rahmen eines Prognoseprozesses Punktprognosen $\hat{y}_{i,\,T+h|T}$ eines Items vom Prognoseursprung T für Prognosehorizonte $h = 1, \ldots, H$ erstellt. Die Punktprognosen werden typischerweise als Lagemaße einer Verteilung, in der Regel als Schätzer des konditionalen Erwartungswertes der $i-$ten Zeitreihe, berechnet:

$$\hat{y}_{i,\,T+h|T} \quad = \quad \hat{\lambda}_{i,\,T+h|T} \tag{4.1}$$

Die Punktprognosen stellen das Ergebnis einer Fortschreibung der Zeitreihen auf Basis des geschätzten Modells dar, welches auf den bis zum Prognoseursprung T vorhandenen Informationen geschätzt wird. Die Punktprognosen des Aggregates $\hat{A}_{T+h|T}$ sowie die über die Wiederbeschaffungszeit H kumulierten Punktprognosen $\hat{Y}_{i,T+H|T}$ der $i-$ten Zeitreihe ergeben sich als:

$$\hat{A}_{T+h|T} = \sum_{i=1}^{I} \hat{\lambda}_{i,\,T+h|T} \tag{4.2}$$

$$\hat{Y}_{i,T+H|T} = \sum_{h=1}^{H} \hat{\lambda}_{i,T+h|T} \tag{4.3}$$

Die $h-$stufige Prognosefunktion $\hat{\eta}_{i,T+h|T}\left(\hat{\boldsymbol{\vartheta}}\right) = \left[\widehat{\boldsymbol{X}_i}\right]_{T+h,\bullet} \cdot \hat{\boldsymbol{\vartheta}}_i$ für den linearen Prädiktor der $i-$ten Zeitreihe wird mit Hilfe des Parameterschätzers $\hat{\boldsymbol{\vartheta}}$ und der in die Zukunft fortgeschriebenen Regressormatrix $\widehat{\boldsymbol{X}}_i$ berechnet, deren Struktur nachfolgend beschrieben wird.

4.1.2 Fortschreibung der Regressormatrix

Abhängig davon, welche Strukturkomponenten in das Modell des linearen Prädiktors eingebettet wurden, erfolgt die Fortschreibung der Regressormatrix $\boldsymbol{X}$, so dass die Regressormatrix

$$\widehat{\boldsymbol{X}}_{I\cdot H\times I\cdot p} = \begin{bmatrix} \widehat{\boldsymbol{X}}_1 & \mathbf{0} & \dots & \mathbf{0} \\ \mathbf{0} & \widehat{\boldsymbol{X}}_2 & \dots & \mathbf{0} \\ \vdots & \vdots & \ddots & \vdots \\ \mathbf{0} & \mathbf{0} & \dots & \widehat{\boldsymbol{X}}_I \end{bmatrix} \tag{4.4}$$

resultiert, welche die Dimensionen $I \cdot H \times I \cdot p$ aufweist und als $\widehat{\boldsymbol{X}} = \widehat{\boldsymbol{X}^{FG}}$ oder als $\widehat{\boldsymbol{X}} = \widehat{\boldsymbol{X}^{FT}}$ wie folgt erstellt wird:

- Werden zur Modellierung lediglich **deterministische zeitinvariante Regressoren** (globale Niveau-, Trend- oder Saisonkomponente) herangezogen, so werden diese im Rahmen einer Erweiterung der Regressormatrix $\boldsymbol{X}_i^{FG}$ um die Perioden $T+1,\dots,T+H$ zur Matrix $\widehat{\boldsymbol{X}_i^{FG}}$ zusammengefasst. Liegt das Modell mit einer globalen Niveau- sowie mit einer globalen Trendkomponente vor und wird außerdem die globale Saisonkomponente durch eine Dummy-Matrix modelliert, so resultiert:

$$\widehat{\boldsymbol{X}_i^{FG}} = \begin{bmatrix} \underbrace{\begin{matrix} 1 \\ 1 \\ \vdots \\ 1 \end{matrix}}_{\hat{\boldsymbol{x}}_{level}} & \underbrace{\begin{matrix} T+1 \\ T+2 \\ \vdots \\ T+H \end{matrix}}_{\hat{\boldsymbol{x}}_{trend}} & \underbrace{\begin{matrix} d_{T+1,1} & \dots & d_{T+1,(fr-1)} \\ d_{T+2,1} & \dots & d_{T+2,(fr-1)} \\ \vdots & & \\ d_{T+H,1} & \dots & d_{T+H,(fr-1)} \end{matrix}}_{\widehat{\boldsymbol{D}}_{H\times(fr-1)}} \end{bmatrix} \tag{4.5}$$

Die Dimension der Matrix $\widehat{\boldsymbol{X}_i^{FG}} \sim H \times (fr+1)$ setzt sich aus dem maximalen Prognosehorizont H und der Anzahl ausgewählter Strukturkomponenten (in diesem Beispiel $fr+1$) zusammen.

- Wird das Modell mit **autoregressiven Strukturkomponenten** Dyn_{t-r} zur Prognose eingesetzt, so erfolgt die Fortschreibung des Regressorvektors

  - für Prognosehorizonte $h \leq r$ durch die verzögerten Werte der Zeitreihen $y_{i,T+1-r}, \dots, y_{i,T}$;

  - für Prognosehorizonte $h > r$ in der Regel durch das rekursive Einsetzen von Punktprognosen $\hat{y}_{i,T+1}, \dots, \hat{y}_{i,T+H-r}$ der $i-$ten Zeitreihe in die Regressormatrix $\widehat{\boldsymbol{X}_i^{FG}}$. Die Punktprognosen $\hat{y}_{i,T+1}, \dots, \hat{y}_{i,T+H-r}$, welche durch die konditionalen Erwartungswerte der Verteilung repräsentiert werden ($\hat{y}_{i,T+h} = \hat{\lambda}_{i,T+h}$), sind typischerweise nichtganzzahlig. Des Weiteren können für stark schwankende Zeitreihen (geklumpte oder erratische Muster) erhebliche Verzerrungen durch die Einbettung der Punktprognosen als *Dyn* Strukturkomponente entstehen, denn die Erwartungswerte weichen aufgrund der Asymmetrie der Langsamdreherverteilung deutlich von den Medianwerten ab. Dementsprechend kann es sinnvoll sein, an der Stelle der Punktprognosen nicht die konditionalen Erwartungswerte sondern die Schätzer $\hat{q}_{i,T+1}^{0.5}, \dots, \hat{q}_{i,T+H-r}^{0.5}$ für die konditionalen Medianwerte $q_{i,T+1}^{0.5}, \dots, q_{i,T+H-r}^{0.5}$ der $i-$ten Zeitreihe einzubetten, welche die Zentralwerte der Verteilungen repräsentieren und in der Regel ganzzahlig sind.

- Prognosen auf der Grundlage der **fixed-time-effects Modelle** für Paneldaten benötigen eine spezielle Vorgehensweise zur Fortschreibung gemeinsamer lokaler geschätzter Strukturkomponenten $\hat{\boldsymbol{\vartheta}}^{loc}$. Da sich die Paneldatenmodelle nicht auf die Fortschreibung geschätzter Effekte in die Zukunft, sondern auf die Schätzung der unbeobachtbaren Heterogenität in den Paneldaten fokussieren, und da keine ausgearbeitete Modelltheorie zur Prognose der Nachfragezeitreihen auf der Basis von fixed-time-effects Paneldatenmodellen aus der Standardliteratur bekannt ist, wird im Rahmen der vorliegenden Arbeit eine spezielle Technik zur Prognose von lokalen Effekten entworfen. Betrachtet man die geschätzten Parameter $\hat{\vartheta}_2^{loc}, \ldots, \hat{\vartheta}_T^{loc}$ als eine Zeitreihe, so kann deren Fortschreibung beispielsweise mit Hilfe

- eines Random Walk Modells als $\hat{\vartheta}_{T+h|T}^{loc} = \hat{\vartheta}_T^{loc}$ oder
- eines globalen Mittelwertmodells als $\hat{\vartheta}_{T+h|T}^{loc} = \frac{1}{T-1} \sum_{t=2}^{T} \hat{\vartheta}_t^{loc}$

für alle Horizonte $h = 1, \ldots, H$ erfolgen.

Eine weitere Möglichkeit, welche im Rahmen der Fallstudie (Kapitel 6) implementiert ist, ist die Fortschreibung zeitveränderlicher Effekte $\boldsymbol{\vartheta}^{loc}$ mit Hilfe exponentieller Glättung, da die Werte der Zeitreihe $\hat{\vartheta}_2^{loc}, \ldots, \hat{\vartheta}_T^{loc}$ in der Regel ein glattes (nichtsporadisches) Muster aufweisen. Entsprechend dem fixed-time-effects Paneldatenmodell für Langsamdreher mit einer Exponential-Linkfunktion eignet sich ein multiplikatives exponentielles Glättungsmodell (Hyndman et al. 2008) zur Modellierung und Prognose lokaler Effekte, so dass der DGP der Zeitreihe $exp\left(\hat{\vartheta}_2^{loc}\right), \ldots, exp\left(\hat{\vartheta}_T^{loc}\right)$ durch das Produkt

$$exp\left(\hat{\vartheta}_t^{loc}\right) = Level_t \cdot Trend_t \cdot Season_t \tag{4.6}$$

lokaler Strukturkomponenten in einem exponentiellen Glättungsmodell repräsentiert werden kann (Abschnitt 2.1 auf S. 22). Die $h-$stufige Prognose der Zeitreihe $exp\left(\hat{\vartheta}_2^{loc}\right), \ldots, exp\left(\hat{\vartheta}_T^{loc}\right)$ kann dann mit Hilfe geschätzter Strukturkomponenten wie folgt berechnet werden:

$$exp\left(\hat{\vartheta}_{T+h|T}^{loc}\right) = \widehat{Level}_{T+h} \cdot \widehat{Trend}_{T+h} \cdot \widehat{Season}_{T+h} \tag{4.7}$$

Die Werte $\hat{\vartheta}^{loc}_{T+h|T}$ für $h = 1, \ldots, H$ werden dann zur eigentlichen Prognose sporadischer Zeitreihen mit Hilfe der Regressormatrix $\widehat{\boldsymbol{X}_i^{FT}}$ herangezogen. Die Regressormatrix $\widehat{\boldsymbol{X}_i^{FT}}$ zur Modellierung des linearen Prädiktors $\hat{\eta}^{loc}_{i,t+h}\left(\hat{\boldsymbol{\vartheta}}_i\right) = \left[\widehat{\boldsymbol{X}_i^{FT}}\right]_{h,\bullet} \cdot \hat{\boldsymbol{\vartheta}}_i$ entspricht dem Ausdruck:

$$\widehat{\boldsymbol{X}_i^{FT}} = \left[\begin{array}{c} 1 \\ \vdots \\ 1 \end{array} \begin{array}{ccc} 1 & \ldots & 0 \\ \vdots & \ddots & \vdots \\ 0 & \ldots & 1 \end{array} \right] \quad \begin{array}{l} \underbrace{}_{\hat{\boldsymbol{x}}_{level}} \; \underbrace{}_{\widehat{\boldsymbol{D}}^{loc}_{H \times H}} \end{array} \tag{4.8}$$

Der Prognosevektor der Regressionskoeffizienten $\hat{\boldsymbol{\vartheta}}_i$ für die i-te Zeitreihe ergibt sich für das Modell (3.51) als $\hat{\boldsymbol{\vartheta}}_i = \left[\hat{\vartheta}_{level_i}, \hat{\vartheta}^{loc}_{T+1}, \ldots, \hat{\vartheta}^{loc}_{T+H}\right]^T$. Hierbei ist anzumerken, dass diese Art der Strukturkomponentenzerlegung durch den zweistufigen Prognoseprozess eine zweifache Bewertung des Zeitreihenniveaus vornimmt. Zuerst wird durch die Schätzung eines fixed-time-effects Modells in der ersten Prozessstufe das globale Niveau der Zeitreihe $\hat{\vartheta}_{level_i} \cdot \hat{\boldsymbol{x}}_{level}$ itemspezifisch ermittelt, wobei $\hat{\boldsymbol{x}}_{level}$ durch den Einsvektor $\mathbf{1}_H$ der Länge H repräsentiert wird. In der zweiten Stufe im Rahmen der Fortschreibung der Zeiteffekte $exp\left(\hat{\vartheta}^{loc}_2\right), \ldots, exp\left(\hat{\vartheta}^{loc}_T\right)$ mit exponentieller Glättung wird zum anderen ein lokales, für alle Zeitreihen in einer Gruppe gemeinsames Niveau $\widehat{Level}_t$ geschätzt.

4.1.3 Quantilsprognosen für Langsamdreher

Die durch konditionale Erwartungswerte berechneten Punktprognosen sind zwar in der Regel nichtganzzahlig, werden allerdings in der Absatzplanung oder im Rahmen statistischer Prognoseevaluation am häufigsten verwendet. Allerdings ist hierbei folgendes zu beachten:

- Unter der Annahme einer symmetrischen Verteilung (häufig die Normalverteilung in Operations Research) korrespondieren die konditionalen Erwartungswerte zu den konditionalen Medianwerten. Demzufolge führt die

Einbettung der Punktprognosen in die Lagerhaltung lediglich zur Einhaltung eines Lieferservicegrades von höchstens 50%.

- Des Weiteren führt die Einbettung konditionaler Erwartungswerte in die Lagerhaltung zu einer maßgeblichen Verzerrung der zukünftigen mittleren Bedarfe, da die Erwartungswerte häufig die Medianwerte überschreiten, wenn man von einer typischen linkssteilen und rechtsschiefen Verteilung der Langsamdreherzeitreihen ausgeht. Gelegentlich werden die Punktprognosen durch konditionale Medianwerte ersetzt, welche wiederum eine geringe Lieferbereitschaft von lediglich 50% zur Folge haben.

Beide Punktprognosearten (konditionale Erwartungswerte oder konditionale Mediane) stellen die Lagemaße einer Verteilung dar, berücksichtigen allerdings keine Nachfrageschwankungen. Im Lagerhaltungsbereich kommt es allerdings darauf an, ob die Nachfrageschwankungen in einem Risikozeitraum durch die Prognosen abgedeckt sind, um die Lieferbereitschaft innerhalb des Risikozeitraums zum vorgegebenen Ziellieferservicegrad zu gewährleisten (Küsters et al. 2015). Hierbei werden zur akkuraten Lagerbevorratung Quantilsprognosen $\hat{q}_{t+H}^{SL_\alpha}$ bzw. $\hat{q}_{t+H}^{SL_\beta}$ der über die Wiederbeschaffungszeit H kumulierten Nachfrage Y_{t+H} berechnet, welche zu den Steuerelementen von Lagerhaltungspolitiken gehören (siehe Tempelmeier 2012). Aus statistischer Sicht stellen die Quantilsprognosen die zu einer Vertrauenswahrscheinlichkeit SL_α bzw. SL_β kalibrierten einseitigen Konfidenzintervalle dar, welche um den konditionalen Erwartungswert und in der Regel in Verbindung mit einer Verteilungsannahme gebildet werden (Formel 1.3 und 1.4 auf S. 15 ff.). Bei der Berechnung von Quantilsprognosen für Langsamdreher müssen folgende Aspekte beachtet werden:

- **Ziellieferservicegrad:**
  Als Leistungskriterien einer Lagerhaltung werden u.a. die Zielservicegrade SL_α bzw. SL_β (Tempelmeier 2012, S. 20 ff.) verwendet, wobei SL_α eine ereignisorientierte Bewertung der Lieferbereitschaft (Anteil der Perioden ohne Fehlmengenereignisse) und SL_β eine mengenorientierte Bewertung (Anteil der Gesamtnachfrage, welcher aus dem Lagerbestand ohne Nachlieferung bedient werden konnte) ermöglicht.

Die Quantilsprognosen im Rahmen der vorliegenden Arbeit werden durch Prognosen $\hat{q}_{t+H}^{SL_\alpha}$ zum Ziellieferservicegrad SL_α repräsentiert (siehe die Diskussion auf S. 15 ff.), obwohl die Quantilsprognosen $\hat{q}_{t+H}^{SL_\beta}$ korrespondierend zum Ziellieferservicegrad SL_β in der güterwirtschaftlichen Praxis eine höhere Aussagekraft haben (Günther und Tempelmeier 2014, S. 247 ff.), da diese nicht die Wahrscheinlichkeit des Fehlmengenereignisses sondern viel konkreter die Wahrscheinlichkeit der Fehlmengenhöhe darstellen.

Allerdings ist für die Berechnung der $SL_\beta-$Quantilsprognosen die Kenntnis der Verteilung der Nachfrage über die Wiederbeschaffungszeit erforderlich, welche bei nicht faltungsinvarianten Verteilungen mit Hilfe von Resampling-Techniken geschätzt werden kann (Abschnitt 1.3 auf S. 15 ff.). Da der Fokus der Arbeit auf der Entwicklung multivariater Prognosemodelle der Langsamdreher liegt und nicht auf der Bestimmung optimaler Lagerhaltungsparameter für Zeitreihen der Langsamdreher, erfolgt im Weiteren die Beschränkung auf die Berechnung von Quantilsprognosen $\hat{q}_{t+H}^{SL_\alpha}$ zum Ziellieferservicegrad SL_α und auf deren anschließenden Einbettung in ein einfaches Lagerhaltungssystem.

- **Konfidenzintervallart:**
  In der Lagerhaltung werden typischerweise einseitige Konfidenzintervalle benötigt, da das Ziel darin besteht, die Fehlmengen im Risikozeitraum zu minimieren und somit die Maximalnachfrage (rechte Grenze eines Konfidenzintervalls) für die gegebene Lieferbereitschaft im Risikozeitraum zu prognostizieren. Die linke Grenze eines zweiseitigen Konfidenzintervalls, welche lediglich die untere Schranke der Nachfrage im Risikozeitraum prognostiziert, ist im Kontext der Lagerhaltung zum Zweck der Erfüllung der Lieferbereitschaftsanforderungen nutzlos.

- **Verteilungsannahme:**
  Bei Schnelldreherprognosen werden die Prognosekonfidenzintervalle in der Regel auf Basis der Varianzprognosen mit Hilfe einer Verteilungsannahme (in der Regel Normalverteilung, siehe Tempelmeier 2012) oder mit Hilfe der Tschebyscheff Ungleichung ohne Verteilungsannahme (Gardner 1988) konstruiert (Küsters et al. 2015). Auch das Croston-Verfahren (Abschnitt 2.2)

verwendet die Normalverteilung zur Berechnung von Quantilsprognosen, obwohl die Annahme der stetigen symmetrischen Verteilung für Langsamdreher auch nicht näherungsweise erfüllt ist. Für sporadische Nachfragen eignen sich die diskreten Langsamdreherverteilungen oder empirische diskrete Verteilungen zur Berechnung von Konfidenzintervallen bzw. Quantilsprognosen.

- **Quantilswerte:**
  Bezüglich der Quantilswerte auf Basis diskreter Verteilungen muss darauf hingewiesen werden, dass die exakten Quantile korrespondierend zur Konfidenzwahrscheinlichkeit SL_α häufig nichtganzzahlig sind (siehe dazu Abbildung 4.1), so dass Formel (4.9) eine approximative Gleichung darstellt. Auf diese Problematik wird in Abschnitt 4.1.4 genauer eingegangen.

Aus den obigen Aspekten resultiert die analytische Form zur Konstruktion von Quantilsprognosen $\hat{q}_{T+H|T}^{SL_\alpha}$ für Langsamdreher, welche die über die Wiederbeschaffungszeit H kumulierte Nachfrage Y_{T+H} durch einseitige obere Konfidenzintervalle auf Basis der Zeitreihenhistorie $y_1, \ldots, y_T$ bis zur Periode T mit einer Sicherheitswahrscheinlichkeit SL_α überdecken (Küsters und Bell 2001, Hartung et al. 2009, Tempelmeier 2012):

$$P\left(Y_{T+H|T} \leq \hat{q}_{T+H|T}^{SL_\alpha} \mid y_1, \ldots, y_T\right) \approx SL_\alpha \tag{4.9}$$

Für die Wahrscheinlichkeitsfunktion aus Formel (4.9) wird die Dichtefunktion einer Langsamdreherverteilung eingesetzt, welche die über die Wiederbeschaffungszeit H kumulierte Nachfrage beschreibt. Hierbei muss allerdings die Eigenschaft der Faltungsinvarianz der verwendeten Verteilung beachtet werden. Ist die postulierte Nachfrageverteilung faltungsinvariant (wie die Poisson- oder NB-Verteilung mit dem identischen Parameter θ^{NB}), so gehören die kumulierten Prognosen der gleichen Verteilungsfamilie an. In diesem Fall können die Quantilsprognosen analytisch berechnet werden. Kann keine Faltungsinvarianz unterstellt werden (beispielsweise für Mischverteilungen), dann wird die empirische Verteilung, welche durch Simulationstechniken generiert wird, zur Berechnung von Quantilsprognosen eingesetzt. Darauf wird im nächsten Teilabschnitt eingegangen.

4.1.4 Erstellung von Quantilsprognosen per Simulation

Nachfolgend wird eine Vorgehensweise skizziert, welche die Berechnung von Quantilsprognosen $\hat{q}^{SL_\alpha}_{T+H|T}$ der über die Wiederbeschaffungszeit H kumulierten Nachfrage Y_{T+H} ermöglicht, ohne explizite Annahmen über die Verteilung kumulierter Nachfragen zu treffen. Dabei wird implizit unterstellt, dass die nachfolgende Simulationstechnik für eine postulierte und in jeder Ziehung identische Verteilung verwendet wird. Es wird von stochastischer Unabhängigkeit der Beobachtungen in jeder einzelnen Ziehung ausgegangen.

Die Quantilskalkulation erfolgt empirisch durch Zufallsziehungen aus einer parametrisierten Verteilung der Prognosen $\hat{y}_{T+1|T}, \ldots, \hat{y}_{T+H|T}$ einzelner Perioden $h = 1, \ldots, H$. Diese Vorgehensweise entspricht einem parametrischen Bootstrap-Verfahren (Efron 1979). Hierbei ist zu beachten, dass die Anzahl der Ziehungen ausreichend groß festgelegt werden muss (Größenordnung $B = 10^4 - 10^5$), um die Unsicherheit bezüglich des geschätzten Parameters (Quantilsschätzer) gering zu halten (siehe Herleitung in Anhang A1). Nachfolgend wird die Vorgehensweise ähnlich wie bei Bootstrap von Willemain (siehe Willemain et al. 2004 sowie Abschnitt 2.3) schematisch dargestellt:

1. Generiere B stochastisch unabhängige identisch verteilte Zufallsvariablen durch die Ziehung diskreter Werte aus der postulierten diskreten Verteilung mit der diskreten Dichtefunktion $P\left(\hat{y}_{T+h|T} \mid \hat{\boldsymbol{\vartheta}}\right)$ für jeden Prognosehorizont $h = 1, \ldots, H$. Der Vektor $\hat{\boldsymbol{\vartheta}}$ fasst dabei die geschätzten Verteilungsparameter der gegebenen diskreten Verteilung zusammen (ggf. einschließlich der autonomen Nullwahrscheinlichkeit in einer Mischverteilung und des Überdispersionsparameters). Fasse die Ziehungsergebnisse in einer Matrix mit B Punktprognosepfaden zusammen, so dass jede Zeile einen Prognosepfad für alle Horizonte $h = 1, \ldots, H$ enthält. Die resultierende Matrix weist die Dimension $B \times H$ auf.

2. Bilde für jeden Simulationspfad die über die Wiederbeschaffungszeit H kumulierten Punktprognosen. Summiere zu diesem Zweck die Werte in jeder Zeile über alle Spalten aus der Matrix mit Punktprognosepfaden (Schritt 1), so dass ein Vektor der Länge B resultiert.

3. Bilde für die $B-$kumulierten Punktprognosewerte aus Schritt 2 eine empirische Verteilung mit den zugehörigen diskreten Ausprägungen und berechne die entsprechenden kumulierten relativen Häufigkeiten.

4. Suche unter den resultierenden kumulierten relativen Häufigkeiten der Verteilungsfunktion aus Schritt 3 nach dem Wert SL_α. Die zu SL_α korrespondierende Ausprägung q^{SL_α} entspricht der empirischen Quantilsprognose $\hat{q}^{SL_\alpha}_{T+H|T}$. Falls der exakte Wert SL_α nicht vorhanden ist, approximiere den Zielwert SL_α durch den nächstgrößeren oder nächstkleineren Wert $\widehat{SL}_\alpha$ und lese den korrespondierenden Quantilswert $q^{\widehat{SL}_\alpha}$ ab.

Bei der Quantilsberechnung muss sowohl im analytischen als auch im empirischen Fall beachtet werden, dass der Wert SL_α aufgrund der Datensporadizität und häufig geringer Variation positiver Ausprägungen sporadischer Zeitreihen nicht exakt erzielt werden kann. Demzufolge liegt der exakte (nichtganzzahlige) Quantilswert $q^{SL_\alpha} \in \left[q^{lowerSL_\alpha}, q^{upperSL_\alpha}\right]$ im Intervall zwischen zwei aufeinander folgenden diskreten Ausprägungen mit $lowerSL_\alpha \leq SL_\alpha \leq upperSL_\alpha$ und kann nicht direkt zur Lagerbevorratung verwendet werden. Vielmehr können die benachbarten empirischen Werte $lowerSL_\alpha$ und $upperSL_\alpha$ vom Zielwert SL_α stark abweichen.

Beispielsweise (Abbildung 4.1 für eine simulierte poissonverteilte Zeitreihe mit $\lambda = 0.8$) liegt der linear interpolierte Quantilswert $q^{inter0.90} \approx 0.85$ korrespondierend zum Ziellieferservicegrad $SL_\alpha = 0.90$ zwischen den Werten $q^{lowerSL_\alpha} = q^{0.67} = 0$ und $q^{upperSL_\alpha} = q^{0.94} = 1$. Der Zielservicegrad $SL_\alpha = 0.90$ kann somit nur über- oder unterschritten werden, da die Werte $lowerSL_\alpha = 0.67$ und $upperSL_\alpha = 0.94$ deutlich von 0.90 abweichen.

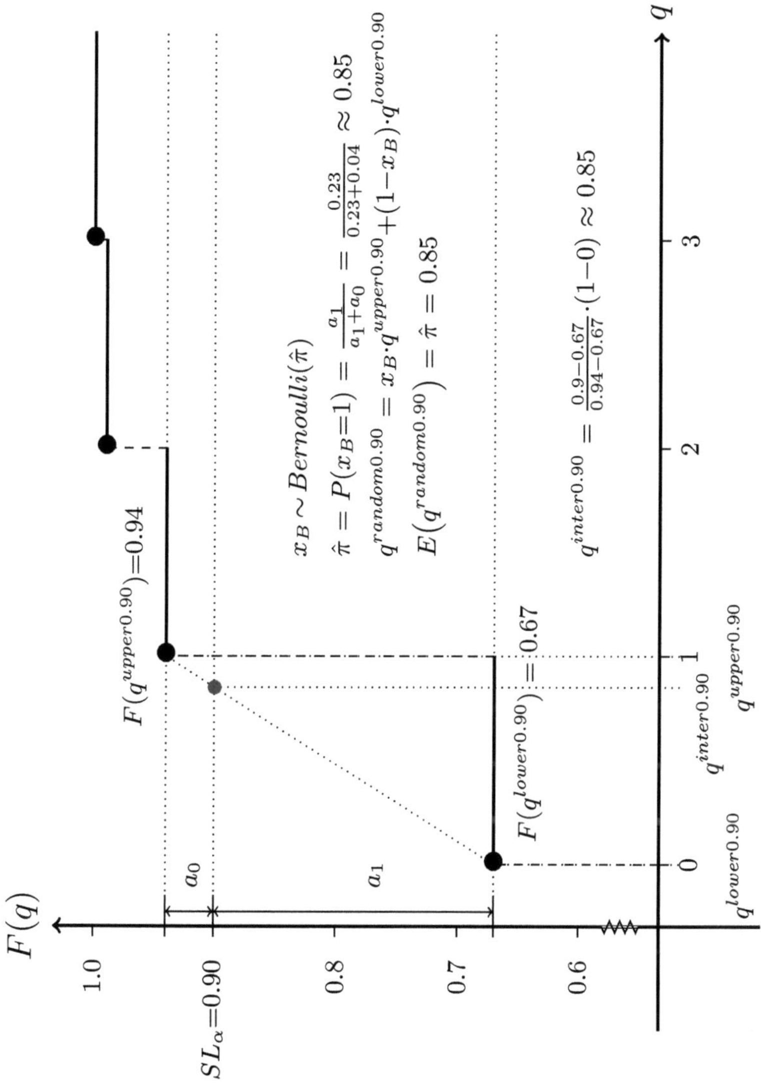

Abbildung 4.1: Berechnung von Quantilsprognosen (exemplarisch)

Folglich können unterschiedliche Szenarien der Quantilsberechnung je nach Anforderungen an die Lieferbereitschaft aufgestellt werden:

1. **Engpass-Szenario:**
   Zur Prognose wird der Quantilswert $q^{lowerSL_\alpha}$ herangezogen, dessen Wert der Verteilungsfunktion $F\left(q^{lowerSL_\alpha}\right) = lowerSL_\alpha$ systematisch kleiner als der Zielservicegrad SL_α ist:

   $$q^{lowerSL_\alpha} : lowerSL_\alpha < SL_\alpha \tag{4.10}$$

   Praktisch impliziert dies eine geringere Lieferbereitschaft als das vorgegebene SL_α, so dass u.U. Lieferengpässe und damit verbundene Kosten entstehen können. Dieses Szenario kann beispielsweise für leicht substituierbare Güter oder Güter mit geringer Wertigkeit (Preis, Gesamtumsatz, Wichtigkeit für Kunden) eingesetzt wenden, so dass die möglicherweise entstehenden Fehlmengen keine hohen Kosten verursachen.

2. **Überschuss-Szenario:**
   Zur Prognose wird der Quantilswert $q^{upperSL_\alpha}$ herangezogen. Der entsprechende Wert der Verteilungsfunktion $F\left(q^{upperSL_\alpha}\right) = upperSL_\alpha$ ist hierbei systematisch größer als der Zielservicegrad SL_α:

   $$q^{upperSL_\alpha} : upperSL_\alpha > SL_\alpha \tag{4.11}$$

   Dies hat eine im Vergleich mit SL_α höhere Lieferbereitschaft zur Folge, wobei u.a. Kapitalbindungskosten, höhere Lagerhaltungs- oder Transportkosten in Kauf genommen werden müssen. Dieses Szenario ist in der Praxis am häufigsten verbreitet.

3. **Lineare Interpolation:**
   Unter der Annahme der Gleichverteilung der Werte innerhalb des Intervalls $\left[q^{lowerSL_\alpha}, q^{upperSL_\alpha}\right]$ kann der linear interpolierte Quantilswert $q^{interSL_\alpha}$ berechnet werden:

$$\begin{aligned} q^{interSL_\alpha} = {} & q^{lowerSL_\alpha} + \\ & \frac{SL_\alpha - lowerSL_\alpha}{upperSL_\alpha - lowerSL_\alpha} \cdot \left(q^{upperSL_\alpha} - q^{lowerSL_\alpha}\right) \end{aligned} \tag{4.12}$$

Das Ergebnis der Berechnung ist ein nichtganzzahliger Wert, welcher typischerweise für die Lagerbevorratung nicht direkt übernommen werden kann. Allerdings gibt dieser Wert eine Auskunft darüber, zu welchem der Werte $q^{lowerSL_\alpha}$ oder $q^{upperSL_\alpha}$ die exakte Prognose näher ist. Diese Information kann beispielsweise bei Bestellungen von gebündelten Gütern nützlich sein, welche lediglich in einer festen Verpackungsmenge verkauft werden. Ist der exakte Quantilswert zu $q^{upperSL_\alpha}$ näher, so lohnt sich ggf. die Bestellung einer weiteren Verpackung im Vergleich mit der Situation, wenn der exakte Quantilswert zu $q^{lowerSL_\alpha}$ näher ist. Des Weiteren kann $q^{interSL_\alpha}$ zur Evaluation von Prognoseverfahren verwendet werden, u.a. wenn die Evaluation mit Hilfe statistischer Kennzahlen auf Basis von Quantilsprognosen durchgeführt wird (siehe Speckenbach 2015).

4. **Randomisierung:**
Die Berücksichtigung der Nähe eines exakten nichtganzzahligen Quantilswertes zum nächstliegenden oberen oder unteren ganzzahligen Wert kann durch folgende randomisierte Technik erfolgen. Die Quantilsprognose wird durch den Wert $q^{randomSL_\alpha}$ repräsentiert, welcher mit Hilfe der Zufallsziehung einer Bernoulli-verteilten Zufallsvariable $x_B \in \{0, 1\}$ bestimmt wird. Die entsprechenden Wahrscheinlichkeiten $P(x_B) = 0$ und $P(x_B) = 1$ repräsentieren die normierte Entfernung der ganzzahligen Werte $q^{lowerSL_\alpha}$ und $q^{upperSL_\alpha}$ vom nichtganzzahligen interpolierten Wert $q^{interSL_\alpha}$, welcher dem exakten q^{SL_α} entspricht.

$$P(x_B = 1) = \quad \hat{\pi} \quad = \frac{lowerSL_\alpha - SL_\alpha}{upperSL_\alpha - lowerSL_\alpha} \tag{4.13}$$

$$P(x_B = 0) = \quad 1 - \hat{\pi} \quad = 1 - P(x_B = 1) \tag{4.14}$$

Je höher die Abweichung $(lowerSL_\alpha - SL_\alpha)$, desto höher ist der Wert $P(x_B = 1) = \hat{\pi}$ und desto weiter ist $q^{lowerSL_\alpha}$ vom exakten Wert q^{SL_α} entfernt (siehe Abbildung 4.1). Der randomisierte Quantilswert $q^{randomSL_\alpha}$ ergibt sich dann für einen zufällig generierten Wert x_B der Bernoulli-Verteilung als:

$$q^{randomSL_\alpha} \quad = \quad x_B \cdot q^{upperSL_\alpha} + (1 - x_B) \cdot q^{lowerSL_\alpha} \tag{4.15}$$

Die obige Vorgehensweise hat den Vorteil, dass der resultierende Servicegrad $randomSL_\alpha$ zwar für einen einzelnen Prognosepfad oder für eine einzelne Zeitreihe nicht erreicht wird, allerdings im Erwartungswert über alle Prognosepfade und für die Gesamtanzahl an Produkten dem Zielservicegrad SL_α entspricht ($E\left(randomSL_\alpha\right) = \hat{\pi}$), so dass die Ungenauigkeit der Quantilsprognose durch die Randomisierung ausgeglichen wird. Auf Abbildung 4.1 beträgt der erwartete Quantilswert $E\left(q^{randomSL_\alpha}\right) = 0.85$, genau so wie $q^{interSL_\alpha} = 0.85$.

Die vier beschriebenen Szenarien *lower*, *upper*, *random* oder *inter* können zur Berechnung von Quantilsprognosen und zur Bestimmung empirischer Servicegrade verwendet werden. Deren Nutzen muss allerdings systematisch evaluiert werden, worauf in der Fallstudie in Kapitel 6 eingegangen wird.

Die berechneten Punktprognosen und Quantilsprognosen ermöglichen sowohl eine Schätzung der mittleren zukünftigen Nachfrage als auch eine Risikobewertung der Nachfrage innerhalb der Wiederbeschaffungszeit und können mit unterschiedlichen Prognoseverfahren berechnet werden. Die Bewertung der Prognosegüte sowie die Auswahl geeigneter Verfahren für sporadische Nachfragen können mit Hilfe einer Prognoseevaluation erfolgen, auf welche im nachfolgenden Abschnitt eingegangen wird.

4.2 Prognoseevaluation in sporadischen Aggregaten

Die Beurteilung der Qualität ausgewählter Prognoseverfahren erfolgt im Rahmen einer Prognoseevaluation von Punkt- oder Quantilsprognosen. In Tashman (2000), Küsters (2012) sowie in Armstrong (2001) werden unterschiedliche Evaluationsdesigns zur Prognoseevaluation verwendet, welche folgende Aufteilung des herkömmlichen Datenpanels mit $i = 1, \ldots, I$ Items über $t = 1, \ldots, T$ Perioden beinhalten (siehe Abbildung 4.2).

1. Wird die gesamte verfügbare Datenbasis mit $i = 1, \ldots, I$ Zeitreihen über $t = 1, \ldots, T$ Perioden sowohl zur Modellschätzung als auch zur Progno-

Item \ Periode t	$1 \quad \dots \quad N$	$N+1 \quad \dots \quad T$	$T+1 \quad \dots \quad T+H$
$y_{1,t}$ $y_{2,t}$ $\dots$ $y_{I,t}$	$y_{1,1} \cdots y_{1,N}$ $y_{2,1} \cdots y_{2,N}$ $\dots$ $y_{I,1} \cdots y_{I,N}$	$y_{1,N+1} \cdots y_{1,T}$ $y_{2,N+1} \cdots y_{2,T}$ $\dots$ $y_{I,N+1} \cdots y_{I,T}$	$y_{1,T+1} \cdots y_{1,T+H}$ $y_{2,T+1} \cdots y_{2,T+H}$ $\dots$ $y_{I,T+1} \cdots y_{I,T+H}$
Evaluations-design	*Kalibrations-stichprobe*	*Teststichprobe* **ex post**	*Teststichprobe* **ex ante**
ex post within sample	Modellkalibration, Prognoseevaluation		
ex ante	Modellkalibration		Prognoseevaluation
ex post out of sample	Modellkalibration	Prognoseevaluation	

Abbildung 4.2: Evaluationsdesigns im Prognoseprozess

seevaluation verwendet, so handelt es sich um eine Prognoseevaluation in der Retrospektive **ex post within sample**. Diese Vorgehensweise eignet sich zur Beurteilung der Modellanpassungsgüte im Rahmen der Modellschätzung. Bei der Beurteilung der Prognosegenauigkeit muss allerdings beachtet werden, dass die Datenbasis bereits zur Modellschätzung verwendet wurde, so dass die Evaluationsergebnisse in der Regel mit einer Risiko-Unterschätzung der Zukunft behaftet sind.

2. Wird die Prognose noch nicht verfügbarer Beobachtungen in den Perioden $T+1, \dots, T+H$ auf Basis der Gesamtpanels der Länge T, also in Prospektive (**ex ante**), erstellt und nach der Periode $T+H$ zur retrospektiven Bewertung (**ex post**) der realisierten Abweichungen zwischen $y_{T+h} - \hat{y}_{T+h|T}$ mit $h = 1, \dots, H$ verwendet, so entspricht dieses Evaluationsschema einer realen Situation. Zum Methodenvergleich eignet sich diese Vorgehensweise am besten, da die Prognosen mit Hilfe verschiedener Methoden anhand der gleichen Datenbasis für den gleichen Zeitraum erstellt und miteinander verglichen werden können. Die Evaluation der Prognosen ist allerdings erst nach Ablauf der noch nicht verfügbaren Perioden $T+1, \dots, T+H$ möglich, so dass diese Vorgehensweise häufig durch das nachfolgend beschriebene Szenario drei nachgebildet (simuliert) wird.

3. Um eine möglichst realitätsnahe Prognoseevaluation durchzuführen, wird zunächst die Gesamtdatenbasis in eine **Kalibrationsstichprobe** über den Zeitraum $t = 1, \ldots, N$, wobei $N < T$, und in eine **Teststichprobe** über den Zeitraum $t = N + 1, \ldots, T$ für alle Zeitreihen $i = 1, \ldots, I$ aufgeteilt. Auf Basis der Kalibrationsstichprobe mit Umfang N findet ausgehend vom Prognoseursprung N die Modellkalibration und die Spezifikation der Prognosefunktion statt. An dieser Stelle kann die Modellanpassungsgüte wie im ersten Szenario **ex post** (**within sample**) evaluiert werden. Die spezifizierte Prognosefunktion wird zur ex ante Prognose für die Perioden der Teststichprobe $N + 1, \ldots, N + T$ verwendet. Die ex ante berechneten Prognosepfade können dann mit der Teststichprobe evaluiert werden. Anders als bei within sample wird die Kalibrationsstichprobe aus der Modellevaluation ausgeschlossen (Evaluation **out of sample**), so dass das ex ante Szenario nachgestellt wird.

Die Prognosen anhand obiger Szenarien können zu einem festen Prognoseursprung N für verschiedene Horizonte $h = 1, \ldots, H$ einmal berechnet werden und auf Basis der Teststichprobe (ex ante oder ex post) evaluiert werden, so dass jeweils ein $h-$stufiger Prognosefehler durch die Prognoseberechnung resultiert. Diese Technik wird als eine **statische Prognoseevaluation** bezeichnet.

Wird die Kalibrationsstichprobe sukzessiv vergrößert, so können die Prognosepfade für die Prognosehorizonte $h = 1, \ldots, H$ unabhängig voneinander, rollierend, ausgehend von aufeinander folgenden Prognoseursprüngen N, $N{+}1$, ..., T berechnet werden. Die Güte berechneter Prognosepfade wird somit durch eine **rollierende (dynamische) Prognoseevaluation** bewertet (siehe Tashman 2000). Im Vergleich mit der statischen Prognoseevaluation, welche die Evaluation auf Basis lediglich eines Wertes des $h-$stufigen Prognosefehlers durchführt, werden durch eine sukzessive Vergrößerung der Kalibrationsstichprobe beispielsweise im Rahmen des Evaluationsszenarios drei insgesamt $(T - N + 1)$ Prognosepfade berechnet. Demnach können insgesamt $(T - N) \cdot (T - N - 1)$ der einstufigen Prognosefehler und insgesamt $(T - N - h + 1) \cdot (T - N - h)$ der $h-$stufigen Prognosefehler ermittelt werden, so dass eine höhere Genauigkeit der Evaluation erzielt werden kann.

In der klassischen Paneldatenanalyse wird am häufigsten das erste Evaluationsszenario ex post within sample verwendet. Da das Ziel der Paneldatenanalyse in der Erklärung der Zusammenhänge und in der Modellierung der unbeobachtbaren Heterogenität zwischen Individuen besteht, wird in der Regel eine hohe Modellanpassungsgüte angestrebt (Cameron und Trivedi 2013 und Hilbe 2011). Im Rahmen der Zeitreihenanalyse ist der letzte Ansatz zur Evaluation ex post out of sample weit verbreitet, wobei die Berechnung der Prognosepfade in der Praxis typischerweise ausgehend von einem festen Prognoseursprung erfolgt und somit einer statischen Prognoseevaluation entspricht (siehe Küsters und Bell 1999). Eine dynamische Prognoseevaluation in Kombination mit einer Modellneuspezifikation ausgehend von jedem Prognoseursprung ist in der Praxis weniger verbreitet, da diese im Vergleich mit einer statischen Evaluation deutlich aufwendiger ist.

Zur Prognoseevaluation im güterwirtschaftlichen Kontext können sowohl **statistische** als auch **betriebswirtschaftliche Evaluationskriterien** herangezogen werden. Dabei werden die statistischen Kriterien in der Regel zur Evaluation von Punktprognosen verwendet. Zu den betriebswirtschaftlichen Kriterien in einer Supply Chain zählen u.a. empirisch erzielte Lieferservicegrade sowie realisierte Kosten einer Lagerhaltung, welche auf der Grundlage von Quantilsprognosen der über die Wiederbeschaffungszeit H kumulierten Nachfrage berechnet werden (Küsters 2012, Tempelmeier 2012).

4.2.1 Statistische Evaluation der Punktprognosen

Die statistischen Evaluationskriterien auf der Grundlage der itemspezifischen $h-$stufigen Punktprognosen $\hat{y}_{i,t+h}$ dominieren in der Literatur, da diese kontextübergreifend eingesetzt werden können und sich durch die nachfolgend dargestellten Formeln schnell berechnen lassen.

Die aufgelisteten Evaluationskriterien beruhen dabei auf einer rollierenden Prognosesimulation mit einem variierenden Prognoseursprung $t = N, \ldots, T$ und werden für jede Zeitreihe $i = 1, \ldots, I$ auf Basis von $h-$stufigen Prognosefehlern $e_{i,T+h|T} = y_{i,T+h} - \hat{y}_{i,T+h|T}$ berechnet (für eine Übersicht der

Evaluationskriterien siehe beispielsweise Küsters 2012, Armstrong 2001 oder Prestwich et al. 2014).

Bedingt durch die Zeitreihensporadizität können einige gängige Evaluationsmaße wie $MPE, MAPE, U$, $RAE^{(h)}$ oder $cumRAE^{(H)}$ nicht in jeder Periode berechnet werden, da bei deren Berechnung durch den realisierten Wert der Nachfrage $y_{i,t}$ (häufig $y_{i,t} = 0$) dividiert werden muss. Dennoch werden diese Evaluationskriterien in der Praxis häufig verwendet. Um das Problem der Division durch Null zu umgehen, wird zum Beispiel bei der Berechnung von $MAPE$ (Formel 4.21) der Wert $y_{i,t}$ im Nenner durch dessen Punktprognose $\hat{y}_{i,t}$ ersetzt (Küsters 2012). Das $MAPES$ (Formel 4.22) nutzt zur Berechnung den Mittelwert der Summe aus Originalwert $y_{i,t}$ und Prognosewert $\hat{y}_{i,t}$ (Hyndman et al. 2008, Chen und Boylan 2008).

Bei den über die Wiederbeschaffungszeit H kumulierten Punktprognosen $\hat{Y}_{i,t+H}$ kann die Sporadizität aufgrund des Kumulierens $Y_{i,t+H} = \sum_{h=1}^{H} y_{i,t+h}$ entschärft werden, so dass $Y_{i,t+H}$ vor allem für lange Wiederbeschaffungszeiten H wenige bis keine Nullwerte enthält. In diesem Fall können auch die Evaluationsmaße für Zeitreihen der Schnelldreher verwendet werden.

Die statistischen Evaluationsmaße können in folgende Gruppen unterteilt werden:

1. Evaluationsmaße zur Evaluation **einer** Prognosemethode durch den Vergleich des Prognosewertes $\hat{y}_{i,t+h}$ mit dem realisierten Wert der Nachfrage $y_{i,t+h}$ (siehe Küsters 2012). Dabei stellen beispielsweise MAE, $MAPE$, MSE, $RMSE$ die positiven (absoluten) Streuungsmaße dar, welche die ursprüngliche Skalierung der Zeitreihen erhalten. MSE ist ein quadriertes Evaluationsmaß. Die Kriterien MPE und $MAPE$ sind relative Maße.

   - Mittlerer h–stufiger Fehler (mean error, ME)

$$ME_i = \frac{1}{T - N + 1} \sum_{t=N}^{T} (y_{i,t+h} - \hat{y}_{i,t+h}) \qquad (4.16)$$

– Mittlerer absoluter h–stufiger Fehler (mean absolute error, MAE)

$$MAE_i = \frac{1}{T-N+1} \sum_{t=N}^{T} |y_{i,t+h} - \hat{y}_{i,t+h}| \tag{4.17}$$

– Mittlerer quadratischer h–stufiger Fehler (mean square error, MSE)

$$MSE_i = \frac{1}{T-N+1} \sum_{t=N}^{T} (y_{i,t+h} - \hat{y}_{i,t+h})^2 \tag{4.18}$$

– Standardabweichung (root mean square error, $RMSE$)

$$RMSE_i = \sqrt{MSE_i} \tag{4.19}$$

– Mittlerer prozentualer h–stufiger Fehler (mean percentage error, MPE)

$$MPE_i = \frac{1}{T-N+1} \sum_{t=N}^{T} \left(\frac{y_{i,t+h} - \hat{y}_{i,t+h}}{y_{i,t+h}} \right) \quad \text{für } y_{i,t+h} \neq 0 \tag{4.20}$$

– Mittlerer absoluter prozentualer h–stufiger Fehler (mean absolute percentage error, $MAPE$)

$$MAPE_i = \frac{1}{T-N+1} \sum_{t=N}^{T} \left| \frac{y_{i,t+h} - \hat{y}_{i,t+h}}{y_{i,t+h}} \right| \quad \text{für } y_{i,t+h} \neq 0 \tag{4.21}$$

– Symmetrischer mittlerer absoluter prozentualer h–stufiger Fehler (symmetric mean absolute percentage error, $MAPES$)

$$MAPES_i = \frac{1}{T-N+1} \sum_{t=N}^{T} \left| \frac{y_{i,t+h} - \hat{y}_{i,t+h}}{\frac{y_{i,t+h}+\hat{y}_{i,t+h}}{2}} \right| \tag{4.22}$$

2. Evaluationsmaße zum **Vergleich** von **zwei** Prognosemethoden oder zum Vergleich eines Prognoseverfahrens mit einem Benchmarkverfahren (typischerweise Random Walk oder globales Mittelwertmodell):

   – Mittlerer absoluter skalierter Fehler (mean absolute scaled error, $MASE$)

$$MASE_i = \frac{1}{T-N+1}\sum_{t=N}^{T}\left|\frac{y_{i,t+h}-\hat{y}_{i,t+h}}{\frac{1}{T-N}\sum_{t=N}^{T-1}|y_{i,t+1}-y_{i,t}|}\right| \tag{4.23}$$

   Hyndman et al. (2008) entwickelten das Evaluationskriterium $MASE$, welches eine Normierung der Prognosefehler im Absolutbetrag im Vergleich mit einer Random Walk Prognose vornimmt.

   – Der relative absolute $h-$stufige Fehler (relative absolute error RAE, siehe Küsters 2012) führt den Vergleich eines Prognoseverfahrens mit einer $h-$stufigen Random Walk Prognose zu einem festen Prognoseursprung t im Absolutbetrag durch:

$$RAE_i^{(h)} = \frac{|y_{i,t+h}-\hat{y}_{i,t+h}|}{|y_{i,t+h}-y_{i,t}|} \quad \text{für } (y_{i,t+h}-y_{i,t}) \neq 0 \tag{4.24}$$

   – Die $U-$Statistik von Theil (Makridakis et al. 1998, S. 48), auch als U^2-Statistik bekannt (Küsters 2012, S. 436), dient für $y_{i,t} \neq 0$ zum Vergleich der prognostizierten relativen Veränderungen der Vorperiode $\triangle\hat{y}_{i,t+1} = \frac{\hat{y}_{i,t+1}-y_{i,t}}{y_{i,t}}$ mit den realisierten relativen Veränderungen der Vorperiode $\triangle y_{i,t+1} = \frac{y_{i,t+1}-y_{i,t}}{y_{i,t}}$.

$$U_i = \sqrt{\frac{\sum_{t=N}^{T-1}(\triangle\hat{y}_{i,t+1}-\triangle y_{i,t+1})^2}{\sum_{t=N}^{T-1}(\triangle y_{i,t+1})^2}} \tag{4.25}$$

$$= \sqrt{\frac{\sum_{t=N}^{T-1}\left(\frac{\hat{y}_{i,t+1}-y_{i,t+1}}{y_{i,t}}\right)^2}{\sum_{t=N}^{T-1}\left(\frac{y_{i,t+1}-y_{i,t}}{y_{i,t}}\right)^2}} \tag{4.26}$$

   Die Werte $U_i = 1$ implizieren, dass sich die Performance der zu evaluierenden Prognosemethode von der naiven Random Walk Prognose nicht unterscheidet. Bei $U_i < 1$ ist die Prognosemethode dem Random Walk vorzuziehen. Für $U_i > 1$ hat die Random Walk Prognose eine bessere Prognosegüte als die Prognose der damit verglichenen Methode.

- Das Evaluationsmaß PB (Percentage Better) beurteilt die Performance von zwei konkurrierenden Verfahren $(V1)$ und $(V2)$ durch die Ermittlung der h–stufigen Prognosefehler im Absolutbetrag für $t = N, \ldots, T$ (Küsters 2012):

$$b_{i,t+h}^{(V1)} = \begin{cases} 1, & \text{falls } \left|y_{i,t+h} - \hat{y}_{i,t+h}^{(V1)}\right| < \left|y_{i,t+h} - \hat{y}_{i,t+h}^{(V2)}\right| \\ 0, & \text{sonst} \end{cases} \tag{4.27}$$

$$PB_i^{(V1)} = \frac{\sum_{t=N}^{T} b_{i,t+h}^{(V1)}}{T - N + 1} \cdot 100\% \tag{4.28}$$

  $PB^{(V1)}$ gibt den Anteil der Perioden im Prognoseintervall in % an, in welchen die Prognosen des Verfahrens $(V1)$ genauer waren als die vom Verfahren $(V2)$.

Zusätzlich zu den oben definierten Kriterien kann beispielsweise der kumulierte relative absolute Fehler (cumulated relative absolute error $cumRAE$) zum Vergleich von den über die Wiederbeschaffungszeit H kumulierten Prognosefehlern mit denen der h–stufigen Random Walk Prognosen zu einem festen Prognoseursprung t (Küsters 2012) verwendet werden, wobei an dieser Stelle auch das Problem der Division durch Null für $(y_{i,t+h} - y_{i,t}) = 0$ entstehen kann:

$$cumRAE_i^{(H)} = \frac{\sum_{h=1}^{H} |y_{i,t+h} - \hat{y}_{i,t+h}|}{\sum_{h=1}^{H} |y_{i,t+h} - y_{i,t}|} \quad \text{für } (y_{i,t+h} - y_{i,t}) \neq 0 \tag{4.29}$$

Die obigen statistischen Kriterien evaluieren die Güte der Punktprognosen. Ein auf den Quantilsprognosen basierendes statistisches Evaluationsmaß, welches eine genauere Evaluation der Quantilsprognosen über die Wiederbeschaffungszeit für Langsamdreher vornimmt, findet man beispielsweise in Speckenbach (2015).

4.2.2 Evaluation der Quantilsprognosen in einem Lagerhaltungssystem

Durch eine statistische Evaluation der Punktprognosen kann der betriebswirtschaftliche Nutzen erstellter Prognosen nicht direkt bewertet werden. In der Güterwirtschaft besteht für Langsamdreher die Möglichkeit einer nutzenorientierten Prognoseevaluation von Quantilsprognosen durch die Verknüpfung des Prognosesystems mit einem Lagerhaltungsmodell bzw. mit einer Lagerhaltungspolitik.

4.2.2.1 Betriebswirtschaftliche Evaluationskriterien

Unter den betriebswirtschaftlichen Kriterien zur Evaluation der Prognosegüte werden nachfolgend die empirisch erzielten Servicegrade sowie die realisierten Kosten einer Lagerhaltung beschrieben.

- **Produktbezogene Leistungskriterien - Servicegrade**: Die Qualität von Quantilsprognosen in der Supply Chain lässt sich u.a. mit Hilfe produktbezogener Leistungskriterien ermitteln (Tempelmeier 2012, Stadtler und Kilger 2008, S. 53, 158, Churchman et al. 1971, S. 189 ff., Günther und Tempelmeier 2014, S. 245-253), welche sowohl itemspezifisch als auch periodenspezifisch als $(SL_\alpha)_{i,t}$ oder $(SL_\beta)_{i,t}$ berechnet werden können. Es kann auch u.U. sinnvoll sein, eine saisonabhängige Lieferbereitschaft zu gewährleisten. Beispielsweise kann für Weihnachtsartikel im Sommer ein anderer (u.U. geringerer) Ziellieferservicegrad vorgegeben werden als in der Winterzeit.

  - Realisierter $\widehat{SL}_\alpha$−Servicegrad (ereignisorientiert): Anteil derjenigen Perioden, in denen die Nachfrage vollständig aus dem Lagerhaltungssystem (ohne Verzögerung oder Nachbestellung) bedient werden kann (Tempelmeier 2012, S. 19 sowie Formel 1.3 auf S. 15):

$$\left(\widehat{SL}_\alpha\right)_{i,t} \approx P\left(y_{i,t} \leq LB_{i,t}\right) \tag{4.30}$$

$LB_{i,t}$ bezeichnet den physischen Bestand für das Produkt i zu Beginn der Periode t. Mit $P(y_{i,t} \leq LB_{i,t})$ ist die diskrete Verteilungsfunktion der Nachfrage $y_{i,t}$ bezeichnet.

– Realisierter $\widehat{SL}_\beta$–Servicegrad (mengenorientiert): Anteil am Gesamtvolumen der erwarteten Nachfrage $E(y_{i,t})$, welche aus dem verfügbaren Lagerbestand (ohne Verzögerung oder Nachbestellung) bedient werden kann (Tempelmeier 2012, S. 21 und Formel 1.4 auf S. 15):

$$\left(\widehat{SL}_\beta\right)_{i,t} = 1 - \frac{E\left(FM_{i,t} \mid \widehat{S}_t^{opt}, y_{i,1}, \dots y_{i,t-1}\right)}{E\left(y_{i,t} \mid y_{i,1}, \dots y_{i,t-1}\right)} \tag{4.31}$$

$E\left(FM_{i,t} \mid \widehat{S}_t^{opt}, y_{i,1}, \dots y_{i,t-1}\right)$ bezeichnet dabei die in der Periode t erwarteten Fehlmengen bezogen auf das Produkt i auf Basis der Historie $y_{i,1}, \dots y_{i,t-1}$ bis zur Vorperiode $(t-1)$. Die erwartete Nachfrage auf Basis der realisierten Nachfragen der Vorperioden $y_{i,1}, \dots y_{i,t-1}$ wird durch $E\left(y_{i,t} \mid y_{i,1}, \dots y_{i,t-1}\right)$ berechnet.

In der Fallstudie in Kapitel 6 erfolgt die Bewertung für periodische (r, S) Lagerhaltungspolitiken, so dass $\widehat{S}_t^{opt}$ das geschätzte optimale Bestellniveau bezeichnet und durch die Quantilsprognose $\hat{q}_{t|t-1}^{SL_\alpha}$ zum Zielservicegrad SL_α rollierend vom Prognoseursprung $t-1$ für jede Periode $t = 2, \dots, T$ neu berechnet wird (siehe dazu Abschnitt 1.3, S. 15 f.). Für konkret definierte Lagerhaltungssysteme lassen sich allerdings Tabellen entwickeln, welche anhand der Werte des Ziellieferservicegrades SL_α in Kombination mit einem Verteilungsmodell die erwarteten Fehlmengen und somit den resultierenden empirischen $\widehat{SL}_\beta$ bestimmen (siehe dazu u.a. Williams 1983, Küsters et al. 2015).

Die obigen $\widehat{SL}_\alpha$ und $\widehat{SL}_\beta$ Servicegrade stellen periodenbezogene Leistungskriterien dar, so dass Fehlmengen (oder Überschussmengen) sowie Fehlmengenereignisse pro Periode innerhalb eines Risikoraums gemessen werden. Bezieht man sich auf den ganzen Wiederbeschaffungszyklus bzw. auf den ganzen Bestellzyklus und nicht auf deren einzelne Perioden, so ist die Bewertung von zyklusorientierten Ereignissen durch die Berechnung von zyklusbezogenen Leistungskriterien möglich.

In Günther und Tempelmeier (2014), S. 246-247 findet man allerdings eine ausführliche Diskussion, illustriert mit einem Beispiel, dass der Einsatz zyklusbezogener Leistungskriterien, konkret zyklusbezogener SL_{α}^{c}, nicht sinnvoll ist. Beispielsweise führen die ausschließlich in der letzten Periode des $H = 4-$periodischen Zyklusses entstehenden Fehlmengen zu einem Wert $\widehat{SL}_{\alpha}^{c} = 0$, obwohl dieses Ereignis ein einziges Fehlmengenereignis innerhalb der vier Perioden darstellt. Berechnet man den periodenbezogenen SL_{α}, so resultiert der Wert $\widehat{SL}_{\alpha} = 1 - \frac{1}{H} = 0.75$, da die Nachfrage in allen drei restlichen Perioden des Zyklusses vollständig bedient werden konnte. Somit kann der Einsatz zyklusbezogener Leistungskriterien zu Verzerrungen im Bestandsmanagement führen, welche sich u.U. in höheren Bestellungen oder im unnötigen Aufbau von Beständen auszeichnen.

- **Realisierte Kosten einer Lagerhaltung** setzen sich allgemein betrachtet aus allen für ein Unternehmen relevanten Kostenarten wie Transaktionskosten, Transportkosten, Fehlmengenkosten, Überschussmengenkosten, Kosten für Kundenabwanderungen usw. zusammen. Die Kostenarten sowie die dazugehörigen Kostensätze variieren je nach Kostenstruktur und Art der Kostenfunktion (linear oder nichtlinear).

Nachfolgend werden unter den realisierten Kosten einer Lagerhaltung die itemspezifischen Gesamtkosten $GK_{i,t}$ in der Periode t bezeichnet, welche durch die Summe item- sowie periodenspezifischer Fehlmengenkosten ($FMK_{i,t}$) und Überschussmengenkosten ($\ddot{U}MK_{i,t}$) berechnet werden. Zur Vereinfachung wird zum einen von einem statischen Lagerhaltungssystem ausgegangen (Churchman et al. 1971, S. 190). Zum anderen werden lineare Kostenverläufe für Überschuss- und Fehlmengenkosten unterstellt. Des Weiteren werden einer Fehlmengeneinheit Kosten in Höhe von $100 \cdot (SL_{\alpha})_{i,t}$ zugeordnet. Eine Einheit der Überschussmenge führt zu Kosten in Höhe von $100 \cdot \left(1 - (SL_{\alpha})_{i,t}\right)$. Der Wert des ganzzahligen periodenspezifischen optimalen Lagerbestandes $LB_{i,t}^{opt}$, welcher zum Minimum der Gesamtkosten $GK_{i,t}$ korrespondiert, kann wie folgt analytisch berechnet werden (Churchman et al. 1971, S. 190 - 202).

$$P\left(y_{i,t} \leq LB_{i,t}^{opt} - 1\right) < \frac{FMK_{i,t}}{FMK_{i,t} + \ddot{U}MK_{i,t}} < P\left(y_{i,t} \leq LB_{i,t}^{opt}\right) \quad (4.32)$$

$LB_{i,t}^{opt}$ stellt eine Verknüpfung zwischen dem Prognosemodell und dem Lagerhaltungssystem dar, da der optimale zeitreihenspezifische Lagerbestand mit Hilfe der zum Ziellieferservicegrad $(SL_\alpha)_{i,t}$ berechneten zeitreihenspezifischen Quantilsprognose $\hat{q}_{i,T+H|T}^{SL_\alpha}$ der über die Wiederbeschaffungszeit H kumulierten Nachfrage $Y_{i,T+H}$ der $i-$ten Zeitreihe bestimmt wird.

Die obigen Evaluationskriterien werden typischerweise in einer Supply Chain eingesetzt, lassen sich jedoch durch weitere komplexere und unternehmensspezifische Annahmen wie Kostenarten und Kostenverläufe (linear bzw. nichtlinear, siehe dazu Churchman et al. 1971, S. 190) oder Lieferservicegrade wie beispielsweise den $\gamma-$Servicegrad (Tempelmeier 2012) sowie zyklische Lieferservicegrade (Günther und Tempelmeier 2014) erweitern.

4.2.2.2 Modellierung einer Lagerhaltung

Durch die Einbettung der Quantilsprognosen in eine Lagerhaltung ist die Bewertung des betriebswirtschaftlichen Nutzens möglich. An dieser Stelle muss beachtet werden, dass die aus einem Prognoseverfahren resultierenden Quantilsprognosen nicht isoliert, sondern simultan in einem Lagerhaltungskonzept evaluiert werden. Dabei spricht man häufig von einer Lagerhaltungssimulation, da es sich um die Simulation der Prognosen, Bestell- und Liefervorgänge innerhalb einer Lagerhaltung handelt (Teunter et al. 2011, Tempelmeier 2012).

Die nachfolgend beschriebenen Merkmale dienen zur Darstellung unterschiedlicher Lagerhaltungsaspekte, welche ein zum Evaluationszweck aufgebautes Lagerhaltungssystem realitätsnah gestalten können. Das Lagerhaltungssystem, welches im Rahmen der vorliegenden Arbeit in der empirischen Studie verwendet wird, wird in Kapitel 6 explizit beschrieben.

- **Lagerhaltungspolitik und Lagerüberwachung**

  Das Ziel einer Lagerhaltungspolitik besteht darin, die Unsicherheit in einem Risikozeitraum zu modellieren, um die unter der Berücksichtigung der

Unsicherheit resultierenden Kosten zu reduzieren. Der Risikozeitraum setzt sich u.a. aus dem Überwachungsintervall sowie aus der Wiederbeschaffungszeit H zusammen (Tempelmeier 2012, S. 135), wobei die Überwachung kontinuierlich oder periodisch verlaufen kann.

Eine **kontinuierliche** Überwachung impliziert, dass der Bestellvorgang jederzeit erfolgen kann. Das Risiko der Fehlmengen konzentriert sich im Wiederbeschaffungsintervall. Bei einer **periodischen** Überwachung werden die Bestellungen in bestimmten festgelegten Perioden ausgelöst, so dass die Bestandsüberwachung nicht permanent sondern in festgelegten Perioden stattfindet (Tempelmeier 2012, S. 136 ff.). Somit ist der Risikozeitraum bei einer periodischen Überwachung größer als bei einer kontinuierlichen und wird sowohl durch die Wiederbeschaffungszeit als auch durch die Länge des Überwachungsintervalls beeinflusst.

Für Langsamdreher eignet sich in der Regel eine periodische Überwachung, da häufig längere Perioden ohne Nachfragen auftreten, für welche keine kontinuierliche Kontrolle der Bestände erforderlich ist (siehe Diskussionen in Altay et al. 2012, Eaves und Kingsman 2004, Willemain et al. 2004, Snyder 2002, Snyder et al. 2012b). Die modernen Warenwirtschaftssysteme ermöglichen allerdings ohnehin eine kontinuierliche Lagerüberwachung, so dass jede periodische Lagerhaltung auf eine kontinuierliche Überwachung umgestellt werden kann.

Zu den klassischen periodischen Lagerhaltungspolitiken gehören u.a. die Base-Stock-Politiken (r, S) sowie $(S-1, S)$, auf welche sich die vorliegende Arbeit beschränkt, und die sich voneinander durch die Länge bzw. durch die Festlegung der Perioden der Bestandsüberwachung unterscheiden.

- Mit $S_{i,t}$ an der Stelle von S wird das item- und zeitspezifische Bestellniveau in der Periode t eingesetzt, auf welches der disponible Lagerbestand, typischerweise der Anfangsbestand $AB_{i,t}$, mit Hilfe einer in der Periode t gelieferten Bestellung angehoben wird. $S_{i,t}$ stellt somit eine Verknüpfung zwischen dem Prognosemodell und dem Lagerhaltungsmodell dar und kann durch die zum Ziellieferservicegrad berechnete

Quantilsprognose der über die Wiederbeschaffungszeit H kumulierten Nachfrage für jede $i-$te Zeitreihe repräsentiert werden. Im Rahmen einer rollierenden Prognosesimulation werden Quantilsprognosen $\hat{q}^{SL_\alpha}_{i,t+H|t}$ zum Ziellieferservicegrad SL_α in jeder Periode $t = N, N+1, \ldots, T$ neu berechnet, so dass das Bestellniveau $S_{i,t}$ periodenspezifisch kalkuliert wird: $S_{i,t} = \hat{q}^{SL_\alpha}_{i,t+H|t}$.

An dieser Stelle ist anzumerken, dass die oben beschriebenen instationären Prognosemodelle im Rahmen der Prognoseevaluation sinnvoll mit mehrperiodischen (realitätsnäheren) Lagerhaltungsmodellen (Wagner und Whitin 1958 sowie Günther und Tempelmeier 2014, S. 179 ff.) kombiniert werden können. Da die Lagerhaltungsmodellierung im Rahmen der vorliegenden Arbeit als ein Evaluationsinstrument eingesetzt wird und keinen weiteren Forschungsschwerpunkt neben der Entwicklung multivariater Prognosemodelle für Langsamdreher darstellt, wird der Ansatz eines dynamischen mehrperiodischen Lagerhaltungssystems nicht weiterverfolgt, so dass zur Evaluation eine statische (einperiodische) Lagerhaltung verwendet wird.

- In einer (r, S) Politik kann die Bestellung in $r-$periodischen Intervallen ausgelöst werden. Der Wert r kann entweder a priori festgelegt werden oder korrespondierend zur Wiederbeschaffungszeit und zu Kostenrelationen datengetrieben optimiert werden (Sani und Kingsman 1997, Babai et al. 2010).

- Bei einem Lagerabgang in der Periode t im Rahmen einer $(S-1, S)$ Politik wird am Ende der gleichen Periode t eine Bestellung ausgelöst, im Gegensatz zur (r, S) Politik, in welcher ein $r-$periodisches Intervall zwischen möglichen Bestellvorgängen eingehalten werden muss. Die Bezeichnung $S-1$ wurde von Feeney und Sherbrooke (1966) übernommen und bedeutet nicht, dass **eine** Mengeneinheit das Lager verlässt, sondern symbolisiert eine Lagerbestandsenkung, welche durch eine oder mehrere Einheiten verursacht werden kann.

Bei der Wahl einer Lagerhaltungspolitik kann eine praktisch plausible Annahme der Auftragsbündelung berücksichtigt werden (siehe dazu Tempelmeier 2012, S. 135 ff.), welche in Abhängigkeit von Verpackungsgrößen oder von Mindestliefermengen sowie von Rabattstaffelungen resultieren kann. Diese Annahme ermöglicht eine genauere Bewertung der entstehenden Kosten einer Lagerhaltung. Dazu wenden Willemain et al. (2004) für sporadische Produkte neben einer (r, S) eine (s, q) Lagerhaltungspolitik mit einer konstanten Bestellmenge q an. In dieser Arbeit wird die Bündelung der Bestellmengen nicht aufgegriffen, da diese sinnvoll in Absprache mit dem Disponenten und in Abhängigkeit von der Produktart eingesetzt werden kann und zusätzliche Annahmen für die Lagerhaltungsevaluation erfordert.

- **Deterministische Wiederbeschaffungszeiten**

Stochastische (nichtdeterministische) Wiederbeschaffungszeiten, die durch externe ggf. zufallsbedingte lokale Ereignisse beeinflusst werden, spiegeln die Realität genauer wieder. Durch die Annahme stochastischer Wiederbeschaffungszeiten steigt allerdings die Komplexität eines Lagerhaltungssystems aufgrund zusätzlicher Unsicherheit (Eaves und Kingsman 2004, Kourentzes 2013). Darauf bezogen werden in der vorliegenden Arbeit deterministische Wiederbeschaffungszeiten unterstellt.

- **Annahme über Rückstände** (Backorder vs. Lost Sales)

Die aus dem vorhandenen Lagerbestand nicht bediente Nachfrage kann entweder zu einem späteren Zeitpunkt an den Kunden ausgeliefert werden (**backlog**) oder geht verloren (**lost sales**). Beide Annahmen spiegeln unterschiedliche reale Situationen wieder und resultieren typischerweise aus der Produktspezifik (hochpreisige Maschinenersatzteile werden häufiger nachgeliefert als leicht substituierbare geringwertige Produkte), aus der Dispositionsstufe (Großlager vs. einzelne Handelsfiliale) oder aus der Dispositionsform (stationärer vs. Online-Handel) und wirken sich auf die Gesamtkosten der Disposition aus (Altay et al. 2012). Wenn Rückstände bzw. Nachlieferungen der in der vorherigen Periode nicht bedienten Nachfrage zugelassen werden, kann eine weitere Annahme über die Reihenfolge der nachgelieferten Aufträge getroffen werden, wie zum Beispiel FIFO (first in first out) oder LIFO (last in first out) oder eine Reihenfolge aufgrund von Priorisierungen einzelner Kunden oder Kundengruppen (Muckstadt und Sapra 2010).

- **Bestellvorgang**

  Zum Zweck einer akkuraten Erfassung der Prognose-, Bestell- und Liefervorgänge in einer Lagerhaltung ist es von Bedeutung, ob die Bestell- und die Prognosevorgänge zu Beginn, zu Ende oder zu beliebigen Zeitpunkten innerhalb einer Periode stattfinden. Zur Vereinfachung können folgende Annahmen getroffen werden:

  - Die Berechnung von Prognosen für die Bedarfe zukünftiger Perioden findet **am Ende** jeder Periode t statt.

  - Der Bestellvorgang findet **am Ende** einer Periode t statt.

  - Die am Ende einer Periode t bestellte Menge wird unter der Annahme deterministischer Wiederbeschaffungszeit am Ende der Periode $t + H$ geliefert und fließt **zu Beginn** der Periode $t+H+1$ in den Lagerbestand $AB_{i,t+H+1}$ mit ein.

Die Erfassung der Lagerhaltungsvorgänge kann in folgende Schritte aufgeteilt werden:

1. **Berechnung der Quantilsprognosen** $S_{i,t} = \hat{q}^{SL_\alpha}_{i,t+H|t}$ der über die Wiederbeschaffungszeit H kumulierten Nachfragen zum Ziellieferservicegrad SL_α rollierend von den Prognoseursprüngen $t = N, N+1, \ldots, T$:

   Der initiale Prognoseursprung N sowie die Wiederbeschaffungszeit H sollten im Rahmen der Evaluation realitätsnah gewählt werden. Es muss außerdem sichergestellt werden, dass eine "ausreichende Anzahl" an Lagervorgängen evaluiert werden kann, wobei dies von der Länge der betrachteten Zeitreihen und vom Verhältnis zwischen einer initialen Kalibrations-

und einer initialen Teststichprobe abhängt (siehe Abbildung 4.2). In der Fallstudie (Kapitel 6) wird N als gerundeter Wert von 70% der Zeitreihenlänge T berechnet. Somit stehen ca. $0.3 \cdot T$ Perioden zur Evaluation in einem Lagerhaltungssystem bereit.

2. **Initialisierung der Lagerhaltung** in der Periode N (initialer Prognoseursprung):

   - Da die Erfassung der Lagervorgänge zum Zweck der Evaluation ab der Periode $N+1$ stattfindet und keine Lagerhaltungshistorie vor der Periode $N+1$ vorliegt, wird diese durch die Festlegung der Startwerte der Bestände abgebildet. Der initiale Endbestand $EB_{i,N}$ in der Periode N sowie die Bestellmengen BM_{i,t^*} in den Perioden $t^* = N-H-1, \ldots, N$ für die Zeitreihe i können wie folgt festgelegt werden:

$$EB_{i,N} = S_{i,N} \quad (4.33)$$

$$BM_{i,N-H-1} = \ldots = BM_{i,N} = 0 \quad (4.34)$$

   - Der Beginn der Lagerüberwachung wird auf die Periode $N+1$ gesetzt und in $r-$periodischen Abständen bei einer (r, S) Politik oder bei einer $(S-1, S)$ Politik, sobald ein Lagerabgang stattfindet, fortgesetzt.

3. **Simulation der Lagervorgänge:**

   In den Perioden $t = N+1, \ldots, T$ werden die einzelnen Lagervorgänge ausgeführt und entsprechende Lagerbestände berechnet. Dabei bezeichnen $AB_{i,t}$ den Anfangsbestand, $FM_{i,t}$ die Fehlmengen und $\ddot{U}M_{i,t}$ die Überschussmengen bezogen auf die $i-$te Zeitreihe in der Periode t.

   Die Höhe des Endbestandes $EB_{i,t}$ hängt vom Anfangsbestand $AB_{i,t}$ und der Nachfragehöhe $y_{i,t}$ ab (Formel 4.35). Der Anfangsbestand (siehe Formel 4.36) $AB_{i,t}$ setzt sich aus dem Endbestand $EB_{i,t-1}$ der Vorperiode $t-1$ und der Bestellmenge $BM_{i,t-H-1}$, welche am Ende der Periode $t-H-1$ bestellt wurde und nach der Wiederbeschaffungszeit H zur Beginn der Periode t verfügbar ist, zusammen.

Die Höhe der Bestellmenge in der Periode t wird durch den Prognosewert $S_{i,t} = \hat{q}^{SL_\alpha}_{i,t+H|t}$ festgelegt, welcher ggf. um den Wert des positiven Endbestandes $EB_{i,t} > 0$ in der Periode t und um die Höhe der bestellten aber bisher noch nicht gelieferten Bestellmengen $\sum_{h=1}^{H} BM_{i,t-h}$ verringert wird (Formel 4.37).

$$AB_{i,t} = EB_{i,t-1} + BM_{i,t-H-1} \tag{4.35}$$

$$EB_{i,t} = AB_{i,t} - y_{i,t} \tag{4.36}$$

$$BM_{i,t} = \begin{cases} S_{i,t} - EB_{i,t} - \sum_{h=1}^{H} BM_{i,t-h}, \\ \qquad \text{falls } S_{i,t} > EB_{i,t} + \sum_{h=1}^{H} BM_{i,t-h} \\ 0, \\ \qquad \text{falls } S_{i,t} \leq EB_{i,t} + \sum_{h=1}^{H} BM_{i,t-h} \end{cases} \tag{4.37}$$

Wird in der Periode t weniger nachgefragt als der vorhandene positive Lagerbestand, so entstehen Überschussmengen $\ddot{U}M_{i,t}$ (Formel 4.39). Anderenfalls, wenn die Nachfrage höher als der vorhandene Bestand ausfällt, sind Fehlmengen $FM_{i,t}$ zu verzeichnen (Formel 4.38).

$$FM_{i,t} = \begin{cases} -EB_{i,t}, & \text{falls } EB_{i,t} < 0 \\ 0, & \text{falls } EB_{i,t} \geq 0 \end{cases} \tag{4.38}$$

$$\ddot{U}M_{i,t} = \begin{cases} 0, & \text{falls } EB_{i,t} < 0 \\ EB_{i,t}, & \text{falls } EB_{i,t} \geq 0 \end{cases} \tag{4.39}$$

4. **Evaluation** basierend auf den Gesamtkosten:

Auf Basis der zeitreihenspezifischen und periodenspezifischen Fehl- und Überschussmengen kann der realisierte $\widehat{SL}_\alpha$ berechnet werden. Die Fehlmengenkosten ($FMK_{i,t}$), Überschussmengenkosten ($\ddot{U}MK_{i,t}$) sowie die Gesamtkosten ($GK_{i,t}$) werden korrespondierend zur Kostenrelation anhand des vorgegebenen Zielservicegrades SL_α berechnet (siehe Formel 4.9 auf S. 102). Der realisierte Servicegrad $\widehat{SL}_\alpha$ lässt sich nach Formel (4.32) auf S. 118 ermitteln.

$$GK_{i,t} = FMK_{i,t} + \ddot{U}MK_{i,t} \tag{4.40}$$

$$FMK_{i,t} = SL_{\alpha} \cdot 100 \cdot FM_{i,t} \tag{4.41}$$

$$\ddot{U}MK_{i,t} = (1 - SL_{\alpha}) \cdot 100 \cdot \ddot{U}M_{i,t} \tag{4.42}$$

In Abhängigkeit davon, ob die Güte der Punktprognosen im Fokus der Evaluation steht oder ob die Kostenhöhe sowie die Lieferbereitschaft evaluiert werden, können sowohl statistische als auch betriebswirtschaftliche Kriterien eingesetzt werden. Der Vorteil statistischer Evaluation besteht in einem geringen Rechenaufwand im Vergleich mit einer Lagerhaltungssimulation. Allerdings erlaubt die Evaluation im Rahmen einer Lagerhaltung eine Simulation der Realität, wobei diese wiederum keine isolierte Evaluation der Prognosen, sondern eine Bewertung der Prognosen zusammen mit dem verwendeten Lagerhaltungssystem vornimmt.

Die obigen Abschnitte, welche sich mit der Verfahrensauswahl, mit der Modellspezifikation und der Parameterschätzung einschließlich der Prognosen und der Prognoseevaluation beschäftigen, setzen eine vorgegebene Produktgruppierung sporadischer Zeitreihen nach gemeinsamen Verlaufsstrukturen voraus. Im nächsten Kapitel werden einige Techniken zum Aufstellen von Produkthierarchien dargestellt, welche auf unterschiedlichen Kriterien basieren und exemplarisch demonstrieren, wie eine Produktgruppierung zum Zweck der Schätzung und Evaluation multivariater Prognoseverfahren für Langsamdreher erfolgen kann.

5 Aufstellen von Produkthierarchien

Eine baumartige Anordnung von I Objekten wird als eine Hierarchie bezeichnet, wenn diese in Teilmengen aufgeteilt wird, welche einander teilweise über- oder untergeordnet sind (Bock 1974, S. 360). Allgemein sind sowohl mehrere Hierarchieebenen als auch eine unterschiedliche Anzahl an Objekten in jeder Teilmenge möglich (Fliedner 2001, Vogt 2006). Liegen zwei Hierarchieebenen vor, wie in Abbildung 5.1 dargestellt wird, so wird diese Struktur als flache Hierarchie bezeichnet.

Die vorliegende Arbeit konzentriert sich auf flache Hierarchien, allerdings kann die nachfolgend beschriebene Methodik auch auf einen allgemeinen Fall mit mehr als zwei Hierarchieebenen übertragen werden. Formal erfordert dies die Aufstellung von Restriktionen (in Analogie an die obigen Parametrisierungen in Abschnitt 3.2.2), welche eine simultane Modellierung der auf unterschiedlichen Hierarchieebenen wirkenden Effekte ermöglichen.

In einer flachen Produkthierarchie werden nur zwei Ebenen unterschieden, so dass auf der Ebene des Aggregates A_t aggregatsübergreifende und auf alle Zeitreihen der Gruppe gleich wirkende Einflüsse geschätzt werden können, während die itemspezifischen Einflüsse auf der Ebene einzelner Items wirken. Weisen die einzelnen Items unterschiedliche zeitliche Verläufe auf, so werden mehrere flache Hierarchien bzw. mehrere Aggregate gebildet, in welchen die Zeitreihen mit ähnlichen Strukturen gruppiert werden (siehe Abbildung 5.1). Eine vorgegebene Produkthierarchie, in welcher die Produkte anhand gemeinsamer zeitlicher Verlaufsstrukturen in Gruppen (Cluster) aufgeteilt werden und welche von Experten (Absatzplaner oder Disponenten) im Unternehmen gestaltet wird, wird im Rahmen eines Prognoseprozesses bevorzugt, da die Zeitreihengruppen durch die Kenntnis des Produktabsatzverhaltens entstehen. Häufig findet man in der Produktionsplanung hierarchische Produktaufteilungen nach Anwendungszweck der Güter oder nach Hersteller und Lieferanten. Im Rahmen der Absatzplanung werden häufig Aufteilungen nach Vertriebsregionen oder Vertriebskanälen (stationärer Handel, Online- oder Kataloghandel usw.) verwendet. Die Aufteilung nach ähnlichen Saison-

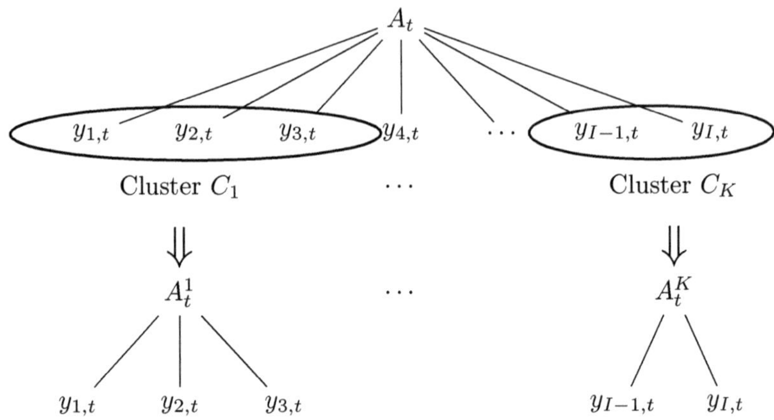

Abbildung 5.1: Flache Produkthierarchien (Skizze)

und Trendstrukturen ist in der Praxis wenig verbreitet, da diese nicht unmittelbar von Disponenten und Absatzplanern benötigt und verwendet wird.

Falls keine Produkthierarchie vorhanden ist, welche die Produktaufteilung hinsichtlich gemeinsamer Strukturen der DGP vornimmt, kann diese mit Hilfe von Gruppierungsalgorithmen gebildet werden. Im Rahmen der empirischen Studie wird explizit nachgewiesen, dass die Wahl des Gruppierungsverfahrens die Güte eines multivariaten Prognoseverfahrens stark beeinflusst.

Das Thema der Gruppierung von sporadischen Zeitreihen anhand der gemeinsamen zeitlichen Verläufe bildet neben der multivariaten Modellierung sporadischer Zeitreihen den zweiten Schwerpunkt der vorliegenden Arbeit. Dabei werden einige heuristische Klassifikationstechniken sowie bekannte Verfahren der Clusteranalyse beschrieben und im Rahmen eines Prognoseprozesses evaluiert. Im Rahmen der Gruppierung von Produkten bzw. Zeitreihen sind folgende Aspekte von Bedeutung:

- Zu Beginn wird die **Datenbasis** zur Zeitreihengruppierung bestimmt. Die Datenbasis gestaltet sich aus charakteristischen Eigenschaften der zu gruppierenden Zeitreihen und Produkte (siehe Abschnitt 5.1).

- Häufig schränkt bereits die Datenbasis die **Auswahl einer Gruppierungsmethode** ein. Werden qualitative Merkmale zur Charakterisierung und somit zur Gruppierung von Zeitreihen verwendet, so benötigt man im Vergleich mit quantitativen Daten andere Instrumente der Abstandsmessung und geeignete Gruppierungsalgorithmen.

- Anhand der Datenbasis werden die Zeitreihen mit Hilfe ausgewählter Gruppierungsverfahren partitioniert. An dieser Stelle muss mit Hilfe von **Optimalitätskriterien** die Entscheidung über eine optimale Gruppierung getroffen werden. Als Optimalitätskriterien werden in der Regel statistische Kriterien eingesetzt, welche die Homogenität der Zeitreihen innerhalb der Gruppen sowie die Separabilität zwischen den einzelnen Gruppen mit Hilfe von statistischen Kennzahlen bewerten (siehe Abschnitt 5.4.3). In der Fallstudie wird eine weitere Technik zur Bewertung der Gruppierungen anhand betriebswirtschaftlicher Kennzahlen durch die Evaluation der Prognosegüte in einem Lagerhaltungssystem dargestellt.

5.1 Datengrundlage

Als Datenbasis zur Gruppierung der Zeitreihen anhand gemeinsamer Strukturen werden Eigenschaften der Zeitreihen und Produktcharakteristika verwendet. In der Arbeit von Liao (2005) wird ein allgemeines Konzept zur Gruppierung von Zeitreihen dargestellt, welches als Datengrundlage sowohl die Rohdaten als auch deren statistische Kennzahlen und Produkteigenschaften verwendet. Dabei beschränkt sich das Konzept auf metrische Eigenschaften und kann lediglich für Schnelldreherzeitreihen angewendet werden. Die Eigenschaften und Merkmale zur Charakterisierung der Langsamdreher $i = 1, \ldots, I$ können aus **statistischer** Sicht in **qualitative** und **quantitative** Merkmale unterschieden werden (Grabmeier 2001, S. 306 ff., Bock 1974, S. 19). Die Unterscheidung der Merkmale nach Skalenniveaus ist vor allem für die Anwendung statistischer clusterbildender Algorithmen relevant, da die Abstandsmessung zwischen den zu gruppierenden Objekten vom Skalenniveau abhängt (Grabmeier 2001, S. 300 ff.).

- Liegen **quantitative** (**continuous**) bzw. **metrisch skalierte**[5] Merkmale $m = 1, \ldots, M$ der $i-$ten Zeitreihe vor, so werden diese nachfolgend formal durch eine reellwertige Funktion $f_m(\boldsymbol{y}_i) \in \mathbb{R}$ bezeichnet. Dazu gehören die in Tabelle 5.2 aufgelisteten statistischen Eigenschaften der Zeitreihen oder quantitative Produktcharakteristika.

- Liegen **qualitative** Eigenschaften wie beispielsweise Farbe oder Produkthersteller vor, welche durch **kategorische** (**nominal skalierte**) Variablen repräsentiert werden, so wird die Notation $h_m(\boldsymbol{y}_i) \in \mathbb{N}$ für das Merkmal $m = 1, \ldots, M$ der $i-$ten Zeitreihe verwendet.

Das Ziel der Gruppenbildung besteht in der vorliegenden Arbeit darin, Zeitreihen der Langsamdreher in Gruppen mit **ähnlichen Verlaufsstrukturen** (beispielsweise mit ähnlichen Trend- oder Saisonverläufen) aufzuteilen, welche nachfolgend in Anlehnung an Liao (2005) in vier Kategorien zusammengefasst werden.

1. Im einfachsten Fall können die einzelnen **Beobachtungen** $y_{i,t}$ der Zeitreihen zur Gruppenbildung verwendet werden. Dabei werden Originaldaten (**Rohdaten** entsprechend der Identitätstransformationsfunktion aus Tabelle 5.1) in die Datenmatrix aufgenommen. Wenn sich die Größenordnung der Wertebereiche einzelner Zeitreihen stark unterscheidet (geklumpte vs. sporadische Zeitreihen), kann das Problem der Dominanz einzelner Zeitreihen oder einzelner Beobachtungen entstehen (Werner 2000, S. 48). In diesem Fall können die Zeitreihen zum Zweck der Vergleichbarkeit transformiert werden. Implizit repräsentiert die nachfolgende Transformation die Verwendung eines itemspezifischen Abstandsmaßes. Eine Transformation der Zeitreihen durch **Normierung** (Tabelle 5.1) kann dann verwendet werden, wenn die Wertebereiche positiver Beobachtungen der zu klassifizierenden Zeitreihen unterschiedliche Spannweiten aufweisen. Der zeitliche Verlauf der Zeitreihe ändert sich durch diese Transformationsart nicht.

[5] Das **metrische Skalenniveau** wird in **Intervallskala** (mit reellwertigem Wertebereich, in welchem Rangunterschiede und Abstandsintervalle zwischen einzelnen Werten gemessen werden können) und **Verhältnisskala** (mit reellwertigem Wertebereich, in welchem ein natürlicher Nullpunkt vorliegt, wie bspw. Absatz (der natürliche Nullpunkt liegt bei 0)) aufgeteilt. In dieser Arbeit wird keine explizite Unterscheidung in intervall- und verhältnisskalierte Merkmale gemacht.

Tabelle 5.1: Transformation sporadischer Zeitreihen

Transformationsart	Transformationsfunktion
Identitätstransformation	$f(y_{i,t}) = y_{i,t}$
Normierung	$f(y_{i,t}) = \frac{y_{i,t}}{\sum_{i=1}^{T} y_{i,t}}$
Ereignisorientierte binäre Transformation	$h(y_{i,t}) = \begin{cases} 0, & y_{i,t} = 0 \\ 1, & y_{i,t} > 0 \end{cases}$

Allerdings ändert sich die Relation zwischen positiven Werten und den Nullwerten einer Zeitreihe, da durch diese Art der Normierung lediglich positive Werte transformiert werden.

Eine **ereignisorientierte binäre Transformation** ersetzt die Originalzeitreihe durch eine binäre Zeichenkette: 0 für Perioden ohne Nachfrage, 1 für positive Nachfrageperioden. An dieser Stelle muss allerdings beachtet werden, dass die Information über die Höhe der Nachfrage verloren geht. Implizit nutzen die Hurdle und die nullinflationierten Verteilungsmodelle aus Abschnitt 2.4.3 die ereignisorientierte Datentransformation zur Modellierung der autonomen Nullwahrscheinlichkeit.

2. Zur Zeitreihengruppierung können auch **statistische Kennzahlen der Zeitreihen** verwendet werden (siehe Tabelle 5.2). Statistische Kennzahlen weisen den Vorteil auf, dass die komplette Zeitreihe auf einen Funktionswert (wie Mittelwert oder Median) reduziert wird. Der große Nachteil besteht allerdings darin, dass auch die zeitliche Struktur und periodenspezifische Eigenschaften der Zeitreihen durch diese Berechnungen verloren gehen und bei der Gruppierung nicht mehr berücksichtigt werden können. An dieser Stelle können mehrere statistische Kennzahlen zur Beschreibung sporadischer Zeitreihen im Rahmen der Gruppierung verwendet werden.

Tabelle 5.2: Statistische Kennzahlen als Datengrundlage zur Gruppierung

Kennzahl	Funktion
Maximale Ausprägung	$f(\boldsymbol{y_i}) = max\{y_{i,1}, \ldots, y_{i,T}\}$
Mittlerer Wert	$f(\boldsymbol{y_i}) = \overline{y_i} = \frac{\sum_{t=1}^{T} y_{i,t}}{T}$
Empirische $q-$Quantile	$f(\boldsymbol{y_i}, q) = y_{i,(\lfloor q \cdot T \rfloor + 1)}$, wenn $q \cdot T$ nichtganzzahlig $f(\boldsymbol{y_i}, q) \in \left[y_{i,q \cdot T}; y_{i,(q \cdot T+1)}\right]$, wenn $q \cdot T$ ganzzahlig
Empirische Standardabweichung	$f(\boldsymbol{y_i}) = sd(\boldsymbol{y_i}) = \sqrt{\frac{\sum_{t=1}^{T}\left(y_{i,t} - \overline{y_i}\right)^2}{T-1}}$
Empirischer Variationskoeffizient	$f(\boldsymbol{y_i}) = cv(\boldsymbol{y_i}) = \frac{sd(\boldsymbol{y_i})}{\overline{y_i}}$
Anteil an Nullbeobachtungen	$f(\boldsymbol{y_i}) = \frac{\sum_{t=1}^{T} h(y_{i,t})}{T}$ mit $h(y_{i,t}) = \begin{cases} 0, & y_{i,t} = 0 \\ 1, & y_{i,t} > 0 \end{cases}$
Durchschnittliche Lauflänge zwischen zwei positiven Beobachtungen	$f(\boldsymbol{y_i}) = d_i = \frac{T}{\sum_{t=1}^{T} h(y_{i,t})}$

3. Sind Produktinformationen verfügbar, so ist es sinnvoll, neben den statistischen (in der Regel metrisch skalierten) Eigenschaften der Zeitreihen die **Produktcharakteristika** zur Gruppierung heranzuziehen (siehe eine Übersicht der Merkmale in Bacchetti und Saccani 2012): Kosten eines Produktes (u.a. Lagerhaltungs-, Verschrottungs- oder Fehlmengenkosten), Anteil des Produktumsatzes am Gesamtumsatz, produktspezifische Wiederbeschaffungszeit, Produktgröße, -volumen, -farbe, Stückzahl pro Verpackungseinheit oder Produkthersteller und -lieferant.

   Die Verwendung der Produktcharakteristika zur Klassifikation der Langsamdreher hat den Vorteil, dass eine anwendungsorientierte produktbezogene Klassifikation entsteht. Problematisch ist die Verwendung produktspezifischer Informationen bei fehlenden Daten oder ungepflegten Datenmengen. Des Weiteren erlauben die obigen Produktinformationen nicht immer Rückschlüsse auf den zeitlichen Verlauf, wenn diese Informationen (wie Saison - ja/nein, Trend - ja/nein) nicht explizit als Charakteristika vorgegeben werden (wie beispielsweise Weihnachtskugeln oder Sommerreifen).

4. Unterstellt man einen bestimmten DGP der Zeitreihen, so können die nach der Modellierung des DGP resultierenden Parameterschätzer als Gruppierungsmerkmale verwendet werden. Beispielsweise werden die Zeitreihen in Deng et al. (1997) und Maharaj (2000) mit Hilfe eines $ARMA\,(p,q)-$ Modells modelliert. Die identifizierten p und q Ordnungen werden dann in Deng et al. (1997) als Gruppierungsmerkmale verwendet. Maharaj (2000) überprüft die Ähnlichkeit zwischen Zeitreihenpaaren mit Hilfe von Hypothesentests auf Gleichheit der geschätzten $AR-$Koeffizienten. Die Gruppierung der Zeitreihen erfolgt anhand der resultierenden Werte des impliziten Signifikanzniveaus. Corduas und Piccolo (2008) verwenden einen ähnlichen Ansatz, korrespondierend zu welchem für jede Zeitreihe (Produktionsindizes verschiedener Art in Italien sowie Ergebnisse der Elektrokardiographie in der Medizin) ein $ARIMA-$Modell identifiziert wird. Die Ähnlichkeiten zwischen Zeitreihen werden durch die Distanzmessung zwischen den geschätzten $AR-$ Koeffizienten (so genannte $AR-$Metrik) ermittelt. Die Gruppierung erfolgt mit Hilfe des agglomerativen hierarchischen Clusterverfahrens (siehe dazu Abschnitt 5.4.2).

   Die unter 4. beschriebenen Klassifikationsansätze erlauben zwar eine Gruppierung der Zeitreihen auf der Grundlage des Zeitverlaufs, setzen allerdings lange Zeitreihen mit stetigen Wertebereichen voraus und können für kurze sporadische Nachfragezeitreihen nicht angewendet werden. Deswegen wird in Abschnitt 5.3.2 ein modellanalytischer Ansatz für sporadische Zeitreihen im Rahmen der univariaten Poissonregression entworfen.

Die aus obigen Kategorien ausgewählten M Eigenschaften und Merkmale der Zeitreihen werden für jedes Produkt bzw. für jede $i-$te Zeitreihe, $i = 1, \ldots, I$

ermittelt und in einer Datenmatrix $DATA_{I\times M}$ zusammengefasst. Die Datenmatrix stellt zunächst die Datenbasis für die verwendeten Gruppierungsmethoden dar (Bock 1974, S. 18-20), welche in den folgenden Abschnitten beschrieben werden. Abbildung 5.2 zeigt exemplarisch eine Datenmatrix, die zur Gruppierung von I Zeitreihen anhand von $M = 5$ ausgewählten (quantitativen f_1, f_2 und f_3 sowie qualitativen h_4 und h_5) Merkmalen dieser Zeitreihen verwendet wird.

Zeitreihe $\boldsymbol{y_i}$	**Merkmale/ -Eigenschaften**, $m = 1, \ldots, 5$ $f_1(\boldsymbol{y_i})$	$f_2(\boldsymbol{y_i})$	$f_3(y_{i,t})$	$h_4(\boldsymbol{y_i})$	$h_5(y_{i,t})$
$\boldsymbol{y_1}$	$f_1(\boldsymbol{y_1})$	$f_2(\boldsymbol{y_1})$	$f_3(y_{1,t})$	$h_4(\boldsymbol{y_1})$	$h_5(y_{1,t})$
$\boldsymbol{y_2}$	$f_1(\boldsymbol{y_2})$	$f_2(\boldsymbol{y_2})$	$f_3(y_{2,t})$	$h_4(\boldsymbol{y_2})$	$h_5(y_{2,t})$
...	...	...	...	...	...
$\boldsymbol{y_I}$	$f_1(\boldsymbol{y_I})$	$f_2(\boldsymbol{y_I})$	$f_3(y_{I,t})$	$h_4(\boldsymbol{y_I})$	$h_5(y_{I,t})$

Abbildung 5.2: Datenmatrix im Rahmen der Zeitreihengruppierung (exemplarisch)

Jede Spalte $m = 1, \ldots, 5$ repräsentiert eine Eigenschaft, welche für jede $i-$te Zeitreihe bzw. für jedes $i-$te Produkt gemessen wird. Die Zeile i repräsentiert alle $m = 1, \ldots, 5$ Eigenschaften und Merkmale der $i-$ten Zeitreihe, $i = 1, \ldots, I$.

5.2 Gruppierung sporadischer Zeitreihen: Begriffserläuterung

Die Einteilung von Objekten in Klassen gehört zu den Aufgaben der **Diskriminanzanalyse**, welche über die Klassenzugehörigkeit einzelner Objekte anhand deren Eigenschaften (features) $m = 1, \ldots, M$ mit Hilfe von Klassifikationsregeln in Form einer Diskriminanzfunktion entscheidet (Hippner et al. 2001, S. 107-110). Die Klassifikation von Objekten wird in Data Mining häufig als **supervised learning** bezeichnet, da sowohl die Klassenanzahl, die Klasseneigenschaften als auch die Diskriminanzkriterien (Diskriminanzfunktion) zu Beginn der Klassifikation bereits bekannt sind, da diese in der Regel anhand eines Testdatensatzes entwickelt werden (Bock 1974).

Eine weitere Verfahrensgruppe neben den Klassifikationstechniken stellen die Verfahren der **Clusteranalyse** dar. Anders als bei der Klassifikation ist die Klassenzuordnung der Objekte in der Clusteranalyse nicht fest, da die Cluster erst durch das Verfahren konstruiert werden. Dementsprechend werden die clusteranalytischen Verfahren als Verfahren der Gruppe **unsupervised learning** bezeichnet (siehe Grabmeier 2001). Die Clusterbildung verfolgt das Ziel, möglichst ähnliche Objekte in Gruppen zusammenzuführen (Homogenität innerhalb der Gruppen), wobei sich die einzelnen Gruppen möglichst stark voneinander unterscheiden müssen (Heterogenität zwischen den Gruppen). Die Gruppierung der Objekte erfolgt durch die Berechnung der Abstände zwischen Objekten und Gruppen von Objekten mit Hilfe der Ähnlichkeits- oder Unähnlichkeitsfunktionen.

Die Optimalität (maximale Homogenität der Objekte innerhalb einzelner Gruppen und maximale Heterogenität der Objekte aus unterschiedlichen Gruppen) einer Clusterlösung im Vergleich mit den anderen Clusterlösungen wird typischerweise mit Hilfe statistischer Güte- bzw. Optimalitätskriterien beurteilt (Everitt et al. 2001, S. 25 ff., Grabmeier 2001, S. 300 ff.).

Für eine Zusammenfassung der Methoden der Diskriminanz- und Clusteranalyse siehe Hippner et al. (2001), S. 104-115. Die Beschreibung einzelner Methoden und Algorithmen findet man in Bock (1974), Everitt et al. (2001) oder Kaufman und Rousseeuw (2005).

5.3 Klassifikation sporadischer Zeitreihen

In diesem Abschnitt werden einzelne Methoden zur Klassifikation sporadischer Zeitreihen dargestellt. Dabei wird zunächst die bestehende Klassifikationstechnik nach Syntetos und Boylan (Boylan et al. 2008) beschrieben. Des Weiteren wird auf die speziell für sporadische Zeitreihen ausgearbeiteten Klassifikationsmöglichkeiten nach Trend- und Saisonverläufen eingegangen.

5.3.1 Syntetos-Boylan Klassifikation

Zu den bekanntesten Klassifikationsansätzen für sporadische Nachfragezeitreihen im Operations Research gehört ein heuristisches Verfahren, das aus der Arbeit von Boylan et al. (2008) als **Syntetos-Boylan-Classification** bekannt ist (siehe Boylan et al. 2008, Syntetos et al. 2004, Küsters und Speckenbach 2012). Diese Klassifikationstechnik entspricht einem binären Klassifikationsbaum mit zwei Zuordnungsvorschriften, wie aus Abbildung 5.3 (Küsters und Speckenbach 2012) ersichtlich wird. Die Zuordnung erfolgt anhand von zwei deskriptiven statistischen Kennzahlen, welche für jede einzelne Zeitreihe berechnet werden: Der quadrierte empirische Variationskoeffizient $cv^2\left(\boldsymbol{y}_i^{pos}\right)$ auf Basis positiver Nachfragewerte $y_{i,t} > 0$ sowie die durchschnittliche Lauflänge d_i zwischen zwei Perioden mit positiver Nachfrage (siehe Berechnungsformeln in Tabelle 5.2 auf S. 132).

In Abhängigkeit von Schwellenwerten, welche im Ansatz auf Basis empirischer Untersuchungen auf $\widetilde{d} = 1.34$ und $\widetilde{cv}^2\left(\boldsymbol{y}^{pos}\right) = 0.28$ gesetzt sind, unterscheiden Boylan et al. (2008) vier Klassen von Nachfragezeitreihen (siehe Abbildung 5.3): Sporadische (sporadic), geklumpte (lumpy), erratische (erratic) und glatte (smooth) Zeitreihen. In Küsters und Speckenbach (2012) wird darauf hingewiesen, dass die Klassen sporadischer (sporadic) und geklumpter (lumpy) Zeitreihen häufig als **intermittent** bezeichnet werden.

Außer der deskriptiven Zeitreihenklassifikation geben Boylan et al. (2008) eine Empfehlung ab, welches Prognoseverfahren für jede Klasse der Zeitreihen besser geeignet ist, wobei diese Verfahrenszuordnung umstritten ist (siehe Küsters und Speckenbach 2012 sowie die Hinweise zu Tabelle 6.8, S. 178).

Der Vorteil dieser einfachen Klassifikation besteht darin, dass Zeitreihen unterschiedlicher Länge zur Klassifikation herangezogen werden können und keine expliziten Annahmen über den DGP der zu klassifizierenden Zeitreihen getroffen werden müssen. Allerdings werden zur Gruppenbildung lediglich zwei deskriptive Kennzahlen verwendet und keine zeitliche Struktur der DGP berücksichtigt. Da diese Art der Klassifikation keine Gruppierung mit Hilfe der ggf. vorhandenen gemeinsamen Trend- und Saisonverlaufsstruktu-

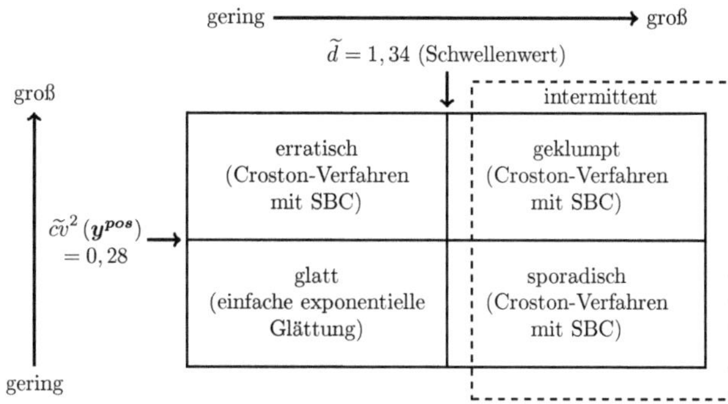

Abbildung 5.3: Syntetos-Boylan Klassifikation (aus Küsters und Speckenbach 2012)

ren in sporadischen Zeitreihen vornimmt, wird diese in den Prognoseprozess im Rahmen der Fallstudie nicht einbezogen.

5.3.2 Klassifikation nach Verlaufsmuster

Aufgrund der Sporadizität auf der SKU-Ebene können zeitlich veränderliche Strukturen nicht geschätzt werden, so dass die Identifikation der Verlaufsmuster vor allem für saisonale oder stochastische Einflüsse erschwert ist. In der vorliegenden Arbeit wird eine Möglichkeit zur heuristischen Gruppierung der Langsamdreher beschrieben. Dieser Klassifikation liegt ein modellanalytischer Ansatz zugrunde, nach welchem die Zeitreihen univariat (unabhängig voneinander) durch ein Poissonregressionsmodell modelliert werden.

- Der DGP jeder sporadischen Zeitreihe y_t wird univariat durch ein Regressionsmodell der Poissonverteilung $y_t \sim Pois\,(\lambda_t)$ mit einem zeitvariablen Erwartungswert λ_t abgebildet. Die Auswahl des Modells der Poissonregression im Rahmen der Klassifikation resultiert daraus, dass diese für jede sporadische Zeitreihe unabhängig von der Länge und vom wahren zugrunde liegenden DGP der Zeitreihe eine Lösung generieren kann und somit als robustes Modell zur Klassifikation verwendet werden kann.

- Die Verlaufsstrukturen der Zeitreihen werden durch den zeitlich variablen konditionalen Erwartungswert $\lambda_t = exp(\eta_t)$ der Poissonverteilung mit Hilfe einer Exponential-Linkfunktion modelliert. Die globalen Level-, Trend- oder Saisonstrukturen werden als Regressoren in das Regressionsmodell des linearen Prädiktors η_t eingebettet. In Abhängigkeit vom zur Klassifikation verwendeten Modell kann die Klassifikation auf Basis von Trend- und Saisonstrukturen, von ausschließlich Trend- oder ausschließlich Saisonstrukturen erfolgen, wobei zunächst sichergestellt werden muss, dass die entsprechenden Regressionsparameter in sporadischen Zeitreihen (numerisch) geschätzt werden können (siehe nachfolgende Abschnitte).

  - Das globale Niveaumodell $\eta_t = \vartheta_{level}$ (Modell der Stationarität)

  - Das globale Niveau-Trendmodell $\eta_t = \vartheta_{level} + \vartheta_{trend} \cdot \boldsymbol{x_{trend}}$ mit der Trendkomponente als Regressor $\boldsymbol{x_{trend}} = [1, \ldots, T]^T$

  - Das globale Niveau-Saisonmodell $\eta_t = \vartheta_{level} + \boldsymbol{D} \cdot \boldsymbol{\vartheta_{season}}$ mit $\boldsymbol{D}$ als Dummy-Matrix oder als Matrix der Fourier-Sequenzen (Abschnitt 3.2.2)

  - Das Modell mit globalem Niveau- und globaler Trend- und Saisonkomponente $\eta_t = \vartheta_{level} + \vartheta_{trend} \cdot \boldsymbol{x_{trend}} + \boldsymbol{D} \cdot \boldsymbol{\vartheta_{season}}$

- Die Parameterschätzer $\hat{\vartheta}_{level}$ für das Niveau, $\hat{\vartheta}_{trend}$ für den Trend und $\boldsymbol{\hat{\vartheta}_{season}} = \left[\hat{\vartheta}_{season_1}, \hat{\vartheta}_{season_2}, \ldots, \hat{\vartheta}_{season_{fr-1}}\right]^T$ für die Saison sowie deren Varianzschätzer werden mit Hilfe der Maximum-Likelihood Methode berechnet (siehe dazu Abschnitt 3.3.2).

Ausgehend von den geschätzten Parametern kann eine zusätzliche Unterteilung hinsichtlich der Richtung einzelner Effekte (positiver vs. negativer Trend) oder der Effektstärke (schwache vs. ausgeprägte Trendstruktur) vorgenommen werden.

5.3.2.1 Nach Trendstruktur

Wird das globale Trendmodell zur Klassifikation von Langsamdreherzeitreihen verwendet, so können in Abhängigkeit vom Vorzeichen des geschätzten Koeffizienten $\hat{\vartheta}_{trend}$ folgende Klassen gebildet werden:

- Die Klasse der **Zeitreihen ohne Trend** für $\hat{\vartheta}_{trend} \approx 0$ korrespondiert bei dieser Klassifikation zum Modell der Stationarität $\eta_t = \vartheta_{level}$, falls keine weiteren Strukturkomponenten eingebettet wurden. Praktisch enthält diese Klasse die Zeitreihen, welche einen nahe zu Null liegenden geschätzten Koeffizienten $\hat{\vartheta}_{trend} \approx 0$ aufweisen. Die Zuordnung zu dieser Klasse und somit die Überprüfung der Nähe zu Null kann zum einen mit Hilfe eines Signifikanztests ($t-$Test bzw. Wald Test) im Regressionsmodell erfolgen. Zum anderen können die in einer τ Umgebung liegenden $0 < \left|\hat{\vartheta}_{trend}\right| < \tau$ Werte der Zeitreihengruppe ohne Trend zugeordnet werden. Der Schwellenwert τ kann hierbei entweder vom Anwender sinnvoll festgelegt werden oder durch Optimierungsalgorithmen geschätzt werden.

- Die Klasse der Zeitreihen mit **positiver globaler Trendstruktur** für $\hat{\vartheta}_{trend} > 0$, praktisch für $\hat{\vartheta}_{trend} > \tau > 0$.

- Die Klasse der Zeitreihen mit **negativer globaler Trendstruktur** für $\hat{\vartheta}_{trend} < 0$, praktisch für $\hat{\vartheta}_{trend} < -\tau < 0$.

Die obige Aufteilung erlaubt eine Kategorisierung der Zeitreihen anhand der Trendstruktur in drei Klassen. Dabei finden sich möglicherweise Zeitreihen mit gleicher Trendausrichtung aber mit unterschiedlicher Trendstärke in einer Gruppe zusammen. Wird eine feinere Aufteilung anhand der Trendstärke angestrebt, so können die Zeitreihen mit positiven oder negativen Trendstrukturen nach der Höhe der Trendkoeffizienten untergliedert werden. In diesem Fall sind die Unterschiede zwischen einzelnen Koeffizienten auf der exponentiellen Skala zu messen, da die geschätzten Koeffizienten im univariaten Poissonregressionsmodell Streckungs- ($e^{\vartheta_{trend}} > 1$) und Stauchungsfaktoren ($e^{\vartheta_{trend}} < 1$) darstellen.

5.3.2.2 Nach Saisonstruktur

Wird das globale Saisonmodell zur Klassifikation herangezogen, so muss zunächst sichergestellt werden, dass eine akkurate Saisonschätzung für alle Zeitreihen möglich ist. Da eine Saisonschätzung korrespondierend zur eigentlichen Datenperiodizität fr aufgrund der Sporadizität häufig nicht möglich ist, kann die Anzahl der Regressoren für die Saison (Anzahl der Spalten in der entsprechenden Dummy-Matrix $\boldsymbol{D}$, siehe Abbildung 5.4) reduziert werden.

Beispielsweise kann die Saisonalität in den Monatsdaten ($fr = 12$) durch eine Quartals- ($fr^{proxy} = 4$) oder eine Halbjahressaisonalität ($fr^{proxy} = 2$) repräsentiert und geschätzt werden. Diese "Vergröberung" ermöglicht in der Regel im Gegensatz zur Originalperiodizität von $fr = 12$ eine Schätzung der Saisonkoeffizienten, da mehr Datenpunkte zur Schätzung eines Koeffizienten zur Verfügung stehen: Ausgehend von den Monatsdaten steht für Quartalsperiodizität das Dreifache und für Halbjahressaisonalität das Sechsfache an Daten zur Verfügung im Vergleich mit der Monatsperiodizität. Allerdings werden die Effekte einzelner Zeitpunkte (hier Monate) innerhalb einer vergröberten Periode (Quartal oder Jahreshälfte) durch diese Art der Modellierung im Mittel betrachtet und somit miteinander vermischt, so dass eine akkurate Saisonabbildung nur ansatzweise möglich ist. Allerdings stellt diese Technik trotz dieser Schwäche eine Möglichkeit zur Schätzung der Saisonalität in sporadischen Zeitreihen dar. Zusätzlich zu den Saisonverläufen können auch die Saisonanläufe betrachtet werden, um die Genauigkeit der Saisonabbildung zu steigern (siehe Abbildung 5.4). Der Saisonverlauf lässt sich in Abbildung 5.4 in den Zeilen finden, während die Saisonanläufe durch die Verschiebung der einzelnen Spalten skizziert sind.

- **Saisonverlauf**
  Je nachdem, welche Saisoneinflüsse der zu prognostizierenden Nachfragezeitreihe betrachtet werden, können unterschiedliche Verlaufsmuster innerhalb eines Jahressaisonzyklusses identifiziert werden, wie Sommer- oder Winterware, Weihnachtsartikel usw. Die potenziell mögliche Anzahl der resultierenden Klassen kann in Abhängigkeit von der Frequenz fr^{proxy} der geschätzten Saisonalität als $2^{fr^{proxy}} - 2$ bestimmt werden:

D	Dez	Jan	Feb	Mär	Apr	Mai	Jun	Jul	Aug	Sep	Okt	Nov	Dez	Jan	Feb	Mär	Apr	Mai	...
d_0	0	1	1	1	0	0	0	0	0	0	0	0	0	1	1	1	0	0	...
d_1	0	0	0	0	1	1	1	0	0	0	0	0	0	0	0	0	1	1	...
d_2	0	0	0	0	0	0	0	1	1	1	0	0	0	0	0	0	0	0	...
d_3	1	0	0	0	0	0	0	0	0	0	1	1	1	0	0	0	0	0	...
Anlauf 1	→	$Q1$			$Q2$			$Q3$			$Q4$			$Q1$					
d_0	0	0	1	1	1	0	0	0	0	0	0	0	0	0	1	1	1	0	...
d_1	0	0	0	0	0	1	1	1	0	0	0	0	0	0	0	0	0	1	...
d_2	0	0	0	0	0	0	0	0	1	1	1	0	0	0	0	0	0	0	...
d_3	1	1	0	0	0	0	0	0	0	0	0	1	1	1	0	0	0	0	...
Anlauf 2	$Q4$ →		$Q1$			$Q2$			$Q3$			$Q4$			$Q1$				
d_0	0	0	0	1	1	1	0	0	0	0	0	0	0	0	0	1	1	1	...
d_1	0	0	0	0	0	0	1	1	1	0	0	0	0	0	0	0	0	0	...
d_2	0	0	0	0	0	0	0	0	0	1	1	1	0	0	0	0	0	0	...
d_3	1	1	1	0	0	0	0	0	0	0	0	0	1	1	1	0	0	0	...
Anlauf 3	$Q4$ →			$Q1$			$Q2$			$Q3$			$Q4$			$Q1$			

Abbildung 5.4: Saisonanläufe und -verläufe in Monatsdaten am Beispiel der Quartalssaisonalität

- Erfolgt die Schätzung der Halbjahressaisonalität für $fr^{proxy} = 2$, so kann der Verlauf durch zwei Gruppen $[+-]$ (Steigerung in der ersten Jahreshälfte $H1$ und Senkung in der zweiten Jahreshälfte $H2$) und umgekehrt $[-+]$ beschrieben werden.

- Erfolgt die Schätzung der Quartalssaisonalität für $fr^{proxy} = 4$, so sind $2^4 - 2 = 14$ Kombinationen möglich, u.a. $[----]$ und $[++++]$ als Jahresmuster für die Quartale $Q1\,Q2\,Q3\,Q4$. Der Saisonverlauf von Weihnachtsgütern kann als $[---+]$, von Winterware als $[+--+]$ oder von Sommerware als $[-++-]$ beschrieben werden. Die Halbjahressaisonalität kann hierbei durch Spezialfälle wie $[++--]$ und $[--++]$ abgebildet werden.

- **Saisonanlauf**

  Eine weitere Möglichkeit der Klassifikation anhand der Saisonalität in Kombination mit Saisonverläufen stellt die Bestimmung des Anlaufbeginns der Saisonalität dar. Beispielsweise kann das Winterquartal bereits im Oktober oder November beginnen, obwohl der kalendarische Winterbeginn üblicherweise auf Dezember gesetzt wird. Analoges gilt auch für andere Quartale des Jahres. Für halbjährliche Saisonalität bei Monatsdaten können für jeden Saisonverlauf $12/2 = 6$ Saisonanläufe und für Quartalssaisonalität $12/4 = 3$ Anlaufgruppen identifiziert werden (Abbildung 5.4).

Werden sowohl Saisonanläufe als auch Saisonverläufe zur Klassifikation herangezogen, so können die Zeitreihen in $\left(2^{fr^{proxy}} - 2\right) \cdot \frac{fr}{fr^{proxy}}$ Klassen aufgeteilt werden. Für Monatsdaten ($fr = 12$) mit geschätzter Quartalssaisonalität ($fr^{proxy} = 4$) können $14 \cdot 3 = 42$ und für Halbjahressaisonalität $2 \cdot 6 = 12$ Klassen gebildet werden.

Bei dieser Art der Klassifikation handelt es sich um eine grobe kategorische Zuordnung zu den vorab bekannten Saisonklassen. Wird zusätzlich die Stärke der Saisoneinflüsse zur Gruppierung herangezogen, so empfiehlt sich der Einsatz zentrierter Saisonkoeffizienten auf der exponentiellen Skala, um die Nettostreckungs- und Nettostauchungseinflüsse jeder Saisonperiode ohne Berücksichtigung des individuellen Niveaus der Zeitreihe zur Klassifikation zu nutzen (siehe dazu Kapitel 6).

5.3.2.3 Nach Trend- und Saisonstruktur

Wird das Modell mit globalen Trend- und Saisonkomponenten zur Klassifikation verwendet, so kann die Klassifikation der Zeitreihen durch eine Verknüpfung beider Gruppierungen (auf Basis von Trend- und Saisonstrukturen) erfolgen. In diesem Fall resultieren $3 \cdot \left(2^{fr^{proxy}} - 2\right) \cdot \frac{fr}{fr^{proxy}}$ potenzielle Klassen. Zur feineren Unterteilung innerhalb jeder gebildeten Klasse kann zusätzlich die Einflussstärke von Trend- und Saisonstrukturen verwendet werden. Eine weitere Unterteilung kann in heterogenen Datensätzen, welche sowohl hinsichtlich des Verlaufs als auch hinsichtlich der Einflussstärke unterschiedlich sind, zu kleinen Gruppen (je $1 - 10$ Zeitreihen) führen, in welchen die Identifikation gemeinsamer Strukturen mit Hilfe multivariater Verfahren nicht möglich ist. Hierbei können beispielsweise die einzelnen kleinen Gruppen nach dem Top Down Prinzip (siehe Abschnitt 3.1.1) agglomeriert werden, so dass eine Hierarchie mit mehreren Ebenen gebildet werden kann. Dementsprechend erfordert diese Klassifikationstechnik die Ausarbeitung von Agglomerierungsvorschriften, welche u.a. die Bestimmung gruppenspezifischer und datensatzspezifischer Schwellenwerte bei der Agglomerierung hierarchisch untergeordneter Gruppen beinhalten. Dieser Ansatz wird allerdings nicht weiter verfolgt.

5.3.2.4 Hinweise zur Klassifikation

Die in den Abschnitten 5.3.2.1, 5.3.2.2 und 5.3.2.3 beschriebenen heuristischen Klassifikationen ermöglichen eine Gruppierung sporadischer Zeitreihen anhand deren Verlaufsstruktur in Kombination mit einem Verteilungsmodell für Langsamdreher. An dieser Stelle muss auf die potenziellen Schwächen der Klassifikation und mögliche Verbesserungen hingewiesen werden:

1. Die univariate Poissonregression wird in der Klassifikation unabhängig vom wahren DGP der Zeitreihen verwendet. Weist beispielsweise der DGP einer Zeitreihe die Eigenschaft der Überdispersion auf, welche mit NB- oder Mischverteilungsmodellen genauer abgebildet werden kann, kann dies dazu führen, dass sich die Überdispersion durch die geschätzten Trend- und Saisonkoeffizienten in der Poissonregression teilweise modellieren lässt, so dass ein für den wahren DGP "falsches" Modell spezifiziert wird. An dieser Stelle bietet sich der Einsatz anderer Verfahren für Langsamdreher an. Dabei muss allerdings darauf geachtet werden, dass das Verfahren für jede Zeitreihe numerisch berechnet werden kann. U.U. müssen hierbei auch längere Rechenzeiten für eine im Vergleich mit der Poissonregression aufwendigere Modellschätzung einkalkuliert werden (siehe dazu eine Beschreibung in Abschnitt 6.8).

2. Die verwendeten globalen Strukturen können auf weitere globale Komponenten (externe Regressoren, zyklische Komponenten) oder verzögerte endogene Variablen erweitert werden, um den DGP genauer zu modellieren. Dabei muss sichergestellt werden, dass deren Schätzung im sporadischen univariaten Fall möglich ist.

3. Die obige Klassifikationsmöglichkeit beruht auf den Schätzergebnissen der univariaten Poissonregression, wobei keine Überprüfung der Signifikanz der Schätzergebnisse erfolgt. Eine mögliche Verbesserung kann an dieser Stelle dadurch erzielt werden, dass beispielsweise der Wald Test auf Signifikanz der geschätzten Modellparameter sowie die Informationskriterien zur Modellauswahl verwendet werden (siehe dazu Abschnitt 3.3.4). Die Überprüfung auf Signifikanz kann allerdings im sporadischen Fall dazu führen, dass die Gruppe stationärer Zeitreihen (ohne Trend und ohne Saison) den Großteil des Datensatzes enthalten wird, obwohl diese tatsächlich trend- oder saisonbehaftet sind.

   Ein weiterer Aspekt, welcher bei der Signifikanzüberprüfung eine wichtige Rolle spielt, ist das gewählte Signifikanzniveau α. Ist a priori bekannt, dass beispielsweise n genestete Modelle sequenziell gegeneinander getestet werden, so dass n Tests durchgeführt werden müssen, muss das festgelegte Signifikanzniveau α mit Hilfe der Bonferroni-Korrektur auf den Wert $\alpha^{corr} \approx \frac{\alpha}{n}$ (siehe Bonferroni 1936, Shaffer 1995 oder Fahrmeir und Osuna Echavarría 2006, S. 81 ff.) umgerechnet werden. Wird das Signifikanzniveau durch die Bonferroni-Korrektur auf α^{corr} gesenkt, so führt das im Rahmen der Klassifikation sporadischer Zeitreihen häufig zu einer fehlenden Signifikanz einzelner Strukturkomponenten wie Trend oder Saison. Dies führt wiederum dazu, dass eine große Gruppe der Zeitreihen ohne Trend und ohne Saison gebildet wird.

Die Ergebnisse der Klassenzuordnung sowie die geschätzten Modellkoeffizienten einer Poissonregression können als Datenbasis für nachfolgend dargestellte Segmentationsverfahren eingesetzt werden.

5.4 Segmentationsmethoden für sporadische Zeitreihen

Dieser Abschnitt stellt eine Vorgehensweise zur Segmentierung sporadischer Zeitreihen mit Hilfe der clusteranalytischen Verfahren dar. Der Gruppierungsprozess mit Hilfe eines Clusterverfahrens beginnt mit der Erstellung einer Datenmatrix $DATA_{I \times M}$, welche bereits in Abschnitt 5.1 sowie als Beispiel in Tabelle 5.2 dargestellt wurde. Die weiteren Schritte der **Abstandsmessung** sowie der **Clusterbildung** werden nachfolgend beschrieben.

5.4.1 Abstandsmessung und Berechnung der Distanzmatrix

Die Abstände zwischen den einzelnen zu gruppierenden I Zeitreihen, deren $m = 1, \ldots, M$ Merkmale in der Datenmatrix $DATA_{I \times M}$ zusammengefasst sind, werden mit Hilfe von Abstandsfunktionen berechnet, wobei unter dem Begriff Abstand (proximity) häufig sowohl die Unähnlichkeit (dissimilarity) als auch die Ähnlichkeit (similarity) zwischen Objekten bezeichnet wird (Everitt et al. 2001, S. 33). Als Merkmale dienen bei gleicher Zeitreihenlänge die Zeitreihe selbst bzw. die transformierte Zeitreihe (Tabelle 5.1) oder die in Abschnitt 5.1 diskutierten statistischen Kennzahlen (Tabelle 5.2). Des Weiteren können auch die Produkteigenschaften und Verlaufsstrukturen in Form von geschätzten Modellparametern (siehe Abschnitt 5.3.2) verwendet werden.

Nachfolgend wird die Notation $dist_{i,j}^{(m)}$ zur Bezeichnung der **Unähnlichkeit** (**dissimilarity**) zwischen zwei Produkten bzw. Zeitreihen i und j hinsichtlich eines konkreten Merkmals m verwendet. Die zur Distanz komplementäre **Ähnlichkeitsfunktion** $simil_{i,j}^{(m)}$ dient zur Quantifizierung der **Ähnlichkeit** (**similarity**) zwischen zwei Produkten bzw. Zeitreihen i und j hinsichtlich eines Merkmals m. Wird das Merkmal m bei der Distanzbezeichnung bzw. Ähnlichkeitsbezeichnung nicht explizit angegeben, so handelt es sich um eine Distanz $dist_{i,j}$ oder um eine Ähnlichkeit $simil_{i,j}$ zwischen zwei Produkten oder Zeitreihen i und j, welche auf der Grundlage von allen Merkmalen $m = 1, \ldots, M$ berechnet werden. In Abhängigkeit vom Skalenniveau der Merkmale $m = 1, \ldots, M$, welche in der Datenmatrix $DATA_{I \times M}$ zur Charakterisierung der Zeitreihen $i = 1, \ldots, I$ zusammengefasst werden, wird eine für die Merkmale geeignete Distanzfunktion ausgewählt (Kaufman und Rousseeuw 2005).

5.4.1.1 Metrisch skalierte Merkmale

Erfolgt die Abstandsmessung zwischen sporadischen Zeitreihen auf Basis ausschließlich metrisch skalierter Eigenschaften und Merkmale $m = 1, \ldots, M$, so kann die Distanz zwischen zwei Zeitreihen i und j durch die in Tabelle 5.3 dargestellten Distanzfunktionen $dist_{i,j}$ gemessen werden (siehe Kaufman und Rousseeuw 2005, Everitt et al. 2001, Grabmeier 2001).

Tabelle 5.3: Abstandsmessung anhand metrisch skalierter Merkmale

Distanzfunktion $dist_{i,j}$
Euklidische Distanz $dist_{i,j} = \sqrt{\left(\sum_{m=1}^{M} \left(f_m(\boldsymbol{y_i}) - f_m(\boldsymbol{y_j})\right)^2\right)}$
Manhattan-Distanz (City-Block-Metrik) $dist_{i,j} = \sum_{m=1}^{M} \lvert f_m(\boldsymbol{y_i}) - f_m(\boldsymbol{y_j}) \rvert$
Normierter Korrelationskoeffizient nach Bravais-Pearson $dist_{i,j} = 0.5 \cdot (1 - \rho_{i,j})$ $\rho_{i,j} = \frac{\frac{1}{K}\sum_{m=1}^{M}\left(f_m(\boldsymbol{y_i}) - \overline{f}(\boldsymbol{y_i})\right)\cdot\left(f_m(\boldsymbol{y_j}) - \overline{f}(\boldsymbol{y_j})\right)}{\sqrt{\left(\frac{1}{M}\sum_{m=1}^{M}\left(f_m(\boldsymbol{y_i}) - \overline{f}(\boldsymbol{y_i})\right)^2\right)}\cdot\sqrt{\left(\frac{1}{M}\sum_{m=1}^{M}\left(f_m(\boldsymbol{y_j}) - \overline{f}(\boldsymbol{y_j})\right)^2\right)}}$ mit $\overline{f}(\boldsymbol{y_i}) = \frac{1}{M}\sum_{m=1}^{M} f_m(\boldsymbol{y_i})$, $i = 1, \ldots, I$

Hinweis: Bei den metrisch skalierten Merkmalen $f_m(\boldsymbol{y_i})$, $m = 1, \ldots, M$ der $i-$ten Zeitreihe handelt es sich um die in Abschnitt 5.1 (Tabellen 5.1 und 5.2) beschriebenen Transformationsfunktionen und statistischen Kennzahlen

Alle aufgelisteten Metriken für metrisch skalierte Objekte können ausschließlich nichtnegative Werte ($dist_{i,j} \geq 0$) annehmen, so dass größere Werte $dist_{i,j}$ eine stärkere Unähnlichkeit zwischen Objekten kennzeichnen als kleinere Werte.

Bei der Berechnung der Euklidischen Distanz zwischen zwei Objekten werden die Abstandswerte korrespondierend zu jedem Merkmal $m = 1, \ldots, M$ zunächst quadriert. Das führt beispielsweise dazu, dass die Abstände, welche vom Absolutbetrag größer als Eins sind, durch das Quadrieren noch größer werden und bei der Berechnung der Distanzen stärker gewichtet werden als die Abstandswerte kleiner als Eins, welche durch das Quadrieren noch kleiner werden. Im Gegensatz dazu weist die Manhattan-Distanz den Vorteil auf, dass die Abstandswerte $(f_m(\boldsymbol{y_i}) - f_m(\boldsymbol{y_j}))$ im Absolutbetrag (gleich gewichtet) in die Berechnung der Distanzen eingehen.

Die Distanz auf Basis des Korrelationskoeffizienten nach Bravais-Pearson $\rho_{i,j}$, welcher im Intervall $[-1, 1]$ definiert ist, wird häufig zusätzlich auf das Intervall $[0, 1]$ normiert. Dabei werden Objekte, die negativ miteinander korreliert sind mit $\rho_{i,j} = -1$, als "vollkommen unähnlich" ($dist_{i,j} = 1$) betrachtet.

5.4.1.2 Nominal skalierte Merkmale

Qualitative Eigenschaften von Zeitreihen und Produkten werden in der Regel durch **nominal skalierte** (kategoriale) Variablen repräsentiert. Die Abstandsmessung zwischen nominal skalierten Merkmalen erfolgt durch das Abzählen von Nicht-Übereinstimmungen einzelner Ausprägungen, da die obigen Distanzfunktionen (siehe Tabelle 5.3) für nominal skalierte Merkmale (Fahrmeir et al. 1996, S. 9 ff.) zwar berechnet aber nicht sinnvoll interpretiert werden können. Im Rahmen der Abstandsmessung zwischen nominal skalierten Merkmalen wird typischerweise zunächst ein Spezialfall binärer Variablen betrachtet, welche lediglich zwei Ausprägungen aufweisen (typischerweise als 0 und 1 kodiert). Im weiteren Schritt wird eine Verallgemeinerung auf nominal skalierte Variablen mit mehr als zwei Kategorien vorgenommen.

1) Erfolgt die Abstandsmessung zwischen zwei Zeitreihen i und j anhand von ausschließlich **binären** $m = 1, \ldots, M$ Eigenschaften, so wird eine Kontingenztabelle mit der Anzahl der Übereinstimmungen sowie mit der Anzahl der Nicht-Übereinstimmungen zur Abstandsmessung zwischen den Objekten verwendet (Kaufman und Rousseeuw 2005, S. 23):

Tabelle 5.4: Kontingenztabelle bei M binären Merkmalen

		Produkt y_i		
		1	0	
Produkt y_j	1	a	b	$a+b$
	0	c	d	$c+d$
		$a+c$	$b+d$	

Die Summe $a+b+c+d = M$ ergibt die betrachtete Anzahl der Merkmale, welche für beide Zeitreihen i und j ermittelt werden.

a bezeichnet die Anzahl der Merkmale, welche sowohl für das $i-$te als auch für das $j-$te Produkt die Ausprägung 1 aufweisen. In sporadischen Zeitreihen kann eine $1-1$ Übereinstimmung zur Bezeichnung einer Periode t mit positiven Nachfragen $y_{i,t} > 0$ und $y_{j,t} > 0$ verwendet werden.

d bezeichnet die Anzahl der Merkmale, welche sowohl für das Produkt i als auch für das Produkt j die Ausprägung 0 aufweisen: Beispielsweise die Nullperioden $y_{i,t} = y_{j,t} = 0$ ($0-0$ Übereinstimmungen).

b und ***c*** bezeichnen die Anzahl der Nicht-Übereinstimmungen (entsprechend $0-1$ und $1-0$).

In Abhängigkeit von der Kodierung binärer Variablen unterscheidet man **symmetrische** und **asymmetrische binäre** Variablen (Kaufman und Rousseeuw 2005, S. 25-26).

Für asymmetrische binäre Variablen weisen die Ausprägungen 0 und 1 eine unterschiedliche inhaltliche Gewichtung auf. Beispielsweise kann eine nominal skalierte Variable *Farbe* mit den folgenden vier Ausprägungen $Farbe = \{\text{weiß}, \text{schwarz}, \text{rot}, \text{grün}\}$ durch eine binäre Variable mit den Ausprägungen $0 := \{\text{weiß}\}$ (eine Kategorie, welche ggf. höhere Relevanz für die statistische Analyse hat) und für die restlichen Kategorien $1 := \{\text{nicht weiß}\} := \{\text{schwarz}, \text{rot}, \text{grün}\}$ kodiert werden. Die $1-1$ Übereinstimmung von zwei Produkten bedeutet dann, dass die Farbe beider Produkte nicht weiß ist. Daraus resultiert aber nicht, dass die Farbe beider Produkte identisch ist, da die Ausprägung 1 unterschiedliche Kategorien (schwarz, rot oder grün) umfasst.

Dieses Beispiel lässt sich auf sporadische Nachfragezeitreihen übertragen, für welche die Perioden ohne Nachfrage mit 0 und die Perioden mit positiver Nachfrage mit 1 kodiert werden. In den Nullperioden, die durch $0-0$ Übereinstimmungen in den betrachteten Perioden bewertet werden, sind die sporadischen Nachfragezeitreihen identisch. Die Übereinstimmungen $1-1$ in den betrachteten Perioden bedeuten zwar, dass die Nachfrage in beiden Zeitreihen nicht Null ist. Daraus resultiert allerdings nicht, dass die Nachfrage in beiden Zeitreihen gleich hoch war, denn es fehlt der Vergleich der Werte der Nachfragehöhe bei dieser Art der Kodierung, um die Übereinstimmung genau bewerten zu können. Demzufolge kann es sinnvoll sein, für symmetrische und asymmetrische binäre Merkmale unterschiedliche Abstandsfunktionen zu verwenden (siehe Tabelle 5.5 sowie Kaufman und Rousseeuw 2005, S. 24, Everitt et al. 2001, S. 38). Die Werte a, b, c und d beziehen sich auf die entsprechenden Werte aus der obigen Kontingenztabelle 5.4.

Tabelle 5.5: Abstandsmessung anhand binärer Merkmale

Metrik	**Distanzfunktion** $dist_{i,j}$
Simple Matching	$\frac{b+c}{a+b+c+d}$
Jaccard Metrik	$\frac{b+c}{b+c+d}$
Sokal und Sneath-Metrik	$\frac{2\cdot(b+c)}{a+2\cdot(b+c)}$

Simple Matching geht beispielsweise von gleicher Gewichtung und somit von gleicher Relevanz einzelner Übereinstimmungen a, d und Nicht-Übereinstimmungen b, c aus und ist für symmetrische Merkmale geeignet.

Die **Jaccard Metrik** (Jaccard 1908) kann sinnvoll bei asymmetrischen binären Merkmalen verwendet werden. Wenn $1-1$ Übereinstimmungen

(Häufigkeit a) zur Bezeichnung der Perioden mit positiver Nachfrage in sporadischen Zeitreihen verwendet werden, würde die Berechnung von Simple Matching mit Einbezug des Wertes a zu Verzerrungen in der Abstandsmessung führen. Bei der Berechnung der Jaccard Metrik wird a nicht berücksichtigt.

Sokal und Sneath-Metrik verzichtet auf die $1-1$ Übereinstimmungen (a) und gewichtet die Nicht-Übereinstimmungen (b und c) doppelt im Vergleich mit $0-0$ Übereinstimmungen (d), um bei der Distanzmessung die Unterschiede zwischen Objekten hervorzuheben.

2) Die Ähnlichkeiten zwischen **nominal skalierten** Merkmalen mit **mehr als zwei Ausprägungen** werden in der Regel durch das direkte Aufzählen der Übereinstimmungen einzelner Kategorien gemessen, so dass die korrespondierende Distanz für den Fall mit M (nichtbinären) Merkmalen, von welchen u Übereinstimmungen zwischen den Produkten i und j gezählt werden konnten, als

$$dist_{i,j} = 1 - \frac{u}{M} \tag{5.1}$$

berechnet wird. Alternativ können kategoriale Variablen durch asymmetrische binäre Variablen repräsentiert werden, so dass die obigen Metriken für binäre Merkmale verwendet werden können.

5.4.1.3 Ordinal skalierte Merkmale

Die ordinal skalierten Merkmale zeichnen sich im Vergleich mit den nominal skalierten Daten dadurch aus, dass nicht nur die Zuordnung zu den einzelnen Kategorien, sondern auch die Rangbildung einzelner Kategorien (Wichtigkeit des Produktes für den Kunden: *Hoch*, *Mittel*, *Niedrig*) sinnvoll möglich ist (Fahrmeir et al. 1996, S. 9 ff.). Die Abstandsmessung bei ordinal skalierten Merkmalen beruht in der Regel auf deren Darstellung als kategoriale Variablen (siehe Kaufman und Rousseeuw 2005, S. 29). In manchen Fällen können ordinal skalierte Objekte mit einer metrischen Skala zum Ausdruck gebracht werden, beispielsweise wenn die Rangvariablen durch Diskretisierung (oder Aufteilung in Klassen) reellwertiger Objekte entstanden sind (siehe dazu Kaufman und Rousseeuw 2005, S. 30-31). Folglich können die entsprechenden oben beschriebenen Distanzfunktionen (für metrische oder nominal skalierte Merkmale) zur Abstandsmessung verwendet werden.

5.4.1.4 Merkmale mit gemischten Skalenniveaus

Die bisher beschriebenen Distanzfunktionen und Abstandsmetriken können zum Clustern von Produkten herangezogen werden, welche durch Merkmale und Eigenschaften mit demselben Skalenniveau beschrieben werden. Werden Eigenschaften mit unterschiedlichen Skalenniveaus zur Zeitreihencharakterisierung herangezogen, so gibt es unterschiedliche Möglichkeiten, die Unähnlichkeit zwischen Zeitreihen zu messen.

Zum einen können alle Merkmale, ob metrisch oder nominal, durch binäre Variablen kodiert werden, so dass die Abstandsmessung mit Hilfe entsprechender Abstandsfunktionen für binäre Merkmale erfolgt (siehe Kaufman und Rousseeuw 2005, S. 34, Everitt et al. 2001, S. 43). Durch diese Technik geht allerdings ein Teil an in den Daten vorhandenen Informationen verloren, falls der Großteil der Merkmale nicht binär bzw. nicht nominal skaliert ist.

Ein weiterer Ansatz beruht auf der Arbeit von Gower (1971). Für jedes Objektpaar (i, j) und für jedes Merkmal $m = 1, \ldots, M$ werden zunächst die Ähnlichkeitswerte $simil_{i,j}^{(m)}$ einzeln berechnet und im weiteren Schritt auf das Intervall $[0, 1]$ normiert. In Kaufman und Rousseeuw (2005) wird darauf hingewiesen, dass die Abstandsmessung im $[0, 1]$ Intervall sowohl aus der Perspektive der Ähnlichkeiten zwischen Objekten, wie diese in Gower (1971) beschrieben wird, als auch von der Perspektive der Unähnlichkeitsermittlung möglich ist, da die Beziehung $dist_{i,j}^{(m)} = 1 - simil_{i,j}^{(m)}$ im auf das $[0, 1]$ −Intervall normierten Raum erfüllt ist.

Die Abstände zwischen zwei Zeitreihen i und j hinsichtlich eines **nominal skalierten** Merkmals m sind bereits auf das $[0, 1]$ −Intervall normiert, da

$dist_{i,j}^{(m)} = 0$ im Fall einer Übereinstimmung und $dist_{i,j}^{(m)} = 1$, falls keine Übereinstimmung vorliegt. Zur Normierung der Abstände zwischen zwei Zeitreihen i und j hinsichtlich eines **metrisch skalierten** Merkmals m, welches die Ausprägung $f_m(\boldsymbol{y_i})$ für das Produkt i und $f_m(\boldsymbol{y_j})$ für das Produkt j aufweist, eignen sich folgende Techniken:

- Die Normierung kann als Relation des absoluten Abstands zum maximal möglichen Abstand (Spannweite) zwischen den Ausprägungen erfolgen.

$$dist_{i,j}^{(m)} = \frac{|f_m(\boldsymbol{y_i}) - f_m(\boldsymbol{y_j})|}{\underset{i=1,\ldots,,I}{max} f_m(\boldsymbol{y_i}) - \underset{i=1,\ldots,,I}{min} f_m(\boldsymbol{y_i})} \tag{5.2}$$

  Dabei muss allerdings beachtet werden, dass diese Normierungsform aufgrund des Einbezugs von Extremwerten vor allem bei metrischen Merkmalen durch ggf. vorhandene Ausreißer beeinflusst wird.

- Die Spannweite in der obigen Normierung kann durch die Abstände zwischen den empirischen Quantilswerten q^{τ_1} und q^{τ_2}, wobei $\tau_1 > \tau_2$ und $\tau_1, \tau_2 \in (0,1)$, ersetzt werden. $\boldsymbol{f_m} = [f_m(\boldsymbol{y_1}), \ldots, f_m(\boldsymbol{y_I})]^T$ bezeichnet dabei den Verktor der Merkmalsausprägungen für Items $i = 1, \ldots, I$, welche in einer empirischen Verteilung zur Quantilsermittlung zusammengefasst werden. Als $q^{\tau}(\boldsymbol{f_m})$ wird das $\tau-$Quantil der empirischen Verteilung von $\boldsymbol{f_m}$ bezeichnet.

$$dist_{i,j}^{(m)} = \frac{|f_m(\boldsymbol{y_i}) - f_m(\boldsymbol{y_j})|}{q^{\tau_1}(\boldsymbol{f_m}) - q^{\tau_2}(\boldsymbol{f_m})} \tag{5.3}$$

  Zur Normierung kann beispielsweise der Interquartilsabstand ($\tau_1 = 0.75$ und $\tau_2 = 0.25$) oder Quantilswerte für ($\tau_1 = 0.9$, $\tau_2 = 0.1$) bzw. auch ($\tau_1 = 0.95$, $\tau_2 = 0.05$) verwendet werden. Diese Technik wird vor allem dann empfohlen, wenn sich Ausreißer in der empirischen Verteilung der Merkmalsausprägungen vorfinden.

- Als Normierung kann die Standardisierung verwendet werden. Hierbei muss beachtet werden, dass die Standardisierung (Formel 5.4) sowie die Normierung mit Hilfe der Interquartilsabstände (Formel 5.3) auch Distanzwerte $dist_{i,j}^{(m)}$ größer als Eins implizieren.

$$dist_{i,j}^{(m)} = \frac{f_m(\boldsymbol{y_i}) - \overline{f}_m}{sd(\boldsymbol{f_m})} \tag{5.4}$$

$$\overline{f}_m = \frac{1}{I} \cdot \sum_{i=1}^{I} f_m(\boldsymbol{y_i}) \qquad sd(\boldsymbol{f_m}) = \sqrt{\frac{1}{I} \cdot \sum_{i=1}^{I} \left(f_m(\boldsymbol{y_i}) - \overline{f}_m\right)^2} \tag{5.5}$$

Alle normierten Distanzen (ob metrisch oder nominal skalierter Merkmale) werden im nächsten Schritt zum für alle $m = 1, \ldots, M$ Merkmale gemeinsamen Distanzmaß $dist_{i,j}$ zusammengefasst, welches als Gower-Distanzmaß (Gower 1971) bekannt ist.

$$dist_{i,j} = \frac{\sum_{m=1}^{M} b_{i,j}^{(m)} \cdot dist_{i,j}^{(m)}}{\sum_{m=1}^{M} b_{i,j}^{(m)}} \tag{5.6}$$

Dabei ist $b_{i,j}^{(m)}$ eine Indikatorvariable mit $b_{i,j}^{(m)} = 1$, wenn das Merkmal m für beide Produkte i und j ermittelt werden konnte. Anderenfalls ist $b_{i,j}^{(m)} = 0$, so dass die fehlenden Werte bei der Distanzberechnung nicht berücksichtigt werden. Mit Hilfe der Gower-Metrik können die Distanzen zwischen Produkten auf Basis von Merkmalen mit gemischten Skalenniveaus berechnet werden, welche dann zur Gruppierung verwendet werden.

5.4.1.5 Distanzmatrix

Die für jedes Produktpaar (i, j) mit $i, j = 1, \ldots, I$ berechneten Distanzen $dist_{i,j}$ werden häufig in einer Distanzmatrix (**dissimilarity matrix**) $DIST_{I \times I}$ zusammengefasst, welche wiederum eine Grundlage für eine Reihe von Verfahren der Clusteranalyse bildet.

$$DIST_{I \times I} = \begin{bmatrix} 0 & dist_{1,2} & \ldots & dist_{1,I} \\ dist_{2,1} & 0 & \ldots & dist_{2,I} \\ \vdots & \vdots & \ddots & \vdots \\ dist_{I,1} & dist_{I,2} & \ldots & 0 \end{bmatrix} \tag{5.7}$$

Die Distanzmatrix weist folgende Eigenschaften auf (Everitt et al. 2001):

- Nicht-Negativität ($dist_{i,j} \geq 0$), so dass die größeren $dist_{i,j}$ Werte stärkere Unähnlichkeiten zwischen Objekten abbilden.
- Die Hauptdiagonalelemente repräsentieren die Unähnlichkeiten des Objektes zu sich selbst und sind dementsprechend Null ($dist_{i,i} = 0$ für alle $i = 1, \ldots, I$).
- Die Distanzmatrix ist quadratisch und symmetrisch gegen die Hauptdiagonale, so dass für alle $i, j = 1, \ldots, I$ gilt: $dist_{i,j} = dist_{j,i}$.

Die Abstandsmessung zwischen einzelnen Objekten ist ein fester Bestandteil der Segmentierung von Objekten im Rahmen der Clusteranalyse. Dabei wird im Rahmen der Algorithmen, wie zum Beispiel AGNES (AGglomerative NESting, Kaufman und Rousseeuw 2005) oder PAM (Partitioning Around Medoids, Kaufman und Rousseeuw 2005), auf Basis der Datenmatrix $DATA_{I \times M}$ eine Distanzmatrix $DIST_{I \times I}$ erstellt, welche dann als Datengrundlage zur Gruppierung verwendet wird (Everitt et al. 2001, S. 5). Clusterverfahren wie K-Means (Forgy 1965) oder CLARA (CLustering LARge Applications, Kaufman und Rousseeuw 2005) führen die Abstandsmessung implizit in jedem Algorithmusschritt für einzelne Objektpaare aus.

Nachfolgend wird auf die Clusteranalyseverfahren eingegangen, die zur Gruppierung von sporadischen Zeitreihen in der Fallstudie verwendet werden.

5.4.2 Clusterbildung mit Algorithmen der Clusteranalyse

Die Algorithmen der Clusteranalyse lassen sich in **hierarchische** und **partitionierende** Verfahren aufteilen (siehe u.a. Grabmeier 2001, S. 305, Steinhausen und Langer 1977, S. 69 sowie Everitt et al. 2001).

- **Partitionierende** Verfahren der Clusteranalyse führen eine Aufteilung in Gruppen durch, deren Anzahl K zu Beginn des Verfahrens festgelegt wird. Dabei wird von einer initialen Clustereinteilung ausgegangen, welche durch eine wiederholte Umordnung der Objekte im Laufe des Verfahrens verbessert wird. Die Verbesserung der Einteilung wird mit Hilfe eines Optimalitätskriteriums (wie beispielsweise minimale Streuung innerhalb einzelner Gruppen) gemessen. Einer der Vorteile partitionierender Verfahren besteht darin, dass die aus der vorherigen Iteration resultierende Objektzuordnung in den weiteren Iterationen durch Umordnung verbessert werden kann. Allerdings hängen die Clustereinteilungen auf Basis partitionierender Verfahren von der initialen Gruppierung ab, so dass u.U. nur eine lokal optimale Lösung erzeugt werden kann. Des Weiteren wird schon vor Beginn des Verfahrens eine Vorgabe über die Gruppenanzahl K benötigt. Im Rahmen der Fallstudie werden die Methoden K-Means und PAM aus der Gruppe partitionierender Verfahren verwendet.

- Das Ergebnis **hierarchischer** Clusterverfahren kann durch ein Dendrogramm (eine mit Hilfe von Distanzwerten indizierte Hierarchie, siehe dazu Bock (1974), S. 361 und Abbildung 5.5) dargestellt werden, in welchem Objekte (einzelne Zeitreihen oder Gruppen) anhand von M Merkmalen paarweise in Gruppen zusammengefasst werden und den anderen Gruppen unter- oder übergeordnet sind.

Der Vorteil hierarchischer Verfahren besteht darin, dass die Gruppenanzahl K vor Beginn des Verfahrens nicht vorgegeben sein muss und anhand von Optimalitätskriterien sowie ausgewählter Schwellenwerte für die resultierende Clustereinteilung bestimmt wird (siehe Abbildung 5.5). Allerdings erfolgt die Zuordnung der Objekte zu einem Cluster im Laufe des Verfahrens einmalig, so dass die ggf. suboptimal zugeordneten Objekte in den nachfolgenden Schritten nicht umgeordnet werden können (siehe Kaufman und Rousseeuw 2005, S. 44 ff.). Innerhalb der hierarchischen Verfahren erfolgt eine weitere Unterteilung in agglomerative und divisive Verfahren.

  - **Agglomerative** Verfahren beginnen mit einer feinsten Aufteilung in I Cluster, wobei jeder Cluster durch ein einzelnes Objekt bzw. eine einzelne Zeitreihe repräsentiert wird. Ähnliche Gruppen werden basierend auf einer der nachfolgend erläuterten statistischen **Linkage** Methoden

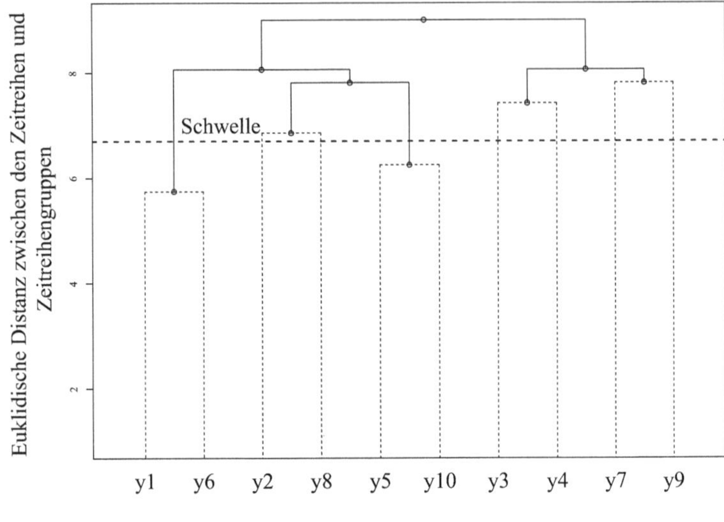

Abbildung 5.5: Dendrogramm

von unten nach oben agglomeriert, bis alle Zeitreihen einem Cluster zugeordnet sind. Dies entspricht dem Bottom Up Prinzip. Dabei werden die Homogenitätsanforderungen an die Objekte innerhalb eines Clusters schrittweise gesenkt.

- **Divisive** Verfahren stellen einen Gegenpol zu den agglomerativen Verfahren dar und beginnen mit einem Cluster aus I Zeitreihen, welche sukzessiv von oben nach unten getrennt werden, bis jede einzelne Zeitreihe eine Gruppe bildet (Top Down Prinzip).

Die agglomerativen Verfahren werden im Vergleich mit den divisiven wesentlich häufiger verwendet und sind daher in den meisten Softwarelösungen für Clusteranalyse implementiert. Dies wird dadurch begründet, dass die divisiven Verfahren rechenintensiver als agglomerative Verfahren sind (siehe Steinhausen und Langer 1977, S. 100, Grabmeier 2001, S. 305). Wird eine agglomerative Clustermethode eingesetzt, im Rahmen welcher jeweils zwei Objekte sukzessiv zusammengefasst werden, so wird die Anzahl an möglichen Kombinationen durch eine quadratische Funktion der Menge der zu clusternden Objekte I dargestellt: $\frac{I \cdot (I-1)}{2}$. Für divisive Verfahren mit einer dichotomen Aufteilung in jedem Iterationsschritt müssen dagegen $2^{I-1} - 1$ Kombinationsmöglichkeiten berechnet werden (Kaufman und Rousseeuw 2005, S. 253).

In der Fallstudie wird die Aufteilung der Zeitreihen im Rahmen eines agglomerativen hierarchischen Algorithmus vorgenommen, welcher in Kaufman und Rousseeuw (2005) mit **AGNES** (für AGglomerative NESting) abgekürzt wird.

5.4.2.1 K-Means

Zu den bekanntesten partitionierenden Verfahren in der Clusteranalyse gehört das Verfahren K-Means. Dessen Idee besteht in der Aufteilung der Objekte in eine vor Beginn des Verfahrens festgelegte Klassenanzahl K, wobei die Zuordnung mittels der Abstandsmessung zwischen den zu klassifizierenden Objekten und den jeweiligen Clusterzentren erfolgt. Das Ziel des Verfahrens besteht darin, iterativ, ausgehend von einer initialen Clusterlösung und gemessen an einem Optimalitätskriterium, eine bessere Partition zu finden. Es gibt eine Reihe an K-Means Varianten (Lloyd 1982, Hartigan und Wong 1979, Forgy 1965 oder MacQueen 1967), welche sich u.a. durch die Algorithmen zur Bildung der initialen Clusterlösung und durch das Auswahlprinzip der als nächstes zugeordneten Objekte (zufällig oder systematisch) unterscheiden. Die Vorgehensweise des K-Means Algorithmus wird wie folgt skizziert.

Initialisierungsschritt:
Der Algorithmus beginnt in der Iteration $(b) = 0$ mit einer initialen Clusterlösung

$$\mathcal{C}^{(0)} = \left\{ C_1^{(0)}, \ldots, C_K^{(0)} \right\}, \tag{5.8}$$

in welcher alle Objekte bereits in $K-$Klassen $C_1^{(0)}, \ldots, C_K^{(0)}$ aufgeteilt sind. Die initiale Einteilung erfolgt entweder durch eine Heuristik wie die Minimale-Distanz-Partition (siehe dazu Bock 1974, S. 224) oder durch eine zufällige

Zuordnung (siehe Grabmeier 2001, S. 327 ff.). Für die initiale Clustereinteilung werden zum einen die Clusterzentren als Mittelwert der Objekte in jedem Cluster berechnet, daher kommt der Name K-Means. Zum anderen wird die Streuungsquadratsumme (`within`-SSE) der Objekte in den Gruppen der initialen Clusterlösung berechnet. `within`-SSE dient als statistisches Gütekriterium, kann allerdings nur für metrische Merkmale sinnvoll berechnet werden.

Iteration:
Jede Verfahrensiteration umfasst folgende Schritte:

- Für jedes Objekt i des Datensatzes wird überprüft, ob sich die in der Iteration (b) bestehende Clusterpartition $\mathcal{C}^{(b)} = \left\{C_1^{(b)}, \ldots, C_K^{(b)}\right\}$ verbessert, wenn die Zeitreihe $i \in C_k^{(b)}$ aus dem aktuellen Cluster $C_k^{(b)} \subset \mathcal{C}^{(b)}$ einem anderen Cluster $C_{k^*}^{(b)} \subset \mathcal{C}^{(b)}$ für $k^* = 1, \ldots, k-1, k+1, \ldots, K$ neu zugeordnet wird.

- Die Messung der Verbesserung erfolgt durch die Neuberechnung der Streuungsquadratsumme innerhalb der Gruppen $C_1^{(b)}, \ldots, C_K^{(b)}$ der aktuellen Clusterpartition $\mathcal{C}^{(b)}$. Die Berechnungsformeln für `within`-SSE sind in Abschnitt 5.4.3.1 im Rahmen der Beschreibung statistischer Gütekriterien angegeben.

- Als neue Clustereinteilung $\mathcal{C}^{(b+1)}$, die in der nächsten Iteration $(b+1)$ weiter verbessert werden kann, wird diejenige ausgewählt, für welche das Gütekriterium den minimalen Wert aufweist (siehe Abschnitt 5.4.3.1).

Der Algorithmus iteriert so lange, bis keine weitere Verbesserung (gemessen an `within`-SSE) erzielt werden kann.

Zu den Vorteilen des Verfahrens K-Means gehört die im Vergleich mit beispielsweise hierarchischen Verfahren schnellere Laufzeit, welche abhängig von der Clusteranzahl K, der Anzahl der zu segmentierenden Objekte und von der Anzahl der Iterationen $(b) = 1, \ldots, iter$ linear ansteigt: $K \cdot I \cdot iter$. Einer der Nachteile des K-Means Verfahrens ist die a priori bekannte Gruppenanzahl K, welche vor Beginn des Algorithmus vorgegeben sein muss. Zum anderen hängt die Endpartition stark von der Wahl der initialen Gruppierung $\mathcal{C}^{(0)}$ ab, so dass das Problem lokaler Minima entstehen kann. Um dies zu umgehen, wird der Algorithmus häufig mehrfach mit unterschiedlichen initialen Partitionen gestartet (Bock 1974, S. 219 ff. sowie Bacher et al. 2008, S. 341 ff.). Ein weiterer Nachteil des herkömmlichen K-Means Verfahrens besteht darin, dass sowohl das Gütekriterium als auch die Clusterzentren lediglich für metrische Merkmale sinnvoll berechnet werden können. Einige Modifikationen für nominal skalierte Merkmale oder für gemischte Skalenniveaus findet man in Bacher et al. (2008), S. 336 ff. Diese werden allerdings im Rahmen der vorliegenden Arbeit nicht näher betrachtet.

5.4.2.2 PAM - Partitioning Around Medoids

Ein weiteres partitionierendes Verfahren, welches in der vorliegenden Arbeit verwendet wird, ist K-Medoids. Der Hauptunterschied zu K-Means besteht darin, dass die Clusterzentren nicht als Mittelwerte der Objekte in einem Cluster berechnet werden, sondern durch reale Objekte des Datensatzes repräsentiert werden. Eine der algorithmischen Implementierungen vom Verfahren K-Medoids wird in Kaufman und Rousseeuw (2005), S. 102 ff. als der Algorithmus **PAM** (**Partitioning Around Medoids**) beschrieben und nachfolgend skizziert.

Der Algorithmus beginnt mit der Berechnung der Distanzmatrix $DIST_{I \times I}$ (Abschnitt 5.4.1.5) anhand der Datenmatrix $DATA_{I \times M}$ (siehe Beispiel auf Abbildung 5.2 auf S. 134). Für eine vor Beginn des Algorithmus festgelegte Clusteranzahl K werden zwei Phasen **BUILD** und **SWAP** unterschieden:

BUILD: In dieser Phase wird eine initiale Clustereinteilung $\mathcal{C}^{(0)}$ generiert. Aus der Gesamtmenge der Zeitreihen werden K repräsentative Objekte als **Clusterzentren** (**Medoide**) ausgewählt. Als Gütekriterium wird das Minimum der Distanzsumme von den Medoiden zu den restlichen Objekten des Datensatzes verwendet. Diese Phase verläuft iterativ wie folgt:

- Zuerst wird ein Startmedoid aus dem Datensatz $\boldsymbol{y}_1, \ldots, \boldsymbol{y}_I$ so gewählt, dass die Summe der Distanzen vom Medoid zu den anderen Objekten des Datensatzes minimal ist.

- Die weiteren $K-1$ Medoide werden so bestimmt, dass die Entfernung zu bestehenden Medoiden am größten ist und gleichzeitig die Distanzsumme zu den restlichen Zeitreihen des Datensatzes am geringsten ausfällt.

Das Ergebnis der BUILD Phase ist eine initiale Clusterpartition $\mathcal{C}^{(0)}$, in welcher die Clusterzentren durch die realen Objekte des Datensatzes (K Medoide) repräsentiert werden.

SWAP: Die initiale Clusterlösung $\mathcal{C}^{(0)}$ wird auf Verbesserung der Objektzuordnung iterativ überprüft. Hierbei werden die Medoid-Objekte mit den anderen Nicht-Medoid-Objekten iterativ ausgetauscht, so dass eine neue Clustereinteilung resultiert, welche mit der Clustereinteilung aus der vorherigen Iteration anhand eines Gütekriteriums verglichen wird. Als Gütekriterium dient dabei das Minimum der Summe der Distanzen von Objekten in jeder Gruppe $C_1^{(b)}, \ldots, C_K^{(b)}$ der aktuellen Clustereinteilung $\mathcal{C}^{(b)}$ in der Iteration (b) zu deren Medoiden. Das Austauschen der Objekte wird so lange wiederholt, bis keine Verbesserung der Clusterlösung erzielt wird.

Als Clusterzentren werden beim K-Medoids Verfahren die realen Objekte des Datensatzes verwendet. Daraus entsteht der Vorteil, dass sowohl quantitative als auch qualitative Merkmale im Rahmen der Clusterbildung verwendet werden können, da keine Mittelwertberechnung wie bei K-Means erfolgt. Die Interpretation der Medoide als Referenzobjekte ist hierbei im Gegensatz zu K-Means möglich. Dies hat wiederum eine praktische Bedeutung bei der Gruppierung von Zeitreihen, welche für neue Zeitreihen über den Vergleich mit dem Referenzobjekt stattfinden kann.

Ein weiterer Vorteil von PAM resultiert u.a. daraus, dass die initiale Clusterlösung durch die BUILD Phase nicht zufällig, sondern bereits durch eine systematische Suche repräsentativer Objekte generiert wird. Allerdings resultiert durch den iterativen Austausch von Objektpaaren eine in Anzahl der

Objekte (I) quadratische Laufzeit (siehe Kaufman und Rousseeuw (2005) auf S. 102 ff.), welche eine höhere numerische Komplexität bewirkt als beispielsweise K-Means, dessen Laufzeit linear in I ist.

5.4.2.3 AGNES - Agglomerative Nesting

Konkurrierend zu partitionierenden Verfahren werden in der Clusteranalyse häufig hierarchische Verfahren eingesetzt. Eine Gruppe hierarchischer Verfahren wird von agglomerativen Verfahren vertreten, zu welchen der Algorithmus **AGNES** (AGglomerative NESting) gehört und welcher in diesem Abschnitt skizziert wird. Die agglomerativen Verfahren unterscheiden sich durch die verwendete statistische **Linkage** Funktion $G(C_V, C_U)$, mit deren Hilfe die Distanzen zwischen gebildeten Gruppen C_V und C_U berechnet werden (siehe Steinhausen und Langer 1977, S.76, Lance und Williams 1967). Eine Auswahl der Linkage Funktionen wird nachfolgend aufgelistet. Dabei wird folgende Notation verwendet:

Sei $C_{V,U}^{neu} := C_V \cup C_U$ die aus den Clustern C_V und C_U neu entstandene Gruppe und sei $\mathcal{C}^{rest} := \{\mathcal{C} \setminus C_V \cup C_U\}$ die Partition, welche die restlichen Gruppen einer Clusterlösung $\mathcal{C}$ (ausgeschlossen C_V und C_U) zusammenfasst. Da sich die nachfolgenden Berechnungsformeln auf die Berechnungen im Rahmen einer Iteration beziehen, wird diese nicht explizit indiziert, um eine Überlagerung der Notation zu vermeiden.

Die Anzahl der Objekte in C_V wird als n_V, in C_U als n_U und in $\mathcal{C}^{rest}$ als n_{rest} bezeichnet. Die Distanz zwischen einer Zeitreihe $v \in C_V$ und einer Zeitreihe $k \in C^{rest}$ wird als $dist_{v,k}$ angegeben. Unter $data_{i,m}$ wird ein Element der Datenmatrix $DATA_{I \times M}$ bezeichnet, welches die Ausprägung des Merkmals $m = 1, \ldots, M$ für die Zeitreihe $i = 1, \ldots, I$ repräsentiert.

- **Single Linkage** (**Nearest Neighbourhood**) - Minimaler Abstand zwischen den Clustern:
  Aufgrund der Berechnung des Minimums werden auch solche Gruppen als ähnlich erkannt, in welchen lediglich ein Zeitreihenpaar zueinander

einen geringen Abstandswert ausweist, obwohl die restlichen Zeitreihen der Gruppen unterschiedlich sind und große Distanzwerte (zueinander) aufweisen. Dies wird als Ketteneffekt (**chaining effect**) bezeichnet (Steinhausen und Langer 1977, S. 78, Kaufman und Rousseeuw 2005, S. 226).

$$G^{SingleL}\left(C_V, \mathcal{C}^{rest}\right) = \min_{v \in C_V,\, k \in \mathcal{C}^{rest}} dist_{v,k} \tag{5.9}$$

$$G^{SingleL}\left(C^{neu}_{V,U}, \mathcal{C}^{rest}\right) = min\left\{G^{SingleL}\left(C_V, \mathcal{C}^{rest}\right), G^{SingleL}\left(C_U, \mathcal{C}^{rest}\right)\right\} \tag{5.10}$$

- **Complete Linkage** - Maximaler Abstand zwischen den einzelnen Objekten aus den beiden Clustern:
  Complete Linkage stellt den Gegenpol zur Single Linkage Methode dar und führt häufig aufgrund der Berechnung maximaler Abstände zu kleinen Gruppen in einer Clusterlösung (**space contracting**, siehe dazu Steinhausen und Langer 1977, S. 78 oder Kaufman und Rousseeuw 2005, S. 227).

$$G^{CompleteL}\left(C_V, \mathcal{C}^{rest}\right) = \max_{v \in C_V,\, k \in \mathcal{C}^{rest}} dist_{v,k} \tag{5.11}$$

$$G^{CompleteL}\left(C^{neu}_{V,U}, \mathcal{C}^{rest}\right) = max\left\{G^{CompleteL}\left(C_V, \mathcal{C}^{rest}\right), G^{CompleteL}\left(C_U, \mathcal{C}^{rest}\right)\right\} \tag{5.12}$$

- **Average Linkage** - Durchschnittlicher Abstand zwischen den Clustern:
  Average Linkage stellt einen Kompromiss aus Single und Complete Linkage dar (Kaufman und Rousseeuw 2005, S. 235, Steinhausen und Langer 1977, S. 78). Allerdings kann diese Methode aufgrund der Mittelwertberechnung, ähnlich wie in der K-Means Methode, nur für quantitative Merkmale sinnvoll eingesetzt werden.

$$G\left(C_V, \mathcal{C}^{rest}\right) = \left[dist_{v,k}\right]_{\forall\, v \in C_V,\, \forall\, k \in \mathcal{C}^{rest}} \tag{5.13}$$

$$G^{AverageL}\left(C^{neu}_{V,U}, \mathcal{C}^{rest}\right) = \frac{1}{2} \cdot G\left(C_V, \mathcal{C}^{rest}\right) + \frac{1}{2} \cdot G\left(C_U, \mathcal{C}^{rest}\right) \tag{5.14}$$

- **Centroid Linkage** - Durchschnittlicher Abstand zwischen Clusterzentren, welche, wie in der K-Means Methode, als Mittelwerte der Merkmale m=1, ..., M aller einem Cluster zugeordneten Objekte berechnet werden (Mittelwert der einzelnen Spalten der Datenmatrix $DATA_{I\times M}$).

$$center\left(C_V\right) = \left[\, \overline{data}_1\left(C_V\right), \ldots, \overline{data}_M\left(C_V\right)\,\right] \tag{5.15}$$

$$\overline{data}_m\left(C_V\right) = \frac{1}{n_V} \cdot \sum_{v \in C_V} data_{v,m} \tag{5.16}$$

Werden zwei Cluster zu einem zusammengefasst, so ergeben sich neue Clusterzentren.

$$center\left(C_{V,U}^{neu}\right) = \frac{n_V}{n_V + n_U} \cdot center\left(C_V\right) + \frac{n_U}{n_V + n_U} \cdot center\left(C_U\right) \tag{5.17}$$

Die Distanz zwischen den Clustern $C_{V,U}^{neu}$ und $\mathcal{C}^{rest}$ wird als Euklidische Distanz zwischen den Clusterzentren einzelner Merkmale m=1, ..., M berechnet.

$$G^{CentroidL}\left(C_{V,U}^{neu}, \mathcal{C}^{rest}\right) = \sqrt{\sum_{m=1}^{M} \left(\overline{data}_m\left(C_{V,U}^{neu}\right) - \overline{data}_m\left(\mathcal{C}^{rest}\right)\right)^2} \tag{5.18}$$

Die Centroid Linkage Methode setzt metrische Merkmale voraus, da die Berechnung der Mittelwerte einzelner Objekte sowie die Berechnung der Euklidischen Distanz anderenfalls nicht sinnvoll ist. Dabei weist Bacher et al. (2008) darauf hin, dass an der Stelle der Mittelwerte auch der Median oder Modalwerte sowie an der Stelle der Euklidischen Distanz andere für die Skalenniveaus geeignete Distanzfunktionen verwendet werden können.

- **Ward's Methode**

Wie die Centroid Linkage Methode setzt Ward's Methode (Ward 1963) metrische Merkmale voraus. Der Abstand zwischen den Gruppen wird durch die Euklidische Distanz mit dem Einsatz des Vorfaktors $\sqrt{\frac{2 \cdot n_{V,U}^{neu} \cdot n_{rest}}{n_{V,U}^{neu} + n_{rest}}}$ gemessen. Dieser Vorfaktor führt zur Minimierung der Streuungsquadratsumme in jeder Iteration der Ward's Methode und wird in der Arbeit von Ward (1963) hergeleitet. Die Konstante 2 im Vorfaktor sorgt dafür, dass im

Spezialfall der Distanzmessung von zwei Gruppen mit jeweils einem Objekt keine Verzerrungen der Ergebnisse entstehen (für Details siehe Kaufman und Rousseeuw 2005, S. 230 ff. oder Steinhausen und Langer 1977):

$$G^{Ward}\left(C_{V,U}^{neu}, \mathcal{C}^{rest}\right) = \sqrt{\frac{2 \cdot n_{V,U}^{neu} \cdot n_{rest}}{n_{V,U}^{neu} + n_{rest}}} \cdot \sqrt{\left(\sum_{m=1}^{M} \left(\overline{data}_m\left(C_{V,U}^{neu}\right) - \overline{data}_m\left(\mathcal{C}^{rest}\right)\right)^2\right)} \tag{5.19}$$

Die obigen Linkage Methoden werden im Rahmen agglomerativer Clusterverfahren verwendet, um die Zuordnung einzelner Objekte zu den Clustern zu ermöglichen. Die agglomerativen Verfahren gehören zu den weit verbreiteten hierarchischen Partitionierungsmethoden und sind durch den Algorithmus AGNES in der Fallstudie (Kapitel 6) vertreten. Dementsprechend wird nachfolgend die Vorgehensweise im Rahmen von AGNES kurz skizziert. Details der Implementierung findet man in Steinhausen und Langer (1977), S. 75-94 sowie in Kaufman und Rousseeuw (2005), S. 199 ff.

Initialisierungsschritt:

- Der Algorithmus beginnt mit der Clusterpartition $\mathcal{C}^{(0)} = \left\{C_1^{(0)}, \ldots, C_I^{(0)}\right\}$ mit I Gruppen, wobei jede Gruppe durch jeweils eine Zeitreihe repräsentiert wird: $C_i^{(0)} = \{i\}$ für $i = 1, \ldots, I$.

- Anhand der Datenmatrix $DATA_{I \times M}$ wird die Distanzmatrix $DIST_{I \times I}$ berechnet, welche als Grundlage für den Algorithmus AGNES verwendet wird.

- Die Linkage Funktion wird festgelegt.

Iteration:

- Die "ähnlichsten" Gruppen $C_V^{(b)}$ und $C_U^{(b)}$, $V \neq U$ aus der aktuellen Partition $\mathcal{C}^{(b)}$ der Iteration (b) werden auf Basis der Linkage Funktion ausgewählt. Die korrespondierende Distanz $dist_{V,U}$ wird berechnet. Die ausgewählten

Gruppen werden zu einem neuen Cluster $C_{V,U}^{(b+1)} := \left\{C_V^{(b)} \cup C_U^{(b)}\right\}$ zusammengefasst. Die Anzahl an Gruppen verringert sich um eins.

- Die Abstände zwischen dem neuen Cluster $C_{V,U}^{(b+1)}$ und den restlichen Gruppen $\mathcal{C}^{rest(b)} := \left\{\mathcal{C}^{(b)} \setminus C_V^{(b)} \cup C_U^{(b)}\right\}$ der aktuellen Partition $\mathcal{C}^{(b)}$, ausgeschlossen $C_V^{(b)}$ und $C_U^{(b)}$, werden mit der festgelegten Linkage Funktion $G\left(C_{V,U}^{(b+1)}, \mathcal{C}^{rest(b)}\right)$ neu berechnet.

- Die Distanzmatrix $DIST$ wird aktualisiert, indem beispielsweise die $U-$te Spalte und die $U-$te Zeile eliminiert werden und die $V-$te Spalte sowie die $V-$te Zeile durch die neu berechneten Abstände zwischen $C_{V,U}^{(b+1)}$ und den restlichen Gruppen ersetzt wird.

Die Iterationsschritte werden so lange wiederholt, bis eine einzige Gruppe resultiert, so dass alle Zeitreihen zu einer Gruppe gehören. Die daraus resultierende Struktur kann dann durch eine dichotome Hierarchie repräsentiert werden (siehe Abbildung 5.5).

5.4.3 Statistische Kriterien zur Bestimmung optimaler Clusteranzahl

Im Vergleich mit Klassifikationsverfahren, welche eine Objektzuordnung zu bereits bekannten Klassen vornehmen, ist die optimale Klassenanzahl K^{optim} in der Clusteranalyse nicht bekannt. Für partitionierende Verfahren muss eine Clusteranzahl K zu Beginn der Clusteraufteilung festegelegt sein, obwohl keine Aussage getroffen werden kann, ob diese Clusteranzahl K optimal ist oder nicht. Zur Bestimmung der optimalen Clusteranzahl K^{optim} werden in der Regel mehrere Clusterlösungen für unterschiedliche K Werte generiert. Aus der Menge der Gruppierungen wird die hinsichtlich des festgelegten Kriteriums optimale Clustereinteilung und der entsprechende optimale Wert K^{optim} bestimmt.

5.4.3.1 Streuungsquadratsumme

Im Rahmen der K-Means Methode wird typischerweise `within`-SSE (die Streuungsquadratsumme der Objekte in jedem Cluster einer Clusterlösung) als statistisches Gütekriterium verwendet.

Dabei wird zunächst wird für jeden Cluster $k = 1, \ldots, K$ und für jedes Gruppierungsmerkmal $m = 1, \ldots, M$ das "mittlere" (durchschnittliche) Objekt $\overline{\boldsymbol{data}}(C_k) = \left[\overline{data}_1(C_k), \ldots, \overline{data}_M(C_k)\right]$ berechnet. Die clusterspezifische Mittelwertberechnung von $\overline{data}_m(C_k)$ erfolgt für jedes Gruppierungsmerkmal $m = 1, \ldots, M$ als

$$\overline{data}_m(C_k) \quad = \quad \frac{1}{|C_k|} \cdot \sum_{i \in C_k} data_{i,m}. \tag{5.20}$$

Mit $|C_k|$ wird dabei die Mächtigkeit der Menge C_k und somit die Anzahl der Objekte im Cluster C_k bezeichnet. Die **Streuungsquadratsumme** SSE_k des Clusters C_k wird als

$$SSE_k \quad = \sum\nolimits_{m=1}^{M} \quad \sum_{i \in C_k} \left(data_{i,m} - \overline{data}_m(C_k)\right)^2 \tag{5.21}$$

berechnet. Für die Clusterlösung $\mathcal{C}^K = \left\{C_1^K, \ldots, C_K^K\right\}$ mit K Gruppen resultiert das Gütekriterium

$$SSE\left(\mathcal{C}^K\right) = \sum_{k=1}^{K} SSE_k. \tag{5.22}$$

Die Clusterlösung $\mathcal{C}^{K^{optim}} = \left\{C_1^{K^{optim}}, \ldots, C_{K^{optim}}^{K^{optim}}\right\}$ mit dem geringsten Wert

$$SSE\left(\mathcal{C}^{K^{optim}}\right) = \min_{K^*=1,\ldots,K} SSE\left(\mathcal{C}^{K^*}\right) \tag{5.23}$$

aus der Menge der Clusterlösungen $\mathcal{C}^{K^*}$ mit unterschiedlicher Gruppenanzahl $K^* = 1, \ldots, K$ wird als optimale Clusterlösung ausgewählt.

Ein Problem bei der Bestimmung von K^{optim} mit Hilfe von `within`-SSE besteht häufig darin, dass jede zusätzlich eingeführte Gruppe das Gütekriterium verbessert. Als grafisches Instrument zur Bestimmung von K^{optim} wird häufig ein Scree-Plot verwendet (siehe dazu Venables und Ripley 2002, S. 302-305, Larose und Larose 2015, S. 103-105 sowie ein Beispiel im Rahmen der Fallstudie auf S. 188), welcher die Anzahl K^{optim} als "Knickpunkt" identifiziert, ab welchem sich das Gütekriterium im Vergleich mit dem vorherigen Wert $\left(K^{optim} - 1\right)$ nur noch unbedeutend (zufällig) verändert (Küsters und Kalinowski 2001, S. 183). An dieser Stelle können auch Schwellenwerte vorgegeben werden, wie beispielsweise "75% der Gesamtstreuung der Daten sollte durch die Gruppierung abgedeckt sein".

5.4.3.2 Silhouette-Koeffizienten

In Kaufman und Rousseeuw (2005), S. 83-97 wird eine Konstruktionstechnik verwendet, welche auf den so genannten **Silhouette-Koeffizienten** $silh$ beruht. Zum einen erlaubt diese Technik, Clusterlösungen hinsichtlich der Homogenität und Separabilität innerhalb einer Clusterlösung zu bewerten. Zum anderen können Clusterlösungen mit unterschiedlicher Anzahl an Gruppen miteinander verglichen werden.

Die Berechnung der Silhouette-Koeffizienten basiert auf dem objektspezifischen Vergleich der Abstände eines Objektes zu den Objekten der eigenen Gruppe (Homogenität) sowie zu den Objekten der nächstgelegenen bzw. der "Nachbar"-Gruppe. Wenn die mittlere Distanz zu den Nachbarobjekten (Separabilität) geringer ist als die mittlere Distanz der Objekte im eigenen Cluster, was sich durch einen negativen Silhouette-Koeffizient $silh_i < 0$ des Objektes i auszeichnet, dann ist die Zuordnung nicht optimal, da das betrachtete Objekt, statistisch gesehen, dem Nachbarcluster zugeordnet werden muss. Zur Bewertung der Gesamtgruppierung wird der Mittelwert der $silh_i$ Koeffizienten über alle Objekte $i = 1, \ldots, I$ in einer Gruppe und über alle Gruppen $k = 1, \ldots, K$ einer Clusterlösung berechnet. Formal müssen folgende Berechnungen durchgeführt werden:

1. Berechne die mittlere Distanz $\overline{dist_i}^{within}$ vom Objekt $i \in C_k$ zu den anderen Objekten aus dem gleichen Cluster C_k:

$$\overline{dist}_i^{within} = \frac{1}{|C_k| - 1} \cdot \sum_{j \in C_k, i \neq j} dist_{i,j} \tag{5.24}$$

2. Berechne die mittlere Distanz $\overline{dist}_i^h$ vom Objekt $i \in C_k$ zu Objekten j aus einem anderen Cluster $j \in C_h$ mit $h \neq k$ aus der gleichen Clusterlösung $C_k, C_h \in \mathcal{C}$:

$$\overline{dist}_i^h = \frac{1}{|C_h|} \cdot \sum_{j \in C_h} dist_{i,j} \tag{5.25}$$

3. Identifiziere den Nachbar-Cluster C_{h^*}, so dass die mittlere Distanz des $i-$ten Objektes zum Nachbar-Cluster im Vergleich mit der Distanz zu den restlichen Gruppen (außer der eigenen Gruppe) minimal ist:

$$\overline{dist}_i^{h^*} = \min_{h=1,\ldots,k-1,k+1,\ldots,K} \overline{dist}_i^h \tag{5.26}$$

4. Die Silhouette-Koeffizienten $silh_i$ für das Objekt $i \in C_k$ ergeben sich als:

$$silh_i = \frac{\overline{dist}_i^{h^*} - \overline{dist}_i^{within}}{max\left\{\overline{dist}_i^{h^*}, \overline{dist}_i^{within}\right\}} \tag{5.27}$$

Grundsätzlich bilden die Silhouette-Koeffizienten die Differenz zwischen dem mittleren Abstand vom $i-$ten Objekt zu den Objekten aus der eigenen Gruppe C_k und dem mittleren Abstand vom $i-$ten Objekt zu den Objekten der Nachbargruppe C_{h^*}. Diese Differenz wird auf das Intervall $[-1, 1]$ normiert, um unterschiedliche Clusterlösungen miteinander vergleichen zu können. Folgende Spezialfälle können unterschieden werden:

- Die Werte $0 < silh_i \leq 1$ implizieren, dass die `within`-Distanz innerhalb des Clusters C_k geringer ist als die Distanz zum Nachbar-Cluster C_{h^*}, so dass die Zuordnung des $i-$ten Objektes zum Cluster C_k statistisch korrekt ist.

- Der Wert $silh_i = 0$ impliziert, dass das $i-$te Objekt von den beiden Gruppen C_k und C_{h^*} ungefähr gleich entfernt ist.

- Die Werte $-1 \leq silh_i < 0$ implizieren, dass das $i-$te Objekt näher zum Nachbar-Cluster C_{h^*} liegt als zum Cluster C_k, so dass eine Fehlklassifikation vorliegt.

Die für jedes $i-$te Objekt des Datensatzes $i = 1, \ldots, I$ berechneten Silhouette-Koeffizienten $silh_i$ können zur Bewertung eines Clusters C_k (Formel 5.28 links) und zur Bewertung der kompletten Clusterlösung $\mathcal{C} = \{C_1, \ldots, C_K\}$ (Formel 5.28 rechts) als

$$\overline{silh}\,(C_k) = \frac{1}{|C_k|} \cdot \sum_{y_i \in C_k} silh_i \qquad \overline{silh}\,(\mathcal{C}) = \frac{1}{K} \cdot \sum_{k=1}^{K} \overline{silh}\,(C_k) \quad (5.28)$$

verwendet werden. Hierbei wird allerdings von der gleichen Gewichtung der Silhouette-Koeffizienten einzelner Cluster ausgegangen. Vergleicht man mehrere Clusterlösungen für unterschiedliche K Werte, so wird die Clusterlösung gewählt, welche den maximalen Wert des Silhouette-Koeffizienten $\overline{silh}\,(\mathcal{C})$ aufweist. Dabei müssen allerdings zur Vollständigkeit Clustereinteilungen für alle potentiellen Werte $K = 1, \ldots, I$ berechnet werden.

In Abhängigkeit von den heuristisch gesetzten $silh$-Schwellenwerten, welche aus empirischen Untersuchungen resultieren, wird in Kaufman und Rousseeuw (2005), S. 88 eine Empfehlung abgegeben, ob eine Clusteraufteilung der vorliegenden Objekte statistisch sinnvoll ist.

- Bei $\overline{silh}\,(\mathcal{C}) \geq 0,71$ sprechen die Autoren von einer sinnvollen Partitionierung hinsichtlich der Objektzuordnung sowie der Gruppenanzahl K.

- Der Wert $\overline{silh}\,(\mathcal{C}) \leq 0,25$ impliziert eine zerstreute und unähnliche Struktur einzelner Objekte des Datensatzes. In diesem Fall liegt keine wesentliche Objektähnlichkeit vor und die Gruppierung mit der entsprechenden Clusteranzahl K ist statistisch nicht sinnvoll. An dieser Stelle kann eine Änderung bezüglich der Gruppenanzahl K vorgenommen werden.

Sowohl die Streuungsquadratsumme als auch die Silhouette-Koeffizienten beurteilen die Gruppierung einzelner Zeitreihen basierend auf statistischen Un-/Ähnlichkeitsmaßen. Es ist allerdings fraglich, ob sich die statistischen

Gütekriterien zur Bewertung der Prognosegüte der anhand dieser Clusteraufteilung berechneten Prognosen eignen. In der empirischen Fallstudie in Kapitel 6 wird darauf explizit eingegangen. Außerdem wird eine Methodik zur Bewertung einer Clusterlösung im Rahmen einer betriebswirtschaftlichen Prognoseevaluation dargestellt, welche eine simultane Bewertung der Optimalität einer Clusterpartition und des verwendeten Clusterverfahrens im vorgegebenen Prognose- und Evaluationsrahmen durchführt.

6 Empirische Studie

In der nachfolgend beschriebenen empirischen Studie werden die in den Kapiteln 2 bis 5 dargestellten Modelle zur Prognose und Evaluation sowie Algorithmen zur Gruppierung sporadischer Nachfragezeitreihen auf drei empirische Datensätze aus der Güterwirtschaft angewendet. Die Fallstudie adressiert die Aufgabestellungen der vorliegenden Arbeit (siehe Abschnitt 1.1) und fokussiert sich auf folgende Aspekte:

- Vergleich der Prognosegüte multivariater Prognoseverfahren mit etablierten univariaten Verfahren
- Vergleich der Prognosegüte multivariater Modelle für unterschiedliche Clusteralgorithmen und Gütekriterien zur Bewertung einer Clusterlösung
- Vergleich der Prognosegüte uni- und multivariater Prognoseverfahren statistisch und monetär für unterschiedliche betriebswirtschaftliche Evaluationsszenarien

Alle Berechnungen der Fallstudie werden in der statistischen Softwareumgebung R durchgeführt.[6] Die einzelnen verwendeten R-Funktionen bzw. eigene Implementierungen sind in Abschnitt 6.8.1 aufgelistet.

Der Aufbau der Fallstudie ist in Abbildung 6.1 schematisch dargestellt. Die Fallstudie beginnt mit der Beschreibung verwendeter Daten und Datenquellen. Des Weiteren wird der Prognoserahmen definiert, welcher sowohl für multivariate als auch für univariate Verfahren zur Modellspezifikation und zur Prognoseberechnung verwendet wird. Die Schätzung multivariater Verfahren erfolgt in Gruppen sporadischer Zeitreihen, welche mit Hilfe von clusteranalytischen Methoden gebildet werden. Die Evaluation erstellter Prognosen erfolgt sowohl statistisch (mittels MAE) als auch betriebswirtschaftlich durch die Berechnung "fiktiver" Gesamtkosten (GK) einer Lagerhaltung im

[6] R-Distribution Version 3.0.2 für Windows, sowie R-Distribution Version 3.0.1 für LINUX, siehe dazu http://cran.r-project.org/

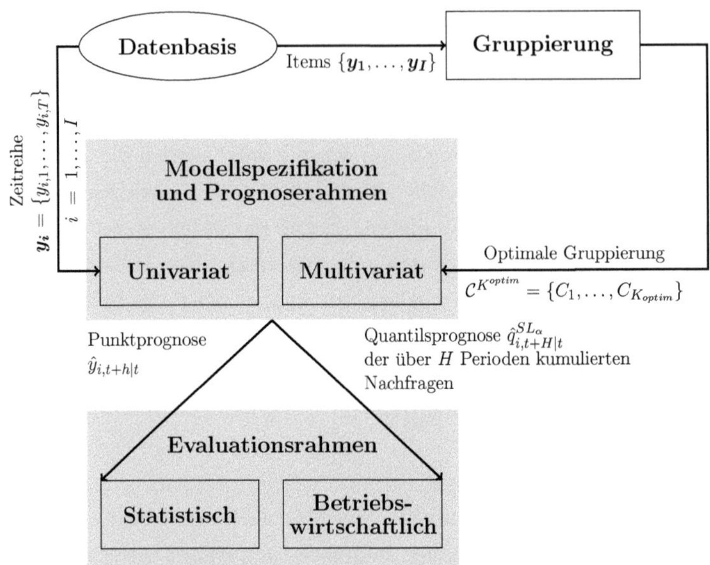

Abbildung 6.1: Aufbau der Fallstudie

Evaluationsraum. Die einzelnen Prozessblöcke der Fallstudie werden nachfolgend beschrieben, bevor auf die Ergebnisse der empirischen Untersuchung eingegangen wird.

6.1 Datenbasis

Öffentlich verfügbare Datensätze mit sporadischen Nachfragezeitreihen sind in der Regel selten verfügbar, so dass sich die Fallstudie auf drei Datensätze beschränkt (siehe Tabelle 6.1). Die verwendeten Datensätze stellen jeweils eine Teilmenge an Zeitreihen aus den herkömmlichen Datensätzen (siehe Quellen in den Fußnoten zu Tabelle 6.1) dar, welche nach folgenden festgelegten Kriterien ausgewählt werden:

- Mindestlänge der Zeitreihen: $T \geq 24$, bei Monatsdaten mit $fr = 12$ ist also $T \geq 2 \cdot fr$. Da es sich in der Fallstudie um die Modellierung von Saisonstrukturen handelt, muss eine ausreichende Anzahl an Saisonzyklen (mindestens drei) vorhanden sein. Allerdings erfüllt der Datensatz **AUT** diese Anforderung nicht, worauf bei der Interpretation der Ergebnisse in Abschnitt 6.7 explizit eingegangen wird.

- Mindestanteil an Nullbeobachtungen von 20%, um die Schätzung der autonomen Nullwahrscheinlichkeit instationärer Mischverteilungsmodelle zu ermöglichen.

Tabelle 6.1: In der Fallstudie verwendete Datensätze

Datensatz (Abkürzung)	**Datenherkunft**	I	T	fr	**Erhebungs-zeitraum**
Aerospace[7] (AER)	Ersatzteile für Luftfahrzeuge	693	72	Monat	Jul 1992 - Jun 1998
Automotive[7] (AUT)	Autoersatzteile	1676	24	Monat	Jan 2000 - Dez 2001
Car Parts[8] (CAR)	Autoersatzteile	2488	51	Monat	Jan 1998 - Mär 2002

Wobei I die Anzahl der Zeitreihen, T die Länge der Zeitreihen sowie fr die Datengranularität darstellen

Die einzelnen deskriptiven Kennzahlen zur statistischen Beschreibung der Datensätze können den Tabellen 6.2, 6.4 und 6.6 entnommen werden, wobei die Spaltenüberschrift zur Auflistung der Kennzahlen, welche für jede einzelne Zeitreihe berechnet werden, dient. Die Zeilenüberschrift kennzeichnet die einzelnen statischen Kennzahlen, welche auf die bereits für jede Zeitreihe berechneten Größen wie $\overline{y_i}$ oder $max(\boldsymbol{y_i})$ für alle Zeitreihen des Datensatzes angewendet werden. Beispielsweise beträgt das Minimum der mittleren Nachfrage $\overline{y_i}$ über alle $i = 1, \ldots, 693$ **AER** Zeitreihen $\underset{i=1,\ldots,693}{min} \overline{y_i} = 0.18$. Der maximale Wert beträgt $\underset{i=1,\ldots,693}{max} \overline{y_i} = 238.9$. Die Hälfte der **AER** Zeitreihen (Medianwert) weisen eine mittlere Nachfrage in Höhe von 1.4 und einen Nullanteil von 71% auf (siehe Tabelle 6.2).

[7] http://www.salford.ac.uk/business-school/research/operations-and-global-logistics-management/on-the-development-of-theory-informed-operationalised-definitions-of-demand-patterns/empirical-data

[8] Hyndman et al. (2008), http://www.exponentialsmoothing.net/supplements#data

Zusätzlich sind in den nachfolgenden Tabellen 6.3, 6.5 und 6.7 die entsprechenden geschätzten Trend- und Saisonkoeffizienten aufgelistet, welche als Merkmale zur Zeitreihengruppierung verwendet werden (siehe Abschnitt 6.2). Beispielsweise ist anhand der Werte der geschätzten $\hat{\vartheta}_{trend}$ Koeffizienten für AER Zeitreihen erkennbar, dass ca. 75% der Zeitreihen des Datensatzes keine Trendstruktur aufweisen und dass der 0.75–Quantilswert der Werte des Streckungsfaktors $e^{\hat{\vartheta}_{trend}}$ bei 1.01 liegt. Der Wert $\max_{i=1,\ldots,I} e^{\left(\hat{\vartheta}_{trend}\right)_i} = 1.14$ bedeutet, dass der größte auf das itemspezifische Niveau positiv wirkende Trendeinfluss, welcher mit Hilfe der univariaten Poissonregression geschätzt wurde, 14% beträgt (siehe Tabelle 6.3).

Auffällig sind die Extremwerte der geschätzten Saisonkoeffizienten in den einzelnen CAR Zeitreihen (beispielsweise $\max_{i=1,\ldots,I} e^{\left(\hat{\vartheta}^*_{season_1}\right)_i} = 4.73 \cdot 10^6$ in Tabelle 6.7). Dies weist darauf hin, dass die einzelnen CAR Zeitreihen extreme Schwankungen der Periodennachfrage aufweisen, welche bei der Schätzung der Saisonkoeffizienten im univariaten Poissonregressionsmodell zu ausreißerartigen Werten der Streckungsfaktoren geführt haben. Auf die daraus entstehenden Probleme bei der Gruppierung und Prognose sporadischer Zeitreihen wird in den nachfolgenden Abschnitten der Fallstudie explizit eingegangen.

Tabelle 6.2: Statistische Kennzahlen des Datensatzes Aerospace AER, $I = 693$

Statistische Kennzahl	**Null-anteil**	**Originalzeitreihe** $\boldsymbol{y_i}=\{y_{i,1},\ldots,y_{i,T}\}$				**Positive Nachfrage** $\boldsymbol{y_i^{pos}}=\{\boldsymbol{y_i}\mid y_{i,t}>0\}$		
$\forall i=1,\ldots,693$	p_i^0	$max(\boldsymbol{y_i})$	$\overline{y_i}$	$sd(\boldsymbol{y_i})$	$cv(\boldsymbol{y_i})$	$\overline{y_i^{pos}}$	$sd(\boldsymbol{y_i^{pos}})$	$cv(\boldsymbol{y_i^{pos}})$
Min.	0.21	1.00	0.18	0.39	0.76	1.00	0.00	0.00
0.05-Quantil	0.28	3.00	0.28	0.57	1.20	1.24	0.52	0.37
0.25-Quantil	0.56	6.00	0.58	1.19	1.74	2.00	1.39	0.62
Median	0.71	16.00	1.40	2.96	2.21	4.40	3.99	0.83
Mean	0.65	100.30	6.94	16.64	2.28	18.61	24.22	0.92
0.75-Quantil	0.79	60.00	4.94	11.66	2.66	14.00	15.08	1.09
0.95-Quantil	0.83	332.00	27.25	62.29	3.77	69.77	83.80	1.79
Max.	0.83	10 730.00	238.90	1 265.00	8.47	687.20	2 603.00	4.12

Tabelle 6.3: Geschätzte Modellparameter der univariaten Poissonregression, AER, $I = 693$

Statistische Kennzahl	Geschätzte Trend- und Saisonkoeffizienten				
$\forall i=1,\ldots,693$	$e^{(\hat{\vartheta}_{trend})_i}$	$e^{(\hat{\vartheta}^*_{season_1})_i}$	$e^{(\hat{\vartheta}^*_{season_2})_i}$	$e^{(\hat{\vartheta}^*_{season_3})_i}$	$e^{(\hat{\vartheta}^*_{season_4})_i}$
Min.	0.91	0.00	0.00	0.00	0.11
0.05-Quantil	0.95	0.42	0.36	0.35	0.40
0.25-Quantil	0.98	0.79	0.72	0.68	0.76
Median	1.00	1.10	0.98	1.00	1.03
Mean	1.00	2.83	1.88	2.41	2.27
0.75-Quantil	1.01	1.50	1.33	1.37	1.44
0.95-Quantil	1.05	2.71	2.42	2.50	2.42
Max.	1.14	255.10	174.30	234.40	121.90

Tabelle 6.4: Statistische Kennzahlen des Datensatzes Automotive AUT, $I = 1676$

Statistische Kennzahl	Null-anteil	Originalzeitreihe $\boldsymbol{y_i}=\{y_{i,1},\ldots,y_{i,T}\}$				Positive Nachfrage $\boldsymbol{y_i^{pos}}=\{\boldsymbol{y_i}\mid y_{i,t}>0\}$		
$\forall i=1,\ldots,1676$	p_i^0	$max(\boldsymbol{y_i})$	$\overline{y_i}$	$sd(\boldsymbol{y_i})$	$cv(\boldsymbol{y_i})$	$\overline{y_i^{pos}}$	$sd(\boldsymbol{y_i^{pos}})$	$cv(\boldsymbol{y_i^{pos}})$
Min.	0.21	1.00	0.54	0.50	0.61	1.00	0.00	0.00
0.05-Quantil	0.21	3.00	0.79	0.82	0.77	1.36	0.60	0.37
0.25-Quantil	0.25	4.00	1.17	1.12	0.90	1.73	0.92	0.49
Median	0.29	5.00	1.58	1.52	1.00	2.23	1.34	0.59
Mean	0.32	11.56	2.85	3.16	1.04	4.10	2.99	0.63
0.75-Quantil	0.38	10.00	2.50	2.71	1.13	3.61	2.55	0.70
0.95-Quantil	0.46	40.00	9.27	10.69	1.45	13.13	10.56	1.03
Max.	0.50	400.00	129.20	122.70	2.29	193.80	98.77	1.99

Tabelle 6.5: Geschätzte Modellparameter der univariaten Poissonregression, AUT, $I = 1676$

Statistische Kennzahl	Geschätzte Trend- und Saisonkoeffizienten				
$\forall i{=}1,\ldots,1676$	$e^{(\hat{\vartheta}_{trend})_i}$	$e^{(\hat{\vartheta}^*_{season_1})_i}$	$e^{(\hat{\vartheta}^*_{season_2})_i}$	$e^{(\hat{\vartheta}^*_{season_3})_i}$	$e^{(\hat{\vartheta}^*_{season_4})_i}$
Min.	0.81	0.00	0.00	0.08	0.00
0.05-Quantil	0.94	0.42	0.42	0.47	0.45
0.25-Quantil	0.97	0.74	0.70	0.79	0.78
Median	1.00	1.06	0.96	1.06	1.07
Mean	1.00	1.58	1.26	1.85	1.51
0.75-Quantil	1.03	1.40	1.26	1.41	1.45
0.95-Quantil	1.07	2.06	1.89	2.14	2.13
Max.	1.23	162.10	130.10	196.60	179.80

Tabelle 6.6: Statistische Kennzahlen des Datensatzes Car Parts CAR, $I = 2488$

Statistische Kennzahl	Null-anteil	Originalzeitreihe $\boldsymbol{y_i}=\{y_{i,1},\ldots,y_{i,T}\}$				Positive Nachfrage $\boldsymbol{y_i^{pos}}=\{\boldsymbol{y_i}\vert y_{i,t}>0\}$		
$\forall i{=}1,\ldots,2488$	p_i^0	$max(\boldsymbol{y_i})$	$\overline{y_i}$	$sd(\boldsymbol{y_i})$	$cv(\boldsymbol{y_i})$	$\overline{y_i^{pos}}$	$sd(\boldsymbol{y_i^{pos}})$	$cv(\boldsymbol{y_i^{pos}})$
Min.	0.25	1.00	0.06	0.24	0.85	1.00	0.00	0.00
0.05-Quantil	0.41	1.00	0.08	0.27	1.17	1.00	0.00	0.00
0.25-Quantil	0.63	2.00	0.16	0.46	1.62	1.33	0.50	0.37
Median	0.78	3.00	0.39	0.80	2.29	1.61	0.82	0.49
Mean	0.75	4.51	0.51	0.98	2.55	2.08	1.10	0.49
0.75-Quantil	0.90	5.00	0.75	1.26	3.25	2.09	1.30	0.64
0.95-Quantil	0.94	11.00	1.37	2.33	5.00	5.04	2.87	0.88
Max.	0.98	52.00	1.75	7.34	7.14	25.00	22.50	2.08

Tabelle 6.7: Geschätzte Modellparameter der univariaten Poissonregression, CAR, $I = 2488$

Statistische Kennzahl $\forall i=1,\ldots,2488$	**Geschätzte Trend- und Saisonkoeffizienten**				
	$e^{(\hat{\vartheta}_{trend})_i}$	$e^{(\hat{\vartheta}^*_{season_1})_i}$	$e^{(\hat{\vartheta}^*_{season_2})_i}$	$e^{(\hat{\vartheta}^*_{season_3})_i}$	$e^{(\hat{\vartheta}^*_{season_4})_i}$
Min.	0.52	0.00	0.00	0.00	0.00
0.05-Quantil	0.92	0.00	0.00	0.00	0.00
0.25-Quantil	0.96	0.69	0.66	0.74	0.58
Median	0.99	1.11	1.10	1.21	1.03
Mean	0.99	$1.98{\cdot}10^4$	$2.95{\cdot}10^4$	$2.27{\cdot}10^4$	$1.94{\cdot}10^4$
0.75-Quantil	1.03	3.14	2.06	2.42	1.87
0.95-Quantil	1.09	7 717.42	7 562.14	9 210.72	281.92
Max.	1.23	$4.73{\cdot}10^6$	$9.95{\cdot}10^6$	$6.29{\cdot}10^6$	$11.63{\cdot}10^6$

Die Ergebnisse der deskriptiven Analyse zeigen, dass sich die verwendeten Datensätze hinsichtlich der Wertebereiche der enthaltenen sporadischen Nachfragezeitreihen deutlich unterscheiden. Vergleicht man die mittleren und maximalen Werte statistischer Kennzahlen, so weist der Datensatz **CAR** (gemessen über alle Zeitreihen) den größten Anteil an Nullbeobachtungen (78% im Median bis maximal 98%) auf, während der Datensatz **AUT** den geringsten Nullanteil (29% im Median bis maximal 50%) aufweist. Sowohl die größten Werte positiver Beobachtungen $\max\limits_{i=1,\ldots,I} max(\boldsymbol{y_i}) = 10\,730$ und die größten Werte mittlerer positiver Beobachtungen $\max\limits_{i=1,\ldots,I} \overline{y_i^{pos}} = 687.20$ als auch die größten Streuungswerte positiver Beobachtungen $\max\limits_{i=1,\ldots,I} sd(\boldsymbol{y_i^{pos}}) = 2\,603$ finden sich im Datensatz **AER** (siehe Tabelle 6.2), während der Datensatz **CAR** sowohl die im Vergleich mit den anderen beiden Datensätzen geringsten mittleren positiven Nachfragewerte $\max\limits_{i=1,\ldots,I} \overline{y_i^{pos}} = 25$ als auch die geringsten Werte der Standardabweichungen positiver Nachfragen aufweist: $\max\limits_{i=1,\ldots,I} sd(\boldsymbol{y_i^{pos}}) = 22.50$ (siehe Tabelle 6.6).

Klassifiziert man die Zeitreihen mit Hilfe der in Abschnitt 5.3.1 beschriebenen Syntetos-Boylan-Klassifikation, so resultiert folgende Aufteilung:

Tabelle 6.8: Syntetos-Boylan Klassifikation für `AER`, `AUT` und `CAR`

Verlaufsmuster	Aerospace (AER)		Automotive (AUT)		Car Parts (CAR)	
	Anzahl	Anteil in %	Anzahl	Anteil in %	Anzahl	Anteil in %
glatt	74	10.68	0	0.00	978	39.31
erratisch	208	30.01	0	0.00	351	14.11
sporadisch	35	5.05	557	33.23	395	15.88
geklumpt	376	54.26	1119	66.77	742	29.82

Anhand der obigen Gruppierung wird aufgrund unterschiedlicher Gruppengrößen ersichtlich, dass die Daten unterschiedlich sind, wobei die Zuordnung einzelner Zeitreihen zu den vier Klassen kritisch zu betrachten ist. Beispielsweise werden alle Zeitreihen aus `AUT` der Gruppe intermittent (sporadisch und geklumpt) zugeordnet, obwohl der `AUT` Datensatz den im Vergleich mit den anderen Datensätzen geringsten Nullanteil von maximal 50% aufweist. Demgegenüber werden über 39% der Zeitreihen aus dem Datensatz `CAR` der Gruppe "glatte" Nachfragezeitreihen zugewiesen, obwohl die Hälfte der `CAR` Zeitreihen mindestens 78% (Tabelle 6.6) an Nullbeobachtungen enthält.

Trotz einer hohen Heterogenität der Wertebereiche der Daten und der Wertebereiche geschätzter Parameter wird außer den Kriterien der Mindestlänge ($T \geq 24$) und des Mindestanteils an Nullbeobachtungen ($\geq 20\%$) keine weitere Vorauswahl der Zeitreihen vorgenommen. Somit wird die Prognosegüte der Paneldatenmodelle nicht nur für sporadische Zeitreihen, sondern auch für geklumpte und erratische Zeitreihen empirisch gemessen. Dies hat eine hohe Praxisrelevanz, da die Prognosen in der Praxis für alle Produkte unabhängig vom Nachfragetyp erstellt werden müssen.

Da die Zeitreihen in den obigen Datensätzen unterschiedliche Längen und Wertebereiche aufweisen und da hohe Rechenanforderungen an die Gruppierung und multivariate Prognoseerstellung gestellt werden, werden alle drei Datensätze unabhängig voneinander in den Prognoseprozess einbezogen. Die Modellierung, Prognose und Evaluation erfolgt sowohl univariat für jede einzelne Zeitreihe als auch multivariat in einer Gruppe von Zeitreihen in jedem

Datensatz separat, wobei im Rahmen der Gruppenbildung zunächst der Einsatz von Gruppierungstechniken für sporadische Zeitreihen erforderlich ist.

6.2 Gruppierung

Als Datengrundlage zur Gruppierung der Zeitreihen dient die Datenmatrix $DATA_{I \times M}$, welche die ausgewählten M Merkmale und Eigenschaften von I sporadischen Zeitreihen zusammenfasst (Abschnitt 5.1 auf S. 129 ff.).

6.2.1 Datenmatrix

Zur Gruppierung sporadischer Zeitreihen werden sowohl deskriptive statistische Kennzahlen (siehe Berechnungsformeln in Tabelle 5.2 sowie eine statistische Zusammenfassung der Kennzahlen in den Tabellen 6.2, 6.4 und 6.6) als auch Kennzahlen zur Charakterisierung der Verlaufsstruktur jeder i–ten Zeitreihe, $i = 1, \ldots, I$ (Tabellen 6.3, 6.5 und 6.7) herangezogen.

- **Statistische Kennzahlen**
  - Zur Charakterisierung des globalen Niveaus jeder i–ten Zeitreihe wird der Mittelwert der Zeitreihe $\overline{y}_i = \frac{1}{T} \sum_{t=1}^{T} y_{i,t}$ verwendet.
  - Zur Charakterisierung des "nichtsporadischen" Teils jeder i–ten Zeitreihe wird der empirische Variationskoeffizient $cv\left(\boldsymbol{y_i^{pos}}\right) = \frac{sd\left(\boldsymbol{y_i^{pos}}\right)}{\overline{y_i^{pos}}}$ positiver Werte $\boldsymbol{y_i^{pos}} = \{\boldsymbol{y_i} \mid y_{i,t} > 0\}$ herangezogen.
  - Zur Charakterisierung der Sporadizitätseigenschaft der i–ten Zeitreihe wird die relative Häufigkeit der Nullbeobachtungen p_i^0, $t = 1, \ldots, T$ verwendet.

Da sich die Kennzahlen $\overline{y_i^{pos}}$ und folglich $sd\left(\boldsymbol{y_i^{pos}}\right)$ aus der Kenntnis des Zeitreihenmittelwertes $\overline{y}_i$ und des Nullanteils p_i^0 herleiten lassen, liefern die obigen Kennzahlen redundante Information über die Zeitreiheneigenschaften. Eine mögliche Verbesserung an dieser Stelle kann ggf. der Einbezug von Kennzahlen wie $\overline{y_i^{pos}}$, $sd(\boldsymbol{y_i^{pos}})$ und p_i^0 darstellen, welche keine implizite Abhängigkeit untereinander aufweisen und somit unterschiedliche Aspekte der Zeitreihen beschreiben. Dazu wurde ein Testlauf zur Gruppierung von Zeitreihen auf Basis der Fundamentalparameter ausgeführt. Dessen Ergebnisse wiesen allerdings keine Unterschiede zu den Gruppierungen auf der Grundlage der obigen drei deskriptiven Kennzahlen auf.

- **Verlaufsstruktur**

Zur Charakterisierung der Zeitreihen hinsichtlich deren Trendstruktur und Saisonstruktur werden die Modellparameter der für jede $i-$te Zeitreihe geschätzten Poissonregression (Abschnitt 5.3.2 sowie Tabellen 6.3, 6.5 und 6.7) verwendet. Die Vorgehensweise der Fallstudie wird kurz skizziert:

1) Schätze für jede Zeitreihe des Datensatzes das univariate Poissonregressionsmodell, in welchem der Erwartungswert λ_t zeitvariabel durch ein nichtlineares Regressionsmodell kombiniert modelliert wird (Winkelmann 2008 und Cameron und Trivedi 2013):

$$y_t \sim Pois(\lambda_t) \tag{6.1}$$

$$\lambda_t = exp(\eta_t) \tag{6.2}$$

$$\eta_t = \left[\boldsymbol{X^{univ}}\right]_{t,\bullet} \cdot \boldsymbol{\vartheta} \tag{6.3}$$

η_t bezeichnet den Wert des linearen Prädiktors zum Zeitpunkt t und wird mit Hilfe der Exponential-Linkfunktion zur Modellierung von λ_t verwendet. $\left[\boldsymbol{X^{univ}}\right]_{t,\bullet}$ bezeichnet dabei die Zeile t aus der Regressormatrix $\boldsymbol{X^{univ}}$. Um die univariate Saisonschätzung in sporadischen Zeitreihen zu ermöglichen, wird die Saisonalität nicht auf Monatsebene für $fr^{proxy} = 12$, sondern auf Quartalsebene für $fr^{proxy} = 4$ mit Hilfe der trigonometrischen Sequenzen (Abschnitt 3.2.2) geschätzt. Der Parametervektor $\boldsymbol{\vartheta}$ sowie die Regressormatrix $\boldsymbol{X^{univ}}$ sind wie folgt parametrisiert:

$$\boldsymbol{\vartheta} = \left[\vartheta_{level}, \vartheta_{trend}, \vartheta_{season_1^{cos}}, \vartheta_{season_1^{sin}}, \vartheta_{season_2^{cos}}\right]^T \tag{6.4}$$

$$\boldsymbol{X}^{univ} = \left[\underbrace{\begin{matrix}1\\1\\1\\1\\1\\\vdots\\1\end{matrix}}_{x_{level}} \; \underbrace{\begin{matrix}1\\2\\3\\4\\5\\\vdots\\T\end{matrix}}_{x_{trend}} \; \underbrace{\begin{matrix}cos\left(\frac{\pi}{2}\right) & sin\left(\frac{\pi}{2}\right) & cos\left(\pi\right)\\ cos\left(\frac{\pi}{2}\right) & sin\left(\frac{\pi}{2}\right) & cos\left(\pi\right)\\ cos\left(\frac{\pi}{2}\right) & sin\left(\frac{\pi}{2}\right) & cos\left(\pi\right)\\ cos\left(\pi\right) & sin\left(\pi\right) & cos\left(2\pi\right)\\ cos\left(\pi\right) & sin\left(\pi\right) & cos\left(2\pi\right)\\ \vdots & \vdots & \vdots\\ cos\left(\frac{T\pi}{2}\right) & sin\left(\frac{T\pi}{2}\right) & cos\left(T\pi\right)\end{matrix}}_{D}\right] \tag{6.5}$$

Die Modellschätzung erfolgt mit Hilfe der Maximum-Likelihood Methode durch Maximierung der Likelihood-Funktion:

$$L\left(\boldsymbol{\vartheta} \mid y_1, \ldots, y_T\right) = \\ = \Pi_{t=1}^{T} \frac{exp\left(-exp\left(\left[\boldsymbol{X}^{univ}\right]_{t,\bullet} \cdot \boldsymbol{\vartheta}\right)\right) \cdot \left(exp\left(\left[\boldsymbol{X}^{univ}\right]_{t,\bullet} \cdot \boldsymbol{\vartheta}\right)\right)^{y_t}}{y_t!} \tag{6.6}$$

Die Poissonregression mit der Exponential-Linkfunktion lässt sich im Kontext der verallgemeinerten linearen Modelle (GLM) für die reguläre Exponentialfamilie (Dobson und Barnett 2008, McCullagh und Nelder 1989) parametrisieren, so dass zur Parameterschätzung die Fisher-Scoring Methode verwendet werden kann. In der Fallstudie erfolgt die Modellschätzung mit Hilfe der R-Funktion `stats::glm()`.

2) Die geschätzten Saisonkoeffizienten des Saisonparametervektors $\hat{\boldsymbol{\vartheta}}_{\boldsymbol{season}} = \left[\hat{\vartheta}_{level}, \hat{\vartheta}_{season_2}, \hat{\vartheta}_{season_3}, \hat{\vartheta}_{season_4}\right]^T$ aus dem obigen Modell (6.3) stellen zunächst die Verschiebungen des zeitreihenspezifischen Niveaus dar, welche durch die mittels trigonometrischer Sequenzen modellierten Schwingungen parametrisiert werden:

$$\begin{aligned} \hat{\boldsymbol{\vartheta}}_{\boldsymbol{season}} = \Big[\hat{\vartheta}_{level}, & \\ \hat{\vartheta}_{season_2} &= \left(\hat{\vartheta}_{level} + \hat{\vartheta}_{season_1^{cos}}\right), \\ \hat{\vartheta}_{season_3} &= \left(\hat{\vartheta}_{level} + \hat{\vartheta}_{season_1^{sin}}\right), \\ \hat{\vartheta}_{season_4} &= \left(\hat{\vartheta}_{level} + \hat{\vartheta}_{season_2^{cos}}\right)\Big]^T \end{aligned} \quad (6.7)$$

Um eine Abhängigkeit vom Eckpunkt zu vermeiden, welcher bei der Modellierung auf die erste Saisonperiode gesetzt wurde, und um die Saisonkoeffizienten $\hat{\boldsymbol{\vartheta}}_{\boldsymbol{season}}$ vom Einfluss des Niveaus $\hat{\vartheta}_{level}$ zu bereinigen, werden die zentrierten Saisonkoeffizienten $\hat{\boldsymbol{\vartheta}}^*_{\boldsymbol{season}} = \left[\hat{\vartheta}^*_{season_1}, \hat{\vartheta}^*_{season_2}, \hat{\vartheta}^*_{season_3}, \hat{\vartheta}^*_{season_4}\right]^T$ berechnet:

$$\overline{\vartheta_{season}} = \frac{1}{4} \cdot \left(\hat{\vartheta}_{level} + \hat{\vartheta}_{season_1} + \hat{\vartheta}_{season_2} + \hat{\vartheta}_{season_3}\right) \quad (6.8)$$

$$\hat{\boldsymbol{\vartheta}}^*_{\boldsymbol{season}} = \hat{\boldsymbol{\vartheta}}_{\boldsymbol{season}} - \overline{\vartheta_{season}} \quad (6.9)$$

Die Werte $e^{\left(\hat{\vartheta}^*_{season_j}\right)_i}$ stellen somit konstruierte Größen dar, welche die zentrierte saisonale Schwingung auf Quartalsebene, bereinigt um den Wert des itemspezifischen Niveaus, wiedergibt.

3) Die mit Hilfe der geschätzten Trend- und der zentrierten Saisonkoeffizienten berechneten Streckungs-/Stauchungsfaktoren für eine Trendkomponente $exp\left(\hat{\vartheta}_{trend}\right)$ und für eine Saisonkomponente $exp\left(\hat{\boldsymbol{\vartheta}}^*_{\boldsymbol{season}}\right)$ werden unmittelbar zur Gruppierung herangezogen.

Die berechneten Kennzahlen werden nun in einer Datenmatrix $DATA$ der Dimension $I \times 8$ zusammengefasst. Dabei bezeichnet $e^{\left(\hat{\vartheta}_{reg}\right)_i}$ den jeweiligen Streckungs- bzw. Stauchungsfaktor des Regressors reg für die $i-$te Zeitreihe. Die Anzahl der Zeilen I variiert in Abhängigkeit vom Datensatz: $I = 693$ für `AER`, $I = 1676$ für `AUT` sowie $I = 2488$ für `CAR`. Eine statistische Zusammenfassung der Wertebereiche einzelner Merkmale der Datenmatrix ist für die Datensätze in den Tabellen 6.2 bis 6.7 zu finden.

Jedes Element der Matrix $DATA_{I\times 8}$ besteht aus lediglich nichtnegativen Werten. Die Spalten der Datenmatrix (Merkmale der Zeitreihen) weisen metrisches Skalenniveau auf, so dass die Distanzmaße für metrische Merkmale im Rahmen der Gruppierung verwendet werden können.

$$DATA_{I\times 8}=\begin{bmatrix} \overline{\boldsymbol{y}}_1 & cv\left(\boldsymbol{y}_1^{pos}\right) & p_1^0 & e^{\left(\hat{\vartheta}_{trend}\right)_1} & e^{\left(\hat{\vartheta}^*_{season_1}\right)_1} & \dots & e^{\left(\hat{\vartheta}^*_{season_4}\right)_1} \\ \overline{\boldsymbol{y}}_2 & cv\left(\boldsymbol{y}_2^{pos}\right) & p_2^0 & e^{\left(\hat{\vartheta}_{trend}\right)_2} & e^{\left(\hat{\vartheta}^*_{season_1}\right)_2} & \dots & e^{\left(\hat{\vartheta}^*_{season_4}\right)_2} \\ & \vdots & & \vdots & \vdots & & \vdots \\ \overline{\boldsymbol{y}}_I & cv\left(\boldsymbol{y}_I^{pos}\right) & p_I^0 & e^{\left(\hat{\vartheta}_{trend}\right)_I} & e^{\left(\hat{\vartheta}^*_{season_1}\right)_I} & \dots & e^{\left(\hat{\vartheta}^*_{season_4}\right)_I} \end{bmatrix} \quad (6.10)$$

6.2.2 Gruppierungsalgorithmen

Im Rahmen der Fallstudie werden drei Verfahren der Clusteranalyse zur Gruppierung von Zeitreihen verwendet. Diese bilden in Kombination mit der ausgewählten Normierungsart (Abschnitte 5.4.1.1 und 5.4.1.4) fünf konkurrierende Algorithmen zur Gruppierung und sind in Tabelle 6.9 aufgelistet.

Auf der Grundlage der Datenmatrix $DATA$ erfolgt die **Abstandsmessung** zwischen Zeitreihen, deren Ergebnisse zur Zeitreihengruppierung verwendet werden. Da die einzelnen Merkmale (Spalten in der Datenmatrix) unterschiedliche Wertebereiche aufweisen (Tabellen 6.2 bis 6.7), wird jede Spalte der Datenmatrix bei der Gruppierung standardisiert.

Die Normierung im Rahmen der Standardisierung erfolgt entweder mit Hilfe der **Spannweite** (maximaler Abstand zwischen Merkmalsausprägungen) für die Algorithmen `AGNESm` und `PAMm` oder mit Hilfe der **Quantilsdifferenz** (konkret Differenz zwischen den 0.95– und 0.05–Quantilswerten) der empirischen Verteilung der Merkmale in jeder Spalte der Datenmatrix (für die Algorithmen `AGNESq` und `PAMq`). Vor allem für den Datensatz `CAR`, für welchen die Verteilung der geschätzten Saisonkoeffizienten durch Ausreißer (extrem hohe Werte) gestört ist (siehe Tabelle 6.7), stellt die Normierung durch die Quantilsdifferenz sicher, dass der Einfluss von Extremwerten auf die Zeitreihengruppierung reduziert wird. Beide Normierungsarten werden im Rahmen der Fallstudie evaluiert, um die Frage zu beantworten, ob die Güte der auf Basis der Gruppierungen erstellen Prognosen durch die vorhandenen Extremwerte einzelner Gruppierungsmerkmale beeinflusst wird.

Tabelle 6.9: In der Fallstudie verwendete Clusteralgorithmen

Abkürzung	**Algorithmus**	**Normierungsart**	**Distanzmetrik**	**Optimalitätskriterien**	
`Kmeans`	K-Means	keine	Euklidisch	`within`-SSE	Kosten
`AGNESm`	AGNES-Average Linkage	Maximaler Abstand	Manhattan	Silhouette	Kosten
`AGNESq`	AGNES-Average Linkage	Quantilsabstand	Manhattan	Silhouette	Kosten
`PAMm`	PAM	Maximaler Abstand	Manhattan	Silhouette	Kosten
`PAMq`	PAM	Quantilsabstand	Manhattan	Silhouette	Kosten

Die standardisierten Merkmale werden dann zur Distanzmessung herangezogen, welche mit Hilfe der **Manhattan** oder **Euklidischen** Distanz erfolgt (siehe Tabelle 5.3 auf S. 146). Die Euklidische Distanz wird lediglich für die K-Means Methode verwendet, da diese zur Standardvariante der K-Means Methode gehört, welche auch in der Funktion `kmeans()` aus dem R-Paket `stats` implementiert ist.

Für die weiteren Clusterverfahren wird die Manhattan-Metrik verwendet. Im Vergleich mit der Euklidischen Metrik, in welcher die einzelnen Abstände zwischen den Individuen zunächst quadriert werden, werden die Abstände in der Manhattan-Metrik im Absolutbetrag betrachtet. Dadurch wird vermieden, dass einzelne "überdurchschnittlich große" Abstände zwischen den Merkmalen die Gruppierungsergebnisse stark beeinflussen (Abschnitt 5.4.1.1). An dieser Stelle bietet sich ein empirischer Vergleich zwischen den Gruppierungen auf der Grundlage unterschiedlicher Metriken an, um den Einfluss der Distanzmessung auf die Prognosegüte zu analysieren. Da die Wahl einer Distanzfunktion im Rahmen der Gruppierung sporadischer Zeitreihen keinen primären Fokus der Arbeit darstellt, wird dieser Vergleich nicht ausgeführt.

Die Relevanz jedes Merkmals der Datenmatrix kann bei der Gruppierung der Objekte unterschiedlich gewichtet werden. Höher gewichtete Merkmale können als Kernunterscheidungsmerkmale von Zeitreihen bezeichnet werden, während Merkmale mit kleineren Gewichtungsfaktoren keine primäre sondern eine zusätzliche Unterscheidungsbasis bilden. Im Rahmen der Fallstudie wird von gleicher Relevanz jedes Merkmals der Datenmatrix ausgegangen, so dass der korrespondierende Gewichtungsvektor

$$\begin{aligned} \boldsymbol{gw} &= [gw_{\overline{y}}, gw_{cvpos}, gw_p, gw_T, gw_{d_1}, gw_{d_2}, gw_{d_3}, gw_{d_4}]^T \\ &= [4, 4, 4, 4, 1, 1, 1, 1]^T \end{aligned} \quad (6.11)$$

resultiert. Aufgrund der Einbettung von vier Saisonparametern zur Messung des Merkmals Saisonalität werden die einzelnen Parameter dementsprechend mit dem Faktor 1 zu 4 gewichtet. Für das `KMeans` Verfahren wird die Datenmatrix $DATA_{I\times 8}$ direkt in den Clusteralgorithmus einbezogen.

Für die Verfahren `AGNES` und `PAM` wird auf der Grundlage der Datenmatrix $DATA_{I\times 8}$ zunächst die Distanzmatrix $DIST_{I\times I}$ erstellt. Deren Berechnung erfolgt bei der Normierung mit Hilfe maximaler Abstände durch die Verwendung der Funktion `daisy()` aus dem R-Paket `cluster` (Version 1.15.3). Eine eigene modifizierte Variante wurde im Fall der Standardisierung mit Quantilen implementiert. Die Zuordnung der Objekte bei der Clusterbildung erfolgt für den Algorithmus `AGNES` durch eine **Average Linkage** Funktion (Abschnitt 5.4.2.3). Zur Gruppierung auf Basis der berechneten Distanzmatrizen werden folgende Funktionen aus dem R-Paket `cluster` verwendet: `agnes()` für `AGNESm` und `AGNESq` sowie `pam()` für `PAMm` und `PAMq`.

6.2.3 Bestimmung optimaler Gruppenanzahl

Für eine vorgegebene Gruppenanzahl K wird mit Hilfe eines Clusterverfahrens eine Clustereinteilung gebildet. Dabei kann zunächst keine Aussage über die Optimalität einer Gruppierung mit der vorgegebenen Anzahl K getroffen werden. Als $\mathcal{C}^K$ wird eine Clusterlösung $\mathcal{C}^K=\{C_1^K, \ldots, C_K^K\}$ bezeichnet. Dabei repräsentiert C_k^K die Gruppe $k=1, \ldots, K$ aus der Clusterlösung $\mathcal{C}^K$.

Um die optimale Clusteranzahl K^{optim} zu bestimmen, werden die Clustereinteilungen für unterschiedliche K Werte mit Hilfe von Gütekriterien verglichen. In der Regel werden hierbei die Clustereinteilungen für alle potenziell mögliche K=1,...,I Werte überprüft, wobei K=1 lediglich eine Gruppe mit allen Zeitreihen und K=I eine Bottom Up Gruppierung impliziert. Wird K=1 als hinsichtlich des Gütekriteriums optimale Clusterlösung gewählt, so müssen alle I Zeitreihen zusammen in einer Gruppe mit allen multivariaten Modellen prognostiziert werden. Eine hohe Anzahl an Zeitreihen pro Gruppe hat einen hohen Rechenaufwand zur Folge. Dabei steigen die Anforderungen sowohl an Prozessorleistung als auch an RAM in hohem Maße an, so dass die Modellschätzung, Prognoseerstellung und deren Evaluation u.U. nur bedingt möglich ist und nur mit einem erheblichen und schwer kalkulierbaren Rechen- und Zeitaufwand durchführbar ist (siehe Abschnitt 6.8).

Demzufolge wird im Rahmen der vorliegenden Arbeit eine Einschränkung bezüglich der maximalen Gruppenstärke eines Clusters (die Zeitreihenanzahl in einer Gruppe) vorgenommen. Die optimale Gruppenanzahl $K^{calc.optim}$ wird aus der Menge $\mathcal{K}^{calc} \subseteq \{1, \ldots, I\}$ ausgewählt, welche zu Clusterlösungen mit höchstens 200 Zeitreihen pro Gruppe korrespondieren. Die Ergebnisse dieser Fallstudie werden unter Verwendung dieser Mengenrestriktionen erzielt. Die Performance multivariater Prognoseverfahren aber auch die Performance der Clusterverfahren wird dementsprechend unter dieser Mengenrestriktion evaluiert. An dieser Stelle muss darauf hingewiesen werden, dass die Mengenrestriktion sowohl die Ergebnisse der Gruppierung als auch die Ergebnisse multivariater Prognoseverfahren und deren Prognosegüte für sporadische Aggregate beeinflusst.

Um die Problematik der Gruppierung sporadischer Zeitreihen dennoch präzise darzustellen, werden die Clusterlösungen, deren Optimalität mit Hilfe statistischer Gütekriterien bewertet wird, zusätzlich ohne Mengeneinschränkung angegeben. Diese Ergebnisse werden lediglich hinsichtlich der Clusterbildung und der Gruppierung sporadischer Zeitreihen kommentiert und werden nicht hinsichtlich der Prognosegüte resultierender Clusterlösungen evaluiert.

6.2.3.1 Statistische Kriterien

In der Clusteranalyse werden üblicherweise **statistische Kennzahlen** als Gütekriterien zur Auswahl von K^{optim} bevorzugt. Im Rahmen der K-Means Methode wird die `within`-SSE (Streuungsquadratsumme zwischen Objekten in jedem Cluster einer Clusterlösung) als Gütekriterium verwendet. Die optimale Clusteranzahl K^{optim} aus der Gesamtanzahl an potenziell möglichen Gruppen $1, \ldots, I$ sowie die Anzahl $K^{calc.optim}$ unter Berücksichtigung der Mengeneinschränkung können dann beispielsweise grafisch mit Hilfe eines Scree-Plots (siehe Venables und Ripley 2002, S. 302-305 oder Larose und Larose 2015, S. 103-105) bestimmt werden (siehe Abbildung 6.2).

Auf der Abszisse ist die Anzahl an Gruppen K angegeben. Die Ordinate stellt den Anteil der `within`-SSE für den entsprechenden K Wert vom maximalen Wert `within`-SSE dar. Der maximale Wert der Streuungsquadratsumme beträgt 1 (entspricht 100%) und korrespondiert zur Clusterlösung mit lediglich einer Gruppe (K=1). Dementsprechend bildet beispielsweise die Clusteraufteilung mit K=7 Gruppen für alle Datensätze ca. 0.1 bzw. 10% der Gesamtstreuung in den Daten ab.

Als $K^{optim} \in \mathcal{K}^{calc} \subseteq \{1, \ldots, I\}$ wird der Wert ausgewählt, ab welchem sich das Kriterium `within`-SSE nicht systematisch und nur noch geringfügig verändert, so dass jede zusätzlich gebildete Gruppe keine maßgebliche Verbesserung hinsichtlich des Anteils der Streuungsquadratsumme mit sich bringt. Zur genaueren visuellen Identifikation wird in der Abbildung 6.2 die logarithmische Skala verwendet, da das Logarithmieren besonders von kleinen (unter 0.1) Werten zur "Streckung" des herkömmlichen Wertebereiches führt, so dass die Werte voneinander separiert werden und somit visuell besser erkennbar werden. Beispielsweise können anhand des Scree-Plots sowohl für den Datensatz `CAR` als auch für den Datensatz `AUT` sieben Gruppen als optimal identifiziert werden, da ab diesem Wert keine systematische Veränderungen des Gütekriteriums mehr stattfinden. Für `AER` verändert sich das Gütekriterium ab dem Wert K=10 unbedeutend und nur zufällig, so dass 10 als K^{optim} identifiziert werden kann. Die Werte $K^{calc.optim}$ repräsentieren die optimale Clusteranzahl für Gruppierungen mit maximal 200 Zeitreihen pro Cluster. Die optimalen

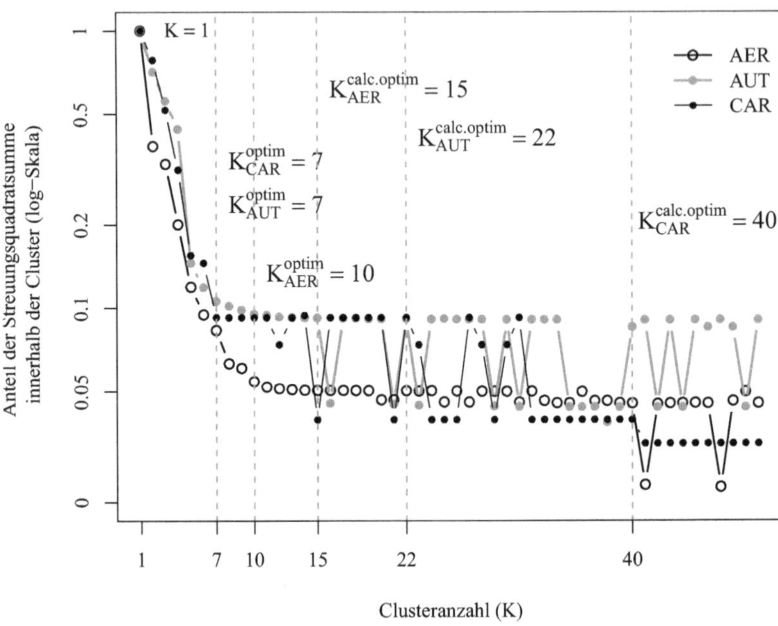

Abbildung 6.2: Bestimmung optimaler Clusteranzahl für **KMeans** mit Hilfe des Scree-Plots

Partitionen sowie die korrespondierenden Gütekriterien können der Tabelle 6.10 (ohne Mengeneinschränkung) sowie der Tabelle 6.11 (mit Mengeneinschränkung) entnommen werden. Die Wahl von $K^{calc.optim}$ anhand von **within**-SSE erfolgt ausschließlich nach der Gruppengröße. Dazu werden die Werte K aufsteigend sortiert. Korrespondierend zum K Wert wird die maximale Anzahl $\underset{k=1,\ldots,K}{max}\left(\left|C_k^K\right|\right)$ der Zeitreihen in den Gruppen $\left|C_k^K\right|$ der entsprechenden Clusterlösung $\mathcal{C}^K=\left\{C_1^K,\ldots,C_K^K\right\}$ notiert. Als $K^{calc.optim}$ wird der kleinste Wert K ausgewählt, für den die Zeitreihenanzahl höchstens 200 beträgt:

$$K^{calc.optim} = \underset{K\in\mathcal{K}^{calc}\subseteq\{1,\ldots,I\}}{min}\left\{K\colon\left[\underset{k=1,\ldots,K}{max}\left(\left|C_k^K\right|\right)\right]\leq 200\right\} \qquad (6.12)$$

Für die Methoden **AGNES** und **PAM** erfolgt die Bestimmung des optimalen Wertes K^{optim} typischerweise mit Hilfe des statistischen Silhouette-Kriteriums $\overline{silh}\left(\mathcal{C}^K\right)$. Als optimal wird die Clusterlösung mit dem maximalen Wert

$$\overline{silh}\left(\mathcal{C}^{K^{optim}}\right) = \max_{K=1,\ldots,I} \overline{silh}\left(\mathcal{C}^{K}\right) \qquad (6.13)$$

gewählt (siehe Abbildung 6.3). Der Wert $\overline{silh}\left(\mathcal{C}^K\right)$ für eine Clusterlösung $\mathcal{C}^K$ wird als Mittelwert der Silhouette-Koeffizienten $silh\left(C_k^K\right)$ über alle Gruppen k=1, ..., K der Clusterlösung $\mathcal{C}^K$ berechnet (Formeln 5.28 auf S. 169).

Am Beispiel des Algorithmus `AGNESq` wird in Abbildung 6.3 der Verlauf der Silhouette-Koeffizienten in Originalskala dargestellt. Die entsprechenden Abbildungen für die Algorithmen `AGNESm`, `PAMm` und `PAMq` sind in Anhang B1 dargestellt. Für die Datensätze `AUT` und `CAR` weisen die Kurven von allen vier Clusteralgorithmen einen ähnlichen Verlauf auf, welcher sich durch den rapiden Abstieg am Anfang (für die Anzahl an Gruppen unter 10) und durch die langsame Abnahme im weiteren Verlauf für $K \geq 10$ charakterisieren lässt. Der Kurvenverlauf ist nicht monoton, wobei ein nichtmonotoner Silhouetteverlauf nicht unüblich ist (siehe Kaufman und Rousseeuw (2005), S. 92-102).

Für den Datensatz `CAR`, vor allem für die Algorithmen `AGNESm` und `PAMm`, enthält die Silhouette-Kurve mehrere steile Stufenabstiege (siehe Abbildungen in Anhang B1), wobei der maximale Wert der Silhouette-Koeffizienten für die Wahl einer geringen Anzahl an Gruppen (unter 10) spricht. Der Grund für den derartigen Kurvenverlauf liegt darin, dass sich Extremwerte unter den Saisonkoeffizienten vorfinden (beispielsweise das 10^6–fache des entsprechenden Medianwertes), welche als Grundlage zur Gruppierung verwendet werden (siehe Tabellen 6.6 und 6.7).

In diesem Fall führt die Normierung durch den maximalen Abstand der betrachteten Merkmale zu Verzerrungen. Falls sich Zeitreihen in einer Gruppe vorfinden, deren Merkmale sich stark unterscheiden ("unähnliche" Zeitreihen, siehe Abbildung 6.5), führt dies zur Senkung der Silhouette-Koeffizienten, so dass sich die Silhouette-Kurven durch einen steilen Abstieg auszeichnen. Mit steigendem K erhöht sich die Anzahl an Gruppen, wobei die Anzahl an Zeitreihen pro Gruppe in der Regel sinkt. Des Weiteren werden Gruppen mit Einzelzeitreihen gebildet. In diesem Fall werden unähnliche Zeitreihen in einzelne Gruppen oder in kleine Gruppen aufgeteilt, so dass die Silhouette-Koeffizienten leicht ansteigen und somit die Güte der Clusterlösung steigt.

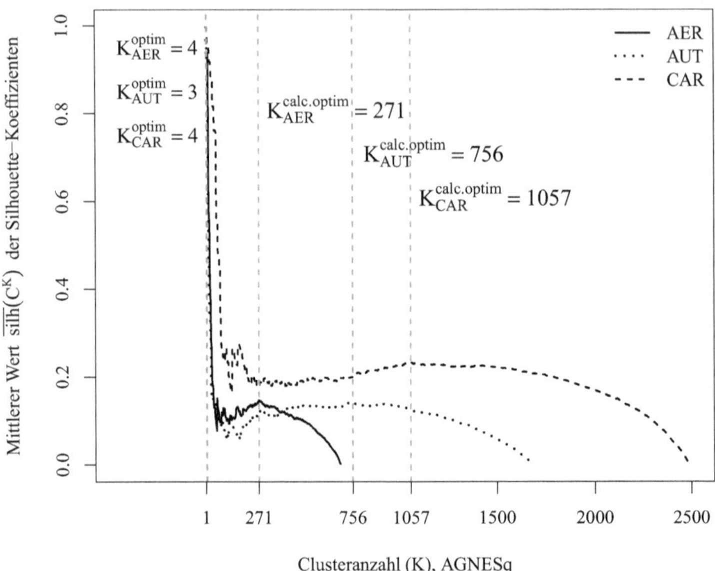

Abbildung 6.3: Bestimmung optimaler Clusteranzahl (exemplarisch für `AGNESq`) mit Hilfe des Silhouette-Kriteriums

Abbildung 6.3 zeigt deutlich, dass eine geringe Anzahl (3 oder 4) an Gruppen anhand des Silhouette-Kriteriums als optimal bestimmt wird. Gleichzeitig führt die Mengeneinschränkung zu einer starken Verschiebung der optimalen Lösung (Werte $K^{calc.optim}$ auf Abbildung 6.3), so dass eine hohe Anzahl an Gruppen resultiert und das Gütekriterium einen geringeren Wert im Vergleich mit dem Gütekriterium ohne Mengeneinschränkung aufweist. In Tabelle 6.10 sind die Clusteraufteilungen und die entsprechenden statistischen Gütekriterien zunächst ohne Mengeneinschränkung aufgelistet.

Vergleicht man die Gruppierungen der Algorithmen für jeden einzelnen Datensatz, so kann festgestellt werden, dass die Clusteraufteilungen sowohl bei `AER` als auch bei `AUT` für die Algorithmenpaare `AGNESm` und `AGNESq` identisch sind.

Tabelle 6.10: Optimale Gruppierungen zusammengefasst nach Gruppengröße basierend auf statistischen Gütekriterien **ohne** Mengenrestriktion

Datensatz	**Algorithmus**	**Optimale Anzahl** K^{optim}	**Optimale Clusterlösung** $\mathcal{C}^{K^{optim}}$	**Stat. Gütekriterien für** $\mathcal{C}^{K^{optim}}$ $\overline{silh}$	within-SSE
AER I=693	KMeans	10	{420, 119, 69, 33, 22, 8, 8, 6, 4, 4 }	0.7673	*256 181
	AGNESm	4	{682, 4, 6, 1}	*0.9437	3 986 850
	AGNESq	4	{682, 4, 6, 1}	0.9414	3 986 850
	PAMm	3	{629, 57, 7}	0.7861	2 341 508
	PAMq	2	{686, 7}	0.9395	4 468 309
AUT I=1676	KMeans	7	{1283, 234, 105, 34, 11, 8, 1}	0.8297	*113 762
	AGNESm	3	{1668, 5, 3}	*0.9830	704 118
	AGNESq	3	{1668, 5, 3}	0.9681	704 118
	PAMm	2	{1668, 8}	0.9828	754 426
	PAMq	2	{1668, 8}	0.9679	754 426
CAR I=2488	KMeans	7	{2429, 17, 14, 12, 7, 6, 3}	0.9917	$9.5 \cdot 10^{13}$
	AGNESm	14	{2429, 11, 10, 8, 7, 6, 3, 3, 3, 2, 2, 2, 1, 1}	0.9886	*$0.6 \cdot 10^{13}$
	AGNESq	4	{2479, 6, 2, 1}	*0.9967	$71.75 \cdot 10^{13}$
	PAMm	8	{2430, 18, 16, 11, 6, 3, 3, 1}	0.9885	$5.08 \cdot 10^{13}$
	PAMq	4	{2479, 6, 2, 1}	*0.9967	$71.75 \cdot 10^{13}$

Hinweis: Die mit einem Stern * gekennzeichneten Werte markieren die beste Clusterlösung anhand entsprechender statistischer Gütekriterien

Die Algorithmen PAMm und PAMq unterscheiden sich für AER durch eine Gruppe, denn es liegen keine großen Unterschiede zwischen den Normierungsgrößen (Quantilsdifferenz $\left(q^{0.95} - q^{0.05}\right)$ vs. Differenz zwischen maximalen und minimalen Merkmalswerten) der Merkmalsausprägungen vor (siehe Tabellen 6.2 bis 6.5). Ein anderes Ergebnis liegt für den Datensatz CAR vor, da sich die Normierungsbasis bei einer Quantils- von der bei einer Extremwertnormierung stark unterscheidet. Dementsprechend werden im Fall der Normierung durch den maximalen Abstand viele kleine Gruppen gebildet, weil eine höhere Heterogenität der Zeitreihen durch diese Art der Normierung resultiert als bei der Normierung durch Quantilsdifferenzen.

Vergleicht man AGNES und PAM für alle drei Datensätze, dann fällt auf, dass die Clusterpartitionen nicht nur hinsichtlich der Menge an Zeitreihen und der gruppierten Zeitreihen sondern auch hinsichtlich der Werte des Gütekriteriums hochgradig ähnlich sind. Lediglich die Partition von PAMm weist für AER Daten den größten Unterschied zu den anderen Partitionen auf, welcher allerdings mit dem zweitniedrigsten Wert des Gütekriteriums ausgezeichnet wird.

Beide statistische Kriterien (*silh* und `within`-SSE) beinhalten unterschiedliche Auswahlprinzipien zur Bestimmung einer optimalen Clusteraufteilung. Während `within`-SSE aufgrund der Messung der Streuung innerhalb der Gruppen zu feinen Gruppierungen tendiert, wird anhand von mittleren Werten $\overline{silh}$ ein Kompromiss zwischen Ähnlichkeit innerhalb der Gruppen und Unähnlichkeit zwischen den Gruppen gesucht. Um den Vergleich zwischen dem Verfahren `KMeans` und den restlichen vier Algorithmen zu ermöglichen, wird sowohl das Silhouette-Kriterium für `KMeans` als auch `within`-SSE für `AGNES` und `PAM` nachträglich für die optimalen Clustereinteilungen berechnet. Die Werte, welche in Tabelle 6.10 mit einem Stern * markiert sind, kennzeichnen die optimalen Clusterlösungen, welche unter der Verwendung jeweiliger statistischer Kriterien (Spaltenüberschrift) ausgewählt werden können. Für die Datensätze `AER` und `AUT` werden die besten Clusterlösungen für `KMeans` anhand der `within`-SSE und für `AGNESm` anhand des Silhouette-Kriteriums bestimmt. Für den Datensatz `CAR` sind das entsprechend `AGNESm` anhand der `within`-SSE und `AGNESq` sowie `PAMq` anhand der Silhouette-Koeffizienten, wobei die letzten zwei Ergebnisse identisch sind.

Die optimalen Gruppierungen anhand von statistischen Kriterien zeichnen sich durch eine relativ geringe Anzahl an Gruppen aus (im Vergleich mit der Zeitreihenanzahl I im Datensatz). Allerdings besteht jede optimale Clusterpartition aus einer großen Gruppe und aus $2-3$ Gruppen mit jeweils unter 10 Zeitreihen. Durch eine hier nicht explizit aufgeführte visuelle Inspektion lässt sich jedoch erkennen, dass die kleinen Gruppen durch so genannte "unähnliche" Zeitreihen (siehe Abbildung 6.5) gebildet werden, welche sich von der Gesamtmasse der Zeitreihen im Datensatz deutlich unterscheiden und typischerweise viele Nullwerte und wenige positive Sprünge aufweisen. Große Gruppen mit über der Hälfte oder wie bei `CAR-PAMq` mit ca. $99,6\%$ aller Zeitreihen (2 429 oder 2 279 von 2 488 Zeitreihen) weisen wiederum auf eine fehlende Unterscheidbarkeit zwischen einzelnen Zeitreihen hin.

Für die Partitionen mit großen Gruppen stellt sich zunächst die Frage, ob eine feinere Gruppierung sporadischer Zeitreihen grundsätzlich notwendig ist, wenn beinahe der komplette Datensatz zu einer Gruppe zusammengefasst wird. Des Weiteren weisen die Ergebnisse der Clusteralgorithmen darauf hin, dass die Partitionen auf Basis von `AGNES` und `PAM` hochgradig ähnlich sind, so dass es ggf. keinen Unterschied ausmacht, welches Clusterverfahren zur Gruppierung von Zeitreihen verwendet wird.

Diese Behauptungen können auf der Grundlage eines Vergleichs der Prognosegüte unterschiedlicher Clusterlösungen evaluiert werden. Problematisch hierbei ist die Modellschätzung und Berechnung von Prognosen für große Gruppen von Zeitreihen, da die Evaluation der Güte obiger optimaler Clusterlösungen ohne Mengeneinschränkungen mit den derzeit verfügbaren Rechenkapazitäten in vertretbarer Zeit nicht möglich ist.

Demzufolge wird auch hier eine Mengenbegrenzung mit einer Gruppengröße von höchstens 200 Zeitreihen eingeführt, für welche die optimale Gruppenanzahl gewählt wird (siehe Werte $K^{calc.optim}$ auf Abbildung 6.3). Zunächst werden die Werte $\overline{silh}\left(\mathcal{C}^{K^{calc}}\right)$ betrachtet, für welche die maximale Gruppenanzahl höchstens 200 beträgt: $K^{calc}{:=}\left\{K{:}\max_{k=1,\ldots,K}\left(\left|C_k^K\right|\right){\leq}200\right\}$, wobei $K^{calc}{\in}\mathcal{K}^{calc}{\subseteq}\{1,\ldots,I\}$.

Der Wert $K^{calc}{\in}\mathcal{K}^{calc}$, für welchen der Silhouette-Koeffizient am größten ist, wird als $K^{calc.optim}$ gewählt:

$$\overline{silh}\left(\mathcal{C}^{K^{calc.optim}}\right) = \max_{K^{calc}\in\mathcal{K}^{calc}} \overline{silh}\left(\mathcal{C}^{K^{calc}}\right) \tag{6.14}$$

Entsprechend der Mengenrestriktion sind in Tabelle 6.11 die Clusterlösungen mit $K^{calc.optim}$ anhand statistischer Kriterien zusammengefasst. Es wird ersichtlich, dass die verwendeten Clusterverfahren abhängig vom Datensatz eine unterschiedliche Performance aufweisen:

- `KMeans` nimmt eine grobe Aufteilung vor, welche sich durch eine geringe Gruppenanzahl aber durch den größten Wert der Silhouette-Koeffizienten (im Vergleich mit den anderen Clusteralgorithmen) auszeichnet.

- Im Gegenteil dazu führt der Clusteralgorithmus `AGNES` zu feinen Aufteilungen, welche sich durch viele kleine Gruppen mit mindestens einer bis höchstens 50 Zeitreihen auszeichnen.

Tabelle 6.11: Optimale Gruppierungen zusammengefasst nach Gruppengröße basierend auf statistischen Gütekriterien **mit** Mengenrestriktion

Datensatz	Algorithmus	Optimale Anzahl $K^{calc.optim}$	Optim. Gruppierung Gruppenanzahl nach Gruppenngröße: 1	[2, 10)	[10, 50)	[50, 100)	[100, 150)	[150, 200]	Statistische Gütekriterien für $\mathcal{C}^{K^{calc.optim}}$: $\overline{silh}$	within-SSE
AER I=693	KMeans	15	0	5	5	3	0	2	*0.5055	238 143
	AGNESm	286	174	101	11	0	0	0	0.1447	*582
	AGNESq	271	161	94	16	0	0	0	0.1463	7 971
	PAMm	22	10	4	3	2	2	1	0.1853	38 997
	PAMq	13	3	3	1	2	3	1	0.1368	1 421 929
AUT I=1676	KMeans	22	1	2	4	9	2	4	*0.3209	98 538
	AGNESm	518	263	218	37	0	0	0	0.1498	*774
	AGNESq	756	457	280	19	0	0	0	0.1406	1 934
	PAMm	346	97	196	53	0	0	0	0.1539	1 255
	PAMq	428	163	227	38	0	0	0	0.1434	5 480
CAR I=2488	KMeans	40	1	5	11	16	6	1	*0.3166	$4.07 \cdot 10^{13}$
	AGNESm	1522	1134	376	12	0	0	0	0.1338	*344
	AGNESq	1057	649	370	38	0	0	0	0.2332	16 042 145
	PAMm	606	457	133	1	7	8	0	0.1591	32 211
	PAMq	908	448	448	12	0	0	0	0.2363	94 854 900

Hinweis: Die mit einem Stern $*$ gekennzeichneten Werte markieren die beste Clusterlösung anhand entsprechender statistischer Gütekriterien

- Die Aufteilungen des Clusterverfahrens PAM sind je nach verwendetem Datensatz unterschiedlich. Im Datensatz **AER** entsprechen die **PAM** Aufteilungen mengenmäßig der **KMeans** Gruppierung. In den Datensätzen **AUT** und **CAR** bestehen die Gruppierungen von **PAM** mengenmäßig aus größeren Gruppen als bei **AGNES**, allerdings mit höchstens 50 Zeitreihen. Lediglich **PAMm** für **CAR** weist einige größere Gruppen (100 – 150) auf. Die Anzahl an kleinen Gruppen verringert sich im Vergleich mit **AGNES**, ist aber wesentlich höher als bei KMeans.

- Die Verwendung unterschiedlicher statistischer Kriterien ($\overline{silh}$ vs. **within**-SSE) führt auch hier zur Wahl unterschiedlicher optimaler Clusterlösungen (mit einem Stern * gekennzeichnete Werte der Tabelle 6.11), wobei diese für alle Datensätze auf die Optimalität des Verfahrens **KMeans** anhand des Silhouette-Kriteriums und auf die Optimalität des Verfahrens **AGNESm** anhand von **within**-SSE hinweisen. Hierbei muss allerdings darauf hingewiesen werden, dass die beiden Kriterien ($\overline{silh}$ und **within**-SSE) unterschiedliche Auswahlprinzipien einer optimalen Clusteraufteilung beinhalten. Während **within**-SSE aufgrund der Messung der Streuung innerhalb der Gruppen zu feinen Gruppierungen tendiert, wird anhand von mittleren $\overline{silh}$ Werten ein Kompromiss zwischen Ähnlichkeit innerhalb der Gruppen und Unähnlichkeit zwischen den Gruppen gesucht.

Untersucht man die einzelnen Gruppen, so kann durch eine hier nicht explizit aufgeführte visuelle Inspektion festgestellt werden, dass sich Zeitreihen mit unterschiedlichen zeitlichen Verläufen in einer Gruppe vorfinden. Zusätzlich besteht das Problem der Auswahl des Gütekriteriums, da die Verwendung unterschiedlicher statistischer Kennzahlen zur Wahl von unterschiedlichen Gruppierungen führt. Demzufolge wird ein alternativer Ansatz **cost** zur Bestimmung optimaler Clusterlösungen beschrieben, welcher Lagerhaltungskosten als Gütekriterium heranzieht. Die Güte einzelner Optimalitätskriterien (statistisch **stat** ($\overline{silh}$ und **within**-SSE) oder kostenorientiert **cost**) zur Bestimmung der optimalen Clusterlösung sowie deren Eignung zur Prognose sporadischer Zeitreihen wird im Rahmen eines Prognoseprozesses evaluiert.

6.2.3.2 Kostenbewertung

Die Bewertung der betriebswirtschaftlichen Güte einer Clusterlösung erfolgt im Rahmen der Fallstudie modellbasiert mit Hilfe eines multivariaten Prognosemodells mittels einer betriebswirtschaftlichen monetären Evaluation der Quantilsprognosen für Langsamdreher. Die Vorgehensweise zur Berechnung des Gütekriteriums **cost** wird nachfolgend kurz beschrieben.

1) Für jeden Wert $K{=}1,\ldots,I$ des entsprechenden Datensatzes werden mit Hilfe von fünf Clusteralgorithmen die Clusterlösungen $\mathcal{C}^1,\ldots,\mathcal{C}^I$ gebildet. Aufgrund eines hohen Kalkulationsaufwandes und hohen Rechenanforderungen werden in der Fallstudie Partitionen mit mehr als 200 Zeitreihen pro Gruppe bereits zu Beginn der monetären Optimalitätsbewertung ausgeschlossen, so dass der Prognoseprozess für die Clusterlösungen aus einer Menge $\mathcal{K}^{calc}$ stattfindet (siehe Abschnitt 6.2.3 auf S. 188 und 193).

2) Für jede Gruppe C_k^K mit k=1, ..., K aus einer Clusterlösung $\mathcal{C}^K$ und für die Werte $K \in \mathcal{K}^{calc} \subseteq \{1, \ldots, I\}$ werden Prognosen im folgenden **Prognoseframework** erstellt:

– Als **Prognoseverfahren** zur Evaluation der Güte von Clusteralgorithmen wird die Poissonverteilung ausgewählt. Zum einen sichert die Poissonverteilung eine methodische Vergleichsbasis, da diese sowohl als univariates stationäres Verfahren als auch als multivariates Verfahren (Poissonregression für Paneldaten) im Prognoseprozess vertreten ist. Des Weiteren ist die Parameterschätzung für die Poissonverteilung und Poissonregression deutlich schneller (Abschnitt 6.8) im Vergleich mit den anderen oben beschriebenen Prognosemethoden, da eine analytische Lösung möglich ist. Dadurch können die Prognosen mit Modellen der Poissonverteilung für jede Zeitreihe und in der Regel für jede Gruppe von Zeitreihen berechnet werden, weshalb die Schätzung der Poissonverteilung als numerisch stabil bezeichnet werden kann.

Für Gruppen mit mindestens zwei Zeitreihen wird die **multivariate Poissonregression** für Paneldaten $y_{i,t} \sim Pois\left(\lambda_{i,t}\right)$ mit $\lambda_{i,t} = exp\left(\eta_{i,t}\right)$ verwendet. Die gemeinsamen globalen Trend- und Saisoneinflüsse sowie die itemspezifischen Niveaus der Zeitreihen werden in einem Modell $\eta_{i,t} = \vartheta_{level,i} \cdot [\boldsymbol{x_{level}}]_t + \vartheta_{trend} \cdot [\boldsymbol{x_{trend}}]_t + [\boldsymbol{D}]_{t,\bullet} \cdot \boldsymbol{\vartheta}_{season}$ des linearen Prädiktors $\boldsymbol{\eta}$ unter der Verwendung entsprechender Restriktionen modelliert (siehe Formel 3.45). Die Saisonmodellierung basiert auf der Fourier-Repräsentation durch $sin - cos$ Sequenzpaare (Formel 3.27). Besteht ein Cluster lediglich aus einer Zeitreihe, so wird zur Prognose eine **univariate stationäre Poissonverteilung** $y_t \sim Pois\left(\lambda\right)$ herangezogen (siehe dazu Kapitel 2).

– **Spezifikation der Prognosefunktion**

Die Spezifikation der Prognosefunktion erfolgt **statisch** auf Grundlage der Kalibrationsstichprobe $1, \ldots, N$, welche in jedem verwendeten Datensatz höchstens 70% der Zeitreihenlänge T beträgt. Der Wert 70% ist willkürlich festgelegt und stellt einen Kompromiss zwischen der Länge der initialen Kalibrations- und der initialen Teststichprobe dar. Wird die initiale Teststichprobe "zu kurz" gewählt, so ist eine zuverlässige Evaluation vor allem für längere Wiederbeschaffungszeiten nicht möglich. Ebenfalls ist eine korrekte Modellspezifikation in einer kurzen Kalibrationsstichprobe nicht möglich. Die Bestimmung von N hat vor allem für den Datensatz `AUT` mit T=24 eine enorme Relevanz. Korrespondierend zu den gerundeten Werten $0.7 \cdot T$ beträgt N=50 für `AER`, N=17 für `AUT` und N=36 für `CAR`. Die Modellparameter werden für jeden Cluster C_k^K mit k=1,...,K aus der Clusteraufteilung $\mathcal{C}^K$ einmal geschätzt und zur Erstellung von Prognosen in den Perioden $(N+1), \ldots, T$ herangezogen. Im Rahmen der Modellspezifikation multivariater Poissonregression für Paneldaten wird eine Vorwärtsvariablenselektion (Abschnitt 3.3.5) vorgenommen, um die Signifikanz einzelner Strukturkomponenten wie Trend und Saison zu überprüfen. Zur Modellselektion wird das Akaike Informationskriterium (AIC) verwendet (siehe Abschnitt 3.3.4).

- **Berechnung von Prognosen**

  * Auf der Grundlage des zum Zeitpunkt N spezifizierten Modells werden für jede einzelne Zeitreihe die 1– bis $(T-N)$ –stufigen **Punktprognosen** berechnet.

  * Die itemspezifischen Punktprognosen werden rollierend zu den über die Wiederbeschaffungszeit H **kumulierten Punktprognosen** zusammengefasst. Zum Evaluationszweck wird für alle Datensätze eine Wiederbeschaffungszeit von drei Monaten (H=3) angenommen. Für die univariate Poissonverteilung bleiben sowohl die Punktprognosen $\hat{\lambda}$ als auch die über die Wiederbeschaffungszeit H kumulierten Punktprognosen $H \cdot \hat{\lambda}$ konstant.

  * Die kumulierten Punktprognosen werden zur Berechnung von **Quantilsprognosen** $\hat{q}_{i,t+H}^{SL_\alpha}$ der über die Wiederbeschaffungszeit H kumulierten Nachfragen zum Ziellieferservicegrad SL_α mit Hilfe der Poissonverteilung herangezogen. Dabei werden das Szenario der Rando-

misierung *random* (siehe Abschnitt 4.1.4) und der Zielservicegrad SL_{α}=0.95 unterstellt.

3) Die für i=1, ..., I zum Servicegrad SL_{α}=0.95 berechneten Quantilsprognosen werden in den Nachfolgeperioden $(N+1), (N+2), \ldots, (T-H)$ in eine Lagerhaltung eingebettet. Die resultierenden Gesamtkosten im **Evaluationsraum** stellen das Gütekriterium `cost` einer Clusterlösung dar. Für deren Berechnung wird ein einfaches Lagerhaltungssystem aufgestellt:

   - Die Lagerhaltungspolitik wird durch eine einperiodische statische base-stock $(S-1,\ S)$ Politik repräsentiert (siehe Abschnitt 4.2.2 auf S. 119), in welcher Bestellungen in den Perioden mit positiver Nachfrage ausgelöst werden, um den Lagerbestand auf das itemspezifische zeitvariable Bestellniveau $S{=}S_{i,t}{=}\hat{q}_{i,t}^{0.95}$ anzuheben.

   - Der initiale Anfangsbestand $AB_{i,N+1}$ in der Periode $N+1$ bzw. der initiale Endbestand $EB_{i,N}$ in der Periode N sowie das initiale Bestellniveau $S_{i,N+1}$ für jede i–te Zeitreihe werden auf den Wert $\hat{q}_{i,N+1|N}^{0.95}$ der Quantilsprognose angehoben (siehe Abschnitt 4.2.2 auf S. 123): $EB_{i,N}{=}S_{i,N}{=}AB_{i,N+1}{=}\hat{q}_{i,N+1|N}^{0.95}$

   - Die Bestellvorgänge können ab der Periode $N+1$ getätigt werden. Es wird angenommen, dass zu Beginn der Periode $N{+}1$ kein Bestellbestand (Bestellungen der Vorperioden) vorhanden ist (siehe dazu beispielsweise Tempelmeier 2012, S. 43 ff.).

   - Die Simulation der Lagervorgänge in den Perioden $N+1, \ldots, T$ erfolgt mit Hilfe der Berechnungsformeln (4.35) - (4.39) auf S. 123.

   - Zur Vereinfachung wird im Rahmen der Gruppierung von Zeitreihen angenommen, dass die durch den physisch verfügbaren Lagerbestand nicht befriedigte Nachfrage verloren geht (Lost Sales). Nachlieferung und Aufbau von Rückständen der aus dem vorhandenen Lagerbestand nicht befriedigten Bedarfe ist nicht erlaubt.

– Um eine Verzerrung der Evaluationsergebnisse aufgrund der Initialisierung der Lagerhaltung zu vermeiden, wird auf die ersten H=3 Perioden zuzüglich der ersten Periode der Initialisierung der Lagerhaltung (erster Zyklus der Wiederbeschaffung) verzichtet, so dass als Evaluationsgrundlage die Perioden $(N + H + 2), \ldots, T$ zur Verfügung stehen.

4) Als Evaluationskriterium und somit als Gütekriterium einer Clusterlösung wird die Summe der in den Perioden $(N + H + 2), \ldots, T$ resultierenden Überschuss- und Fehlmengenkosten verwendet. Unter der Annahme einer statischen einperiodischen Lagerhaltung mit linearen Kostenfunktionen setzen sich die Gesamtkosten korrespondierend zu SL_α=0.95 in Relation der Fehlmengen- zu den Überschussmengenkosten als 95 zu 5 zusammen.

– Die Gesamtkosten im Evaluationsraum werden für jede i–te Zeitreihe aus dem Cluster C_k^K einer Clusterlösung $\mathcal{C}^K$ mit $K \in \mathcal{K}^{calc}$ als

$$\left(GK_k^K\right)_i = \sum_{t=N+H+2}^{T} \left(95 \cdot FM_{i,t} + 5 \cdot \ddot{U}M_{i,t}\right) \qquad (6.15)$$

berechnet. Da es sich um "fiktive" Kosten handelt, werden dem berechneten Kostenbetrag GK explizit keine Einheiten zugewiesen.

– Besteht ein Cluster aus lediglich einer Zeitreihe, so werden die auf der Grundlage der univariaten Poissonverteilung berechneten Kosten zur monetären Bewertung eingesetzt. Für Gruppen mit mindestens zwei Zeitreihen werden die Kosten, welche durch die Prognosen der multivariaten Poissonregression resultieren, eingetragen.

– Ausgehend von den Kosten jeder einzelnen Zeitreihe werden die Gesamtkosten im Evaluationsraum als Gütekriterium `cost` einer Clusterlösung wie folgt berechnet: Basierend auf den Gesamtkosten $\left(GK_k^K\right)_i$ der i–ten Zeitreihe werden zunächst die clusterspezifischen fiktiven Gesamtkosten als $GK_k^K = \sum_{i \in C_k^K} \left(GK_k^K\right)_i$ berechnet.

– Im nächsten Schritt werden die Gesamtkosten $GK^K = \sum_{k=1}^{K} GK_k^K$ für jede Clusterlösung $\mathcal{C}^K = \left\{C_1^K, \ldots, C_K^K\right\}$ mit $K \in \mathcal{K}^{calc}$ Gruppen berechnet und miteinander verglichen. Als optimale Gruppenanzahl $K^{calc.optim}$ wird diejenige Clusterlösung ausgewählt, welche die geringsten Kosten $GK^{K^{calc.optim}} = \min_{K \in \mathcal{K}^{calc}} GK^K$ aufweist (siehe Abbildung 6.4).

Die obige Vorgehensweise stellt eine modellbasierte monetäre Bewertung der Gruppierungen sporadischer Zeitreihen in einer Lagerhaltung dar. Der Vorteil dieser Bewertung besteht darin, dass die Güte einer Clusterlösung nicht mit statistischen Kennzahlen sondern aus betriebswirtschaftlicher Sicht durch die Höhe der entstehenden Kosten bewertet werden kann. Dabei muss allerdings beachtet werden, dass die erläuterte Evaluationstechnik nicht nur die Clustermethode und den clusteranalytischen Rahmen einschließlich ausgewählter Gruppierungsmerkmale, der Distanzfunktion, der Standardisierungstechnik und ggf. der Linkage Funktion zur Bewertung einbezieht. Vielmehr wird dabei der festgelegte clusteranalytische Rahmen mit einem Prognose- und Prognoseevaluationsrahmen kombiniert. Diese Art der Bewertung von Clusterlösungen hängt somit stark von den aufgestellten Annahmen ab, ist aber dennoch realitätsnäher als eine statistische Bewertung und kann auf andere praxisnahe Rahmenbedingungen erweitert werden.

Der Vergleich resultierender Kosten für unterschiedliche Werte $K \in \mathcal{K}^{calc}$ kann durch Abbildung 6.4 veranschaulicht werden, welche die einzelnen Kosten als Gütekriterium für eine Clustereinteilung basierend auf dem Verfahren **AGNESq** für den Datensatz **AER** darstellt. Bereits hier wird ersichtlich, dass die ersten $K=1, \ldots, 85$ Clusterlösungen aus der Kostenbewertung ausgeschlossen werden, da diese jeweils aus mehr als 200 Zeitreihen bestehen. Der minimale Wert der Gesamtkosten wird für $K^{calc.optim}=120$ erreicht. Vergleicht man die optimale Clusterlösung $\mathcal{C}^{120}$ mit der Clusterlösung $\mathcal{C}^{K^{univar}}$ mit $K^{univar}=693$ Gruppen, deren Kostenevaluation auf der Grundlage der mit univariater Poissonverteilung berechneten Prognosen durchgeführt wird, so lässt sich eine ca. 10%-ige Kostenersparnis $\left(\frac{5\,928\,210}{5\,396\,055} - 1 \approx 0.1\right)$ durch die Wahl der Clusterlösung $\mathcal{C}^{120}$ erzielen.

Die Kurve aus Abbildung 6.4 repräsentiert die fiktiven realisierten Kosten unter den angenommenen Rahmenbedingungen und kann lediglich empirisch erstellt werden. Die analytische Formulierung der Kostenfunktion ist nur

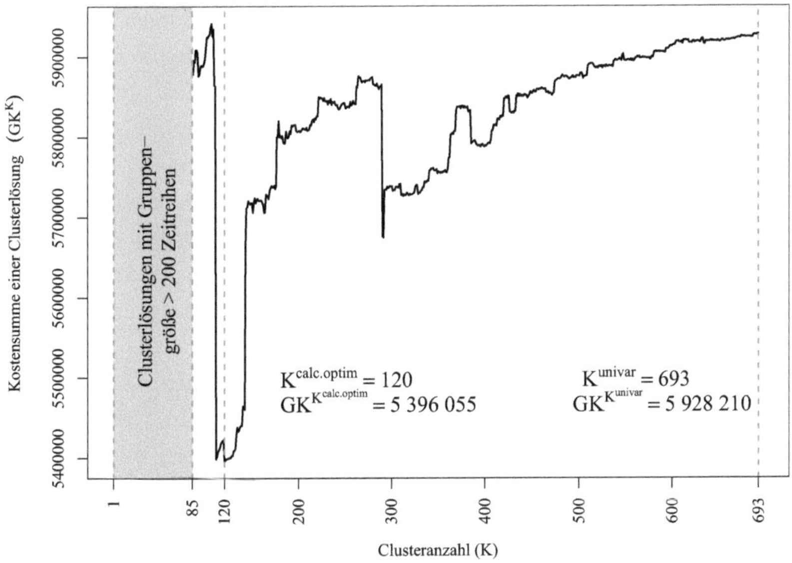

Abbildung 6.4: Bestimmung optimaler Clusteranzahl mit Hilfe einer Kostenbewertung für **AGNESq**, **AER**

schwer möglich. Die Kurvenverläufe ändern sich in Abhängigkeit vom Datensatz, vom verwendeten Clusterverfahren und von den zur Kostenbewertung eingesetzten uni- und multivariaten Prognoseverfahren (siehe Abbildungen in Anhang B2). Dementsprechend wird die Suche nach dem Kostenminimum empirisch für jeden Datensatz einzeln durchgeführt.

Die visuelle Inspektion der Kurvenverläufe auf Basis fiktiver Kosten zeigt für eine steigende Clusteranzahl K eine Kostensteigerung für alle Verfahren und für alle drei Datensätze, wobei sich der Verlauf für beispielsweise **AUT** durch einen wesentlich ausgeprägteren monotonen Anstieg auszeichnet als bei **AER** und **CAR**. Eine Ursache für die steigenden Kosten ist die Anzahl an Single-Gruppen, welche aus einzelnen Zeitreihen bestehen. Für diese Gruppen werden Prognosen mittels univariater Poissonverteilung einbezogen, welche für **AUT** Zeitreihen aufgrund geringer Prognosegüte hohe Kosten bewirken und somit das Gütekriterium der Gesamtaufteilung ansteigen lassen.

Dieser Effekt lässt sich auch für den **AER** Datensatz bestätigen, wobei die **AER**-Kostenkurven zusätzlich durch einige Stufenanstiege ausgezeichnet sind. Besonders auffällig sind allerdings die Stufen in den **CAR**-Kostenkurven (siehe Anhang B2). Der Grund für den derartigen Verlauf besteht darin, dass sich vor allem in den **AER**- und **CAR**-Daten einige "unähnliche" Zeitreihen vorfinden, welche sich sowohl hinsichtlich der zeitlichen Verläufe als auch hinsichtlich der Wertebereiche stark von den meisten Zeitreihen des jeweiligen Datensatzes unterscheiden (siehe Abbildung 6.5). Dabei handelt es sich beispielsweise zum einen um hoch überdispersive Zeitreihen, in welchen die Varianz das 10– bis 100–fache des Erwartungswertes darstellt. Zum anderen können in diesen Zeitreihen lange Nullperioden vorliegen, welche häufig am Anfang der Zeitreihen beobachtet werden. Diese beiden Merkmale lassen sich in den restlichen Zeitreihen der Datensätze in diesem Ausmaß nicht beobachten. Im **AER**-Datensatz sind sogar Nachfragewerte in Höhe von bis zu 600 zu beobachten, wobei die Hälfte der Zeitreihe (ca. 32 Perioden) aus Nullen besteht.

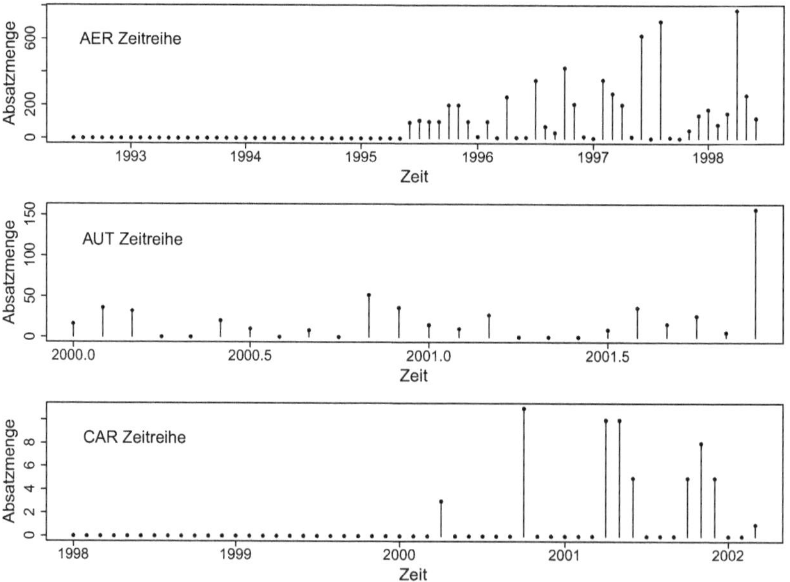

Abbildung 6.5: Beispiele für "unähnliche" Zeitreihen

Die entstehenden Kosten für solche "unähnliche" Zeitreihen sind deutlich höher als für andere sporadische Zeitreihen, welche sich typischerweise durch selten auftretende Nachfragen mit geringen Nachfragewerten pro Zeitpunkt (bis ca. 10) auszeichnen. Werden solche Zeitreihen multivariat geschätzt, so ergeben sich folgende Probleme:

- Zum einen besteht die initiale Kalibrationsstichprobe (oder mehrere erste Kalibrationsstichproben) im Rahmen einer rollierenden Prognosesimulation ausschließlich aus Nullbeobachtungen. Dementsprechend sind auch die Prognosen für die Folgeperioden maßgeblich unterschätzt und führen zu hohen Fehlmengenkosten (besonders ausgeprägt in `AER` und `CAR` Daten).

- Zum anderen können solche "unähnliche" Zeitreihen die anderen Zeitreihen, vor allem in kleinen Gruppen, dominieren, so dass die für eine Zeitreihengruppe gemeinsamen Trend- und Saisonkoeffizienten tendenziell zu hoch geschätzt werden. In einem multiplikativen Modell mit itemspezifischen Niveaus führt dies zu sehr großen Prognosewerten für alle Zeitreihen der Gruppe. Dies führt wiederum dazu, dass vor allem für Perioden mit geringer Nachfrage hohe Überschussmengenkosten resultieren.

Beide Probleme treten mit steigendem K verstärkt auf, da solche "unähnliche" Zeitreihen häufig in kleinen Gruppen bestehend aus $2-5$ Zeitreihen konsolidiert werden und somit die Kosten der Gesamtclusterlösung deutlich erhöhen. In diesem Fall werden in den Kostenkurven hohe Sprünge nach oben beobachtet (siehe Abbildungen in Anhang B2). Betrachtet man den Algorithmus `AGNESq` für `CAR` auf Abbildung 6.6, so steigen die Kosten um das sechsfache von $GK^{1\,170}$=2 164 930 für K=1 170 Gruppen auf $GK^{1\,171}$=13 625 755 für K=1 171, da sich "unähnliche" Zeitreihen in kleinen Gruppen (aber dennoch nicht einzeln) vorfinden. Die multivariate Prognose führt dazu, dass hohe Kosten für diese Gruppen entstehen, welche die Gesamtkosten deutlich steigern. Beispielsweise sinken für K=1 411 die Kosten auf $GK^{1\,411}$=2 163 755, da sich die "unähnlichen" Zeitreihen jeweils in einer einzelnen Gruppe vorfinden und durch entsprechende Prognosen auf Basis univariater Poissonverteilung zu einer Senkung der Kosten der gesamten Clusterlösung führen.

Für Gruppen mit einer großen Anzahl an Zeitreihen wird die Dominanz solcher "unähnlichen" Zeitreihen durch die Menge anderer Items in den Gruppen gedämpft, so dass die entsprechenden Kosten wesentlich geringer ausfallen. Auch kann die Verwendung von Prognosen auf Basis der univariaten Poissonverteilung bei "unähnlichen" Zeitreihen zu einer Kostenminderung führen, da die entsprechenden Kostenbeträge zwar hoch sind aber oft deutlich niedriger als die Kosten multivariater Modelle. In diesem Fall ist eine Kostenminderung grafisch zu beobachten. Die beschriebene Problematik stellt einen weiteren Grund für die schwankenden Kostenkurvenverläufe dar, da sich die Gesamtkosten abhängig von der Gruppenzugehörigkeit der "unähnlichen" Zeitreihen stark voneinander unterscheiden können. Die Art der Schwankungen und deren Stärke hängt allerdings vom Clusteralgorithmus ab.

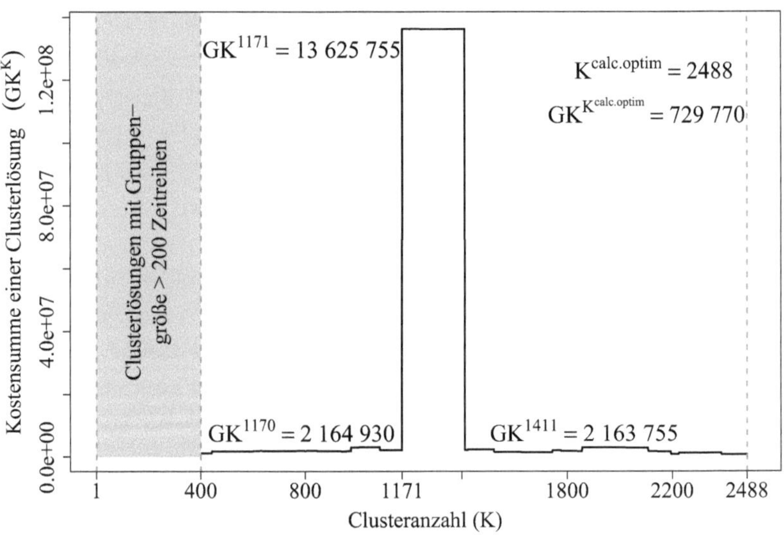

Abbildung 6.6: Bestimmung optimaler Clusteranzahl mit Hilfe einer Kostenbewertung für AGNESq, CAR

- Betrachtet man die PAM und AGNES Algorithmen (siehe Anhang B2), so ist festzustellen, dass die entsprechenden Clusteraufteilungen eine relativ stabile Gruppenzugehörigkeit für unterschiedliche K Werte gewährleisten. Für AGNES wird beispielsweise für jeden K Wert die gleiche Hierarchie von

Zeitreihen gebildet, in welcher lediglich die Schwellenwerte korrespondierend zu K gesetzt werden. Demzufolge bleibt der Kostenverlauf nach jedem starken Abstieg für mehrere Werte von K zunächst gleich und steigt dann aufgrund der Kosten univariater Prognosen wieder relativ monoton an.

- Anders geht das Verfahren `KMeans` vor, in welchem die Zeitreihen für jeden Wert K ausgehend von einer neuen initialen Clusterlösung erneut zufällig umgeordnet werden. Werden diese in kleine Gruppen zusammengefasst, so steigen die Kosten in der Regel an, so dass Schwankungen nach oben resultieren. Werden die "unähnlichen" Zeitreihen entweder als einzelne Gruppen repräsentiert oder in einer großen Gruppe zusammengefasst (für geringen Wert K am Anfang der Kostenkurve), so führt das in der Regel zu einer Kostensenkung und somit zu Abweichungen nach unten. Da die Zuordnung der Zeitreihen für jeden K Wert erneut und zufällig stattfindet, resultiert daraus ein Zick-Zack-Verlauf der `KMeans`-Kostenkurve (siehe Anhang B2). Dabei sind die Schwankungen am Anfang der Kurven wesentlich schwächer (da große Gruppen gebildet werden) als die Schwankungen für eine höhere Anzahl an kleineren Gruppen im weiteren Kurvenverlauf.

Das Minimum der Kosten korrespondiert zur optimalen $K^{calc.optim}$ Gruppenanzahl. Die Zusammenfassung der einzelnen Werte optimaler Clusterlösungen kann der Tabelle 6.12 entnommen werden. Die zentrale Erkenntnis besteht darin, dass die Clusteraufteilung von `PAMq` für alle Datensätze die geringsten Gesamtkosten aufweist. Vergleicht man die Clusterlösungen auf der Basis statistischer Kriterien `stat` (Tabelle 6.11) mit den Clusterlösungen auf Basis fiktiver Kosten `cost` (Tabelle 6.12), so hängen die Ergebnisse vom verwendeten Datensatz ab (Tabelle 6.13).

- Mengenmäßig unterscheiden sich die optimalen Partitionen stark voneinander. Ausnahmen findet man zum einen für den Datensatz `AER`, für welchen die Partitionen auf Basis der Verfahren `AGNESm-stat` und `AGNESm-cost` bzw. `PAMm-cost` und `AGNESm-stat` mengenmäßig hochgradig ähnlich sind: 286 vs. 236 Gruppen für `AGNESm` sowie 22 vs. 27 Gruppen für `PAMm`. Zum anderen sind die Partitionen `KMeans-cost` mit 28 Gruppen und `KMeans-stat` mit 22 Gruppen für den Datensatz `AUT` annährend gleich.

Tabelle 6.12: Optimale Gruppierungen zusammengefasst nach Gruppengröße, Gütekriterium **cost mit** Mengenrestriktion

Datensatz	Clusteralgorithmus	Optimale Anzahl $K^{calc.optim}$	Optimale Clusterlösung $\mathcal{C}^{K^{calc.optim}}$ Anzahl der Gruppen nach Gruppengröße: 1	[2, 10)	[10, 50)	[50, 100)	[100, 150)	[150, 200]	Fiktive Gesamtkosten
AER I=693	KMeans	77	1	46	30	0	0	0	5 149 425
	AGNESm	236	153	69	13	1	0	0	5 752 690
	AGNESq	120	63	44	11	1	0	1	5 396 055
	PAMm	27	12	4	5	4	2	0	5 167 275
	PAMq	57	16	12	29	0	0	0	*4 863 145
AUT I=1676	KMeans	28	1	2	7	14	3	1	428 870
	AGNESm	228	97	100	24	3	3	1	511 560
	AGNESq	235	107	101	18	5	3	1	469 670
	PAMm	26	9	0	3	3	10	1	444 800
	PAMq	41	9	0	17	14	1	0	*372 225
CAR I=2488	KMeans	153	5	35	113	0	0	0	700 970
	AGNESm	1012	864	101	42	5	0	0	706 110
	AGNESq	2488	2488	0	0	0	0	0	729 770
	PAMm	1108	843	223	42	0	0	0	697 395
	PAMq	97	22	27	23	24	1	0	*624 450

Hinweis: Die mit einem Stern * gekennzeichneten Werte markieren die beste Clusterlösung anhand fiktiver Kosten

Tabelle 6.13: Optimale Gruppierungen (**stat** vs. **cost** Kriterien) **mit** Mengenrestriktion

Datensatz	Clusteralgorithmus	Anzahl $K^{calc.optim}$: cost	stat	Gütekriterien für $\mathcal{C}^{K^{calc.optim}}$: cost	stat: $\overline{silh}$	stat: within-SSE
AER I=693	KMeans	77	15	5 149 425	*0.3397	193 590
	AGNESm	236	283	5 752 690	0.1289	*914
	AGNESq	120	271	5 396 055	0.1031	40 731
	PAMm	27	22	5 167 275	0.1652	21 949
	PAMq	57	13	*4 863 145	0.1148	116 247
AUT I=1676	KMeans	28	22	428 870	*0.2911	97 865
	AGNESm	228	518	511 560	0.1084	*2 293
	AGNESq	235	756	469 670	0.1048	7 926
	PAMm	26	346	444 800	0.1289	18 485
	PAMq	41	428	*372 225	0.1136	39 884
CAR I=2488	KMeans	153	40	700 970	*0.3166	$4.07 \cdot 10^{13}$
	AGNESm	1012	1522	706 110	0.1338	*344
	AGNESq	2488	1057	729 770	0.2332	16 042 145
	PAMm	1108	606	697 395	0.1591	32 211
	PAMq	97	908	*624 450	0.2363	94 854 900

Hinweis: Die mit einem Stern * gekennzeichneten Werte markieren die beste Clusterlösung anhand entsprechender Gütekriterien

- Eine statistisch optimale Lösung liefert für alle Datensätze das Verfahren **KMeans** (anhand $\overline{silh}$) und **AGNESm** (anhand **within**-SSE).

- Werden die Gesamtkosten als Gütekriterium verwendet, so sind `KMeans` und `AGNESm` dem Algorithmus `PAMq` unterlegen, welcher für alle Datensätze kostenoptimal ist.

Zusammengefasst sind die statistischen Kriterien zur Auswahl einer Clusterlösung als Ersatz für eine Kostenbewertung ungeeignet. Dazu kommt das Problem der Wahl eines geeigneten statistischen Kriteriums, da schon die Verwendung von `within`-SSE oder *silh* zur Optimalität unterschiedlicher Clusterlösungen führt. Der wesentliche praktische Vorteil von statistischen Gütekriterien besteht darin, dass diese schnell berechnet werden können und in Software für Clusteranalysen zusammen mit den Clusterverfahren standardmäßig implementiert sind. Beide Kriterien `stat` (`within`-SSE oder *silh*) und `cost` erlauben allerdings keinen Aufschluss über die Prognosegüte multivariater Verfahren auf Basis der gewählten Clusterpartitionen und müssen zunächst im Rahmen eines Prognoseprozesses evaluiert werden.

6.3 Prognose und Evaluation

Um die Prognosegüte konkurrierender Prognosemethoden und Clusterverfahren zu bewerten werden die resultierenden optimalen Clusterlösungen $\mathcal{C}^{K^{calc.optim}}$ sowohl auf Basis des statistischen Gütekriteriums als auch kostenorientiert mit Hilfe konkurrierender uni- und multivariater Verfahren prognostiziert und hinsichtlich der Prognosegüte evaluiert.

1) Als **univariate Prognoseverfahren** der Fallstudie werden die in Kapitel 2 beschriebenen Verfahren verwendet (Tabelle 6.14). Die Prognosen mit univariaten Verfahren werden mit den R-Versionen 3.0.1 sowie 3.0.2 unter Verwendung von R-Standardroutinen sowie mit eigenständig entwickelten R-Funktionen erstellt. Eine Auflistung verwendeter Implementierungen findet man in Abschnitt 6.8.1. Der in der univariaten Prognostik häufige Fall des Eliminierens führender Nullperioden wird zum Zweck der Vergleichbarkeit mit multivariaten Verfahren nicht berücksichtigt.

Tabelle 6.14: In der Fallstudie verwendete univariate Prognoseverfahren

Bezeichnung	Kurze Beschreibung des Verfahrens sowie Hinweise zur Berechnung von Quantilsprognosen
Glättungsverfahren	
`ESbest`	Das beste Verfahren aus der Familie exponentieller Glättungsverfahren ausgewählt nach `AICc`; Quantilsprognosen werden durch die Einbettung der Punktprognosen in die Normalverteilung berechnet. Die Varianz der über die Wiederbeschaffungszeit kumulierten Prognosen wird mit Hilfe der Varianz der $h-$stufigen Prognosefehler berechnet (Formeln 2.24, 2.27 auf S. 23)
`Crost`	Methode von Croston mit Schätzung der Glättungsparameter α_{crost}; Quantilsprognosen werden durch die Einbettung der Punktprognosen in die Normalverteilung berechnet. Die Varianz der über die Wiederbeschaffungszeit kumulierten Punktprognosen wird mit Hilfe von MAD berechnet (Formeln 2.29, 2.30 auf S. 27)
`CrostSB`	Methode von Croston `Crost` mit der Syntetos-Boylan Korrektur der Modellschätzer; Zur Berechnung von Quantilsprognosen siehe das Verfahren `Crost`
Univariate Verteilungsmodelle (stationär)	
`Pois`*	Poissonverteilung; Quantilsprognosen werden analytisch mit der Poissonverteilung berechnet
`ZIPois`	Nullinflationierte Poissonverteilung; Quantilsprognosen werden durch Simulation der Prognosepfade aus der nullinflationierten Poissonverteilung berechnet
`HPois`	Hurdle Poissonverteilung; Quantilsprognosen werden durch Simulation der Prognosepfade aus der Hurdle Poissonverteilung berechnet
`NB`*	Negative Binomialverteilung (NB2); Quantilsprognosen werden analytisch mit der NB-Verteilung berechnet
`ZINB`	Nullinflationierte negative Binomialverteilung (NB2); Quantilsprognosen werden durch Simulation der Prognosepfade aus der nullinflationierten NB-Verteilung berechnet
`HNB`	Hurdle negative Binomialverteilung (NB2); Quantilsprognosen werden durch Simulation der Prognosepfade aus der Hurdle NB-Verteilung berechnet
Resamplingverfahren	
`BOOT`	Bootstrap von Willemain; Quantilsprognosen werden nach Patentschrift Willemain und Smart (2001) berechnet, siehe Abschnitt 2.3 auf S. 29 ff

*Aufgrund der Faltungsinvarianz der Poisson- sowie der NB-Verteilung mit identischem Überdispersionsparameter ist eine analytische Berechnung der Quantilsprognosen möglich

2) Die Gruppe **multivariater** Verfahren der Fallstudie bilden die in Abbildung 6.7 dargestellten Modelle.

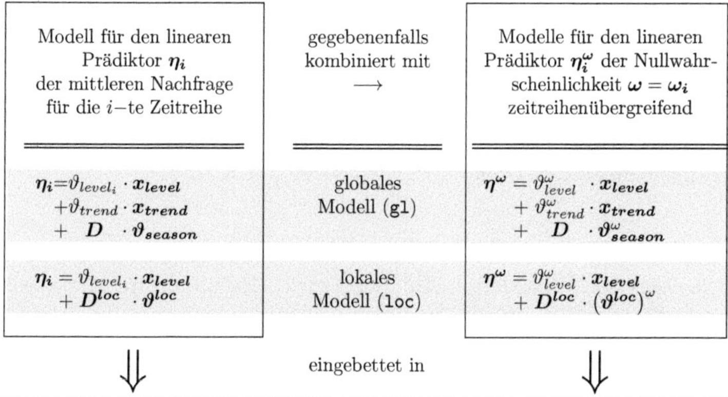

Verteilungsmodelle für Gruppen der Langsamdreher

Abkürzung	**Parametrisierung**	**Modellerläuterung**	**Berechnung von Quantilsprognosen**
`Pois-Reg`	$\lambda_{i,t}$	Poissonregression	Poissonverteilung (Faltung)
`ZIPois-Reg`	$\lambda_{i,t},\ \omega_{i,t}$	Nullinflationierte Poissonregression	per Simulation
`HPois-Reg`	$\lambda_{i,t},\ \omega_{i,t}$	Hurdle Poissonregression	per Simulation
`NB-Reg`	$\lambda_{i,t},\ \alpha_i^{NB}$	NB2-Regression	NB2-Verteilung (Faltung)
`ZINB-Reg`	$\lambda_{i,t},\ \alpha_i^{NB},\ \omega_{i,t}$	Nullinflationierte NB2-Regression	per Simulation
`HNB-Reg`	$\lambda_{i,t},\ \alpha_i^{NB},\ \omega_{i,t}$	Hurdle NB2-Regression	per Simulation

Wobei $\lambda_{i,t} = exp(\eta_{i,t})$, $\omega_{i,t} = \omega_t = \frac{exp(\eta_t^\omega)}{1+exp(\eta_t^\omega)}$, $\alpha_i^{NB} > 0$

Abbildung 6.7: Multivariate Prognosemodelle der Fallstudie anhand der Paneldatenregressionen für Aggregate der Langsamdreher

Jedes der sechs multivariaten Prognoseverfahren (`Pois-Reg`, `ZIPois-Reg`, `HPois-Reg` sowie `NB-Reg`, `ZINB-Reg` und `HNB-Reg`) wird mit jeweils einem der zwei Modelle (`gl` oder `loc`) für den linearen Prädiktor kombiniert, wobei beide Modelle von gemeinsamen multiplikativen Trend- und Saisonkomponenten ausgehen, welche sich auf das itemspezifische globale Niveau einzelner Zeitreihen auswirken. Die Modellvariante `gl` geht von globalen Trend- und Saisonstrukturen aus, welche mit fixed-group-effects Paneldatenmodellen modelliert werden (Abschnitt 3.2.2 auf S. 61 f.), während die Variante `loc` lokal veränderliche Trend- und Saisonstrukturen unterstellt, welche mit fixed-time-effects Paneldatenmodellen geschätzt werden (Abschnitt 3.2.2 auf S. 66 f.) und mit Hilfe exponentieller Glättung fortgeschrieben werden (siehe Vorgehensweise auf S. 97 f.).

Für die Mischverteilungsmodelle von Paneldaten (**`ZIPois-Reg`**, **`HPois-Reg`**, **`ZINB-Reg`** sowie **`HNB-Reg`**) wird der lineare Prädiktor für die autonome Nullwahrscheinlichkeit in jeder Gruppe zeitreihenübergreifend (identisch für alle Zeitreihen in der Gruppe) zeitvariabel als η_t^ω (`gl` oder `loc`) modelliert. Alle Modelle für ω_t gehen von einem globalen gemeinsamen Niveau der Nullwahrscheinlichkeit aus. Es wird eine *Logit*−Linkfunktion zur Modellierung und Parameterschätzung von $\omega_t = \frac{exp(\eta_t^\omega)}{1+exp(\eta_t^\omega)}$ verwendet.

Anhand der obigen Abbildung 6.7 ergeben sich insgesamt 12 multivariate Modellvarianten, da die sechs Verteilungsmodelle einmal mit globalem Modell `gl` für den linearen Prädiktor und einmal mit lokalem Modell `loc` zur Prognose verwendet werden.

Die Maximum-Likelihood Schätzung der Parameter obiger multivariater Modelle für Paneldaten erfolgt mit den Standardfunktionen **`stats::glm()`**, **`pscl::zeroinfl()`** sowie **`pscl::hurdle()`** auf der Grundlage der entwickelten Parametrisierungen für die in Abschnitt 3.2 entworfenen Paneldatenmodelle mit den entsprechenden Restriktionen bei der Schätzung gemeinsamer Komponenten (siehe Übersicht in Abschnitt 6.8.1).

- Die globalen Strukturkomponenten der fixed-group-effects Paneldatenmodelle werden durch die in Abschnitt 4.1.2 beschriebene deterministische Fortschreibung der Regressormatrix in die Zukunft prognostiziert.

- Die lokalen Strukturkomponenten der fixed-time-effects Paneldatenmodelle werden mit Hilfe der Funktion **`forecast::ets()`** prognostiziert.

– Sowohl die Punktprognosen über die Wiederbeschaffungszeit als auch die Quantilsprognosen der über die Wiederbeschaffungszeit kumulierten Nachfragen werden durch eigenständig entwickelte R-Routinen entweder analytisch oder durch Resampling aus parametrisierten Mischverteilungen unter Zuhilfenahme der Funktionen aus dem Paket `VGAM` (`rpospois()` sowie `rposnegbin()`) erstellt.

3) Die Modellspezifikation obiger multivariater Verteilungsmodelle erfolgt mit Hilfe der in Abschnitt 3.3.5 beschriebenen **Vorwärtsselektion** der Modellparameter des linearen Prädiktors, welche eigenständig in R implementiert wurde. Als Basismodell wird das Modell der Stationarität mit globalem itemspezifischem Niveau $\lambda_{i,t}{=}exp\,(\vartheta_{level_i})$ verwendet. Dieses kann im Rahmen der Vorwärtsselektion durch weitere Strukturkomponenten (Regressoren) erweitert werden. Die Evaluation der Modellgüte erfolgt mit dem **Akaike Informationskriterium** (**AIC**).

4) Der Umfang N der **initialen Kalibrationsstichprobe** wird für jeden Datensatz auf maximal 70% der verfügbaren Zeitreihenlänge T gesetzt. Konkret resultieren: $N{=}50$ für `AER`, $N{=}17$ für `AUT` sowie $N{=}36$ für `CAR`.

5) Die Punktprognosen für die Horizonte $h{=}1, 2, 3, 4$ werden ausgehend von den Ursprüngen $N, \ldots, T$ rollierend erstellt. Die Spezifikation des Modells und der Prognosefunktion erfolgt ausgehend von jedem Ursprung erneut.

6) Die Punkt- und Quantilsprognosen der über die Wiederbeschaffungszeit H kumulierten Nachfragen werden für die Werte der Wiederbeschaffungszeit $H{=}1, 2, 3, 4$ Perioden rollierend erstellt und out of sample evaluiert. Die Berechnung von Quantilsprognosen erfolgt durch eine eigene R-Routine entsprechend den drei in Abschnitt 4.1.4 beschriebenen Szenarien (Engpass - *low*, Überschuss - *upper* sowie Randomisierungsszenario - *random*). Die Anzahl der Simulationspfade für die Erstellung der Quantilsprognosen wird auf $B{=}10\,000$ gesetzt. Zur Berechnung von Quantilsprognosen werden die Werte $SL_\alpha{=}\{0.50, 0.60, 0.70, 0.80, 0.90, 0.95, 0.99\}$ als Ziellieferservicegrade verwendet. Die Evaluation der Quantilsprognosen erfolgt dabei rollierend out of sample in den Perioden $N+1, \ldots, T$.

7) Es wird eine statische Lagerhaltung mit einer $(S-1,S)$ base-stock-policy oder einer einperiodischen $(1,S)$ –Politik angenommen. Die Simulation der Lagervorgänge sowie deren Dokumentation erfolgen nach den Berechnungsformeln auf S. 123 durch eine eigenständige Implementierung.

8) Bezüglich der in einer Periode aus dem physischen Bestand nicht befriedigten Nachfragen werden zwei Szenarien evaluiert. Zum einen das Szenario Lost Sales, in welchem die nicht befriedigte Nachfrage verloren geht. Des Weiteren wird das Evaluationsszenario mit der Möglichkeit des Aufbaus von Rückständen evaluiert.

9) Als statistisches Kriterium zur Evaluation der Prognosegüte wird MAE (mean absolute error) über die Perioden $(N+1),\ldots,T$ und als betriebswirtschaftliches Kriterium die Summe der Gesamtkosten GK in den Perioden $(N+H+2),\ldots,T$ verwendet. Die ersten $N+H+1$ Perioden werden zur Initialisierung der Lagerhaltung verwendet und bei der Berechnung von empirischen Servicegraden nicht berücksichtigt. Die erste Periode dient als Initialisierungsperiode, am Ende welcher ggf. die erste Bestellung ausgelöst wird. Nach H Perioden der Wiederbeschaffungszeit fließt die gelieferte Bestellmenge in den Lagerbestand ein und steht zu Beginn der Periode $N+H+2$ zur Verfügung.

Die einzelnen berechneten Szenarien können der Abbildung 6.8 entnommen werden. Daraus resultiert eine kombinatorische Komplexität der Fallstudie von 87 360 Gruppierungs-Prognose-Evaluationsszenarien:

- **Prognoseverfahren** (130): 12 multivariate Verfahren $\times$ 5 Clusteralgorithmen $\times$ 2 Gütekriterien für jeden Algorithmus + 10 univariate Verfahren

- **Evaluationsszenarien** (336): 7 Werte der Ziellieferservicegrade $\times$ 3 Quantilsberechnungsszenarien $\times$ 2 Lagerhaltungspolitiken $\times$ 4 Werte der Wiederbeschaffungszeit $\times$ 2 Möglichkeiten: Rückstände vs. Lost Sales

- **Evaluationskriterien der Prognosegüte** (2): Kosten GK im Evaluationsraum und mittlerer absoluter Fehler MAE über alle Prognosehorizonte

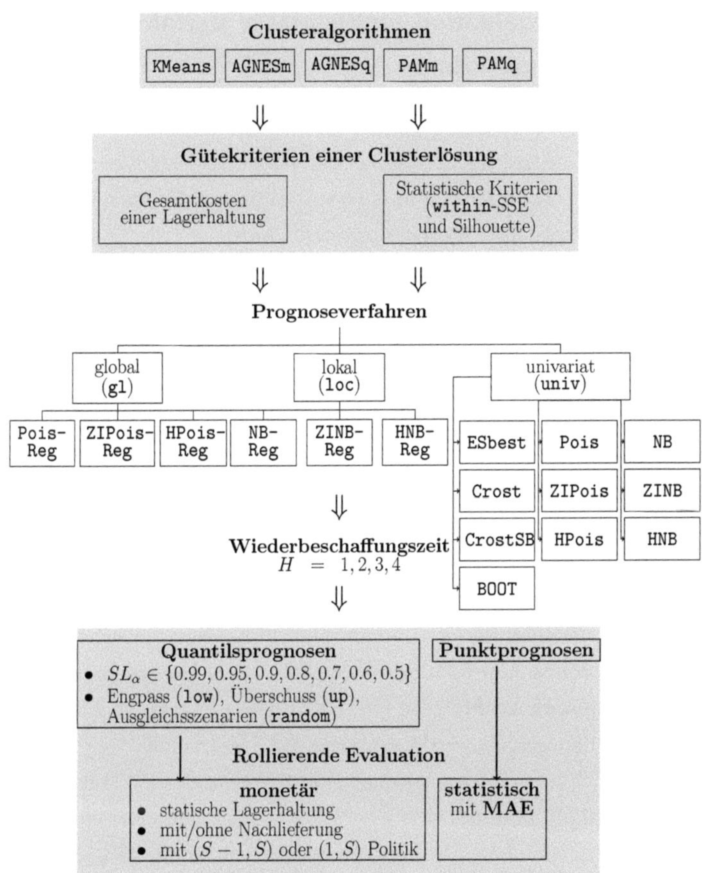

Abbildung 6.8: Modell-, Prognose- und Evaluationsrahmen der Fallstudie

An dieser Stelle muss vermerkt werden, dass die Anzahl 87 360 die Komplexität der Fallstudie nur teilweise wiedergibt. Jede einzelne Kombination aus der Menge 87 360 besteht selbst aus mehreren Prozessschritten, da die Prognosen rollierend von mehreren Prognoseursprüngen (für **AUT** 8 Mal bis maximal 23 Mal für **AER**) berechnet werden, wobei in jedem Schritt mehrere Modelle im Rahmen einer Variablenselektion geschätzt werden. Die kombinatorische Vielfalt wirkt sich direkt auf den Rechenaufwand aus (siehe Abschnitt 6.8).

6.4 Prognoseevaluation multivariater Verfahren für Basiskonfigurationen

Nachfolgend werden die Ergebnisse der Prognoseevaluation der beschriebenen 12 multivariaten Verfahren (siehe Abbildung 6.7) zunächst für zwei ausgewählte Evaluationsszenarien dargestellt, bevor auf die Ergebnisse der Evaluation für unterschiedliche Evaluationsparameter eingegangen wird.

Bei den ausgewählten Szenarien (**Basisszenarien**) handelt es sich um Konstellationen aus folgenden Parametern:

- Eine statische $(S-1, S)$ Lagerhaltungspolitik ohne Nachlieferung und ohne Rückstände, welche häufig für sporadische Zeitreihen verwendet wird (siehe dazu Abschnitt 4.2.2).

- Aufgrund der Annahme linearer Kostenfunktionen, welche je nach verwendetem Ziellieferservicegrad in einer statischen Lagerhaltung zu stark asymmetrischen Gewichtungen von Fehl- und Überschussmengen führen können, werden nachfolgend die Szenarien mit dem Ziellieferservicegrad SL_α=0.99 sowie SL_α=0.50 evaluiert. Mit SL_α=0.99 werden Fehlmengen im Vergleich mit Überschussmengen in Relation 99 zu 1 stärker bestraft als bei SL_α=0.50, wodurch eine Überschusseinheit genau so viel kostet wie eine Fehlmengeneinheit. Die 99%-ige Lieferbereitschaft (SL_α=0.99) ist in der Praxis weit verbreitet, wobei die korrespondierenden Kostenverhältnisse typischerweise nicht dem Verhältnis 99 zu 1 entsprechen, sondern aus der gegebenen Kostenstruktur resultieren.

- Bei der Quantilsberechnung wird vom Aufrundungsszenario *upper* ausgegangen, welches typischerweise in der Praxis verwendet wird.

- Es wird eine Wiederbeschaffungszeit von H=3 Monate unterstellt, welche eine praktisch plausible Wiederbeschaffungsfrist für sporadisch nachgefragte Produkte wiedergibt.

Die nachfolgenden Ergebnisse werden zunächst für die obigen zwei Evaluationsszenarien diskutiert, bevor eine umfassende Analyse der Ergebnisse beschrieben wird.

6.4.1 Ranking multivariater Prognoseverfahren

Führt man einen Verfahrensvergleich für einen Clusteralgorithmus durch, so können die Rangplätze zur Bewertung einer Clusterlösung korrespondierend zum ausgewählten Gütekriterium (statistisch `stat` und kostenorientiert `cost`) sowie auf der Basis des Prognoseevaluationskriteriums (MAE vs. GK) vergeben werden und mit Hilfe von Boxplots dargestellt werden. Die statistischen Kennzahlen, welche in dieser Arbeit anhand eines Boxplots diskutiert werden, sind dem Anhang A2 zu entnehmen.

Der Vergleich von Rangplatzverteilungen auf den einzelnen Boxplots kann beispielsweise hinsichtlich der Lage der Verteilung mit Hilfe des Medians (stärkere Linie innerhalb einer Box) erfolgen. Die Streuung der Verteilung kann grafisch auf den Boxplots durch die Höhe der Box und somit durch den Wert des Interquartilsabstands IQR (Differenz zwischen dem 0.25− und 0.75−Quantil) bewertet werden. Eine im Vergleich mit den anderen Verteilungen größere Box weist auf höhere Streuung der Rangplätze hin. Im Idealfall sprechen sowohl geringe IQR als auch kleinere Medianwerte für eine bessere Performance der Prognoseverfahren.

Die einzelnen Boxplots auf den Abbildungen 6.9 und 6.10 stellen die Verteilungen der Rangplätze anhand der 12 multivariaten Prognoseverfahren für `AER` dar, deren beste Partitionen für den Clusteralgorithmus `PAMq` anhand des Silhouette-Kriteriums `stat` (links) und anhand des Kostenkriteriums `cost` (rechts) gebildet werden und deren Prognosen mit Hilfe von MAE (obere Boxplots) und von fiktiven Kosten GK (untere Boxplots) rollierend evaluiert werden. Die Evaluation erfolgt für die oben beschriebenen Basisszenarien für SL_α=0.50 (Abbildung 6.9) sowie für SL_α=0.99 (Abbildung 6.10).

Die Rangskala reicht auf jedem Boxplot von 1 bis maximal 12, wobei 1 die beste Prognosegüte im Sinne des verwendeten Gütekriteriums impliziert. Da es sich um multivariate Verfahren handelt, erfolgt die Berechnung der Rangplätze gruppenspezifisch für die ausgewählten Clusterpartitionen, d.h. der Rangplatz 1 wird dem Verfahren zugewiesen, welches nicht für eine Zeitreihe sondern für die Gruppe der Zeitreihen im betrachteten Cluster C_k^K einer Clusterlösung $\mathcal{C}^K = \{C_1^K, \ldots, C_K^K\}$ die geringsten Gesamtkosten $GK_k^K \sum_{i \in C_k^K} (GK_k^K)_i$ oder den geringsten $MAE\,(C_k^K)$ aufweist.

Bei der Berechnung von $MAE\,(C_k^K)$ werden die einzelnen mittleren absoluten Abweichungen $MAE_i = \frac{1}{T-h-N+1} \sum_{t=N}^{T-h} \left| y_{i,t+h} - \hat{y}_{i,t+h|t} \right|$ der $h-$stufigen Prognosewerte $\hat{y}_{i,t+h|t}$ von den realen Beobachtungen $y_{i,t+h}$ der $i-$ten Zeitreihe aus dem Cluster C_k^K berechnet (Formel 4.17 auf S. 113). Anschließend wird für jeden Cluster C_k^K einer Clusterlösung $\mathcal{C}^K$ der Mittelwert über alle Zeitreihen pro Gruppe C_k^K als $MAE\,(C_k^K) = \frac{1}{|C_k^K|} \sum_{i \in C_k^K} MAE_i$ und dann über alle Gruppen einer Clusterlösung $\mathcal{C}^K$ als $MAE\,(\mathcal{C}^K) = \frac{1}{K} \sum_{k=1}^{K} MAE\,(C_k^K)$ berechnet.

Da die Rangplatzvergabe nicht für jede einzelne Zeitreihe sondern für eine Gruppe von Zeitreihen erfolgt, wird der Vergleich der 12 multivariaten Verfahren zunächst auf derselben gruppierten Datenbasis durchgeführt und auf einer Grafik mit zwölf Boxplots dargestellt (siehe Abbildung 6.9).

Die unterschiedliche Anzahl an Zeitreihen, auf deren Basis die einzelnen Boxplots der Abbildungen 6.9 und 6.10 erstellt werden, resultiert zum einen daraus, dass die Prognosen auf Basis unterschiedlicher Gruppierungen von Zeitreihen ($silh-$optimale vs. kostenoptimale Gruppierungen, Tabelle 6.13) berechnet werden. Zum anderen werden zur Erstellung des Rankings nicht alle Zeitreihen sondern nur die Schnittmenge der Zeitreihen herangezogen, für welche alle 12 multivariate Methoden berechnet werden konnten. In der `AER-PAMq-stat` Partition auf Basis des Silhouette-Kriteriums sind lediglich 418 Zeitreihen (in 6 Cluster) von insgesamt 693 Zeitreihen des Datensatzes enthalten, während in der `AER-PAMq-cost` Partition 499 Zeitreihen (in 29 Cluster) mit allen 12 Methoden prognostiziert werden konnten (siehe Überschriften einzelner Grafiken auf Abbildungen 6.9 und 6.10).

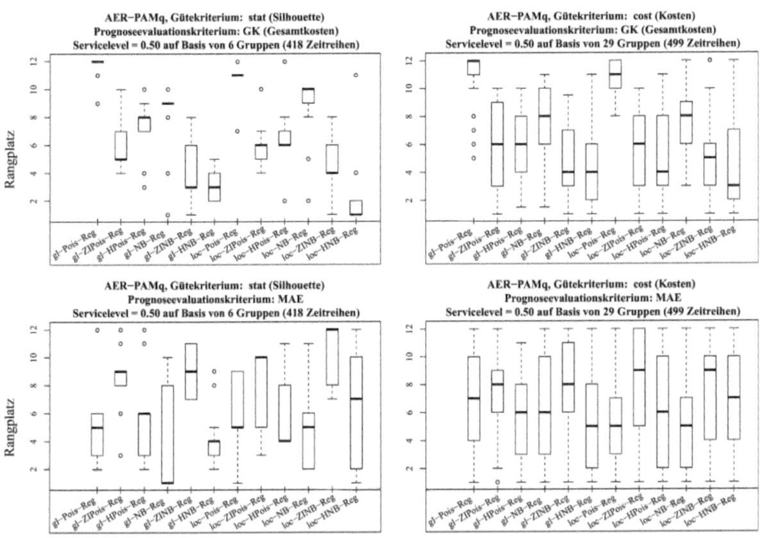

Abbildung 6.9: Ranking multivariater Prognoseverfahren am Beispiel des Algorithmus PAMq, AER, I=693 und SL_α=0.50

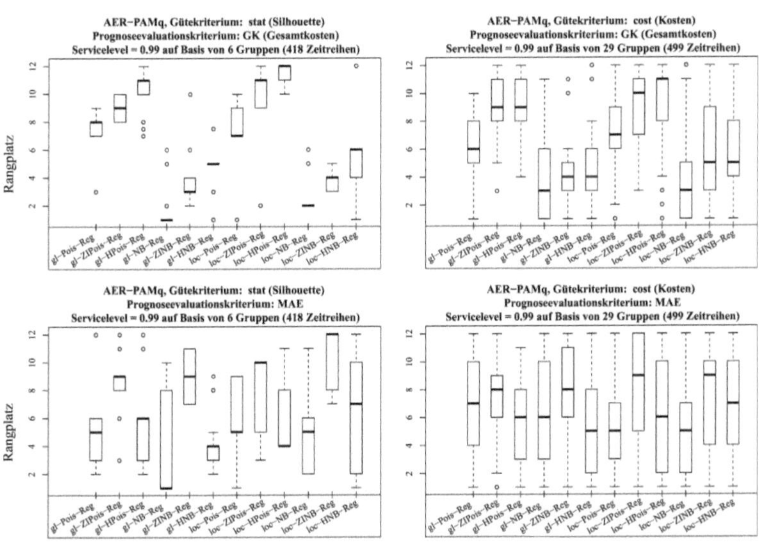

Abbildung 6.10: Ranking multivariater Prognoseverfahren am Beispiel des Algorithmus PAMq, AER, I=693 und SL_α=0.99

Die restlichen Zeitreihen (beispielsweise 693 – 418=375 für **AER-PAMq-stat** oder 693 – 499=194 für **AER-PAMq-cost**) können bei der Berechnung des Rankings multivariater Methoden nicht berücksichtigt werden. Zum einen werden Gruppen mit einzelnen Zeitreihen ausgeschlossen: In **AER-PAMq-stat** sind das 3 und in **AER-PAMq-cost** Partitionen 16 Zeitreihen (Single-Gruppen). Zum anderen liegen für einige Gruppen (4 für für **AER-PAMq-stat** und 12 für **AER-PAMq-cost**) aufgrund numerischer Probleme keine Prognosen durch einzelne multivariate Verfahren vor. Die Probleme der numerischen Schätzung in multivariaten Modellen für Langsamdreher werden in Abschnitt 6.4.3 aufgegriffen. Es fällt auf, dass die unteren Boxplots auf den Abbildungen 6.9 und 6.10, welche die Methodenrankings im Rahmen einer statistischen Prognoseevaluation mit MAE darstellen, identisch sind, weil die Güte der Punktprognosen, welche mit MAE evaluiert wird, vom Ziellieferservicegrad unabhängig ist.

In Abhängigkeit vom verwendeten Clustergüte-, Prognoseevaluationskriterium und vom Ziellieferservicegrad ergeben sich unterschiedliche Rangplatzverteilungen, welche allerdings keine eindeutige Identifikation eines besten Prognoseverfahrens ermöglichen. Werden die statistischen Kennzahlen der Rangplatzverteilungen (hier Median und IQR) verglichen, so kann die Auswahl der besten Methoden der Tabelle 6.15 entnommen werden, wobei bereits eine Auswahl von höchstens vier besten Methoden (anhand des Medians und IQR) aufgelistet wird.

Die grau hinterlegten Zellen der Tabelle 6.15 repräsentieren die besten Verfahren, für welche sowohl Medianwerte als auch IQR-Werte am geringsten sind. Auf den Partitionen von **AER-PAMq** kann somit das Modell **loc-Pois** anhand der Kostenbewertung einer Clusterlösung und **gl-HNB** durch statistische Bewertung mit $silh-$Koeffizienten ausgewählt werden.

Das obige Ranking unterscheidet sich für jedes einzelne Evaluationsszenario und für jeden Datensatz. Eine fallübergreifende Bestimmung eines besten multivariaten Modells oder einer Gruppe mit zwei/drei besten Verfahren ist aufgrund diffuser Ergebnisse nicht möglich, so dass die Boxplots für andere Datensätze, Clusteralgorithmen und Evaluationsszenarien nicht explizit betrachtet werden. An dieser Stelle wird auf Anhang C1 verwiesen, in welchem die Boxplots korrespondierend zum Basisevaluationsszenario mit SL_α=0.99 für alle Datensätze dargestellt sind. Allgemein können folgende Erkenntnisse im Rahmen der Rangbildung multivariater Verfahren sowie die damit verbundenen Probleme zusammengefasst werden:

Tabelle 6.15: Auswahl multivariater Methoden anhand von Rangplatzverteilungen (exemplarisch für **AER-PAMq** Partitionen)

	Prognoseevaluation mit							
	Kosten		*MAE*		**Kosten**		*MAE*	
Kennzahl	SL_α=0.50, siehe Abbildung 6.9				SL_α=0.99, siehe Abbildung 6.10			
	Clusteroptimalitätskriterium							
	silh	cost	*silh*	cost	*silh*	cost	*silh*	cost
Median	loc-HNB gl-HNB gl-ZINB	loc-HNB gl-ZINB gl-HNB	gl-NB loc-HPois	gl-HNB loc-NB	gl-ZINB	gl-NB loc-NB	gl-NB loc-HPois	gl-HNB loc-NB
Median / IQR		loc-Pois	gl-HNB	loc-Pois	gl-NB loc-NB	gl-ZINB gl-HNB	gl-HNB	loc-Pois
IQR	gl-Pois gl-NB loc-Pois	gl-Pois	gl-ZIPois	gl-ZIPois	gl-HNB		gl-ZIPois	gl-ZIPois

- Die Ergebnisse der Rangbildung lassen keine eindeutige Bestimmung eines besten multivariaten Prognosemodells oder einer Verfahrensgruppe (global vs. lokal oder Modelle auf Basis einer konkreten Verteilung) sowie eines besten Clusteralgorithmus oder eines Clustergütekriteriums zu.

- Die Prognoseevaluationskriterien wie Gesamtkosten GK oder MAE führen zur Auswahl unterschiedlicher Prognosemodelle.

- Die in den Boxplots dargestellten Rankings bewerten die Performance einzelner Modelle für das festgelegte Clusterverfahren sowie für dessen Gütekriterium. Ein übergreifender Vergleich unterschiedlicher Kombinationen aus einem Prognosemodell, einem Clusteralgorithmus und einem Clustergüte- sowie Evaluationskriterium ist nicht ohne Weiteres durchführbar und erfordert den Einsatz spezieller Techniken, da der Vergleich für dieselbe Zeitreihenbasis stattfinden muss, damit jedes Verfahren gleich stark repräsentiert ist.

In den Fällen, wenn eine Parameterschätzung aufgrund von fehlenden Schätzergebnissen für multivariate Verfahren (beispielsweise aufgrund des Rangabfalls der Hesse-Matrix, siehe Abschnitt 6.4.3) nicht möglich ist, können die Prognosen nicht mit allen Verfahren berechnet werden und fehlen somit im Methodenranking. Auch für Gruppen mit einzelnen Zeitreihen, deren Anzahl in Clusterlösungen unterschiedlicher Clusteralgorithmen variiert (siehe beispielsweise die Boxplottitel in Abbildung 6.9, in welchen die zur Rankingerstellung gemeinsame Menge an Zeitreihen angegeben ist), liegen keine multivariaten Prognosen vor. In diesem Fall kann das Verfahren, dessen Prognose fehlt, mit dem schlechtesten Rangplatz im Methodenvergleich bewertet werden, was zu einer maßgeblichen Bestrafung der Modellperformance führt.

Eine andere Lösung ist der Performancevergleich von Verfahren, welche für eine ausgewählte Menge an Zeitreihen vollständig berechnet werden konnten. Diese Technik führt allerdings dazu, dass die Anzahl der Zeitreihen in der Schnittmenge bedeutend geringer ist als die ursprüngliche Anzahl der Zeitreihen im betrachteten Datensatz (ca. 10% der Gesamtdaten) oder nicht vorhanden ist, wie bei `CAR` (siehe Anhang C1).

An dieser Stelle können die fehlenden Prognosen durch "Back-Up" Prognosen (beispielsweise durch ein univariates Verfahren) ersetzt werden. Diese Technik hat den Vorteil, dass hierbei eine anwendungsorientierte Evaluationsmöglichkeit entsteht. Allerdings bewerten die darauf basierenden Rankings nicht nur die Prognosegüte multivariater Verfahren, sondern es werden Kombinationen aus einem multivariaten und einem Back-Up Verfahren bewertet. Dies entspricht dem Prinzip der Kombination von Prognosen, welche in der Praxis häufig eingesetzt wird.

Der Nachteil der Evaluation einer Kombination von Prognoseverfahren besteht allerdings darin, dass keine "isolierte" Evaluation einzelner multivariater Verfahren möglich ist, in welcher sowohl die Prognosegüte gemessen an Evaluationskriterien als auch eine numerische Stabilität und die Anforderungen an Rechenkapazitäten (zeitlicher Rahmen, Hardwareanforderungen) evaluiert wird. Dementsprechend wird der Ansatz zur Evaluation einer Kombination aus multi- und univariaten Verfahren nicht weiter verfolgt. Speckenbach (2015) beschreibt eine umfassende Studie, welche sich mit der Evaluation unterschiedlicher Kombinationen von Prognoseverfahren beschäftigt.

- Hinsichtlich der Vergabe von Rangplätzen muss beachtet werden, dass zwei Verfahren, welche aufeinander folgende Rangplätze erhalten, nur geringfügige Unterschiede hinsichtlich der Prognosegüte aufweisen können. Auf der anderen Seite können zwei Verfahren unmittelbar nacheinander platziert werden, deren zu vergleichende Gütekriterien weit voneinander entfernt sind. Aus dem Ranking alleine werden solche Unterschiede nicht ersichtlich, so dass eine andere Technik zur Verfahrensauswahl verwendet werden muss.

6.4.2 Bestimmung des optimalen multivariaten Prognoseverfahrens für Basiskonfigurationen

Die Prognosegüte einzelner multivariater Verfahren kann neben der Rangvergabe anhand der Höhe des Evaluationsmaßes, beispielsweise durch die Bestimmung des für jede einzelne Zeitreihe besten Modells, bewertet werden. Diese zeitreihenspezifische Selektion der multivariaten Modelle entsprechend dem optimalen Wert des Evaluationsmaßes (minimale Kosten GK oder minimaler MAE) wird nachfolgend als Verfahren `mult-BEST` bezeichnet. Hierbei muss beachtet werden, dass `mult-BEST` keine konkurrierende Methode repräsentiert, sondern eine Selektion bestehender Verfahren zum Zweck der Bestimmung der maximal erzielbaren Prognosegüte multivariater Verfahren ex post darstellt.

Die Tabellen 6.16 und 6.17 geben an, wie häufig (für wie viele Zeitreihen) die jeweilige Kombination aus einem Clusterverfahren, einem Gütekriterium sowie einem Prognoseverfahren im `AER` Datensatz mit I=693 Zeitreihen beste Performance, gemessen an einem Evaluationskriterium (MAE oder GK), aufweist. Somit verknüpfen die Tabellen das Prognosemodell, welches in den Spalten angegeben wird, mit den verwendeten Clusteralgorithmen in den Zeilen, wobei jeder Clusteralgorithmus in Kombination mit dem entsprechenden Gütekriterium zur Bewertung der Optimalität einer Clusterlösung (`cost` vs. `stat`) aufgelistet ist.

Aus den Tabellen 6.16 und 6.17 wird ersichtlich, dass die Prognosegüte einzelner Verfahren in der Selektionsmethode `mult-BEST` vom Ziellieferservicegrad abhängt, da die Häufigkeiten der Prognosemodelle deutlich unterschiedlich ausfallen. Dennoch bleibt für beide Szenarien (SL_{α}=0.50 und 0.99) das Verfahren **`gl-ZIPois-Reg`** am ersten Platz, da es am häufigsten (218 Zeitreihen für SL_{α}=0.50 und 112 Zeitreihen für SL_{α}=0.99) als bestes Verfahren ausgewählt wird. Das zweitbeste Verfahren ist für beide Servicegrade bereits unterschiedlich: Für SL_{α}=0.50 **`gl-Pois-Reg`** sowie für SL_{α}=0.99 **`loc-ZINB-Reg`**.

Unter den Clusterverfahren dominiert **`KMeans`** mit der Häufigkeit 131 für SL_{α}=0.50. Die beste Clustermethode für SL_{α}=0.99 repräsentiert der Algorithmus **`PAMq-cost`** mit der Häufigkeit 119. **`KMeans-cost-gl-ZIPois-Reg`** ist mit der Häufigkeit 71 die beste Kombination aus einem Prognose- und Clusterverfahren für SL_{α}=0.50. Für SL_{α}=0.99 weist **`PAMq-cost-gl-ZIPois-Reg`** mit der Häufigkeit 23 die beste Prognosequalität auf.

Wird MAE als Kriterium zur Prognoseevaluation verwendet (Tabelle 6.18), so sind die zwei häufigsten Modellvarianten: **`loc-ZINB-Reg`** mit der Häufigkeit 112 und **`loc-Pois-Reg`** mit 95. Bezüglich der Clusterverfahren sind die Ergebnisse der Evaluation mit MAE den Ergebnissen auf der Grundlage von Gesamtkosten mit SL_{α}=0.99 hochgradig ähnlich. Beispielsweise wird der Algorithmus **`PAMq-cost`** auch am häufigsten zur Selektionsmethode `mult-BEST` ausgewählt.

Tabelle 6.16: Selektionsverfahren `mult-BEST` ausgewählt nach GK für SL_α=0.50, `AER`

`AER` mit I=693	`gl-Pois-Reg`	`gl-ZIPois-Reg`	`gl-HPois-Reg`	`gl-NB-Reg`	`gl-ZINB-Reg`	`gl-HNB-Reg`	`loc-Pois-Reg`	`loc-ZIPois-Reg`	`loc-HPois-Reg`	`loc-NB-Reg`	`loc-ZINB-Reg`	`loc-HNB-Reg`	Insgesamt	
`KMeans-stat`	24	25	3	5	2	1	1	2	3	1	3	0	70	
`KMeans-cost`	23	**71**	2	5	6	2	0	5	4	8	4	1		**131**
`AGNESm-stat`	7	26	3	6	5	3	1	3	1	0	10	0	65	
`AGNESm-cost`	3	10	0	1	8	2	0	2	0	0	5	0		31
`AGNESq-stat`	30	27	8	3	6	2	2	5	5	2	3	3	96	
`AGNESq-cost`	12	17	5	5	2	2	3	6	5	5	5	11		78
`PAMm-stat`	9	6	1	2	2	0	0	0	1	2	1	1	25	
`PAMm-cost`	4	5	1	4	3	1	3	1	2	1	6	1		32
`PAMq-stat`	11	16	10	0	1	9	2	3	1	2	4	10	69	
`PAMq-cost`	11	15	4	9	7	6	7	7	5	3	14	8		96
Insgesamt*	134	**218**	37	40	42	28	19	34	27	24	55	35	325	368

*Die Summe der absoluten Häufigkeiten über die letzten zwei Spalten der Zeile **Insgesamt** entspricht der Anzahl an Zeitreihen, welche mit multivariaten Verfahren prognostiziert wurden.

Tabelle 6.17: Selektionsverfahren `mult-BEST` ausgewählt nach GK für SL_α=0.99, `AER`

`AER` mit I=693	`gl-Pois-Reg`	`gl-ZIPois-Reg`	`gl-HPois-Reg`	`gl-NB-Reg`	`gl-ZINB-Reg`	`gl-HNB-Reg`	`loc-Pois-Reg`	`loc-ZIPois-Reg`	`loc-HPois-Reg`	`loc-NB-Reg`	`loc-ZINB-Reg`	`loc-HNB-Reg`	Insgesamt	
`KMeans-stat`	1	3	4	2	3	6	0	2	4	1	4	2	32	
`KMeans-cost`	6	7	1	7	8	4	4	7	4	11	4	6		69
`AGNESm-stat`	7	11	4	2	0	1	1	4	3	5	9	10	57	
`AGNESm-cost`	1	4	1	0	3	1	1	2	3	4	1	2		23
`AGNESq-stat`	7	19	8	5	9	6	5	11	9	5	17	5	106	
`AGNESq-cost`	7	18	8	3	5	8	2	11	5	7	12	4		90
`PAMm-stat`	0	7	1	6	1	8	1	3	4	1	6	9	47	
`PAMm-cost`	5	7	4	5	0	3	0	2	1	9	3	3		42
`PAMq-stat`	5	13	8	12	7	5	7	9	8	14	10	10	108	
`PAMq-cost`	6	**23**	9	15	8	5	13	7	8	10	11	4		**119**
Insgesamt*	45	**112**	48	57	44	47	34	58	49	67	77	55	350	343

*Die Summe der absoluten Häufigkeiten über die letzten zwei Spalten der Zeile **Insgesamt** entspricht der Anzahl an Zeitreihen, welche mit multivariaten Verfahren prognostiziert wurden.

Tabelle 6.18: Selektionsverfahren `mult-BEST` ausgewählt nach MAE, `AER`

`AER` mit I=693	`gl-Pois-Reg`	`gl-ZIPois-Reg`	`gl-HPois-Reg`	`gl-NB-Reg`	`gl-ZINB-Reg`	`gl-HNB-Reg`	`loc-Pois-Reg`	`loc-ZIPois-Reg`	`loc-HPois-Reg`	`loc-NB-Reg`	`loc-ZINB-Reg`	`loc-HNB-Reg`	Insgesamt	
`KMeans-stat`	0	1	0	0	1	1	1	2	1	5	5	5	22	
`KMeans-cost`	16	9	5	4	5	3	6	6	4	11	15	2		86
`AGNESm-stat`	10	6	4	8	3	5	9	6	3	6	12	1	73	
`AGNESm-cost`	6	2	3	2	3	5	2	3	0	7	6	0		39
`AGNESq-stat`	5	7	6	3	11	5	6	2	2	4	37	0	88	
`AGNESq-cost`	8	10	5	2	5	10	13	3	4	7	10	2		79
`PAMm-stat`	5	0	4	1	0	5	2	1	2	1	1	3	25	
`PAMm-cost`	4	1	1	2	0	3	2	2	7	2	2	5		31
`PAMq-stat`	6	11	12	5	5	10	46	3	14	4	4	3	123	
`PAMq-cost`	8	12	14	10	18	11	8	6	1	16	20	3		**127**
Insgesamt*	68	59	54	37	51	58	95	34	38	63	**112**	24	331	362

*Die Summe der absoluten Häufigkeiten über die letzten zwei Spalten der Zeile **Insgesamt** entspricht der Anzahl an Zeitreihen, welche mit multivariaten Verfahren prognostiziert wurden.

Die Auswertungen bezüglich der Häufigkeiten einzelner Modelle im Verfahren `mult-BEST` für die Datensätze `AUT` und `CAR` sind Anhang C3 zu entnehmen und den Ergebnissen für `AER` ähnlich:

- Anhand der Gesamtkosten für den Zielservicegrad SL_α=0.50 findet man den `KMeans` Algorithmus deutlich häufiger unter der Methode `mult-BEST`. Anhand der Gesamtkosten für den Zielservicegrad SL_α=0.99 und anhand von MAE weisen die Algorithmen `PAMq-stat` und `PAMq-cost` eine höhere Prognosegüte auf und werden häufiger als andere Clusteralgorithmen zum Verfahren `mult-BEST` gewählt.

- Anhand obiger Tabellen kann allerdings keine Aussage über die Performance der Optimalitätskriterien zur Bewertung einer Clusterlösung (`stat` und `cost`) getroffen werden. Für alle Datensätze und Prognoseevaluationskriterien sind sowohl die Verfahren auf Basis der `cost` Partitionen als auch die Verfahren auf Basis der `stat` Partitionen in vergleichbarem Ausmaß vertreten.

- Im Rahmen der Bestimmung der `mult-BEST` Methode werden am häufigsten die Modelle basierend auf der Poissonverteilung wie **`gl-/loc-Pois-Reg`** oder **`gl-/loc-ZIPois-Reg`** sowohl als kostenoptimale (GK) als auch als $MAE-$optimale Prognoseverfahren gewählt. Einer der Gründe ist deren numerische Stabilität bei der Parameterschätzung im Vergleich mit den anderen Modellen, worauf im nächsten Abschnitt eingegangen wird.

6.4.3 Numerische Probleme bei der Schätzung multivariater Verfahren

Die numerischen Problemfälle im Rahmen der Modellschätzung und Prognoseerstellung in der Fallstudie werden nachfolgend erläutert. Das Ausmaß dieser Probleme wird bezogen auf jeden Datensatz einzeln quantifiziert.

1. Die am häufigsten aufgetretene Fehlerursache, welche zu numerischen Problemen in der Parameterschätzung der Fallstudie führt, ist die Modellfehlspezifikation. Als Beispiel ist die Modellierung unter- oder äquidispersiver DGP (Erwartungswert kleiner oder gleich der Varianz) mit Modellen der NB-Verteilungen und nullinflationierter Mischverteilungen in den Gruppen sporadischer Zeitreihen zu nennen. In diesem Fall können die Restriktionen für die Modellparameter (wie positiver Überdispersionsparameter $\alpha^{NB}>0$ der NB2-Verteilung oder positive autonome Nullwahrscheinlichkeit $\omega>0$) nicht eingehalten werden. Demzufolge ist die Schätzung der Parameter aufgrund des Rangabfalls der Hesse-Matrix nicht möglich. In diesem Fall besteht eine praktische Lösung darin, einen Wechsel auf eine andere Modellklasse vorzunehmen, welche dem DGP der Zeitreihen genauer entspricht.

2. Eine andere Ursache numerischer Probleme bei der Modellschätzung ist eine langsame Konvergenz des numerischen Optimierungsverfahrens (siehe Abschnitt 3.3.1). Die Ursachen dafür werden exemplarisch analysiert, woraus resultiert, dass das Problem in der Regel bei der Schätzung der Paneldatenmodelle mit globalen Saison- und Trendstrukturen auf Basis der NB-Verteilung auftritt. Dabei zeichnen sich die Gruppen der Zeitreihen,

für welche dieses Problem registriert wird, durch ca. 70 – 80% an Nullbeobachtungen bei hohen (über 100) positiven Nachfragewerten aus. Für solche Zeitreihen ist die Schätzung der Strukturen in den Mischverteilungen dadurch erschwert, dass die Likelihood-Funktion für positive Nachfragebeobachtungen einen flachen Verlauf aufweist, da die Wahrscheinlichkeiten einer Langsamdreherverteilung für große (ab 100) Werte sehr gering sind. Somit ist die Suche nach einem Optimum numerisch schwer möglich. In diesem Fall empfiehlt sich ein Wechsel auf eine andere Modellklasse.

3. Bei Prognosen mit Hilfe exponentieller Glättung mit multiplikativer Saisonalität, welche anhand der in einem fixed-time-effects Paneldatenmodell geschätzten $\hat{\vartheta}_2^{loc}, \ldots, \hat{\vartheta}_T^{loc}$ Modellparameter erstellt werden, tritt ein weiteres Schätzproblem auf. Die multiplikativen Strukturkomponenten werden für die Inputzeitreihe $exp\left(\hat{\vartheta}_2^{loc}\right), \ldots, exp\left(\hat{\vartheta}_T^{loc}\right)$ mit der Funktion `ets()` aus dem R-Paket `forecast` (Versionen 5.7 und 5.8) geschätzt. Enthält die Zeitreihe $\hat{\vartheta}_2^{loc}, \ldots, \hat{\vartheta}_T^{loc}$ verhältnismäßig große positive oder negative Werte (in der Größenordnung ab 100), so kann die multiplikative Saisonkomponente für die Zeitreihe $exp\left(\hat{\vartheta}_2^{loc}\right), \ldots, exp\left(\hat{\vartheta}_T^{loc}\right)$ nicht geschätzt werden. Dieses Problem wird allerdings mit der Funktion `ets()` nicht automatisch aufgefangen.

4. Das generelle Problem im Rahmen einer rollierenden Prognosesimulation in der Fallstudie besteht darin, dass die Modellkalibration und Parameterschätzung ausgehend von jedem Prognoseursprung $N, \ldots, T$ erneut erfolgt. Demzufolge werden $(T - N + 1)$ Prognosepfade über die Wiederbeschaffungszeit zwar unabhängig voneinander erstellt, aber als eine Zeitreihe $S_{i,t}$ in ein Lagerhaltungssystem eingebettet. Fehlt in der entsprechenden Zeitreihe $S_{i,N+1}, \ldots, S_{i,T}$ mindestens eine Periode, so findet in der Fallstudie keine Evaluation der Prognose für die $i-$te Zeitreihe und für das entsprechende Prognoseverfahren statt. Dieser Problemtyp tritt in der Fallstudie relativ häufig auf. Einer der Gründe dafür ist die Datengrundlage der initialen Kalibrationsstichprobe. Besteht die initiale Kalibrationsstichprobe größtenteils aus Nullperioden (wie bei den Zeitreihen auf Abbildung 6.5), so ist die Modellschätzung aufgrund obiger numerischer Probleme 1 bis 3 in der Regel nicht möglich. Somit findet für die entspre-

chende Gruppe von Zeitreihen keine Evaluation statt, so dass fehlende Werte der Gütekriterien innerhalb des Evaluationszeitraums $N+1,\ldots,T$ resultieren. An dieser Stelle ist eine Back-Up Prognoselösung aus praktischer Sicht unverzichtbar, um die entstehenden Datenlücken durch Prognosen anderer Verfahren zu schließen (siehe Diskussion auf S. 220).

Das Ausmaß der numerischen Problemfälle wird nachfolgend diskutiert. Die Werte in den Tabellen 6.19, 6.20 und 6.21 geben an, wie häufig (für wie viele Zeitreihen) und für welche multivariate Prognosemodelle die Prognoseerstellung aufgrund numerischer Probleme nicht möglich war. Der Wert in jeder Zelle in der Tabelle 6.19 kann maximal I=693 abzüglich des korrespondierenden Wertes in der Spalte **Einzelne ZR** betragen und gibt an, für wie viele Zeitreihen keine Prognosen korrespondierend zum entsprechenden Cluster- (Zeilenüberschrift) und Prognoseverfahren (Spaltenüberschrift) vorliegen.

Beispielsweise liegen für das Verfahren `gl-ZINB-Reg` für `AER` bei der Clusteraufteilung von `PAMm-cost` für 455 aus 693 Zeitreihen keine Prognosen vor. Es werden allerdings nicht alle 693 sondern lediglich 681 Zeitreihen multivariat prognostiziert, da 12 Gruppen durch je eine Zeitreihe vertreten sind (die Werte in der Spalte **Einzelne ZR** in der Tabelle 6.19). Somit beträgt die Ausfallquote für das Verfahren `gl-ZINB-Reg` auf der Partition von `PAMm-cost` $\frac{455}{693-12}\approx 0.668$. Berechnet man die Ausfallquote für das Verfahren `gl-ZINB-Reg` (über alle Clusteralgorithmen), so resultiert $\frac{1971}{10\cdot 693-593}\approx 0.31$. Berechnet man die Ausfallquote für das Clusterverfahren `PAMm-cost` (über alle Prognosemodelle), so resultiert $\frac{712}{12\cdot 693-593}\approx 0.09$.

Die obige Rechnung bezieht sich auf ein Prognose- oder ein Clusterverfahren. In der letzten Spalte **Insgesamt von 76 044** wird die Summe der Werte der entsprechenden Zeile gebildet und repräsentiert die Anzahl der Problemfälle korrespondierend zum jeweiligen Clusteralgorithmus für alle 12 Prognosemodelle insgesamt. Die letzte Zeile mit der Überschrift **Insgesamt von 76 044** berechnet die Spaltensumme und repräsentiert die absolute Anzahl der Problemfälle korrespondierend zum Prognosemodell über alle 10 Clusteralgorithmen insgesamt. Der Wert **76 044** stellt die maximal mögliche Anzahl an Problemfällen über alle 10 Clusterverfahren und über alle 12 Prognosemodelle dar und lässt sich durch die Anzahl der Zeitreihen I abzüglich der einzelnen Zeitreihen als $693 \cdot 10 \cdot 12 - 593 \cdot 12 = 76\,044$ berechnen. Die Ausfallquote über alle Clusteralgorithmen und Prognoseverfahren beträgt somit für `AER` $\frac{5\,576}{76\,044} \approx 0.07$; für `AUT` $\frac{36\,495}{186\,672} \approx 0.20$ und für `CAR` sogar $\frac{75\,236}{215\,528} \approx 0.35$.

Tabelle 6.19: Numerische Problemfälle multivariater Verfahren, `AER`

`AER` mit I=693	`gl-Pois-Reg`	`gl-ZIPois-Reg`	`gl-HPois-Reg`	`gl-NB-Reg`	`gl-ZINB-Reg`	`gl-HNB-Reg`	`loc-Pois-Reg`	`loc-ZIPois-Reg`	`loc-HPois-Reg`	`loc-NB-Reg`	`loc-ZINB-Reg`	`loc-HNB-Reg`	**Insgesamt von 76 044**	**Einzelne ZR**
`KMeans-stat`	0	190	0	0	288	0	0	190	0	24	190	0	882	0
`KMeans-cost`	0	0	0	9	115	85	5	2	8	75	201	91	591	1
`AGNESm-stat`	0	0	0	42	135	37	4	6	13	94	142	48	521	174
`AGNESm-cost`	0	29	0	39	196	41	4	4	12	80	108	51	564	153
`AGNESq-stat`	0	2	0	47	60	44	17	15	12	94	105	64	460	161
`AGNESq-cost`	0	3	0	32	54	56	0	9	8	63	17	15	257	63
`PAMm-stat`	0	198	0	0	403	0	0	0	0	20	315	0	936	10
`PAMm-cost`	0	0	0	4	**455**	0	0	0	0	18	235	0	**712**	**12**
`PAMq-stat`	0	0	3	0	161	111	3	0	0	3	0	0	281	3
`PAMq-cost`	0	0	0	28	104	53	0	0	0	58	76	53	372	16
Insgesamt von 76 044	0	422	3	201	**1 971**	427	33	226	53	529	1 389	322	**5 576**	**593**

Hinsichtlich der numerischen Stabilität multivariater Verfahren in Kombination mit den Clusteralgorithmen kann folgendes festgestellt werden:

- Die Modelle `gl-Pois-Reg` und `loc-Pois-Reg` beweisen eine höhere numerische Stabilität als deren Mischverteilungen `ZIPois` sowie `HPois`.
- Bei der Schätzung der Modelle `gl-ZINB-Reg` und `loc-ZINB-Reg`, in welchen die Überdispersion sowohl durch die NB-Verteilung als auch durch die autonome Nullwahrscheinlichkeit modelliert wird, treten numerische Probleme am häufigsten auf.
- Bezüglich der Clusteralgorithmen zeichnen sich die Partitionen von `AGNESq` und `PAMq` in `AER` und `AUT` Daten durch geringere Ausfallraten im Vergleich

mit den anderen Clusteralgorithmen aus. Für **CAR** weisen die Algorithmen **AGNESm-cost** und **PAMm-cost** eine höhere numerische Stabilität auf.

Tabelle 6.20: Numerische Problemfälle multivariater Verfahren, **AUT**

AUT mit I=1676	gl-Pois-Reg	gl-ZIPois-Reg	gl-HPois-Reg	gl-NB-Reg	gl-ZINB-Reg	gl-HNB-Reg	loc-Pois-Reg	loc-ZIPois-Reg	loc-HPois-Reg	loc-NB-Reg	loc-ZINB-Reg	loc-HNB-Reg	**Insgesamt von 186 672**	**Einzelne ZR**
KMeans-stat	0	701	0	308	1 022	564	0	0	8	490	852	572	4 517	1
KMeans-cost	0	507	0	197	1 043	661	0	0	8	567	746	502	4 231	1
AGNESm-stat	0	2	14	355	663	456	0	0	2	775	837	442	3 546	263
AGNESm-cost	0	442	2	246	986	483	0	0	164	589	735	635	4 282	97
AGNESq-stat	0	0	10	376	463	307	0	4	0	873	707	258	2 998	457
AGNESq-cost	0	277	152	115	954	714	0	5	43	148	866	677	3 951	107
PAMm-stat	0	0	4	333	563	381	0	0	20	803	826	349	3 279	97
PAMm-cost	0	539	0	132	1 172	415	0	0	0	263	897	263	3 681	9
PAMq-stat	0	0	0	344	532	353	0	0	21	781	800	323	3 154	163
PAMq-cost	0	0	0	0	854	607	0	0	0	0	870	525	2 856	9
Insgesamt von 186 672	0	2 468	182	2 406	8 252	4 941	0	9	266	5 289	8 136	4 546	**36 495**	**1 204**

Tabelle 6.21: Numerische Problemfälle multivariater Verfahren, **CAR**

CAR mit I=2488	gl-Pois-Reg	gl-ZIPois-Reg	gl-HPois-Reg	gl-NB-Reg	gl-ZINB-Reg	gl-HNB-Reg	loc-Pois-Reg	loc-ZIPois-Reg	loc-HPois-Reg	loc-NB-Reg	loc-ZINB-Reg	loc-HNB-Reg	**Insgesamt von 215 528**	**Einzelne ZR**
KMeans-stat	0	890	1 206	48	2 124	1 622	0	180	659	84	1 775	1 537	10 125	1
KMeans-cost	0	210	805	94	1 961	1 576	0	80	801	257	1 572	1 528	8 884	5
AGNESm-stat	1 325	1 327	1 338	1 333	1 327	1 338	3	52	98	675	993	350	10 159	1 134
AGNESm-cost	0	319	290	35	1 010	660	0	18	129	122	1 088	684	4 355	864
AGNESq-stat	1 499	1 503	1 528	1 548	1 537	1 569	8	89	276	873	1 445	925	12 800	649
AGNESq-cost**	-	-	-	-	-	-	-	-	-	-	-	-	-	2 488
PAMm-stat	761	749	1 023	661	1 449	1 228	0	78	442	342	692	1 062	8 487	457
PAMm-cost	0	10	99	48	562	557	0	21	83	296	1 021	590	3 287	843
PAMq-stat	395	445	579	605	912	1 045	3	75	308	1 056	1 525	948	7 896	448
PAMq-cost	0	1 092	632	71	2 044	1 459	0	66	660	120	1 611	1 488	9 243	22
Insgesamt von 215 528	3 980	6 545	7 500	4 443	12 926	11 054	14	659	3 456	3 825	11 722	9 112	**75 236**	**6 911**

Die kostenoptimale Partition **AGNESq-cost besteht lediglich aus einzelnen Zeitreihen.

6.4.4 Gemeinsame Strukturkomponenten in sporadischen Aggregaten

Die Hauptmotivation für den Einsatz multivariater Prognoseverfahren für sporadische Zeitreihen ist die Verbesserung der Prognosegüte und Prognosegenauigkeit durch die Ermittlung von Strukturen im Aggregat, die auf der Itemebene nicht messbar sind. Die nachfolgenden Tabellen verschaffen einen Überblick über die in den sporadischen Zeitreihen vorhandenen Strukturen:

- Zum Zweck der Übersichtlichkeit erfolgt keine explizite Unterscheidung nach einem Prognoseverfahren und Clusterverfahren. Dementsprechend werden für jeden Datensatz die über alle Clusterverfahren gebildeten Gruppen betrachtet.

- Für jeden Zeitreihencluster wird das kostenoptimale Modell im Rahmen einer monetären Evaluation (mit GK) der Quantilsprognosen für die Ziellieferservicegrade SL_α=0.50 sowie für SL_α=0.99 spezifiziert. Hierbei muss beachtet werden, dass eine unterschiedliche Anzahl an Gruppen in einer Clusterlösung für verschiedene Ziellieferservicegrade optimal sein kann. Somit unterscheidet sich die Gesamtanzahl an betrachteten Gruppen, wobei die Anteile der Gruppen mit jeweiligen Strukturkomponenten für unterschiedliche Gruppengrößen nur geringfügig variiert:

  - Tabelle 6.22, `AER` (1 045 Gruppen für SL_α=0.50 vs. 1 041 für SL_α=0.99)

  - Tabelle 6.23, `AUT` (2 778 Gruppen für SL_α=0.50 vs. 2 787 für SL_α=0.99)

  - Tabelle 6.24, `CAR` (3 972 Gruppen für SL_α=0.50 vs. 3 971 für SL_α=0.99)

- Die Unterscheidung der geschätzten Modelle (Spaltenüberschrift) erfolgt nach der Paneldatenmodellart: `loc` für lokale Strukturen in fixed-time-effects Modellen und `gl` für globale Strukturen in fixed-group-effects Modellen (Abschnitt 3.2.3 sowie Abbildung 3.2 auf S. 70). Es wird nach der Art der ausgewählten multiplikativen Strukturkomponenten wie Niveau, Trend und Saison unterschieden. Die globale itemspezifische Niveaukomponente

($\widehat{Level_i}=e^{\hat{\vartheta}_{level_i}}$) bleibt ein fester Bestandteil jedes Modells, welches ggf. um eine gemeinsame lokale oder globale Trend- $\widehat{Trend_t}$ oder Saisonkomponente $\widehat{Season_t}$ erweitert wird. Zusätzlich wird für die Modelle mit lokalen Strukturkomponenten `loc` ein zeitreihenübergreifendes Niveau mit exponentieller Glättung geschätzt: Beispielsweise für das Modell mit Trend- und Saisonkomponenten als $\widehat{\vartheta_t^{loc}} \sim \widehat{Level_t}^{loc} \cdot \widehat{Trend_t}^{loc} \cdot \widehat{Season_t}^{loc}$ (Abschnitt 4.1.2 und Formel 4.6 auf S. 98). In diesem Fall muss das itemspezifische Niveau korrekt als $\widehat{Level_{i,t}}=\widehat{Level_i} \cdot \widehat{Level_t}^{loc}$ parametrisiert werden.

- Hinsichtlich der **Gruppengröße** (Zeitreihenanzahl pro Cluster) werden sechs Klassen (Zeilenüberschrift in Tabellen 6.22, 6.23 und 6.24) analysiert.

Tabelle 6.22: Strukturkomponenten in kostenoptimalen Modellen, **AER**

Gruppen-größe	Gruppenanzahl mit Strukturkomponenten								Gruppen insgesamt
	$\widehat{Level_{i,t}}$		$\widehat{Level_{i,t}} \cdot \widehat{Trend_t}$		$\widehat{Level_{i,t}} \cdot \widehat{Season_t}$		$\widehat{Level_{i,t}} \cdot \widehat{Trend_t} \cdot \widehat{Season_t}$		
AER	gl*	loc	gl*	loc	gl*	loc	gl*	loc	
Ziellieferservicegrad SL_α=0.50									
[2, 5)	39	53	33	7	119	78	189	2	**520**
[5, 10)	8	42	5	3	54	34	84	4	234
[10, 50)	13	54	1	9	30	37	94	4	242
[50, 100)	0	6	0	0	2	4	13	0	25
[100, 150)	0	7	0	0	0	2	5	0	14
[150, 200]	0	3	0	1	1	2	3	0	**10**
Insgesamt	**60**	**165**	39	20	206	157	**388**	10	**1 045**
Ziellieferservicegrad SL_α=0.99									
[2, 5)	25	153	21	4	90	79	142	4	**518**
[5, 10)	8	63	7	3	45	41	62	5	234
[10, 50)	14	56	3	9	30	41	80	7	240
[50, 100)	1	3	0	0	4	3	15	0	26
[100, 150)	0	3	0	0	2	2	7	0	14
[150, 200]	0	1	0	1	2	3	2	0	**9**
Insgesamt	**48**	**279**	31	17	173	169	308	16	**1 041**

* Für Modelle mit globalen Strukturkomponenten **gl** wird das Niveau der i–ten Zeitreihe durch einen konstanten Wert repräsentiert, so dass $\widehat{Level_{i,t}}=\widehat{Level_i}=e^{\hat{\vartheta}_{level_i}}$

Betrachtet man Tabelle 6.22 für SL_α=0.50, so repräsentiert der Wert 1 045 die Gesamtanzahl an Gruppen in den kostenoptimalen Clusteraufteilungen für alle 10 verwendeten Clusteralgorithmen der **AER** Daten. Davon wird für 125 Gruppen (≈12%) das Modell mit itemspezifischem lokalem Level $\widehat{Level_i}$ und für 388 Gruppen (≈37%) das Modell $\widehat{Level_i} \cdot \widehat{Trend_t} \cdot \widehat{Season_t}$ mit itemspezifischem globalem Level und globalen gemeinsamen Trend- und Saisonkomponenten als bestes Modell ausgewählt. Anhand der letzten Spalte **Gruppen insgesamt** kann festgestellt werden, wie viele Gruppen, sortiert nach **Gruppengröße**, geschätzt werden. Beispielsweise liegen über alle Clusteralgorithmen insgesamt 520 Gruppen für SL_α=0.50 und 518 für SL_α=0.99 mit 2 bis unter 5 Zeitreihen vor. Die Gruppenanzahl mit 150 bis unter 200 Zeitreihen beträgt für `AER` 10 Gruppen für SL_α=0.50 und 9 für SL_α=0.99.

Tabelle 6.23: Strukturkomponenten in kostenoptimalen Modellen, `AUT`

Gruppen-größe `AUT`	Gruppenanzahl mit Strukturkomponenten*								Gruppen insgesamt
	$\widehat{Level}_{i,t}$		$\widehat{Level}_{i,t} \cdot \widehat{Trend}_t$		$\widehat{Level}_{i,t} \cdot \widehat{Season}_t$		$\widehat{Level}_{i,t} \cdot \widehat{Trend}_t \cdot \widehat{Season}_t$		
	`gl`*	`loc`	`gl`*	`loc`	`gl`*	`loc`	`gl`*	`loc`	
Ziellieferservicegrad SL_α=0.50									
[2, 5)	65	644	35	53	360	39	296	3	1 495
[5, 10)	22	297	14	33	179	15	140	2	702
[10, 50)	8	198	4	11	79	30	89	15	434
[50, 100)	0	28	1	0	3	26	9	23	90
[100, 150)	0	5	0	0	7	16	9	5	42
[150, 200]	0	3	0	0	6	4	0	2	15
Insgesamt	**95**	**1 175**	54	97	634	130	543	50	**2 778**
Ziellieferservicegrad SL_α=0.99									
[2, 5)	55	715	34	57	314	34	289	2	1 500
[5, 10)	25	316	10	28	173	10	137	3	702
[10, 50)	9	195	4	10	93	24	84	16	435
[50, 100)	2	18	1	0	12	24	21	13	91
[100, 150)	0	5	0	0	6	17	13	2	43
[150, 200]	0	4	0	0	6	3	1	2	16
Insgesamt	**91**	**1 253**	49	95	604	112	545	38	**2 787**

* Für Modelle mit globalen Strukturkomponenten `gl` wird das Niveau der i-ten Zeitreihe durch einen konstanten Wert repräsentiert, so dass $\widehat{Level}_{i,t}=\widehat{Level}_i=e^{\hat{\vartheta}_{level_i}}$

Hinsichtlich der Strukturkomponenten in kostenoptimalen Modellen lassen sich folgende Erkenntnisse zusammenfassen:

- Die in kostenoptimalen Modellen enthaltenen Strukturkomponenten variieren in Abhängigkeit von der Gruppengröße und vom gewählten Ziellieferservicegrad, wobei die Unterschiede deutlich vom Datensatz abhängen. Für `AER` (Tabelle 6.22) liegt der Anteil an Gruppen mit ausschließlich einem itemspezifischen Niveau (globales $Level_i$ oder lokales $Level_{i,t}$) für SL_α=0.50 bei $\frac{60+165}{1045}\approx0.22$ und für SL_α=0.99 sogar bei $\frac{48+279}{1041}\approx0.31$. Die entsprechenden Werte betragen $\frac{95+1175}{2778}\approx0.46$ sowie $\frac{91+1253}{2787}\approx0.48$ für `AUT` und $\frac{215+1060}{3972}\approx0.32$ sowie $\frac{216+1343}{3971}\approx0.39$ für `CAR`, wobei die Modelle mit lokalem Niveau (Spalte $Level_{i,t}$-`loc`) die Modelle mit globalem konstantem Niveau $Level_i$ (Spalte $Level_{i,t}$-`gl`) für alle drei Datensätze deutlich dominieren. Festzustellen ist hierbei, dass kostenoptimale multivariate Modelle für ca. die Hälfte der **AUT**-Gruppen aufgrund der Datensporadizität und der Kürze der Zeitreihen lediglich eine lokale oder globale Niveaukomponente enthalten. Dabei dominieren unter den Modellen mit lediglich itemspezifischen Niveaus die lokalen Modelle, womit die Existenz der in den Zeitreihen vorhandenen instationären Verläufe bestätigt wird.

- In 60 bis 80% der Gruppen für **AER** und **CAR** enthalten die kostenoptimalen Modelle neben einer itemspezifischen Niveaukomponente weitere Strukturkomponenten wie Trend oder Saison.

Tabelle 6.24: Strukturkomponenten in kostenoptimalen Modellen, **CAR**

Gruppen-größe CAR	Gruppenanzahl mit Strukturkomponenten*								Gruppen insgesamt
	$\widehat{Level}_{i,t}$		$\widehat{Level}_{i,t}\cdot\widehat{Trend}_t$		$\widehat{Level}_{i,t}\cdot\widehat{Season}_t$		$\widehat{Level}_{i,t}\cdot\widehat{Trend}_t\cdot\widehat{Season}_t$		
	gl*	loc	gl*	loc	gl*	loc	gl*	loc	
Ziellieferservicegrad SL_α=0.50									
[2, 5)	156	619	119	86	294	457	416	58	2 205
[5, 10)	48	278	65	81	105	151	304	23	1 055
[10, 50)	11	133	20	36	52	105	206	16	579
[50, 100)	0	27	6	8	0	20	37	6	104
[100, 150)	0	3	1	0	0	10	14	0	28
[150, 200]	0	0	0	0	0	0	1	0	1
Insgesamt	**215**	**1 060**	211	211	451	743	978	103	**3 972**
Ziellieferservicegrad SL_α=0.99									
[2, 5)	167	775	130	84	253	406	343	54	2 212
[5, 10)	42	371	58	86	99	123	256	23	1 058
[10, 50)	7	171	17	45	50	88	177	18	573
[50, 100)	0	22	6	10	2	19	36	5	100
[100, 150)	0	4	0	1	1	12	9	0	27
[150, 200]	0	0	0	0	0	0	1	0	1
Insgesamt	**216**	**1 343**	211	226	405	648	822	100	**3 971**

* Für Modelle mit globalen Strukturkomponenten `gl` wird das Niveau der i−ten Zeitreihe durch einen konstanten Wert repräsentiert, so dass $\widehat{Level}_{i,t}=\widehat{Level}_i=e^{\hat{\vartheta}_{level_i}}$

- Aus den Tabellen wird ersichtlich, dass die Identifikation gemeinsamer Strukturen von der Gruppengröße abhängt. Betrachtet man das Szenario für SL_α=0.99, so beträgt der Anteil an Gruppen mit lokalen und globalen gemeinsamen Strukturkomponenten (alle Spalten außer $Level_{i,t}$-`gl` und $Level_{i,t}$-`loc`) für kleinere Gruppen mit 2 bis unter 10 Zeitreihen für den Datensatz **AER** ca. 66%, für **AUT** ca. 49% und für **CAR** ca. 58%. Für die Gruppen mit 10 bis 200 Zeitreihen sind die entsprechenden Werte für **AER** Daten ca. 73%, für **AUT** ca. 60% und für **CAR** ca. 71%. Dies impliziert, dass die Identifizierung von Trend- und Saisonstrukturen durch eine geringe Anzahl an Zeitreihen erheblich erschwert ist. Das Problem der Kürze der Zeitreihen kommt in **AUT** (Gesamtlänge T=24 Perioden) hinzu. U.U. kann es sinnvoll sein, für kleine Gruppen mit kurzen Zeitreihen univariate Verfahren zur Prognose anzuwenden. Es ist außerdem anzumerken, dass die Modelle mit globalen Saisonkomponenten den Modellen mit lokalen Saisonstrukturen in allen drei Datensätzen vorzuziehen sind.

Die obigen Ergebnisse des Abschnittes 6.4 beziehen sich auf die Evaluation der Prognosen multivariater Verfahren. Da der Fokus auf dem Vergleich der Prognosegüte multivariater mit univariaten Prognosemethoden liegt, wird im nächsten Abschnitt auf die Evaluation univariater Verfahren eingegangen.

6.5 Prognoseevaluation univariater Verfahren für Basiskonfigurationen

Die univariaten Verfahren der Fallstudie werden im Rahmen einer rollierenden Prognosesimulation hinsichtlich deren Prognosegüte anhand von Gesamtkosten GK und statistisch mit MAE zunächst für die zwei Basisszenarien analog zum multivariaten Fall evaluiert. Die Verteilungen der Rangplätze für die Prognosegüte im Sinne der Gesamtkosten GK und im Sinne von MAE können den nachfolgenden Boxplots auf Abbildung 6.11 exemplarisch für **AER** entnommen werden. Zur Rangvergabe wurden lediglich die Zeitreihen herangezogen, für welche jedes Verfahren numerisch berechnet werden konnte. Die Boxplots mit den Verteilungen der Rangplätze für **AUT** sowie **CAR** sind in Anhang C2 zu finden. Die Abbildung 6.11 umfasst drei Rankings hinsichtlich der Gesamtkosten GK_i für SL_α=0.50, für SL_α=0.99 sowie hinsichtlich der MAE_i exemplarisch für alle **AER** Zeitreihen i=1, . . . , 693.

Aus Abbildung 6.11 wird ersichtlich, dass die Wahl der besten Methode sowohl vom Evaluationsszenario als auch vom Evaluationskriterium abhängt. So gehören die für SL_{α}=0.50 hinsichtlich des Medians kostenoptimalen Verfahren `NB`, `ZINB` und `HNB` bei SL_{α}=0.99 nicht mehr zu den besten Methoden.

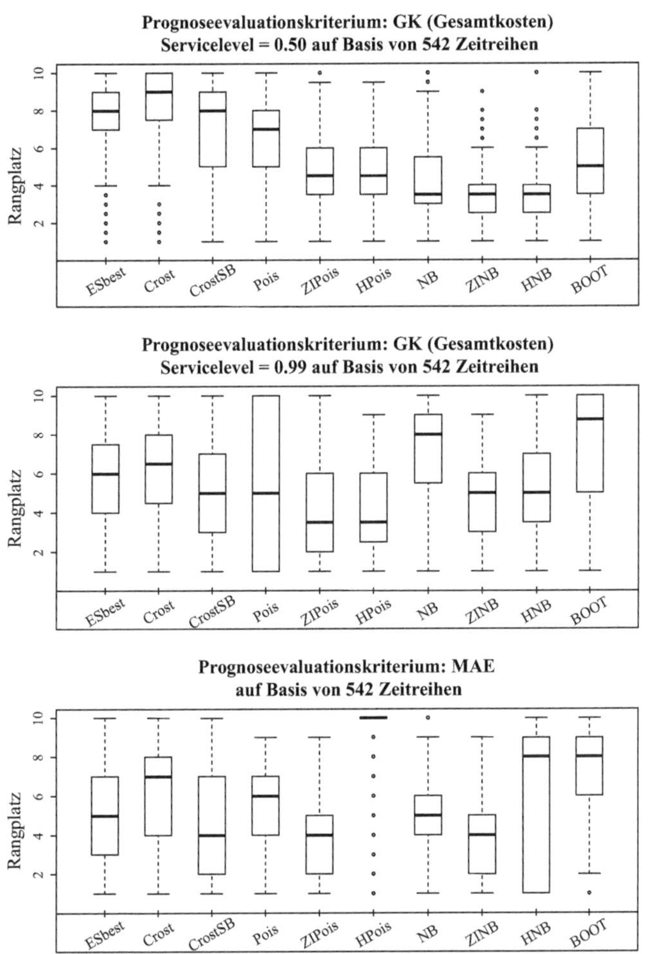

Abbildung 6.11: Ranking univariater Prognoseverfahren anhand von Kosten sowie anhand von MAE, `AER`, I=693

Wird das Methodenranking basierend auf MAE betrachtet, weist beispielsweise **HNB** sogar eine deutlich schlechtere Prognosegüte im Vergleich mit den konkurrierenden univariaten Verfahren auf, was sowohl durch hohe Streuung der Rangplätze als auch durch einen vergleichsweise hohen Wert 8 des Medians ausgezeichnet wird. Somit eignen sich die statistischen Kriterien (hier MAE) nur suboptimal zur Messung der Prognosegüte im betriebswirtschaftlichen Kontext.

Die Auswahl der univariaten Prognoseverfahren anhand der Boxplots der Rangverteilungen (Median der Verteilung sowie Interquartilsabstand) ist in Tabelle 6.25 für alle Datensätze der Fallstudie dargestellt. Die in der Tabelle grau hinterlegten Zellen kennzeichnen die univariaten Verfahren, welche sowohl hinsichtlich eines geringen Medianwertes als auch hinsichtlich des IQR der Rangplatzverteilung den Konkurrenzverfahren vorzuziehen sind.

Tabelle 6.25: Auswahl univariater Methoden anhand von Kennzahlen der Rangplatzverteilungen (exemplarisch für **AER**)

Kennzahl	**Kosten für SL_α**		MAE	**Kosten für SL_α**		MAE	**Kosten für SL_α**		MAE
	0.50	0.99		0.50	0.99		0.50	0.99	
	Datensatz AER			**Datensatz AUT**			**Datensatz CAR**		
	HNB	ZIPois	CrostSB		Pois	ZIPois		NB	ZIPois
Median			ZIPois	ZIPois		ZINB		ZIPois	
	ZINB	HPois	ZINB	HPois	ZIPois	ZIPois	ZIPois	HPois	ZINB
	HNB		HPois	ZINB	HPois	ZINB	ZINB	ZINB	
IQR		ZINB	NB	HNB	ZINB	HPois	HPois	HNB	Pois
			Pois			HNB	HNB		NB

Die univariaten Mischverteilungen **ZINB**, **HNB**, **ZIPois** sowie **HPois** weisen sowohl kostenorientiert als auch anhand des MAE häufiger eine höhere Prognosegüte im Vergleich mit den Konkurrenzverfahren auf. Zugleich treten bei den Mischverteilungsmodellen auch häufig numerische Probleme bei der Parameterschätzung auf (siehe Tabelle 6.26). Ähnlich wie im multivariaten Fall führt die Schätzung der Parameter einer **NB**, **HNB** oder einer **ZINB** Verteilung am häufigsten zu numerischen Problemen. Für den Datensatz **AUT** ist der Anteil an fehlenden Prognosen dieser Verteilungsmodelle am höchsten, da die Eigenschaft der Überdispersion in **AUT** Zeitreihen in Kombination mit einem relativ geringen Nullanteil (0.2 bis 0.45) und der Kürze der Zeitreihen (Gesamtlänge T=24) mit der NB-Verteilung schwer abzubilden ist.

Tabelle 6.26: Numerische Problemfälle univariater Verfahren

Datensatz	ESbest	Crost	CrostSB	Pois	ZIPois	HPois	NB	ZINB	HNB	BOOT
AER, I=693	0	0	0	0	0	0	149	3	4	0
AUT, I=1676	0	0	0	0	61	0	612	26	0	0
CAR, I=2488	0	0	0	0	81	0	636	81	194	0

Wird beispielsweise ein überdispersiver DGP mit einer deutlich größeren Varianz als der Erwartungswert (um 4 – 10 Mal größer) und gleichzeitig mit einem hohen Nullanteil modelliert, so kann dieser durch eine NB-Verteilung nicht akkurat abgebildet werden, da mit der univariaten NB-Verteilung keine explizite Modellierung der Nullwahrscheinlichkeit erfolgen kann. Die Nullwahrscheinlichkeit resultiert implizit aus dem Verhältnis zwischen dem Erwartungswert λ und dem Überdispersionsparameter α^{NB} (oder θ^{NB}). Auch die Unterdispersion kann mit der NB-Verteilung nicht modelliert werden. In diesem Fall erfolgt die numerische Suche nach optimalen Verteilungsparametern an den Rändern der Parameterräume, was zum Rangabfall der Hesse-Matrix führen kann.

Wird das für jede Zeitreihe beste univariate Verfahren `univ-BEST` bestimmt, ergeben sich die Häufigkeiten in der Tabelle 6.27. `univ-BEST` stellt keine konkurrierende Prognosemethode sondern lediglich das Selektionsverfahren dar, welches zeitreihenspezifisch durch eine Auswahl aus den 10 univariaten Methoden bestimmt wird. `univ-BEST` repräsentiert analog zu `mult-BEST` eine maximal erzielbare Prognosegüte univariater Verfahren ex post.

Betrachtet man die in Tabelle 6.27 aufgelisteten Häufigkeiten, so weichen die Ergebnisse für die Wahl eines optimalen Prognoseverfahrens (wie im multivariaten Fall) von den Ergebnissen anhand der Rangverteilungen auf den Boxplots ab. Für SL_α=0.99 wird beispielsweise die Poissonverteilung `Pois` am häufigsten als bestes Verfahren hinsichtlich der Gesamtkosten GK ausgewählt. Die Glättungsmethode `Crost` weist im Ranking anhand der Boxplots nur eine mittelmäßige Prognosegüte auf, ähnlich schneidet das Verfahren `BOOT` ab, welches für den Datensatz `CAR` und SL_α=0.50 für die Hälfte der

Zeitreihen als bestes Verfahren gewählt wird. Auf der Grundlage der Evaluation mit MAE dominiert für AER und CAR das Verfahren HNB, welchem CrostSB folgt. Für AUT kommt CrostSB am häufigsten vor, den zweiten Platz belegt ZIPois.

Tabelle 6.27: Zeitreihenspezifische Auswahl univariater Verfahren zum Selektionsverfahren univ-BEST

	ESbest	Crost	CrostSB	Pois	ZIPois	HPois	NB	ZINB	HNB	BOOT	Insgesamt
GK–Evaluation, Ziellieferservicegrad SL_α=0.50											
AER, I=693	36	44	95	9	19	5	50	202	39	194	693
AUT, I=1676	204	476	391	22	45	9	53	294	30	152	1676
CAR, I=2488	207	208	284	26	24	6	49	482	11	1191	2488
GK–Evaluation, Ziellieferservicegrad SL_α=0.99											
AER, I=693	51	37	85	215	73	43	16	82	55	36	693
AUT, I=1676	198	165	335	449	137	52	23	176	91	50	1676
CAR, I=2488	203	385	483	781	137	83	25	261	54	76	2488
Evaluation von Punktprognosen mit MAE											
AER, I=693	64	9	173	27	61	15	39	89	190	26	693
AUT, I=1676	31	149	395	21	378	33	14	320	131	204	1676
CAR, I=2488	279	35	484	41	281	320	52	249	697	50	2488

6.6 Prognosegüte uni- und multivariater Verfahren für Basiskonfigurationen

Die obigen Teilabschnitte 6.4 und 6.5 führen einen Verfahrensvergleich für jeweils eine Verfahrensklasse (univariat und multivariat) durch. Vergleicht man die univariaten und multivariaten Verfahren hinsichtlich der Prognosegüte miteinander, so muss zunächst eine für alle Verfahren geltende Datengrundlage gewählt werden. Da die Prognosen mit multivariaten Verfahren nicht für jede Zeitreihe aus dem Datensatz vorliegen (aufgrund numerischer Probleme bzw. Gruppen mit einer einzelnen Zeitreihe), wird folgende Technik verwendet: Für die Zeitreihen, deren Prognosen durch multi- oder univariate Verfahren und somit auch das Prognosegütekriterium (MAE oder Gesamtkosten GK einer Lagerhaltung) fehlen, wird der Wert des Evaluationskriteriums des Verfahrens `univ-BEST` zur Analyse herangezogen.

Diese Vorgehensweise stellt somit eine Kombination von uni- und multivariaten Prognoseverfahren dar, welche aus praktischer Sicht im Rahmen eines Prognoseprozesses sinnvoll eingesetzt werden kann. Diese Technik stellt sicher, dass jede Zeitreihe trotz numerischer Probleme prognostiziert wird. Ob diese Kombination aus den multi- und univariaten Verfahren als eigenes Verfahren eine höhere Prognosegüte gewährleistet, muss allerdings separat evaluiert werden. Die entsprechende Evaluation solcher Kombinationstechniken bester uni- und multivariater Prognosemethoden wird im Rahmen der Arbeit nicht durchgeführt. Die Methoden `mult-BEST` sowie `univ-BEST` repräsentieren die maximal erzielbare Güte von ex post erstellten uni- und multivariaten Prognosen.

In den Tabellen 6.28, 6.29 und 6.30 sind die Ergebnisse des Verfahrensvergleichs für die Basisszenarien (siehe S. 214) für alle uni- und multivariaten Prognoseverfahren der Fallstudie in Kombination mit dem als Ausweichlösung verwendeten Verfahren `univ-BEST` exemplarisch für den Datensatz `AER` aufgeführt. Die entsprechenden Tabellen für `AUT` und `CAR` sind in Anhang C4 enthalten, da diese den Ergebnissen für `AER` hochgradig ähnlich sind. Die Tabellen 6.28, 6.29 und 6.30 geben das Verhältnis des Wertes einzelner Evaluationsmaße für jedes Prognoseverfahren zum bestmöglichen Wert des Evaluationsmaßes (minimaler Kostenwert oder minimaler Wert von MAE) an, welcher in allen Tabellen mit 1.00 notiert ist. Die Werte in den Tabellen repräsentieren einen prozentualen Abstieg des Evaluationskriteriums entsprechender Verfahren im Vergleich mit dem besten Prognoseverfahren. Stellen die Werte mehr als das 10–fache des optimalen Wertes dar, so sind diese in kleinerer Schrift in den Tabellen zu finden. Grau hinterlegt sind sowohl die Werte der selektierten Verfahren `mult-BEST` und `univ-BEST` als auch die Werte der Verfahren mit den geringsten Kosten GK oder mit dem geringsten MAE innerhalb der jeweiligen Gruppe uni- oder multivariater Verfahren.

Tabelle 6.28: Vergleich der Prognosegüte uni- und multivariater Verfahren anhand von Gesamtkosten für SL_α=0.50, AER

AER mit I=693	gl-Pois-Reg	gl-ZIPois-Reg	gl-HPois-Reg	gl-NB-Reg	gl-ZINB-Reg	gl-HNB-Reg	loc-Pois-Reg	loc-ZIPois-Reg	loc-HPois-Reg	loc-NB-Reg	loc-ZINB-Reg	loc-HNB-Reg
KMeans-stat	2.46	1.69	1.69	1.51	1.44	1.45	2.55	1.60	2.43	1.51	3.72	2.18
KMeans-cost	2.44	1.67	1.69	1.50	1.41	63.4	$2.2\cdot10^{14}$	2.85	2.58	$5.2\cdot10^{4}$	3.78	62
AGNESm-stat	1.64	1.38	1.39	1.41	1.32	2.27	$2.2\cdot10^{14}$	22.1	2.04	$1.2\cdot10^{25}$	18.2	20.5
AGNESm-cost	1.65	1.42	1.43	1.41	1.35	1.37	$2.2\cdot10^{14}$	22	1.91	$2.2\cdot10^{5}$	18.2	13.9
AGNESq-stat	2.32	$6\cdot10^{4}$	1.94	1.59	1.39	1.85	$2.5\cdot10^{18}$	$2.2\cdot10^{5}$	2.02	$1.5\cdot10^{11}$	$1.3\cdot10^{12}$	22.9
AGNESq-cost	2.12	1.43	1.44	1.38	1.31	2.40	63.1	36.9	2.01	1.40	$2.9\cdot10^{19}$	31.7
PAMm-stat	2.49	1.70	1.71	1.50	1.43	1.45	2.51	1.50	1.96	1.50	1.38	1.84
PAMm-cost	2.49	1.64	1.66	1.46	1.40	1.42	2.48	1.56	2.07	1.50	1.41	1.83
PAMq-stat	2.49	1.76	1.74	1.48	1.55	1.50	$2.9\cdot10^{4}$	1.59	1.55	1.57	1.49	1.45
PAMq-cost	2.27	1.39	1.40	1.34	1.29	17.4	2.36	1.56	1.81	1.43	1.35	149
Univariat	mult-BEST	univ-BEST	ESbest	CrostSB	Crost	Pois	ZIPois	HPois	NB	ZINB	HNB	BOOT
	1.00	1.30	3.00	4.12	2.83	2.49	2.20	2.20	1.40	1.46	1.46	1.58

Die Ergebnisse des Methodenvergleichs werden für alle Datensätze zusammengefasst:

- Sowohl anhand von GK für SL_α=0.50 als auch für SL_α=0.99 und für MAE erkennt man einen deutlichen Vorrang des Benchmarks mult-BEST. Dieses Ergebnis lässt sich für alle Datensätze festhalten. Auffällig ist, dass die zweitbeste Methode häufig die Selektionsmethode univ-BEST (siehe Tabellen 6.29 und 6.30) aber auch ein multivariates Verfahren (gl-ZINB-Reg in Kombination mit PAMq-cost in Tabelle 6.28) darstellt.

- Für den Zielservicegrad SL_α=0.50 weisen die Prognosen auf den PAMq-cost Partitionen die beste Prognosegüte in AER und AUT Daten auf, während für SL_α=0.99 und MAE in CAR die Partitionen von AGNESq oder AGNESm zu nennen sind.

- Das beste multivariate Verfahren lässt sich nicht datenübergreifend bestimmen und variiert in Abhängigkeit vom gewählten Zielservicegrad. Es kann lediglich festgestellt werden, dass sich unter den besten Prognosemodellen die Mischverteilungsregressionen (lokal oder global) vorfinden, obwohl sich diese Modelle durch eine hohe numerische Instabilität auszeichnen (siehe Tabellen 6.19, 6.20 und 6.21). Sofern also Prognosen mit Hilfe dieser Methoden erstellt werden können, weisen diese Prognosen eine deutlich höhere Prognosegüte als die Prognosen anderer Modelle auf.

- Insgesamt sind die Abstände multivariater Verfahren vom Wert **mult-BEST** für der Servicegrad SL_α=0.99 deutlich größer als für SL_α=0.50, so dass jedes multivariate Verfahren zu höheren Kosten führt als die bestmögliche Verfahrenskombination **mult-BEST**. Dies ist dadurch zu erklären, dass die multivariaten Modelle tendenziell mehr Fehlmengen prognostizieren, welche bei höheren Servicegraden mehr Kosten verursachen.

Tabelle 6.29: Vergleich der Prognosegüte uni- und multivariater Verfahren anhand von Gesamtkosten für SL_α=0.99, **AER**

AER mit I=693	gl-Pois-Reg	gl-ZIPois-Reg	gl-HPois-Reg	gl-NB-Reg	gl-ZINB-Reg	gl-HNB-Reg	loc-Pois-Reg	loc-ZIPois-Reg	loc-HPois-Reg	loc-NB-Reg	loc-ZINB-Reg	loc-HNB-Reg
KMeans-stat	4.20	4.39	$1.1 \cdot 10^3$	3.85	12.9	19.1	4.35	4.63	4.55	2.81	4.31	3.08
KMeans-cost	4.18	4.41	4.39	4.00	13.1	$7.1 \cdot 10^4$	$1.6 \cdot 10^{13}$	4.82	4.41	$9.7 \cdot 10^3$	4.30	$2.6 \cdot 10^3$
AGNESm-stat	2.01	5.41	216	1.55	$6.5 \cdot 10^8$	11.3	$1.6 \cdot 10^{13}$	3.77	1.75	$6.2 \cdot 10^{24}$	3.88	57.3
AGNESm-cost	2.12	5.55	33.2	1.58	$6.4 \cdot 10^8$	6.53	$1.6 \cdot 10^{13}$	3.97	1.83	$4.3 \cdot 10^4$	4.06	56.5
AGNESq-stat	1.77	$4.3 \cdot 10^3$	$2.6 \cdot 10^5$	1.64	1.63	7.66	$1.8 \cdot 10^{17}$	$1.6 \cdot 10^4$	1.69	$7.6 \cdot 10^{10}$	$1.7 \cdot 10^{11}$	109
AGNESq-cost	2.47	2.65	2.64	1.67	1.89	$3.4 \cdot 10^3$	6.76	6.00	2.60	1.53	$6.5 \cdot 10^{18}$	172
PAMm-stat	4.10	4.18	4.23	3.32	2.69	2.86	4.31	4.47	4.38	2.66	2.92	2.85
PAMm-cost	4.03	4.36	4.32	2.87	2.53	2.86	4.28	4.47	4.22	2.75	3.09	2.69
PAMq-stat	4.09	4.23	4.24	2.65	2.69	2.57	$2.1 \cdot 10^3$	4.53	4.55	3.01	2.92	2.85
PAMq-cost	3.27	3.70	3.71	1.95	2.38	$2.8 \cdot 10^3$	3.46	4.17	3.88	1.84	2.87	$3.8 \cdot 10^3$
Univariat	mult-BEST	univ-BEST	ESbest	CrostSB	Crost	Pois	ZIPois	HPois	NB	ZINB	HNB	BOOT
	1.00	1.19	2.81	2.60	2.70	5.06	2.98	2.99	2.26	1.76	1.87	2.70

Tabelle 6.30: Vergleich der Prognosegüte uni- und multivariater Verfahren anhand von MAE, AER

AER mit I=693	gl-Pois-Reg	gl-ZIPois-Reg	gl-HPois-Reg	gl-NB-Reg	gl-ZINB-Reg	gl-HNB-Reg	loc-Pois-Reg	loc-ZIPois-Reg	loc-HPois-Reg	loc-NB-Reg	loc-ZINB-Reg	loc-HNB-Reg
KMeans-stat	1.33	1.47	$5.2 \cdot 10^3$	1.53	6.62	9.62	1.33	1.50	1.54	1.30	2.12	1.60
KMeans-cost	1.33	55	10.3	1.51	6.64	9.63	$2.40 \cdot 10^{13}$	1.74	1.57	$3.8 \cdot 10^4$	2.18	1.63
AGNESm-stat	1.13	3.93	$1.8 \cdot 10^4$	1.13	$9.1 \cdot 10^7$	1.13	$2.4 \cdot 10^{13}$	4.43	1.26	$9.6 \cdot 10^{23}$	3.52	1.25
AGNESm-cost	1.14	3.94	24	1.13	$9.1 \cdot 10^7$	1.15	$2.4 \cdot 10^{13}$	4.46	1.24	$4.9 \cdot 10^5$	3.57	1.25
AGNESq-stat	1.18	971	$3.4 \cdot 10^5$	1.17	$1.7 \cdot 10^{29}$	1.22	$6.3 \cdot 10^{16}$	$7.9 \cdot 10^3$	1.23	$5.6 \cdot 10^{26}$	$8.6 \cdot 10^{10}$	1.23
AGNESq-cost	1.22	1.23	1.22	1.17	1.19	1.17	26.8	162	1.29	1.12	$1.4 \cdot 10^{18}$	1.30
PAMm-stat	1.31	1.46	1.52	1.46	1.35	1.39	1.30	1.44	1.49	1.28	1.38	1.52
PAMm-cost	1.31	1.46	1.45	1.36	1.34	1.38	1.30	1.46	1.51	1.29	1.42	1.53
PAMq-stat	1.32	1.45	1.41	1.33	1.41	1.35	$1.1 \cdot 10^3$	1.38	1.34	1.38	1.40	1.36
PAMq-cost	1.28	1.31	1.35	1.24	1.25	1.25	1.25	1.28	1.29	1.18	1.27	1.30
Univariat	mult-BEST	univ-BEST	ESbest	CrostSB	Crost	Pois	ZIPois	HPois	NB	ZINB	HNB	BOOT
	1.00	1.06	1.30	1.44	1.21	1.31	1.26	$1.3 \cdot 10^7$	1.25	1.23	$5.2 \cdot 10^7$	1.30

- Betrachtet man die Prognosegüte univariater Verfahren, so sind diese den multivariaten Modellen unterlegen. Allerdings kann die Performance von NB-Mischverteilungen (HNB, ZINB) aus der Gruppe univariater Verfahren hervorgehoben werden. Dieses Ergebnis lässt sich für alle Datensätze in einer kostenorientierten Evaluation beobachten.

An dieser Stelle muss allerdings darauf hingewiesen werden, dass der obige Methodenvergleich nicht nur die Betrachtung uni- und multivariater Verfahren beinhaltet. Vielmehr werden hierbei Kombinationen aus den multivariaten Verfahren mit den Clustermethoden sowie Kombinationen aus multi- und univariaten Verfahren mit der Selektionstechnik univ-BEST evaluiert, welche als eine Back-Up Lösung für die nicht vorhandenen Prognosen einzelner Zeitreihen eingesetzt wird.

Die obigen Ergebnisse zeigen dennoch deutlich, dass die multivariaten Verfahren in Kombination mit dem Verfahren univ-BEST sowohl anhand von Gesamtkosten als auch anhand von MAE jedem einzelnen univariaten Verfahren und häufig auch `univ-BEST` vorzuziehen sind. Führt man einen Vergleich der absoluten Werte der Evaluationskriterien korrespondierend zu `mult-BEST` und `univ-BEST` durch, so resultieren folgende Ergebnisse:

Tabelle 6.31: Vergleich der Prognosegüte der Verfahren `univ-BEST` und `mult-BEST`

Datensatz	**Anzahl** I	**Kostenevaluation mit** GK			**Evaluation mit** MAE		
		univ-BEST	mult-BEST	univ-BEST / mult-BEST	univ-BEST	mult-BEST	univ-BEST / mult-BEST
Ziellieferservicegrad SL_α=0.50							
AER	693	4 711 900	3 621 150	1.30	7.4991	7.0494	1.06
AUT	1675*	605 800	265 800	2.28	2.1783	1.9618	1.11
CAR	2487*	728 650	419 100	1.74	0.5146	0.4440	1.16
Ziellieferservicegrad SL_α=0.99							
AER	693	1 230 968	1 035 013	1.19	7.4991	7.0494	1.06
AUT	1675*	74 634	20 762	3.56	2.1783	1.9618	1.11
CAR	2487*	134 811	54 497	2.47	0.5146	0.4440	1.16

Hinweis: Aufgrund dessen, dass für jeweils eine Zeitreihe aus den Datensätzen AUT und CAR keine Prognose mit multivariaten Verfahren erfolgte, sind 1675 (AUT) und 2487 (CAR) Zeitreihen zum Verfahrensvergleich sowohl multi- als auch univariat herangezogen.

Für alle Datensätze und beide Evaluationskriterien (GK und MAE) weist das für jede einzelne Zeitreihe ausgewählte multivariate Verfahren `mult-BEST` die beste Prognosegüte auf. In der Kostenevaluation für den Datensatz `AUT` beträgt die Höhe des Kostenkriteriums von `mult-BEST` sogar ca. ein Drittel des entsprechenden Wertes der Selektionsmethode `univ-BEST`. Dieser Vergleich kann allerdings nur bedingt zur Interpretation herangezogen werden, da die Verfahren `mult-BEST` sowie `univ-BEST` zwar den bestmöglichen Wert der Evaluationskriterien ex post aufweisen, allerdings repräsentieren sie streng genommen kein Verfahren. An dieser Stelle empfiehlt sich eine ex ante Evaluation der beiden Verfahren `mult-BEST` und `univ-BEST`, um die Prognoseperformance einer ex post Modellkombination zu evaluieren.

6.7 Einfluss der Rahmenbedingungen auf die Prognosegüte

Der bisherige Verfahrensvergleich wurde lediglich exemplarisch für zwei Konfigurationen der Rahmenbedingungen (SL_α=0.50 vs. SL_α=0.99 sowie jeweils $(S-1, S)$ Politik ohne Nachlieferung bzw. ohne Rückstände mit der Wiederbeschaffungszeit H=3) beschrieben. Wird beispielsweise eine andere Lagerhaltungspolitik oder ein anderer Ziellieferservicegrad gewählt, so muss die Analyse sowie das Methodenranking erneut erfolgen, da sich die einzelnen Rahmenbedingungen unterschiedlich auf die Prognosegüte auswirken. In diesem Abschnitt wird der Effekt einzelner Einflussgrößen wie Wiederbeschaffungszeit oder Prognosemethode mit Hilfe der klassischen Regressionsanalyse untersucht.

Als abhängige Variable werden die Gesamtkosten GK im Evaluationsraum eingesetzt. Hierbei können auch die Werte eines statistischen Evaluationsmaßes wie MAE verwendet werden. Die einzelnen Merkmale, deren Einflüsse auf das Evaluationskriterium gemessen werden, gehen als erklärende Variablen in das Regressionsmodell ein. An dieser Stelle muss vermerkt werden, dass die Regressionsanalyse hier als deskriptives Instrument verwendet wird, so dass keine Inferenzschlüsse hergeleitet werden. Eine Ausnahme bildet der $t-$Test auf Signifikanz einzelner Regressoren, dessen Ergebnisse exemplarisch angegeben werden. Der $t-$Test wird lediglich zur Entscheidung über den Ausschluss oder Einschluss einzelner Einflussfaktoren (Regressoren) verwendet, um die kombinatorische Vielfalt potenzieller Regressorkombinationen einzuschränken.

6.7.1 Einflussgrößen auf die Gesamtkosten

Im Rahmen der empirischen Studie werden die Effekte von Einflussgrößen (Abbildung 6.8) auf die Prognosegüte gemessen. Die einzelnen **Einflussgrößen** können zeitreihenspezifisch für i=1, ..., I wie folgt kategorisiert werden (siehe Formeln in Tabelle 5.2 auf S. 132):

- **Zeitreihenspezifische, fixe Kennzahlen (nicht steuerbar)**
  - Mittelwert $\overline{y_i^{pos}}$ positiver Beobachtungen $y_{i,t}^{pos}=\{y_{i,t}|y_{i,t}>0\}$ zur Abbildung des mittleren Niveaus positiver Nachfragen
  - Standardabweichung $sd(\boldsymbol{y_i^{pos}})$ ausschließlich positiver Beobachtungen $y_{i,t}^{pos}=\{y_{i,t}|y_{i,t}>0\}$ zur Charakterisierung der Niveauschwankungen positiver Nachfragen
  - Der Anteil p_i^0 an Nullbeobachtungen in der $i-$ten Zeitreihe zur Beschreibung der Sporadizitätseigenschaft

  Bei den obigen drei Kennzahlen handelt es sich um deskriptive Statistiken zur Beschreibung der Lage, der Schwankungen sowie der Perioden ohne Nachfrage in einer sporadischen Nachfragezeitreihe. Diese Einflussfaktoren stellen keine Gestaltungsparameter im Prognoseprozess dar und sind somit "nicht steuerbar", da in der Praxis alle Zeitreihen prognostiziert werden müssen und nicht nur ein Teil der Zeitreihen mit den für den Prognoseprozess geeigneten Kennzahlen. Dementsprechend liefert der Effekt zeitreihenspezifischer Eigenschaften auf die Gesamtkosten lediglich eine Informationsgrundlage aber keine Entscheidungsgrundlage.

- **Vorgabeparameter (bedingt steuerbar)**
  - Wiederbeschaffungszeit H: Aus betriebswirtschaftlicher Sicht beziehen sich die Werte der Wiederbeschaffungszeit typischerweise auf die Datengranularität der zu prognostizierenden Zeitreihen, denn die Planungs-, Bestell- sowie die Liefervorgänge werden in der Regel in gleicher Datengranularität wie die Zeitreihe selbst angegeben. Die Berechnungen der empirischen Studie werden für die Werte $H=1, 2, 3, 4$ Monate durchgeführt, da die Nachfragezeitreihen auf Monatsbasis vorliegen.
  - Ziellieferservicegrad SL_α: In der empirischen Studie werden die sieben Werte $SL_\alpha=0.50$, 0.60, 0.70, 0.80, 0.90, 0.95 und 0.99 verwendet und empirisch evaluiert.

  - Lagerhaltungspolitiken $(S-1, S)$ sowie $(1, S)$, siehe Abschnitt 4.2.2.

  - Annahmen über Nachlieferung bzw. Zulassung von Rückständen: Keine Zulassung (Lost Sales) vs. Zulassung der Rückstände (Backlog), siehe Abschnitt 4.2.2.

In der Kategorie der Vorgabeparameter sind die Merkmale zusammengefasst, welche in einem Lagerhaltungssystem in der Regel bereits vorgegeben sind. Beispielsweise repräsentieren die Art der Lagerhaltungspolitik, die Nachlieferungsmöglichkeit (ja/nein) sowie der Ziellieferservicegrad typischerweise Unternehmensentscheidungen, welche extern ohne einen unmittelbaren Bezug zum Prognoseprozess getroffen werden. Die Wiederbeschaffungszeit wird in der Regel in Absprache mit den Lieferanten festgelegt. Je nach Flexibilität der Rahmenbedingungen eines Unternehmens ist allerdings die Möglichkeit nicht ausgeschlossen, dass die obigen Vorgabeparameter variiert werden können. In diesem Fall können diese Parameter als Steuerungsparameter eingesetzt werden. Anderenfalls werden diese, ähnlich wie die zeitreihenspezifischen Eigenschaften, als gegeben und nicht direkt steuerbar betrachtet. Davon wird in der vorliegenden Studie ausgegangen.

- **Gestaltungsparameter (frei steuerbar)**

  - **Einflussgrößen des prognostischen Rahmens**

    * Die 12 verwendeten multivariaten Prognoseverfahren werden nachfolgend durch die Menge $\widetilde{M}^{mult}$ mit der Mächtigkeit $\left|\widetilde{M}^{mult}\right|=12$ bezeichnet. Die 10 verwendeten univariaten Prognoseverfahren werden durch die Menge $\widetilde{M}^{univ}$ mit der Mächtigkeit $\left|\widetilde{M}^{univ}\right|=10$ repräsentiert (siehe Abbildung 6.8 auf S. 213 für eine Übersicht einzelner uni- und multivariater Prognoseverfahren)

    * Art der Quantilsberechnung: $\widetilde{Q}=\{lower, upper, random\}$ mit $\left|\widetilde{Q}\right|=3$, welche das Engpass- (*lower*), Überschussszenario (*upper*) oder eine randomisierte Quantilsberechnung (*random*) bezeichnen

- **Einflussgrößen des clusteranalytischen Rahmens (für multivariate Prognosemodelle)**

  * Clusteralgorithmen $\widetilde{A}$={`AGNESm`, `AGNESq`, `PAMm`, `PAMq`, `KMeans`}, so dass $\left|\widetilde{A}\right|=5$

  * Optimalitätskriterien $\widetilde{C}$={`stat`, `cost`} zur Bewertung einer Gruppierung, so dass $\left|\widetilde{C}\right|=2$. Die Ausprägung `stat` umfasst die im Rahmen der Auswahl einer Clusterlösung verwendeten statistischen Kriterien (`within`-SSE bei `KMeans` sowie *silh* für die Clustermethoden `AGNES` und `PAM`)

Bei den obigen Einflussgrößen besteht der größte Entscheidungsspielraum, da diese vom Disponenten beispielsweise zum Zweck der Kostenminimierung oder zum Zweck des Einhaltens der Ziellieferservicegrade variiert werden können. Demzufolge wird der Einfluss einzelner Merkmale auf die Gesamtkosten für die Datensätze der Fallstudie detailliert analysiert, um praktische Handlungsempfehlungen herleiten zu können.

Wird der Effekt einzelner Einflussgrößen auf statistische Kriterien wie MAE gemessen, so ist die Einbettung der Lagerhaltungsfaktoren inklusive der Ziellieferservicegrade in die Regressionsanalyse nicht sinnvoll, da diese keine Auswirkung auf die Güte der Punktprognosen aufweisen. Die Auswirkung einzelner Einflussgrößen auf MAE wird allerdings in dieser Arbeit nicht untersucht, da die kostenorientierte Bewertung der Prognosegüte eine höhere praktische Relevanz in der Güterwirtschaft darstellt.

Zur Beschreibung der Effekte obiger Faktoren auf die Gesamtkosten $\boldsymbol{GK}$ eignet sich das lineare Regressionsmodell mit der logarithmierten zu erklärenden Variablen, da der Zusammenhang zwischen einzelnen Regressoren und der abhängigen Variablen nichtlinear ist, wie durch eine hier nicht explizit aufgeführte visuelle Inspektion bestätigt und anhand der nachfolgend beschriebenen Schätzergebnisse verdeutlicht wird.

$$ln(\boldsymbol{GK}) = \boldsymbol{\mathcal{X}} \cdot \boldsymbol{\beta} + \boldsymbol{\varepsilon} \qquad (6.16)$$

Das zu schätzende Modell (siehe dazu Modellgleichung 6.17) repräsentiert einen multiplikativen Zusammenhang zwischen den Gesamtkosten $\boldsymbol{GK}$ und den einzelnen Einflussfaktoren in der Regressormatrix $\boldsymbol{\mathcal{X}}$, welche jeweils eine Streckung bzw. Stauchung der Gesamtkosten bewirken können.

6.7.2 Explorative Analyse der Gesamtkosten

Für die im Rahmen der Regressionsanalyse verwendete zu erklärende Variable $\boldsymbol{GK}$ (Gesamtkosten im Evaluationsraum) wird in Tabelle 6.32 eine explorative Analyse durchgeführt.

Tabelle 6.32: Statistische Kennzahlen resultierender Gesamtkosten (Originaldatensatz)

Kennzahl	AER		AUT		CAR	
	mult	univ	mult	univ	mult	univ
Minimum	0	0	0	0	0	0
0.25–Quantil	650	725	50	94	110	110
Median	2 010	2 100	180	240	315	320
Mittelwert	$9\,145 \cdot 10^{33}$	13 575.2	$1\,245 \cdot 10^{26}$	629.4	$8\,802 \cdot 10^{83}$	526.5
0.75–Quantil	6 750	7 230	475	560	700	650
0.99–Quantil	256 970	211 740	5 035	6 790	1 501 780	3 590
Maximum	$4\,695 \cdot 10^{39}$	2 539 800	$1\,078 \cdot 10^{32}$	119 070	$9\,136 \cdot 10^{93}$	56 950
Fälle insgesamt	27 941 760	2 328 480	67 576 320	5 631 360	90 284 544	8 359 680
[1]davon NA's	4 253 144	51 912	17 107 440	234 864	43 064 924	333 312
[2]davon Ausreißer $\boldsymbol{GK}$	236 886	22 765	503 750	53 904	472 189	80 260
[3]**Anzahl der Analysefälle** (J)	23 451 730	2 253 803	49 965 130	5 342 592	46 747 431	7 946 108
[4]**Analysefälle im Durchschnitt pro Evaluationsszenario**	837 561	80 488	1 784 468	190 796	1 669 550	283 238

[1] Für NA Fälle liegt aufgrund numerischer Probleme keine rollierend erstellte Prognose vor.
[2] Als Ausreißer werden die Gesamtkosten GK_j bezeichnet, welche das 0.99–Quantil der $\boldsymbol{GK}$–Verteilung überschreiten.
[3] Berechnet sich als **Fälle insgesamt** abzgl. NA's und Ausreißer $\boldsymbol{GK}$.
[4] Berechnet sich als Mittelwert der Anzahl der Analysefälle aus 28 Evaluationsszenarien.

Hierbei muss beachtet werden, dass die Anzahl der Fälle (Zeile **Fälle insgesamt**) den Einbezug sämtlicher Evaluationsszenarien, u.a. unterschiedlicher Lagerhaltungspolitiken, Zielservicegrade, Wiederbeschaffungszeiten, beinhaltet (siehe Angaben zur Komplexität der Fallstudie auf S. 212 und Parametrisierung in Abschnitt 6.7.3).

- Auffällig ist die Anzahl der nicht vorhandenen Fälle (Zeile **davon NA's**), welche vor allem für den Datensatz `CAR` mit ca. der Hälfte der Gesamtanzahl an Fällen beträchtlich ist. Der Grund dafür ist die numerische Instabilität multivariater Verfahren (siehe Abschnitt 6.4.3). Für univariate Verfahren ist diese Problematik mit ca. 5% weniger ausgeprägt. Die nicht vorhandenen Fälle werden aus der Analyse ausgeschlossen, so dass die Gesamtanzahl an Fällen zunächst um den Wert der Zeile **davon NA's** reduziert wird.

- Ein weiteres Problem, welches im Rahmen der Deskription von $\boldsymbol{GK}$ ersichtlich wird, sind die Ausreißerwerte von $\boldsymbol{GK}$, welche vor allem im multivariaten Fall deutlich häufiger sind als im univariaten Fall. Als Ausreißer werden hierbei die $\boldsymbol{GK}$–Werte bezeichnet, welche das 0.99–Quantil der empirischen $\boldsymbol{GK}$–Verteilung überschreiten (Tabelle 6.32). Der Einbezug solcher Werte im Rahmen der Regressionsschätzung führt zu einer Verzerrung der Modellergebnisse, da diese stark anfällig gegenüber Ausreißerwerten sind. Dementsprechend werden diese Werte (die Zeile **davon Ausreißer $\boldsymbol{GK}$**) aus dem zu analysierenden Datensatz eliminiert, so dass die **Anzahl der Analysefälle** resultiert. Die Anzahl der Analysefälle pro betrachtetem Evaluationsszenario (eines von $7 \cdot 2 \cdot 2{=}28$ Lagerhaltungsszenarien: 7 Zielservicegrade, 2 Lagerhaltungspolitiken und 2 Nachlieferungsszenarien (mit/ohne Nachlieferung)) wird durch den Durchschnittswert in der Zeile **Analysefälle im Durchschnitt pro Evaluationsszenario** angegeben. Die genaue Anzahl der Fälle für jedes der 28 Evaluationsszenarien kann sich unterscheiden, da einige Ausreißerfälle, welche aus dem Datensatz eliminiert werden, zu unterschiedlichen Szenarien korrespondieren können.

- Anhand einer explorativen Analyse der zu erklärenden Variablen $\boldsymbol{GK}$ wird weiterhin ersichtlich, dass gelegentlich auch Kosten in Höhe von Null auftreten. Das Logarithmieren der Nullwerte der Gesamtkosten ist in diesem Fall nicht sinnvoll, da $ln\,(0){=}{-}\infty$. Um dieses Problem ohne Verzerrung der

Analyseergebnisse und ohne zusätzliche Reduktion der Datenbasis zu umgehen, wird auf jeden Kostenbetrag GK_j, j=1, ..., J ein fester Betrag in Höhe von 10 fiktiven Geldeinheiten hinzugerechnet. Dieser Betrag kann als fixe Kosten (beispielsweise fixe Lagerhaltungskosten) angenommen werden. Hinsichtlich der Größenordnung entspricht der Betrag 10 im Verhältnis zum Median für den Datensatz **AER** ca. 0.005, für **AUT** ca. 0.055 und für **CAR** ca. 0.03. Es wurden unterschiedliche Werte (0.01, 1, 5 und 10) als fixer Kostenbetrag im Rahmen der Analyse verwendet. Da allerdings keine signifikanten Unterschiede in den Ergebnissen vorlagen, wurde der Betrag 10 (Geldeinheiten) festgelegt.

Ausgehend von den oben beschriebenen Schritten der Datenmodifikation (Eliminieren der nicht vorhandenen Fälle sowie von Ausreißerfällen und Hinzurechnen von fixen Kosten) resultiert der **Analysedatensatz**, dessen Zusammenfassung Tabelle 6.33 zu entnehmen ist. Der feste Betrag in Höhe von 10 ist im Datensatz bereits miteinkalkuliert.

Tabelle 6.33: Statistische Kennzahlen resultierender Gesamtkosten (Analysedatensatz)

Kennzahl	AER		AUT		CAR	
	mult	univ	mult	univ	mult	univ
Minimum	10	10	10	10	10	10
0.25–Quantil	650	730	60	100	119	120
Median	1 985	2 075	190	250	317	330
Mittelwert	9 016.8	9 284.8	404.5	513.3	2 836.4	489.1
0.75–Quantil	6 450	6 910	460	560	690	650
Maximum	256 980	211 750	5 045	6 800	1 501 790	3 600
Anzahl der Analysefälle (J)	23 451 730	2 253 803	49 965 130	5 342 592	46 747 431	7 946 108
in % von **Fälle insgesamt** (Tab. 6.32)	83.93	96.79	73.94	94.87	51.78	95.05

Nun werden die zu erklärende Variable $\boldsymbol{GK}$ sowie die obigen Einflussgrößen zur Regressionsanalyse herangezogen.

6.7.3 Regressionsanalyse der Gesamtkosten

Da die einzelnen Kombinationen aus einem Zielservicegrad SL_α und aus einer Art der Lagerhaltungspolitik mit der entsprechenden Annahme über die Nachlieferung zu unterschiedlichen Lagerhaltungsevaluationsszenarien und faktisch zu unterschiedlichen Entscheidungsbedingungen korrespondieren, erfolgt die Regressionsanalyse für insgesamt $7 \cdot 2 \cdot 2 = 28$ Lagerhaltungsszenarien (7 Zielservicegrade, 2 Lagerhaltungspolitiken und 2 Nachlieferungsszenarien (mit/ohne Nachlieferung)). Damit besteht zum einen die Möglichkeit, die Einflüsse für jedes einzelne Evaluationsszenario zu quantifizieren. Zum anderen können die Unterschiede in der Effektstärke einzelner Faktoren für verschiedene Szenarien analysiert werden.

Die Modellgleichung $ln\left(GK_j^{mult}\right) = \boldsymbol{\mathcal{X}}_{j,\bullet} \cdot \boldsymbol{\beta}$ des für jedes der 28 Szenarien geschätzten Regressionsmodells (6.16) auf der Grundlage multivariater Verfahren weist folgende Form auf:

$$ln\left(GK_j^{mult}\right) = \tag{6.17}$$

$$
\begin{aligned}
= \quad & \beta_0 + && (6.17\text{-}1)\\
& \beta_{\overline{y^{pos}}} \cdot \overline{y_{i(j)}^{pos}} + \beta_{sdpos} \cdot sd\left(\boldsymbol{y}_{i(j)}^{\boldsymbol{pos}}\right) + \beta_{p^0} \cdot p_{i(j)}^0 + && (6.17\text{-}2)\\
& \beta_{\overline{y^{pos}}:sdpos} \cdot \overline{y_{i(j)}^{pos}} \cdot sd\left(\boldsymbol{y}_{i(j)}^{\boldsymbol{pos}}\right) + && (6.17\text{-}3)\\
& \beta_{\overline{y^{pos}}:p^0} \cdot \overline{y_{i(j)}^{pos}} \cdot p_{i(j)}^0 + && (6.17\text{-}4)\\
& \beta_{sdpos:p^0} \cdot sd\left(\boldsymbol{y}_{i(j)}^{\boldsymbol{pos}}\right) \cdot p_{i(j)}^0 + && (6.17\text{-}5)\\
& \beta_{\overline{y^{pos}}:sdpos:p^0} \cdot \overline{y_{i(j)}^{pos}} \cdot sd\left(\boldsymbol{y}_{i(j)}^{\boldsymbol{pos}}\right) \cdot p_{i(j)}^0 + && (6.17\text{-}6)\\
& \textstyle\sum_{m^*(j) \in \widetilde{M}^{mult} \setminus m^{ref}} \beta_{m^*} \cdot b_{m^*(j)} + && (6.17\text{-}7)\\
& \beta_h \cdot H(j) + && (6.17\text{-}8)\\
& \textstyle\sum_{q^*(j) \in \widetilde{Q} \setminus q^{ref}} \beta_{q^*} \cdot b_{q^*(j)} + && (6.17\text{-}9)\\
& \textstyle\sum_{a^*(j) \in \widetilde{A} \setminus a^{ref}} \beta_{a^*} \cdot b_{a^*(j)} + \sum_{c^*(j) \in \widetilde{C} \setminus c^{ref}} \beta_{c^*} \cdot b_{c^*(j)} + && (6.17\text{-}10)\\
& \textstyle\sum_{c^*(j) \in \widetilde{C} \setminus c^{ref}} \sum_{a^*(j) \in \widetilde{A} \setminus a^{ref}} \beta_{a^*:c^*} \cdot b_{a^*(j)} \cdot b_{c^*(j)} + && (6.17\text{-}11)\\
& \varepsilon_j \quad \text{für } j = 1, \ldots, J^{mult} && (6.17\text{-}12)
\end{aligned}
$$

Führt man eine genaue Spezifikation des Falls GK_j^{mult} durch, so entspricht dies der Parametrisierung $GK_{i,m,q,H,a,c}^{mult}$, weil der Fall $j = 1, \ldots, J^{mult}$ eindeutig durch die Kombination der Indizes i, m, q, H, a, c repräsentiert wird:

- $i\,(j)$ entspricht der i–ten Zeitreihe, $i{=}1,\ldots,I$ für den Fall j
- $m\,(j)$ entspricht dem Prognoseverfahren $m{\in}\widetilde{M}^{mult}$ aus der Menge multivariater Verfahren $\widetilde{M}^{mult}$ korrespondierend zum Fall j
- $q\,(j)$ entspricht der Art der Quantilsberechnung $q{\in}\widetilde{Q}$ korrespondierend zum Fall j
- $H\,(j)$ entspricht der Wiederbeschaffungszeit korrespondierend zum Fall j, welche als metrische erklärende Variable $H{\in}\widetilde{H}{=}\{1,2,3,4\}$ in das Regressionsmodell eingebettet wird
- $a\,(j)$ entspricht dem Clusteralgorithmus $a{\in}\widetilde{A}$ korrespondierend zum Fall j
- $c\,(j)$ entspricht dem Optimalitätskriterium einer Clusterlösung $c{\in}\widetilde{C}$ korrespondierend zum Fall j
- ε_j für $j{=}1,\ldots,J^{mult}$ repräsentiert den Fehlerterm. Da das obige Regressionsmodell 6.17 zur deskriptiven Analyse der Gesamtkosten verwendet wird, wird der Fehlerterm nicht weiter spezifiziert.

Die Effekte einzelner Einflussfaktoren werden durch den Parametervektor $\boldsymbol{\beta}$ (siehe Modellgleichung 6.17) quantifiziert und beziehen sich aufgrund der Eckpunktkodierung auf die Referenzkategorie, welche nachfolgend explizit beschrieben wird. Die maximal mögliche Anzahl der Fälle J^{mult} wird im zu analysierenden Datensatz durch

$$J^{mult} \quad = \quad I \times \left|\widetilde{M}^{mult}\right| \times \left|\widetilde{Q}\right| \times \left|\widetilde{H}\right| \times \left|\widetilde{A}\right| \times \left|\widetilde{C}\right| \tag{6.18}$$

berechnet, wobei I die Anzahl der Zeitreihen repräsentiert und $\left|\widetilde{M}^{mult}\right|$, $\left|\widetilde{Q}\right|$, $\left|\widetilde{H}\right|$, $\left|\widetilde{A}\right|$, $\left|\widetilde{C}\right|$ die Mächtigkeiten der entsprechenden Mengen $\widetilde{M}^{mult}$, $\widetilde{Q}$, $\widetilde{H}$, $\widetilde{A}$ und $\widetilde{C}$ bezeichnen. Demnach ergeben sich für jedes der 28 betriebswirtschaftlichen Evaluationsszenarien maximal 997 920 Analysefälle für den Datensatz `AER`, 2 413 440 für `AUT` und 3 582 720 für `CAR`.

Der tatsächliche empirische durchschnittliche Wert J^{mult} (siehe Tabelle 6.33) variiert in Abhängigkeit vom Evaluationsszenario, da nicht alle Fälle aufgrund numerischer Probleme berechnet wurden. Für **AER** werden durchschnittlich 837 561 Fälle (mindestens 833 320 bis maximal 842 255 Fälle je nach Evaluationsszenario), für **AUT** durchschnittlich 1 784 468 Fälle (mindestens 1 770 734 bis maximal 1 795 241 Fälle) und für **CAR** durchschnittlich 1 669 550 Fälle (mindestens 1 662 158 bis maximal 1 678 504 Fälle) analysiert.

Die obige Regressionsgleichung (6.17) ist für die Analyse einzelner Einflussgrößen im multivariaten Fall parametrisiert. An Stelle von $\boldsymbol{GK}^{mult}$ können auch die Gesamtkosten $\boldsymbol{GK}^{univ}$ eingesetzt werden, welche bei der Evaluation der Prognosen auf der Grundlage univariater Verfahren entstehen. In diesem Fall reduziert sich die Modellgleichung (6.17) um die Summanden (6.17−10) und (6.17−11), da im univariaten Fall keine Zeitreihengruppierung stattfindet. Dementsprechend reduziert sich auch die Dimension der zu analysierenden Daten im univariaten Fall zu maximal $I \times \left|\widetilde{M}^{univ}\right| \times \left|\widetilde{Q}\right| \times \left|\widetilde{H}\right|$ und beträgt für **AER** 8 316, für **AUT** 20 112 oder für **CAR** 29 856 Analysefälle.

Die empirischen Werte J^{univ} (siehe Tabelle 6.33) betragen für den Datensatz **AER** durchschnittlich 80 488 (mindestens 80 088 bis maximal 80 913 Fälle je nach Evaluationsszenario), für **AUT** durchschnittlich 190 796 (mindestens 189 901 bis maximal 191 687 Fälle) und für **CAR** durchschnittlich 283 238 Fälle (mindestens 280 412 bis maximal 286 109 Fälle). Die Menge $\widetilde{M}^{univ}$ umfasst hierbei 10 univariate Prognoseverfahren: `ESbest`, `Crost`, `CrostSB`, `Pois`, `ZIPois`, `HPois`, `NB`, `ZINB`, `HNB` und `BOOT` (siehe dazu Tabelle 6.14).

Die Regressionskoeffizienten $\hat{\boldsymbol{\beta}}$ des Modells (6.17) dienen zur Quantifizierung des Zusammenhangs zwischen den Gesamtkosten und den Regressoren für die Analysedatensätze. Die Höhe der geschätzten Regressionskoeffizienten ermöglicht die Auswahl kostenoptimaler Einflussfaktoren, welche für jedes einzelne der 28 Lagerhaltungsevaluationsszenarien oder ggf. szenarioübergreifend bestimmt werden können.

1) Die Regressionskonstante β_0 repräsentiert den Einfluss der Kombination aus den Referenzkategorien $m^{ref} \in \widetilde{M}$, $q^{ref} \in \widetilde{Q}$, $a^{ref} \in \widetilde{A}$ und $c^{ref} \in \widetilde{C}$, welche

für die entsprechenden nominal skalierten Einflussgrößen festgelegt werden, auf die logarithmierten Gesamtkosten $ln(\boldsymbol{GK})$. Auf die konkreten Ausprägungen einzelner Referenzkategorien der Modelle wird nachfolgend explizit eingegangen.

2) Die Auswirkung der ausgewählten zeitreihenspezifischen Eigenschaften ist durch die Gleichungssummanden (6.17–2) bis (6.17–6) quantifizierbar. Der Gleichungsteil (6.17–2) stellt die Haupteffekte des Nachfragemittelwertes positiver Beobachtungen $\overline{y^{pos}}$, der Standardabweichung positiver Beobachtungen $sd(\boldsymbol{y^{pos}})$ sowie des Nullanteils p^0 der Zeitreihen auf die Gesamtkosten dar. Die Wechselwirkung der Effekte dieser erklärenden Variablen wird durch die Einbettung von deren Interaktionen erster Ordnung in (6.17–3), (6.17–4) und (6.17–5) sowie zweiter Ordnung in (6.17–6) modelliert. Die Einflüsse zeitreihenspezifischer Eigenschaften bilden zwar keine Entscheidungsgrundlage, erlauben allerdings eine Auskunft darüber, für welche Zeitreihenmuster (gemessen an den drei statistischen Kennzahlen) die Kostenbeträge höher und für welche niedriger sind.

3) Der Haupteffekt einzelner multivariater Modelle auf die Gesamtkosten $\boldsymbol{GK}$ wird anhand der Regressionskoeffizienten β_{m^*} für alle $m^* \in \widetilde{M}^{mult} \setminus m^{ref}$ im Gleichungsteil (6.17–7) geschätzt. Im multivariaten Fall bilden insgesamt 12 Paneldatenmodelle die Menge $\widetilde{M}^{mult}$:

   - 6 globale Modelle: `glPois-Reg`, `gl-ZIPois-Reg`, `gl-HPois-Reg`, `gl-NB-Reg`, `gl-ZINB-Reg`, `gl-HNB-Reg`

   - 6 lokale Modelle: `loc-Pois-Reg`, `loc-ZIPois-Reg`, `loc-HPois-Reg`, `loc-NB-Reg`, `loc-ZINB-Reg`, `loc-HNB-Reg`

   Da die Methoden als qualitative Variable ins Regressionsmodell eingebettet werden, werden diese durch binäre Variablen

$$b_{m^*(j)} = \begin{cases} 1, & \text{falls für den Fall } j \\ & \text{die Methode } m^* \in \widetilde{M}^{mult} \setminus m^{ref} \\ 0, & \text{sonst} \end{cases} \qquad (6.19)$$

modelliert. Um das Problem der Multikollinearität im Regressionsmodell zu vermeiden, wird im multivariaten Fall die Methode m^{ref}= `gl-Pois-Reg` als Eckpunkt gewählt, da diese eine robuste Parameterschätzung und Prognoseerstellung ermöglicht. Die Kostenbeträge, welche auf Basis anderer Prognoseverfahren resultieren, werden somit im Vergleich zur Referenzkategorie m^{ref} interpretiert.

4) Der Effekt der Wiederbeschaffungszeit, welche als metrische erklärende Variable in das obige Modell (6.17) eingebettet wird, wird mit Hilfe des Regressionskoeffizienten β_h durch (6.17−8) modelliert.

5) Analog zu den Prognoseverfahren wird der Effekt β_{q^*} der Quantilsberechnungsart $q^* \in \widetilde{Q} \setminus q^{ref}$ durch eine weitere binäre Variable

$$b_{q^*(j)} = \begin{cases} 1, & \text{falls für den Fall } j \\ & \text{die Quantilsberechnungsart } q^* \in \widetilde{Q} \setminus q^{ref} \\ 0, & \text{sonst} \end{cases} \qquad (6.20)$$

in (6.17−9) modelliert. Als Referenzkategorie q^{ref} wird die Aufrundungstechnik verwendet (q^{ref}=*upper*), da diese eine in der Praxis verbreitete Technik zur Quantilsbestimmung wiedergibt.

6) Der Effekt β_{a^*} für die verwendeten Clusteralgorithmen $a^* \in \widetilde{A} \setminus a^{ref}$ sowie der Effekt β_{c^*} für die Kriterien zur Bestimmung optimaler Clusterlösungen $c^* \in \widetilde{C} \setminus c^{ref}$ werden durch die Gleichungssummanden (6.17−10) für Haupteffekte und (6.17−11) für Interaktionen repräsentiert. Die Interaktion zwischen einem Clusterverfahren und einem Kriterium zur Bestimmung der optimalen Clusterlösung ermöglicht die Messung des Einflusses von Kombinationen aus einem Clusterverfahren und aus einem Optimalitätskriterium auf die Prognosegüte und somit die Berücksichtigung der Wechselwirkung einzelner Kategorien der Clusterverfahren und Optimalitätskriterien. Als Referenzkategorie a^{ref} wird der Clusteralgorithmus `AGNESm` ausgewählt. Als c^{ref} wird das statistische Optimalitätskriterium `stat` (`within`-SSE oder *silh*) festgelegt, da sowohl `AGNESm` als auch `stat` zu den Standardinstrumenten der Clusteranalyse gehören.

Die binären Variablen

$$b_{a^*(j)} = \begin{cases} 1, & \text{falls für den Fall } j \\ & \text{der Clusteralgorithmus } a^* \in \widetilde{A} \setminus a^{ref} \\ 0, & \text{sonst} \end{cases} \quad (6.21)$$

sowie

$$b_{c^*(j)} = \begin{cases} 1, & \text{falls für den Fall } j \\ & \text{das Optimalitätskriterium } c^* \in \widetilde{C} \setminus c^{ref} \\ 0, & \text{sonst} \end{cases} \quad (6.22)$$

modellieren den Einfluss der Clusteralgorithmen sowie der Kriterien zur Bewertung einer Clusterlösung im multivariaten Fall.

7) Um einen Vergleich der uni- und multivariaten Verfahren durchzuführen, wird eine modifizierte Variante des obigen Modells (6.17) für die Gesamtkosten $\boldsymbol{GK}$ eingesetzt, welche sowohl $\boldsymbol{GK}^{univ}$ für Kosten univariater als auch $\boldsymbol{GK}^{mult}$ für Kosten multivariater Verfahren umfasst. Für das Modell auf Basis der $\boldsymbol{GK}$ müssen folgende Aspekte beachtet werden, welche u.a. die Modifikation der Modellgleichung (6.17) betreffen:

- Der Vergleich einzelner Clusteralgorithmen ist in dieser Modellvariante nicht akkurat möglich, da sich die einzelnen Clusterverfahren nur für den multivariaten Fall finden lassen. Betrachtet man die univariate Modellierung selbst als einen Clusteralgorithmus, so ist dieser für multivariate Prognosemodelle nicht vorhanden. Dementsprechend wird die Menge an Methoden $\widetilde{M}$ aus 130 Verfahren gebildet, wovon $\left|\widetilde{M}^{univ}\right|$=10 univariat sind. Die übrigen 120 entstehen durch eine Kombination eines Paneldatenmodells $m \in \widetilde{M}^{mult}$ mit einem Clusteralgorithmus $a \in \widetilde{A}$ sowie mit einem Kriterium $c \in \widetilde{C}$ zur Bewertung der Optimalität einer Clusterlösung, so dass $\left|\widetilde{M}^{mult}\right| \times \left|\widetilde{C}\right| \times \left|\widetilde{A}\right|$=120. Die Gleichungssummanden (6.17−10) und (6.17−11) werden in diesem Fall entfallen.

- Zur Modellschätzung auf der Grundlage der Gesamtkosten uni- und multivariater Verfahren stehen insgesamt J=J^{mult} + J^{univ} Fälle zur

Verfügung. Für den Datensatz AER beträgt J durchschnittlich 918 049, für AUT durchschnittlich 1 975 264 und für CAR durchschnittlich 1 952 788 Analysefälle pro Evaluationsszenario.

Der Einfluss einzelner Parameter des Prognose- und Evaluationsrahmens, welche durch die Parameterwerte sowie durch deren Signifikanz im obigen Regressionsmodell bewertet werden, wird nachfolgend für die einzelnen Parametergruppen beschrieben. Auf die Residuendiagnostik sowie auf die Modellinferenz, wie dies im Rahmen einer Regressionsanalyse üblich ist, wird nicht näher eingegangen, da die Schätzung des Regressionsmodells in dieser Fallstudie für die Gesamtmenge der erzielten Ergebnisse (für die Grundgesamtheit) erfolgt und einen deskriptiven Charakter hat. Dabei besteht das Ziel der Regression in der Quantifizierung der Stärke des Zusammenhangs zwischen erklärenden Variablen und den Gesamtkosten $\boldsymbol{GK}$, welche durch die Werte der geschätzten Regressionskoeffizienten $\hat{\boldsymbol{\beta}}$ erfolgt.

Nachfolgend werden die Effekte einzelner Einflussgrößen zunächst für multivariate Prognosemodelle und dann für univariate Prognoseverfahren betrachtet. Das für uni- und multivariate Kosten gemeinsame Regressionsmodell unter Punkt 7) auf S. 256 wird lediglich im Rahmen des Vergleiches zwischen uni- und multivariaten Verfahren zur Interpretation herangezogen.

6.7.3.1 Einfluss zeitreihenspezifischer Eigenschaften

Analysiert man den Einfluss zeitreihenspezifischer Eigenschaften, so können diese sowohl hinsichtlich deren Haupteffekte als auch bezogen auf deren Wechselwirkung zwischen erklärenden Variablen bewertet werden. Betrachtet man lediglich die Haupteffekte der einzelnen Eigenschaften, welche durch die Regressionskoeffizienten $\beta_{\overline{y^{pos}}}$, β_{sdpos} sowie β_{p^0} repräsentiert werden, so können deren Einflüsse auf $ln\left(\boldsymbol{GK}\right)$ wie folgt analysiert werden.

Weist beispielsweise eine Zeitreihe i_1 im Vergleich mit der Zeitreihe i_2 einen um Δ Nachfrageeinheiten höheren Mittelwert $\overline{y_{i_1}^{pos}}=\overline{y_{i_2}^{pos}}+\Delta$ positiver Beobachtungen auf, dann muss für die Zeitreihe i_1 mit durchschnittlich $\hat{\beta}_{\overline{y^{pos}}}\cdot\Delta\%$

mehr Kosten gerechnet werden als für die Zeitreihe i_2. Analoges gilt für $sd(\boldsymbol{y^{pos}})$ und $\boldsymbol{p^0}$. Werden zusätzlich die Interaktionen zwischen den einzelnen zeitreihenspezifischen Eigenschaften berücksichtigt, so können auch ggf. nichtlineare Zusammenhänge zwischen $ln(\boldsymbol{GK})$ und den Kennzahlen quantifiziert werden. Problematisch ist hierbei die Darstellung und eine akkurate Interpretation solcher Effekte für alle Eigenschaften, da diese nicht unabhängig voneinander sondern im Zusammenhang (in einer Interaktion) betrachtet werden müssen. Sobald Einflüsse von mehr als zwei Variablen mit den entsprechenden Interaktionen analysiert werden, ist eine mehrdimensionale Darstellung notwendig (hier konkret eine vierdimensionale Darstellung für drei erklärende und eine zu erklärende Variable). An dieser Stelle werden Konturplots verwendet, welche eine dreidimensionale Darstellung der Zusammenhänge auf der Fläche (in zwei Dimensionen) ermöglichen.

Nachfolgend werden die Einflüsse der Variablenpaare $\overline{y^{pos}}$ vs. $sd(\boldsymbol{y^{pos}})$, $\overline{y^{pos}}$ vs. $\boldsymbol{p^0}$ und $sd(\boldsymbol{y^{pos}})$ vs. $\boldsymbol{p^0}$ auf die logarithmierten Gesamtkosten analysiert, so dass der Zusammenhang zwischen jeweils zwei Kennzahlen und den Gesamtkosten unter Festsetzung der dritten Kennzahl gemessen wird und in einem Konturplot veranschaulicht wird. Zu diesem Zweck werden zunächst die Gesamteffekte der zeitreihenspezifischen Kennzahlen auf die logarithmierten Gesamtkosten $ln(\boldsymbol{GK})$ berechnet, wie nachfolgend exemplarisch am Modell (6.23) verdeutlicht wird. Wird der Zusammenhang zwischen $\overline{y_i^{pos}}$ und $sd(\boldsymbol{y_i^{pos}})$ gegeben p_i^0 analysiert, so resultiert der Effekt der betrachteten Kennzahlen auf die Log-Gesamtkosten $ln\left(\widehat{refGK}_j^{mult}\right)$ im multivariaten Fall (Summanden 6.17−2 bis 6.17−6):

$$
\begin{aligned}
& ln\left(\widehat{refGK}_j^{mult}\left(\overline{y_{i(j)}^{pos}}, sd\left(\boldsymbol{y_{i(j)}^{pos}}\right)|p_{i(j)}^0\right)\right)= \\
= \quad & \hat{\beta}_0 + \\
& \hat{\beta}_{\overline{y^{pos}}} \cdot \overline{y_{i(j)}^{pos}} + \hat{\beta}_{sdpos} \cdot sd\left(\boldsymbol{y_{i(j)}^{pos}}\right) + \hat{\beta}_{p^0} \cdot q^{0.5}\left(\boldsymbol{p}^0\right) + \\
& \hat{\beta}_{\overline{y^{pos}}:sdpos} \cdot \overline{y_{i(j)}^{pos}} \cdot sd\left(\boldsymbol{y_{i(j)}^{pos}}\right) + \\
& \hat{\beta}_{\overline{y^{pos}}:p^0} \cdot \overline{y_{i(j)}^{pos}} \cdot q^{0.5}\left(\boldsymbol{p}^0\right) + \\
& \hat{\beta}_{sdpos:p^0} \cdot sd\left(\boldsymbol{y_{i(j)}^{pos}}\right) \cdot q^{0.5}\left(\boldsymbol{p}^0\right) + \\
& \hat{\beta}_{\overline{y^{pos}}:sdpos:p^0} \cdot \overline{y_{i(j)}^{pos}} \cdot sd\left(\boldsymbol{y_{i(j)}^{pos}}\right) \cdot q^{0.5}\left(\boldsymbol{p}^0\right) \\
& \text{mit} \quad j=1,\ldots,J^{mult}
\end{aligned}
\tag{6.23}
$$

Die Werte $ln\left(\widehat{refGK}_j^{mult}\left(\overline{y_{i(j)}^{pos}}, sd\left(\boldsymbol{y}_{i(j)}^{\boldsymbol{pos}}\right)|q^{0.5}\left(\boldsymbol{p}^0\right)\right)\right)$ sind für den Datensatz **AER** durch Konturlinien auf Abbildung 6.12 dargestellt, wobei jede Konturkurve einen Betrag der logarithmierten Kosten angibt, welcher für unterschiedliche Konstellationen der Werte $\overline{y_i^{pos}}$ (auf der Abszisse) und $sd\left(\boldsymbol{y}_{\boldsymbol{i}}^{\boldsymbol{pos}}\right)$ (auf der Ordinate) bei konstantem Wert $q^{0.5}\left(\boldsymbol{p}^0\right)$ berechnet wird. Aufgrund begrenzter Möglichkeiten mehrdimensionaler Darstellung wird der Regressor $\boldsymbol{p}^0$ zunächst auf einen konstanten Wert gesetzt, in der obigen Berechnung als Median $q^{0.5}\left(\boldsymbol{p}^0\right)$ der Verteilung von $p_1^0, \ldots, p_I^0$.

Unter Einbezug der Regressionskonstanten $\hat{\beta}_0$ des geschätzten Modells repräsentieren die Log-Gesamtkosten $ln\left(\widehat{refGK}_j^{mult}\left(\overline{y_{i(j)}^{pos}}, sd\left(\boldsymbol{y}_{i(j)}^{\boldsymbol{pos}}\right)|p_{i(j)}^0\right)\right)$ den linearen Prädiktor für die logarithmierten Kosten der $i-$ten Zeitreihe, welche für die Referenzkategorien des Modells resultieren. Im multivariaten Fall ergibt sich die Referenzkategorie durch die Kombination des multivariaten Prognoseverfahrens $m^{ref}=$ **gl-Pois-Reg**, des Clusteralgorithmus $a^{ref}=$ **AGNESm**, des Gütekriteriums $c^{ref}=$ **stat** sowie der Quantilsberechnungsart $q^{ref}=upper$.

Hierbei muss beachtet werden, wie häufig die einzelnen $\overline{y_i^{pos}}$ vs. $sd\left(\boldsymbol{y}_{\boldsymbol{i}}^{\boldsymbol{pos}}\right)$ Konstellationen für die betrachteten Datensätze tatsächlich vorkommen, um die Repräsentativität der Konturen zu beurteilen. Diese Frage lässt sich mit Hilfe der in Graustufen gefärbten Rechtecke beantworten. Die Farbintensität gibt an, wie viele Fälle aus dem Analysedatensatz der Kombination der Werte $\overline{y_i^{pos}}$ und $sd\left(\boldsymbol{y}_{\boldsymbol{i}}^{\boldsymbol{pos}}\right)$ entsprechen (siehe Legende zum Farbverlauf unter den Konturplots). Die Abbildungen 6.14 und 6.15 repräsentieren die logarithmierten Kosten $ln\left(\widehat{refGK}_j^{mult}\right)$ für die weiteren zwei Kennzahlenpaare $\left(p_{i(j)}^0 \text{ vs. } sd\left(\boldsymbol{y}_{i(j)}^{\boldsymbol{pos}}\right)|q^{0.5}\left(\overline{y^{pos}}\right)\right)$ sowie $\left(p_{i(j)}^0 \text{ vs. } \overline{y_{i(j)}^{pos}}|q^{0.5}\left(sd\left(\boldsymbol{y}^{\boldsymbol{pos}}\right)\right)\right)$.

Da eine hohe Konzentration einzelner Fälle im Datensatz zu einer starken Farbüberlagerung führt, ist die visuelle Erkennung der Zusammenhänge zwischen den Kennzahlen deutlich erschwert. Aus diesem Grund wird zur Darstellung auf Abbildung 6.12 die Log-Skala herangezogen, welche kleine Unterschiede zwischen den Werten einzelner Kennzahlen besser sichtbar macht.

Bei der Darstellung der Zusammenhänge zwischen dem Nullanteil $\boldsymbol{p}^0$ und den anderen beiden Kennzahlen empfiehlt sich eine inverse Log-Skala (Abbildungen 6.14 und 6.15), da die Konzentration einzelner Beobachtungen für verschiedene p_i^0 Werte unterschiedlich ist. Beispielsweise weisen die meisten Zeitreihen die Werte $0.6{<}p_i^0{<}0.8$ und $0{<}\overline{y_i^{pos}}{<}10$ (Abbildung 6.14) sowie $0.6{<}p_i^0{<}0.8$ und $0{<}sd\,(\boldsymbol{y}_i^{pos}){<}10$ (Abbildung 6.15) auf, so dass die Struktur innerhalb dieses Wertebereichs sorgfältig analysiert werden muss.

Die Konturplots werden für drei Regressorpaare und für 28 Evaluationsszenarien je Datensatz gebildet. Die allgemeine Interpretation der Konturplots erfolgt am Beispiel der **AER** Daten für die beiden Basisevaluationsszenarien mit SL_α=0.50 sowie SL_α=0.99 (Abbildungen 6.12, 6.14 und 6.15). Die von den **AER** und **AUT** Ergebnissen abweichenden Erkenntnisse für den Datensatz **CAR** (Abbildungen 6.16 und 6.17) werden zusätzlich kommentiert.

- Die geschätzten Effekte zeitreihenspezifischer Kennzahlen sowie deren Interaktionen weisen im $t-$Test geringe Werte der impliziten Signifikanzniveaus auf ($\leq$10%) und wirken sich signifikant auf die Gesamtkosten aus.

- Insgesamt ist ein nichtlinearer Zusammenhang zwischen den zeitreihenspezifischen Kennzahlen und den Log-Gesamtkosten festzustellen, welcher mit Hilfe der Interaktionseffekte quantifizierbar ist. Zur genaueren Abbildung nichtlinearer Zusammenhänge ist der Einsatz spezieller Schätzmethoden wie Splines oder Loess-Funktionen empfehlenswert (siehe Venables und Ripley 2002, S. 232-250). Dieser Ansatz wird hier nicht weiter verfolgt.

- Steigende Mittelwerte positiver Beobachtungen $\overline{y_i^{pos}}$ sowie steigende Werte der Standardabweichungen $sd\,(\boldsymbol{y}_i^{pos})$ bewirken höhere Gesamtkosten im Evaluationsraum. Dieser Effekt lässt sich für alle Datensätze beobachten.

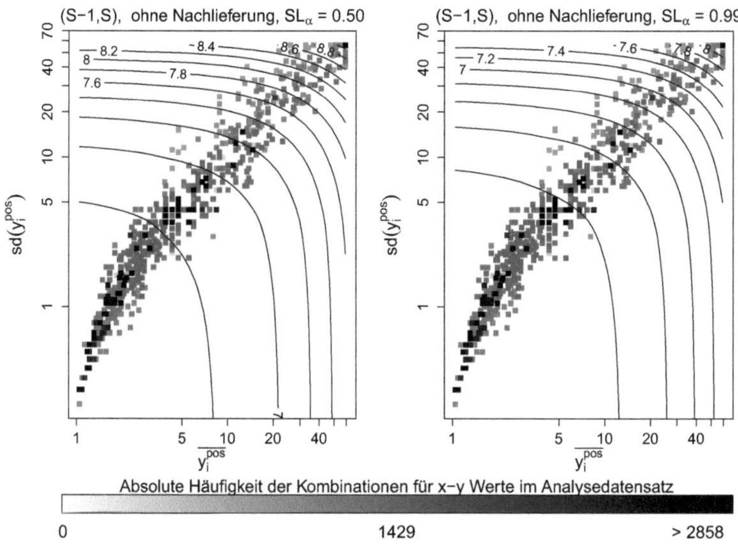

Abbildung 6.12: Zusammenhang zwischen Log-Kosten, mittleren Werten und Standardabweichungen positiver Nachfragen, **AER**

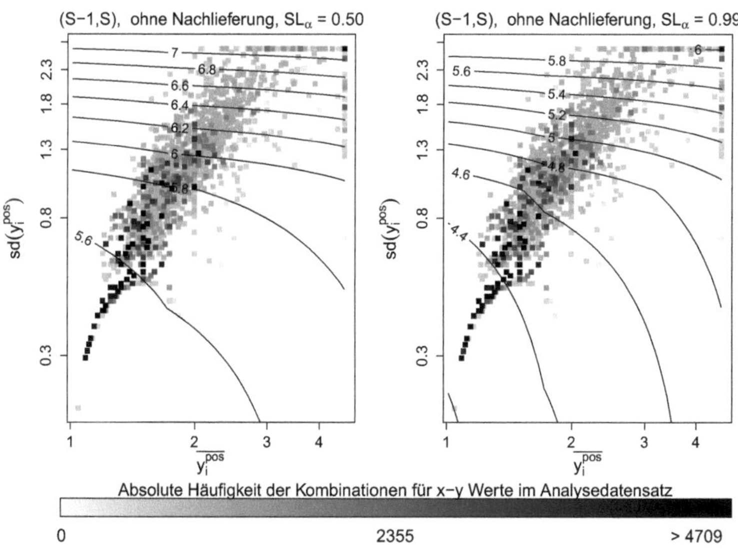

Abbildung 6.13: Zusammenhang zwischen Log-Kosten, Nullhäufigkeiten und mittleren Werten positiver Nachfragen, **CAR**

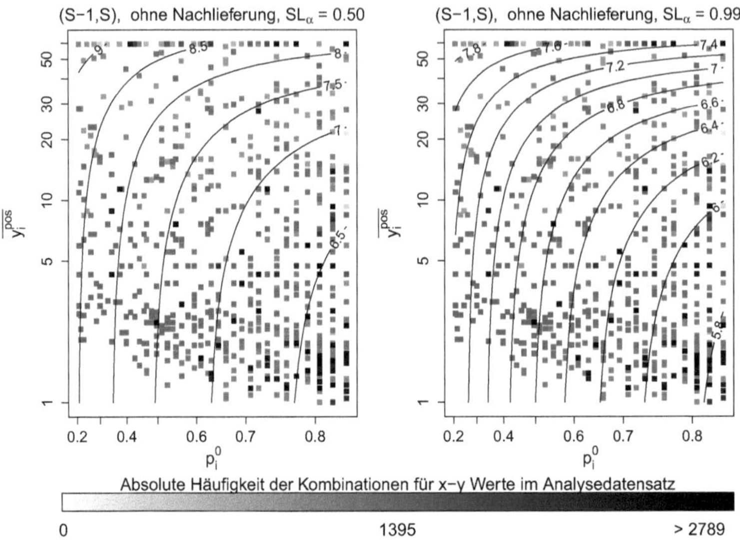

Abbildung 6.14: Zusammenhang zwischen Log-Kosten, Nullhäufigkeiten und mittleren Werten positiver Nachfragen, AER

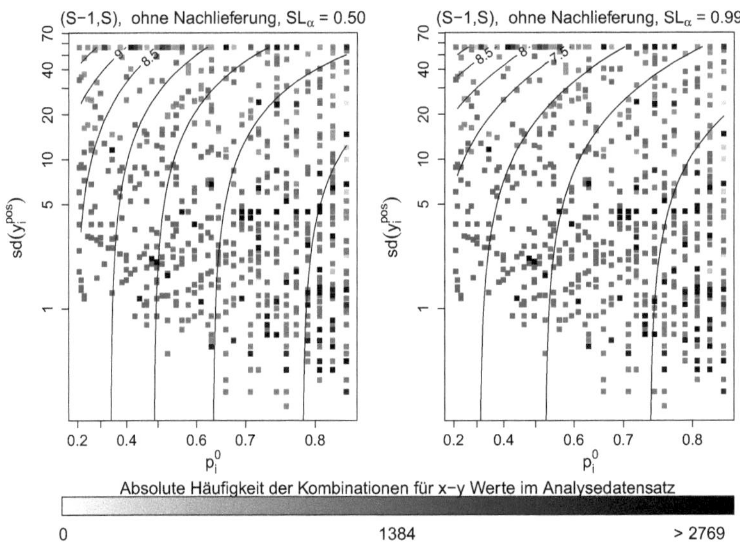

Abbildung 6.15: Zusammenhang zwischen Log-Kosten, Nullhäufigkeiten und Standardabweichungen positiver Nachfragen, AER

- Mit steigendem Nullanteil einzelner Zeitreihen sinken die Kosten im Evaluationsraum. Die Kombination geringer Werte der Standardabweichungen positiver Beobachtungen mit einem hohen Nullanteil bewirkt niedrigere Kosten im Evaluationsraum als hohe Werte $sd(\boldsymbol{y_i^{pos}})$ bei hohem Nullanteil oder als geringe Werte $sd(\boldsymbol{y_i^{pos}})$ bei geringem Nullanteil. Dieses Ergebnis ist auf den Konturplots für **AER** und **AUT** Daten zu erkennen. Für **CAR** ist eine differenzierte Betrachtung der Wertebereiche von p_i^0 notwendig, da die Konturen mit steigendem p_i^0 keinen monotonen Verlauf aufweisen (Abbildungen 6.13 und 6.17). Betrachtet man den Wert p_i^0=0.4, so sinken die Kosten mit steigendem $sd(\boldsymbol{y_i^{pos}})$, während die Kosten bei der Nullhäufigkeit von p_i^0=0.9 mit steigendem $sd(\boldsymbol{y_i^{pos}})$ ansteigen. Dies ist auf einen starken Einfluss der Interaktionseffekte zwischen $sd(\boldsymbol{y_i^{pos}})$ und p_i^0 zurückzuführen, welche den Haupteffekten entgegengesetzt wirken.

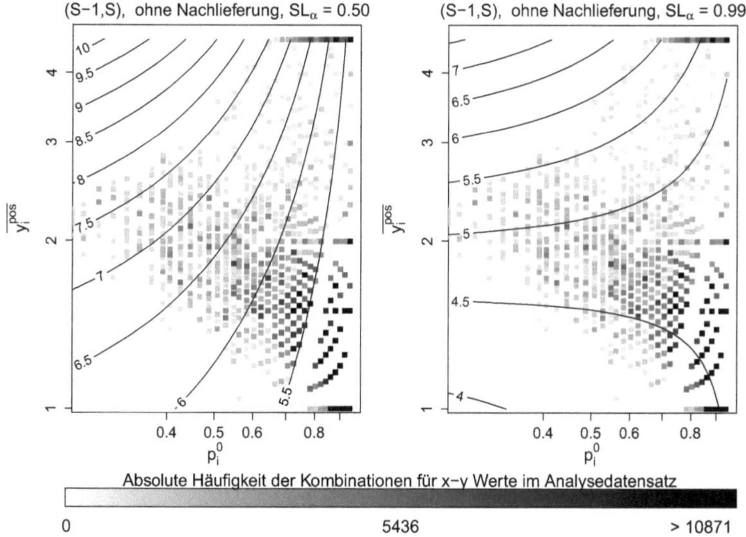

Abbildung 6.16: Zusammenhang zwischen Log-Kosten, mittleren Werten und Standardabweichungen positiver Nachfragen, **CAR**

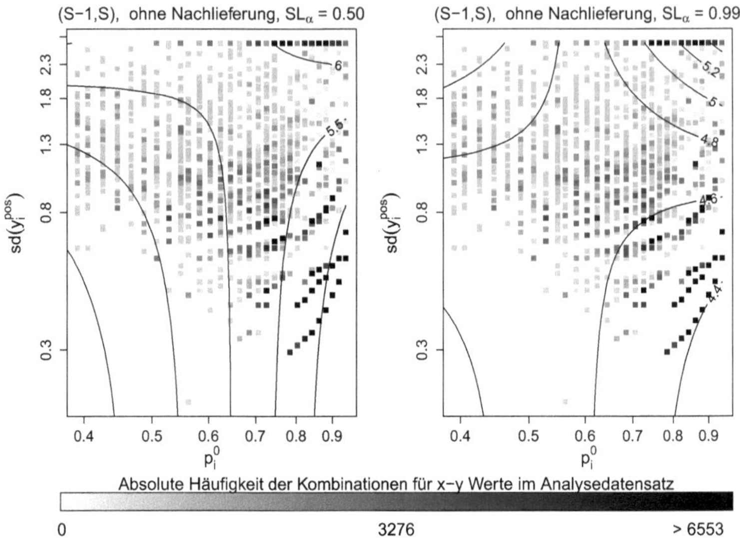

Abbildung 6.17: Zusammenhang zwischen Log-Kosten, Nullhäufigkeiten und Standardabweichungen positiver Nachfragen, **CAR**

- Die Kombination aus einem geringen Mittelwert positiver Beobachtungen mit einem hohen Nullanteil ist kostengünstiger als ein hoher Mittelwert bei hohem Nullanteil oder als ein geringer Mittelwert bei geringem Nullanteil. Diese Aussage muss für **CAR** auch in Abhängigkeit von Wertebereichen einzelner Kennzahlen betrachtet werden, da sich die Interaktionen zwischen dem einzelnen Nullanteil p_i^0 und $\overline{y_i^{pos}}$ stark auf die Gesamtkosten auswirken und somit den Einfluss der Haupteffekte stark reduzieren.

Die Effekte obiger Kennzahlen in Interaktion mit den verwendeten Prognoseverfahren werden zusätzlich modelliert und geschätzt. Aufgrund hoher Werte der impliziten Signifikanzniveaus (größer als 10%) im Rahmen eines $t-$Tests werden diese Modelle nicht explizit beschrieben.

Die Konturplots für den Datensatz **AUT** sowie die Konturplots für Kostenkonturen auf Basis univariater Prognoseverfahren sind in Anhang D1 sowie D2 zu finden. An dieser Stelle muss darauf hingewiesen werden, dass die obige Analyse der Auswirkung zeitreihenspezifischer Eigenschaften auf die Gesamtkosten einen Informationscharakter bzw. die Funktion einer Plausibilitätsüberprüfung trägt und keine Entscheidungsbasis im Prognoseprozess liefert. Falls die Lagerhaltungssysteme, konkret die Art der Lagerhaltungspolitik oder der Zielservicegrad, in Abhängigkeit von den Nachfragemustern festgelegt werden, so kann mit Hilfe obiger Analyseergebnisse ein datensatzspezifisches kostenoptimales Lagerhaltungssystem aufgestellt werden.

6.7.3.2 Einfluss der Prognoseverfahren

In diesem Abschnitt wird zunächst der Einfluss multivariater und univariater Verfahren auf die Gesamtkosten getrennt untersucht. Im nächsten Schritt wird der Einfluss aller (multi- und univariater) Verfahren zusammen in einem Regressionsmodell analysiert.

Um den Einfluss der Prognoseverfahren $m^* \in \widetilde{M}^{mult}$ aus der Menge der 12 multivariaten Verfahren $\widetilde{M}^{mult}$ (siehe Abbildung 6.8 auf S. 213 für eine Übersicht einzelner uni- und multivariater Prognoseverfahren) auf die Gesamtkosten als Streckungs- bzw. Stauchungsfaktoren zu interpretieren und diese auf Signifikanz zu überprüfen ist es notwendig, die resultierenden Modellkoeffizienten entsprechend der verwendeten logarithmischen Regressionsfunktion $ln\left(\widehat{\boldsymbol{GK}}\right) = \boldsymbol{\mathcal{X}} \cdot \hat{\boldsymbol{\beta}}$, welche dem Regressionsmodell $\widehat{\boldsymbol{GK}} = exp\left(\boldsymbol{\mathcal{X}} \cdot \hat{\boldsymbol{\beta}}\right)$ entspricht, zu transformieren. Dabei ändern sich die Parameterräume von $\hat{\beta}_{m^*} \in \mathbb{R}$ zu $exp\left(\hat{\beta}_{m^*}\right) \in (0, +\infty)$.

Die entsprechende notwendige Transformation der Varianz-Kovarianz-Matrix der geschätzten Regressionskoeffizienten erfolgt mit Hilfe der Delta-Methode (Greene 2012, S. 1123 ff.). Die Standardabweichungen $sd\left(exp\left(\hat{\beta}_{m^*}\right)\right)$ der Regressionskoeffizienten $exp\left(\hat{\beta}_{m^*}\right)$ werden entsprechend der Delta-Methode als $sd\left(exp\left(\hat{\beta}_{m^*}\right)\right) = exp\left(\hat{\beta}_{m^*}\right) \cdot sd\left(\hat{\beta}_{m^*}\right)$ berechnet. Eine multiplikative Beziehung zwischen den $\boldsymbol{GK}$ und den erklärenden Variablen erfordert eine entsprechende Anpassung der Hypothesen in einem $t-$Test auf Signifikanz einzelner Regressoren. Dabei muss überprüft werden, ob sich der Regressionskoeffizient $exp\,(\beta_{m^*})$ signifikant von 1 unterscheidet. Dies entspricht den Hypothesen: $H_0\colon exp\left(\hat{\beta}_{m^*}\right)=1$ vs. $H_1\colon exp\left(\hat{\beta}_{m^*}\right)\neq 1$

Die Regressionskoeffizienten $exp\left(\hat{\beta}_{m^*}\right)$ für die multivariaten Prognosemodelle $m^*\in\widetilde{M}^{mult}$ sind auf den Barplots (siehe Abbildung 6.18 für **AER** sowie Anhang D3 für **AUT** und **CAR**) dargestellt. Mit $m^{ref}=$ **gl-Pois-Reg** ist auf jedem Plot die Referenzmethode **gl-Pois-Reg** gekennzeichnet. Der zur Referenzmethode korrespondierende Regressionskoeffizient beträgt 1.00. Die Interpretation der Methodeneinflüsse erfolgt im Vergleich mit der Referenzkategorie. Die den anderen Verfahren zugeordneten Balken, welche die Schwelle 1.0 überschreiten, korrespondieren zu den Methoden, deren Prognose im Vergleich mit der Prognose auf Basis der Referenzmethode mehr Kosten verursachen. Die Methoden mit den geschätzten Koeffizienten $exp\left(\hat{\beta}_{m^*}\right)<1$ "prognostizieren kostengünstiger". Dabei werden für jede Methode vier horizontale Balken dargestellt, welche unterschiedliche Evaluationsszenarien repräsentieren (siehe Legende auf Abbildung 6.18).

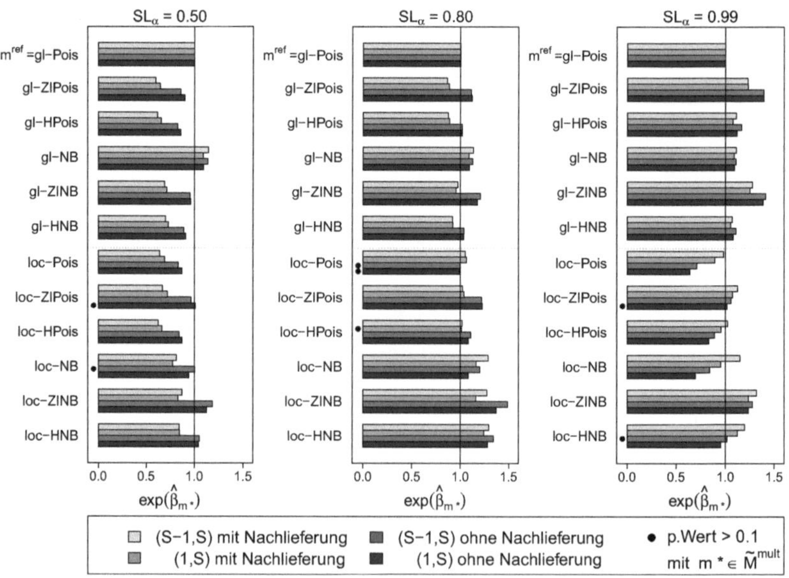

Abbildung 6.18: Effekt multivariater Prognoseverfahren auf die Gesamtkosten, **AER**

Mit schwarzen Punkten am Anfang jedes Bars sind die Szenarien gekennzeichnet, für welche das entsprechende implizite Signifikanzniveau den Wert 10% überschreitet ($p.Wert{>}0.1$). Daraus folgt, dass sich diese Prognosemethoden (auf Abbildung 6.18 genau sieben) nicht signifikant von der Referenzkategorie (im Kontext entsprechender Evaluationsszenarien) unterscheiden. Die entsprechenden Abbildungen für die Datensätze `AUT` und `CAR` für **multivariate Prognosemodelle** sind in Anhang D3 zu finden.

Zusammengefasst können folgende Erkenntnisse gewonnen werden:

- Der Einfluss von Prognosemethoden auf die Gesamtkosten hängt sowohl vom Lagerhaltungssystem, vom Ziellieferservicegrad, von der Annahme über die Rückstände als auch vom Datensatz ab. Mit steigendem SL_α nimmt die Methodenperformance gemessen an den Gesamtkosten im Vergleich mit der Referenzkategorie für `AER` Zeitreihen ab, so dass die Werte der Regressionskoeffizienten von den meisten Verfahren für SL_α=0.99 die Schwelle 1.0 überschreiten. Dies kann durch die asymmetrischen Kostenverhältnisse zwischen Überschuss- und Fehlmengen erklärt werden. Im Gegensatz dazu sind die meisten Verfahren für SL_α=0.50 kostengünstiger als m^{ref}= **`sgl-Pois-Reg`**. Für den Datensatz `AUT` sind die Unterschiede zwischen den Regressionskoeffizienten einzelner Methoden sehr gering, so dass von einer hochgradig ähnlichen Prognosegüte der aufgelisteten Modelle ausgegangen werden kann. Ein möglicher Grund ist die Kürze der `AUT` Zeitreihen (Gesamtlänge 24 Perioden, mindestens 17 Perioden davon werden zur Modellkalibration verwendet) im Vergleich mit den `AER` Zeitreihen (Gesamtlänge 72 Perioden, Länge der initialen Kalibrationsstichprobe 51 Perioden). In den letzteren ist ein längerer Evaluationszeitraum verfügbar.

- Die Stärke des Einflusses eines Prognoseverfahrens auf die Gesamtkosten variiert u.a. abhängig von der Vorgabe, ob der Aufbau von Rückständen zum Zweck der Nachlieferung unbefriedigter Bedarfe erlaubt ist oder nicht. Ist der Aufbau von Rückständen erlaubt, so führt der Einsatz der meisten multivariaten Prognoseverfahren zu geringeren Kosten als in den Lagerhaltungen, in welchen die unbefriedigte Nachfrage verloren geht (Lost Sales). Diese Aussage lässt sich allerdings für geringe Servicegrade wesentlich deutlicher erkennen als für höhere SL_α. Für hohe Ziellieferservicegrade sind auch die Werte der Quantilsprognosen in der Regel höher als für geringe Servicegrade, so dass häufig keine hohen Rückstände aufgebaut werden. Dementsprechend ist die Performance einzelner Prognoseverfahren für die Szenarien mit und ohne Nachlieferung hochgradig ähnlich.

- Die Unterschiede zwischen den einzelnen Methoden liegen zwar durch die Höhe der Werte der Regressionskoeffizienten $exp\left(\hat{\beta}_{m^*}\right)$ vor (Länge der horizontalen Balken), allerdings lassen die Ergebnisse nicht zu, das beste multivariate Prognosemodell szenarien- und datenübergreifend zu bestimmen. Für den Datensatz **CAR** lässt sich beispielsweise festhalten, dass das Modell `loc-NB-Reg` das vier- bis fünffache an Kosten im Vergleich mit dem Referenzverfahren verursacht. Auch `gl-NB-Reg` weist eine der schlechtesten Prognosegüte gemessen an Kosten auf. Diese Ergebnisse weisen eindeutig darauf hin, dass die NB-Verteilung ohne zusätzliche Modellierung der Nullwahrscheinlichkeit zur Abbildung der DGP der **CAR** Zeitreihen nicht geeignet ist.

- In der Effektstärke einzelner multivariater Modelle für Szenarien mit den $(1, S)$ und $(S-1, S)$ Lagerhaltungspolitiken kann kein klarer Unterschied festgestellt werden.

Betrachtet man die **univariaten Prognoseverfahren** und deren Einfluss auf die Gesamtkosten im Evaluationsraum für die Datensätze einzeln, so können Abbildung 6.19 für **AER** sowie die Abbildungen in Anhang D3 für **AUT** und **CAR** zur Analyse herangezogen werden. Die Methoden(streckungs)effekte im univariaten Fall werden analog zu den multivariaten Verfahren als Regressionskoeffizienten $exp\left(\hat{\beta}_{m^*}\right)$ mit $m^* \in \widetilde{M}^{univ}$ (siehe Tabelle 6.14 für die Übersicht univariater Verfahren der Fallstudie aus der Menge $\widetilde{M}^{univ}$) durch die Länge der Balken repräsentiert.

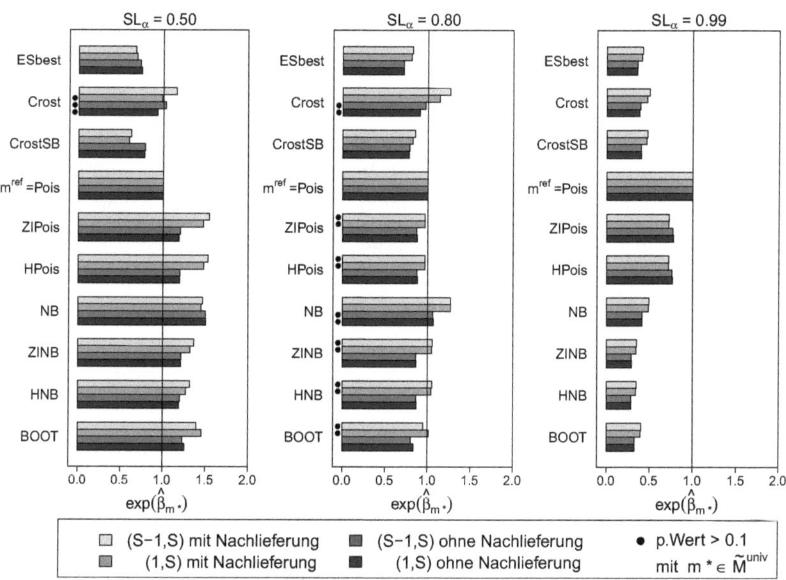

Abbildung 6.19: Effekt univariater Prognoseverfahren auf die Gesamtkosten, **AER**

Folgende Erkenntnisse können aus Abbildung 6.19 sowie aus den Abbildungen in Anhang D3 gewonnen werden:

- Für alle drei Datensätze schneiden die Glättungsverfahren für geringere Servicegrade (bis SL_{α}=0.90) am besten ab und bewirken somit die geringsten Gesamtkosten im Vergleich mit den Konkurrenzverfahren. Am stärksten ist dieser Effekt für den Datensatz **CAR** sichtbar (Anhang D3). Die Ursache dafür liegt in der Sporadizitätsstruktur der **CAR** Daten, welche sich durch deutlich höhere Nullanteile (im Median 0.75 bis maximal 0.98) und durch geringere Werte positiver Beobachtungen auszeichnen (im Median 1.61) als bei den Zeitreihen aus den anderen Datensätzen (siehe Tabelle 6.6). Die für diese Daten berechneten Quantilsprognosen führen zu hohen Überschussmengen, da die Nachfrage deutlich überschätzt wird. Allerdings sind die Überschussmengen, welche auf Basis stationärer Modelle (wie univariate Verteilungen) resultieren, wesentlich höher als die Überschussmengen auf der Basis lokal instationärer Glättungsverfahren.

Die letzteren ermöglichen eine abnehmende Gewichtung positiver Prognosewerte, was u.U. für lange Perioden ohne Nachfrage sinnvoll ist.

- Für hohe Servicegrade (ab SL_α=0.95) zeichnen sich die stationären Mischverteilungsmodelle sowie das Bootstrap-Verfahren als kostengünstige Prognoseverfahren aus, wobei dieser Effekt in den betrachteten Datensätzen unterschiedlich ausgeprägt ist. Während dieser Effekt für den Datensatz `AER` am stärksten hervorgeht, gleicht sich für `CAR` Daten die Effektstärke der Mischverteilungen der Effektstärke der Glättungsverfahren an. Die Ursache liegt in unterschiedlicher Länge, Sporadizitätsstruktur und in unterschiedlichen Datengenerierungsprozessen der betrachteten Daten.

Anhand obiger Erkenntnisse resultiert die Implikation, dass die Wahl eines Verfahrens in Abhängigkeit vom vorgegebenen Rahmen (Zielservicegrad, Lagerhaltungssystem, Datengrundlage usw.) erfolgen muss. Vergleicht man die Prognosegüte **uni- und multivariater Prognoseverfahren** in einem Modell, so sind die Ergebnisse der Modellschätzung für J=J^{univ} + J^{mult} Fälle zu analysieren. Nachfolgend sind die Methodeneffekte durch die Werte der geschätzten Regressionskoeffizienten $exp\left(\hat{\beta}_{m^*}\right)$ mit $m^*\in\widetilde{M}$ aus $\left|\widetilde{M}\right|$=130 der uni- und multivariaten Prognoseverfahren für den Datensatz `AER` (siehe Tabellen 6.34, 6.35), für den Datensatz `AUT` (in Tabellen 6.36, 6.37) sowie für `CAR` (in Tabellen 6.38, 6.39) angegeben. Als Referenzmethode dient das univariate Modell m^{ref}= `Pois` der Poissonverteilung. Die entsprechenden Werte $exp\left(\hat{\beta}_{pois}\right)$=1.00 für `Pois` sind in den Tabellen hervorgehoben.

Aus Tabelle 6.34 wird ersichtlich, dass die meisten uni- und multivariaten Methoden im Durchschnitt über alle Datenfälle "kostengünstiger prognostizieren" als die Referenzmethode `Pois`, da die entsprechenden Werte unter Eins liegen. Dabei zeichnen sich die Prognoseverfahren `NB`, `ZINB` und `HNB` durch eine annähernd gleiche Effektstärke von 0.61 aus und bilden somit die Gruppe kostengünstigster univariater Verfahren für `AER` und SL_α=0.50. Mit dem Wert $exp\left(\hat{\beta}_{m^*}\right)$=0.43 weist das Verfahren m^*= `loc-HPois-Reg-PAMq-stat` die beste Performance auf und ist anhand dieser Auswertung im Kontext der $(S-1,S)$ –Politik ohne Nachlieferung mit SL_α=0.50 das kostenoptimale Prognoseverfahren. Für das Szenario mit SL_α=0.99 ist für den `AER` Datensatz das Verfahren `loc-HPois-Reg-PAMq-stat` ebenfalls kostenoptimal, wie Tabelle 6.35 entnommen werden kann. Für `AUT` und `CAR` sind Tabellen 6.36 bis 6.39 zu betrachten.

Tabelle 6.34: Methodenvergleich anhand von ***GK*** für SL_α=0.50, `AER`

Multivariate Prognose-methoden/ Cluster-algorithmen	gl-Pois-Reg	gl-ZIPois-Reg	gl-HPois-Reg	gl-NB-Reg	gl-ZINB-Reg	gl-HNB-Reg	loc-Pois-Reg	loc-ZIPois-Reg	loc-HPois-Reg	loc-NB-Reg	loc-ZINB-Reg	loc-HNB-Reg	Univariate Prognose-Methoden	
KMeans-stat	0.90	0.81	0.62	0.91	0.82	0.61	0.65	0.72	0.59	0.69	0.83	0.61	ESbest	1.33
KMeans-cost	0.92	0.56	0.60	•1.04	0.67	0.66	0.64	0.63	0.77	0.88	0.84	1.07	Crost	1.56
AGNESm-stat	0.83	0.52	0.56	•0.98	0.72	0.83	0.58	0.67	0.62	0.74	0.84	1.27	CrostSB	1.28
AGNESm-cost	0.84	0.56	0.58	0.96	0.67	0.74	0.60	0.72	0.63	0.70	0.79	1.05	Pois	**1.00**
AGNESq-stat	0.78	0.50	0.50	1.30	0.73	0.66	0.51	0.49	0.52	0.74	0.90	0.83	ZIPois	0.70
AGNESq-cost	0.84	0.52	0.55	0.81	0.57	0.62	0.55	0.58	0.53	0.54	0.65	0.68	HPois	0.70
PAMm-stat	0.89	0.69	0.61	0.92	0.56	0.61	0.64	0.78	0.59	0.69	0.86	0.59	NB	0.61
PAMm-cost	0.91	0.56	0.60	0.93	0.56	0.60	0.65	0.73	0.59	0.70	0.77	0.59	ZINB	0.61
PAMq-stat	0.86	0.51	0.54	0.90	0.50	0.52	0.56	0.67	0.43	0.57	0.49	0.51	HNB	0.61
PAMq-cost	0.83	0.49	0.52	0.82	0.53	0.57	0.55	0.50	0.53	0.54	0.54	0.69	BOOT	0.71

Mit • sind die Werte der Regressionskoeffizienten gekennzeichnet, deren korrespondierende p.Werte >0.1 sind

Tabelle 6.35: Methodenvergleich anhand von ***GK*** für SL_α=0.99, `AER`

Multivariate Prognose-methoden/ Cluster-algorithmen	gl-Pois-Reg	gl-ZIPois-Reg	gl-HPois-Reg	gl-NB-Reg	gl-ZINB-Reg	gl-HNB-Reg	loc-Pois-Reg	loc-ZIPois-Reg	loc-HPois-Reg	loc-NB-Reg	loc-ZINB-Reg	loc-HNB-Reg	Univariate Prognose-Methoden	
KMeans-stat	0.94	1.53	•1.03	0.95	1.53	•1.01	0.85	0.92	0.73	0.94	1.11	0.75	ESbest	0.73
KMeans-cost	0.96	1.06	•0.99	•1.04	1.06	0.95	0.92	•1.02	1.74	1.21	1.23	2.27	Crost	0.75
AGNESm-stat	0.83	•0.97	0.91	0.93	•0.97	0.74	0.69	1.12	0.94	0.74	1.12	1.26	CrostSB	0.73
AGNESm-cost	0.86	1.07	0.93	0.95	•1.02	0.80	0.71	1.23	0.94	0.74	1.10	1.27	Pois	**1.00**
AGNESq-stat	0.68	0.87	0.76	1.15	•1.01	0.70	0.57	0.75	0.68	0.71	1.41	0.86	ZIPois	0.70
AGNESq-cost	0.80	0.95	0.86	0.88	•1.00	0.90	0.68	0.80	0.80	0.60	•1.04	0.91	HPois	0.70
PAMm-stat	0.95	1.36	•1.01	0.94	1.10	•1.01	0.85	1.10	0.73	0.91	1.23	0.74	NB	0.73
PAMm-cost	0.94	1.09	•1.00	0.94	1.07	•0.99	0.86	•1.05	0.73	0.94	1.12	0.75	ZINB	0.62
PAMq-stat	0.82	•1.00	0.89	0.85	1.06	0.94	0.73	0.85	0.54	0.74	0.77	0.67	HNB	0.63
PAMq-cost	0.79	0.93	0.85	0.83	•1.03	0.93	0.74	0.75	0.83	0.67	0.85	1.12	BOOT	0.79

Mit • sind die Werte der Regressionskoeffizienten gekennzeichnet, deren korrespondierende p.Werte >0.1 sind

Tabelle 6.36: Methodenvergleich anhand von $\boldsymbol{GK}$ für SL_{α}=0.50, AUT

Multivariate Prognose-methoden/ Cluster-algorithmen	gl-Pois-Reg	gl-ZIPois-Reg	gl-HPois-Reg	gl-NB-Reg	gl-ZINB-Reg	gl-HNB-Reg	loc-Pois-Reg	loc-ZIPois-Reg	loc-HPois-Reg	loc-NB-Reg	loc-ZINB-Reg	loc-HNB-Reg	Univariate Prognose-Methoden	
KMeans-stat	0.68	0.68	0.63	0.65	0.61	0.61	0.71	0.75	0.70	0.69	0.70	0.68	ESbest	1.10
KMeans-cost	0.68	0.68	0.63	0.65	0.62	0.61	0.67	0.74	0.71	0.70	0.66	0.66	Crost	1.25
AGNESm-stat	0.72	0.68	0.68	0.63	0.62	0.69	0.73	0.79	0.76	0.73	0.73	0.85	CrostSB	•1.00
AGNESm-cost	0.71	0.72	0.67	0.69	0.66	0.67	0.70	0.80	0.72	0.75	0.72	0.77	Pois	**1.00**
AGNESq-stat	0.68	0.67	0.64	0.60	0.59	0.70	0.70	0.73	0.67	0.65	0.63	0.82	ZIPois	0.95
AGNESq-cost	0.67	0.63	0.66	0.64	0.61	0.62	0.64	0.76	0.69	0.66	0.66	0.71	HPois	0.94
PAMm-stat	0.73	0.68	0.67	0.64	0.62	0.70	0.74	0.74	0.70	0.73	0.70	0.78	NB	1.05
PAMm-cost	0.69	0.70	0.66	0.65	0.63	0.63	0.68	0.73	0.69	0.66	0.67	0.64	ZINB	0.92
PAMq-stat	0.70	0.64	0.65	0.62	0.60	0.67	0.71	0.70	0.68	0.65	0.66	0.78	HNB	0.92
PAMq-cost	0.66	0.59	0.59	0.63	0.57	0.57	0.62	0.63	0.64	0.60	0.58	0.60	BOOT	1.07

Mit • sind die Werte der Regressionskoeffizienten gekennzeichnet, deren korrespondierende p.Werte >0.1 sind

Tabelle 6.37: Methodenvergleich anhand von $\boldsymbol{GK}$ für SL_{α}=0.99, AUT

Multivariate Prognose-methoden/ Cluster-algorithmen	gl-Pois-Reg	gl-ZIPois-Reg	gl-HPois-Reg	gl-NB-Reg	gl-ZINB-Reg	gl-HNB-Reg	loc-Pois-Reg	loc-ZIPois-Reg	loc-HPois-Reg	loc-NB-Reg	loc-ZINB-Reg	loc-HNB-Reg	Univariate Prognose-Methoden	
KMeans-stat	0.71	0.79	0.69	0.75	0.75	0.73	0.67	0.69	0.66	0.67	0.70	0.69	ESbest	0.88
KMeans-cost	0.70	0.79	0.68	0.74	0.75	0.74	0.64	0.69	0.65	0.68	0.66	0.66	Crost	0.93
AGNESm-stat	0.80	0.83	0.76	0.72	0.72	0.66	0.75	0.93	0.83	0.71	0.94	0.76	CrostSB	•1.00
AGNESm-cost	0.81	0.89	0.77	0.83	0.84	0.75	0.74	0.85	0.76	0.79	0.85	0.76	Pois	**1.00**
AGNESq-stat	0.70	0.76	0.68	0.65	0.65	0.60	0.65	0.83	0.72	0.61	0.85	0.70	ZIPois	0.77
AGNESq-cost	0.67	0.70	0.69	0.70	0.69	0.67	0.59	0.78	0.65	0.64	0.77	0.70	HPois	0.77
PAMm-stat	0.82	0.85	0.79	0.76	0.77	0.72	0.77	0.88	0.79	0.72	0.86	0.72	NB	0.87
PAMm-cost	0.76	0.89	0.74	0.81	0.81	0.80	0.68	0.68	0.70	0.71	0.75	0.74	ZINB	0.68
PAMq-stat	0.72	0.74	0.72	0.68	0.68	0.66	0.69	0.76	0.70	0.63	0.75	0.71	HNB	0.69
PAMq-cost	0.64	0.66	0.64	0.67	0.70	0.66	0.57	0.61	0.60	0.57	0.63	0.59	BOOT	0.80

Mit • sind die Werte der Regressionskoeffizienten gekennzeichnet, deren korrespondierende p.Werte >0.1 sind

Tabelle 6.38: Methodenvergleich anhand von ***GK*** für SL_α=0.50, `CAR`

Multivariate Prognose-methoden/ Cluster-algorithmen	gl-Pois-Reg	gl-ZIPois-Reg	gl-HPois-Reg	gl-NB-Reg	gl-ZINB-Reg	gl-HNB-Reg	loc-Pois-Reg	loc-ZIPois-Reg	loc-HPois-Reg	loc-NB-Reg	loc-ZINB-Reg	loc-HNB-Reg	Univariate Prognose-Methoden	
KMeans-stat	0.93	0.51	0.87	0.91	0.61	0.80	0.78	0.69	0.95	0.89	0.59	0.89	ESbest	3.10
KMeans-cost	0.95	0.64	0.82	•1.02	0.69	0.88	0.80	0.89	0.77	2.03	0.82	0.90	Crost	3.59
AGNESm-stat	5.78	2.24	5.25	1.87	1.62	1.79	3.09	•1.11	2.55	2.14	1.74	2.41	CrostSB	3.12
AGNESm-cost	1.13	0.78	0.94	1.31	•0.97	1.04	•1.03	0.83	0.87	1.24	1.10	1.12	Pois	**1.00**
AGNESq-stat	1.10	0.69	0.89	2.36	2.16	1.22	0.86	0.73	0.81	1.69	1.40	2.23	ZIPois	0.76
AGNESq-cost**	-	-	-	-	-	-	-	-	-	-	-	-	HPois	0.76
PAMm-stat	0.96	0.73	0.79	1.35	0.92	•1.00	0.83	0.64	0.80	1.16	0.85	0.92	NB	0.83
PAMm-cost	1.14	0.83	0.94	1.43	1.09	1.21	•1.03	0.86	0.94	1.48	1.47	1.52	ZINB	0.74
PAMq-stat	•0.97	0.70	0.77	2.93	2.29	1.29	0.81	0.75	0.80	2.17	1.10	2.07	HNB	0.75
PAMq-cost	0.90	0.49	0.57	0.84	0.62	0.56	0.75	0.47	0.58	1.26	0.59	0.58	BOOT	0.92

Mit • sind die Werte der Regressionskoeffizienten gekennzeichnet, deren korrespondierende p.Werte >0.1 sind

** Die kostenoptimale Partition `AGNESq-cost` besteht lediglich aus einzelnen Zeitreihen. Dementsprechend liegen für dieses Verfahren keine multivariaten Ergebnisse vor.

Tabelle 6.39: Methodenvergleich anhand von ***GK*** für SL_α=0.99, `CAR`

Multivariate Prognose-methoden/ Cluster-algorithmen	gl-Pois-Reg	gl-ZIPois-Reg	gl-HPois-Reg	gl-NB-Reg	gl-ZINB-Reg	gl-HNB-Reg	loc-Pois-Reg	loc-ZIPois-Reg	loc-HPois-Reg	loc-NB-Reg	loc-ZINB-Reg	loc-HNB-Reg	Univariate Prognose-Methoden	
KMeans-stat	0.94	0.83	•1.02	0.94	0.92	0.94	1.04	•1.00	1.34	1.15	0.88	•0.98	ESbest	0.91
KMeans-cost	0.93	0.93	0.94	•0.99	•0.99	0.93	1.07	1.68	•1.03	2.25	1.26	1.17	Crost	0.94
AGNESm-stat	1.98	2.06	2.37	1.54	1.48	1.04	1.89	4.43	1.47	1.99	2.14	1.58	CrostSB	0.89
AGNESm-cost	1.11	1.15	1.10	1.26	1.20	•1.02	1.12	1.47	•1.00	1.27	1.30	1.10	Pois	**1.00**
AGNESq-stat	0.84	0.82	1.08	1.61	1.83	0.84	0.86	•0.99	0.88	1.56	1.52	1.94	ZIPois	0.84
AGNESq-cost**	-	-	-	-	-	-	-	-	-	-	-	-	HPois	0.84
PAMm-stat	0.93	•1.03	•1.02	1.21	1.18	•1.00	•1.02	1.10	0.88	1.25	1.17	0.92	NB	•1.02
PAMm-cost	1.10	1.14	1.06	1.27	1.23	•0.99	1.13	1.32	1.09	1.46	1.63	1.26	ZINB	0.85
PAMq-stat	0.78	0.82	0.83	1.88	1.83	0.86	0.84	1.22	0.89	1.95	1.30	1.89	HNB	0.87
PAMq-cost	0.71	0.68	0.65	0.83	0.83	0.76	0.91	3.54	0.64	1.36	0.82	0.70	BOOT	1.14

Mit • sind die Werte der Regressionskoeffizienten gekennzeichnet, deren korrespondierende p.Werte >0.1 sind

** Die kostenoptimale Partition `AGNESq-cost` besteht lediglich aus einzelnen Zeitreihen. Dementsprechend liegen für dieses Verfahren keine multivariaten Ergebnisse vor.

Insgesamt lassen sich folgende Erkenntnisse und deren praktische Implikationen hinsichtlich der Modellgüte herleiten:

- Durch den Einsatz multivariater Methoden zur simultanen Schätzung gemeinsamer Trend- und Saisonstrukturen in sporadischen Zeitreihenaggregaten kann die Prognosegüte (gemessen an den Gesamtkosten im Evaluationsraum) im Vergleich mit univariaten Verfahren gesteigert werden.

- Die Gruppierung von Zeitreihen mit dem Algorithmus `PAMq` liefert die beste Prognosegüte für alle Datensätze. Bezüglich der Wahl des Optimalitätskriteriums zur Auswahl einer Clusterlösung muss angemerkt werden, dass die Wahl der Clusterlösung bei langen Zeitreihen (wie in `AER`) anhand von statistischen Kriterien erfolgen kann. In kurzen Zeitreihen wie im Datensatz `AUT` oder in stark sporadischen Zeitreihen wie in `CAR` zeigt sich der Einsatz einer Kostenevaluation im Prognoseprozess zur Bestimmung von Clusteraufteilungen als eine wesentlich kostengünstigere Variante im Rahmen der Gruppierung im Vergleich mit statistischen Kriterien.

- Die Wahl des besten multivariaten Modells ist nicht eindeutig. Datensatzübergreifend kann nicht festgestellt werden, ob die Modellierung von globalen vs. lokalen Strukturkomponenten oder die Modellierung durch eine Poisson vs. NB-Verteilung eine höhere Prognosegüte verspricht.

- Im univariaten Fall weisen die Verfahren `ZINB`, `HNB` und `ZIPois` sowohl für alle Datensätze als auch für unterschiedliche Evaluationsszenarien gemessen an den Gesamtkosten die beste Performance auf. Bei einer praktischen Anwendung dieser Verfahren muss allerdings aufgrund einer numerischen Instabilität der Verfahren eine Back-Up Prognosemethode (wie beispielsweise `Pois`) implementiert werden.

- Eine weitere Erkenntnis im univariaten Fall betrifft die Glättungsmodelle, deren Prognosegüte zum einen von den Werten des Servicegrades und zum anderen von der Datenspezifik stark abhängt. Der Einsatz von Verfahren aus der Familie exponentieller Glättung empfiehlt sich für sporadische Zeitreihen mit hohem Nullanteil (Größenordnung $50 - 90\%$) und geringen positiven Beobachtungen (bis 10). Für die anderen Datenmuster kann es u.U. sinnvoll sein, Glättungsverfahren für hohe SL_α einzusetzen.

- Es ist außerdem anzumerken, dass die Modellperformance maßgeblich vom Prognose- und Evaluationsrahmen wie der Art der Lagerhaltungspolitik oder des Zielservicegrades abhängt. In Abhängigkeit von der Länge der Zeitreihen können ggf. verschiedene Modellarten zur Prognose verwendet werden. In langen Zeitreihen (AER) ist die Prognosegüte multivariater Verfahren höher als die Prognosegüte univariater Verfahren, dennoch sind die Unterschiede in der Güte weniger ausgeprägt als für kurze Zeitreihen (AUT). Dementsprechend ist der Einsatz multivariater Verfahren für kurze Zeitreihen zu empfehlen.

An dieser Stelle muss allerdings darauf hingewiesen werden, dass aufgrund numerischer Probleme bei der Modellschätzung eine unterschiedliche Anzahl an Fällen korrespondierend zu den einzelnen Prognoseverfahren in das geschätzte Regressionsmodell einging. Des Weiteren erfolgt dieser Methodenvergleich mit Hilfe der Regressionsanalyse, welche lediglich eine mittlere Abschätzung der Regressoreneinflüsse über alle im Datensatz betrachteten Fälle vornimmt. Dennoch weisen die Ergebnisse für verschiedene Datensätze und auf Basis unterschiedlicher Evaluationsszenarien darauf hin, dass die Modellierung instationärer Strukturen in sporadischen Produkthierarchien durch Paneldatenmodelle der Langsamdreher genauere Prognosen und somit höhere Kostenersparnisse bewirken kann als die Prognosen auf der Grundlage klassischer univariater Prognoseverfahren.

6.7.3.3 Einfluss der Quantilsberechnungstechnik

Zu den weiteren Einflussfaktoren auf die Gesamtkosten gehört die Art der Quantilsberechnung, deren Einfluss im multivariaten Fall nachfolgend für den Datensatz AER (Abbildung 6.20) sowie für die Datensätze AUT und CAR (Anhang D4) analysiert wird. Die Interpretation der multiplikativen Effekte der Quantilsberechnungsart erfolgt, ähnlich wie bei den Prognoseverfahren, durch die Berechnung der Koeffizienten $exp\left(\hat{\beta}_{q^*}\right)$, welche eine Streckung (für $exp\left(\hat{\beta}_{q^*}\right)>1$) bzw. eine Stauchung ($exp\left(\hat{\beta}_{q^*}\right)<1$) der Gesamtkosten $\boldsymbol{GK}$ repräsentieren.

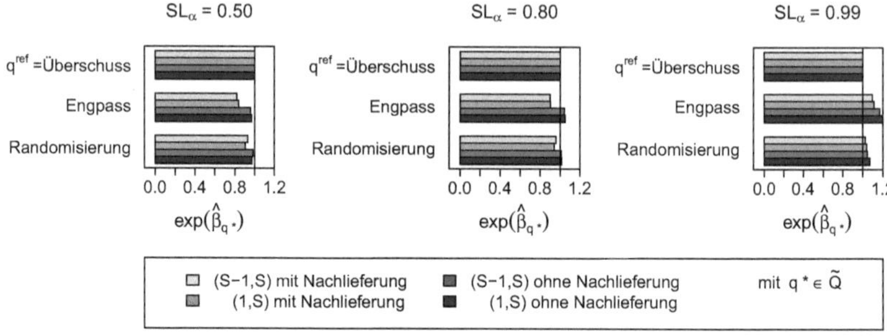

Abbildung 6.20: Effekt der Quantilsberechnungsart auf die Gesamtkosten, multivariat, **AER**

In Analogie zu den vorstehenden Auswertungen hängt die Einflussstärke der Art der Quantilsberechnung vom ausgewählten Evaluationsszenario und primär vom Ziellieferservicegrad ab. In der Quantilsberechnung ist das Szenario *lower* (Engpass) für geringe Lieferservicegrade kostengünstiger als das *random* oder *upper* Szenario. Im Gegensatz dazu sollte für höhere SL_α (etwa ab 0.90) das Überschuss- (*upper*) oder Szenario der Randomisierung (*random*) gewählt werden, da die Abrundung (*lower*) in diesem Fall zu höheren Fehlmengenkosten führt.

Der Schwellenwert für SL_α, ab welchem die jeweilige Technik zur Quantilsberechnung kostengünstiger ist, muss datenspezifisch ermittelt werden. Beispielsweise ist das Engpassszenario *lower* der Quantilsberechnung in allen drei Datensätzen für SL_α=0.50 das kostengünstigste. Für den Servicegrad SL_α=0.80 führt *lower* in **AER** und **CAR** Daten nach wie vor zu den größten Kostenersparnissen im Vergleich mit *random* und *upper*, während in **AUT** bereits die Aufrundungstechnik *upper* höhere Kostenersparnisse verspricht. Ein ähnliches Ergebnis kann für univariate Verfahren festgestellt werden (siehe Anhang D4), wobei die Unterschiede zwischen den einzelnen Arten zur Quantilsbestimmung im univariaten Fall relativ gering sind.

6.7.3.4 Einfluss der Wiederbeschaffungszeit

Die Wiederbeschaffungszeit H, welche als metrischer Regressor in das obige Modell eingebettet wird, weist eine unterschiedliche Effektstärke abhängig von den Evaluationsszenarien und vom betrachteten Datensatz auf (siehe Abbildungen 6.21 und 6.22 sowie Abbildungen in Anhang D5).

Der Effekt der Wiederbeschaffungszeit kann sowohl multiplikativ als $exp\left(\hat{\beta}_h\right)$ als auch additiv direkt über $\hat{\beta}_h$ interpretiert werden. Die letztere Interpretationsmöglichkeit wird in dieser Analyse verwendet, da die Wiederbeschaffungszeit als metrische Variable in die Regression eingeht. Dementsprechend ist die Interpretation, dass die um eine Periode steigende Wiederbeschaffungszeit eine Kostensteigerung in Höhe von β_h% der $\boldsymbol{GK}$ bewirkt, möglich.

In AER und CAR Zeitreihen führt die steigende Wiederbeschaffungszeit, wie erwartet, zu höheren Kosten. Beispielsweise führt die Erhöhung der Wiederbeschaffungszeit um eine Periode für den Lieferservicegrad SL_α=0.50 zu einer Kostensteigerung von bis zu 25% (siehe Abbildung 6.21), je nachdem welches Evaluationsszenario betrachtet wird. Dieses Ergebnis lässt sich sowohl uni- als auch multivariat bestätigen. Betrachtet man für AER und CAR den Servicegrad von SL_α=0.99, so führt eine Erhöhung der Wiederbeschaffungszeit zur Kostensenkung, da die Regressionskoeffizienten $\hat{\beta}_h$<0 sind. Dieses Ergebnis weist darauf hin, dass eine detaillierte Analyse des Einflusses der Wiederbeschaffungszeit auf die Gesamtkosten notwendig ist.

Der gegensinnige Zusammenhang zwischen der Wiederbeschaffungszeit und den Gesamtkosten resultiert in jedem Evaluationsszenario für den Datensatz AUT sowohl uni- als auch multivariat (siehe Abbildung 6.22). Diese "kostenreduzierende" Wirkung der steigenden Wiederbeschaffungszeit kann u.a. aus der Kürze der Evaluationsstichprobe resultieren. Die maximale Teststichprobe, welche zur Evaluation verwendet wird, umfasst für AUT Zeitreihen 7 Perioden, so dass beispielsweise bei der maximalen Wiederbeschaffungszeit von 4 Perioden lediglich zwei Evaluationsperioden in die Analyse einfließen, da die Erfassung der Warenbewegungen in der Periode $N + 1$=18 beginnt. Des Weiteren werden die Informationen erst ab der Periode $N + H + 2$ zur

Berechnung von Leistungskennzahlen einer Lagerhaltung verwendet. Somit werden die Analyseergebnisse für **AUT** durch die Kürze der Zeitreihen stark beeinflusst und können dadurch zu unerwarteten Ergebnissen führen.

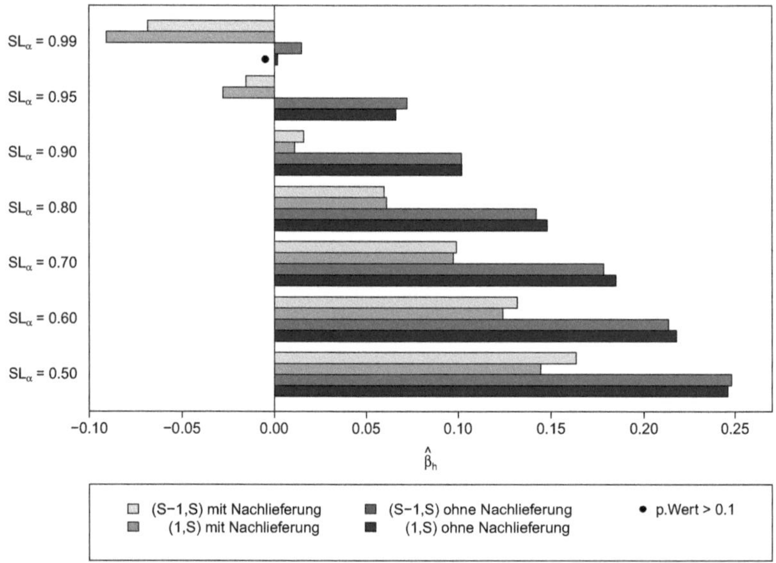

Abbildung 6.21: Effekt der Wiederbeschaffungszeit auf die Gesamtkosten, multivariat, **AER**

Die Zulassung von Rückständen bei gleicher Wiederbeschaffungszeit ist sowohl im multi- (Abbildung 6.22) als auch im univariaten Fall (Anhang D5) kostengünstiger als eine Lost Sales Alternative. Dabei sind die Unterschiede in der Effektstärke zwischen Szenarien mit und ohne Nachlieferung für die Zeitreihen **AER** im multivariaten Fall auffälliger als im univariaten Fall bzw. als für den Datensatz **AUT**.

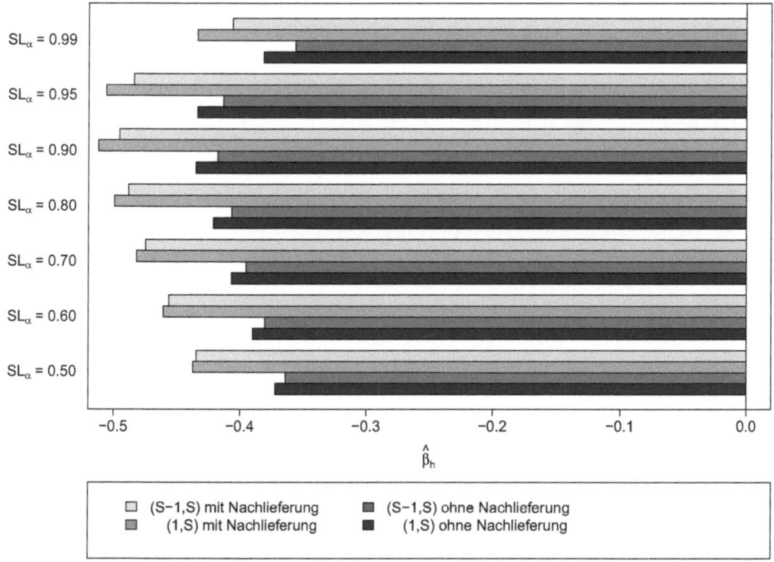

Abbildung 6.22: Effekt der Wiederbeschaffungszeit auf die Gesamtkosten, multivariat, `AUT`

6.7.3.5 Einfluss der Clusteralgorithmen

Der Einfluss von Clusteralgorithmen sowie der Einfluss von Kriterien zur Bewertung einer Clusterlösung wird zum einen durch die Höhe der Haupteffekte multiplikativ als $exp\left(\hat{\beta}_{a^*}\right)$ mit $a^* \in \widetilde{A} \setminus a^{ref}$ und $exp\left(\hat{\beta}_{c^*}\right)$ mit $c^* \in \widetilde{C} \setminus c^{ref}$ sowie durch die Einbettung der Interaktionen zwischen den Clusteralgorithmen und den Optimalitätskriterien analysiert. Dabei besteht die Menge $\widetilde{A}$ aus den Clusteralgorithmen `KMeans`, `AGNESm`, `AGNESq`, `PAMm` und `PAMq`. Die Optimalitätskriterien $\widetilde{C}$ werden durch statistische `stat` Kriterien (`within`-SSE oder *silh*) oder Kostenkriterien `cost` repräsentiert.

Der multiplikative Gesamteffekt für eine konkrete Kombination aus einem Clusteralgorithmus a^* und einem Optimalitätskriterium c^* lässt sich nach der Formel $g\left(a^*, c^*\right) = exp\left(\hat{\beta}_{a^*} + \hat{\beta}_{c^*} + \hat{\beta}_{a^*:c^*}\right)$ berechnen, da beide Merkmale nominal skaliert sind. Die entsprechenden Werte für die einzelnen Kombinationen aus a^* und c^* können den Tabellen 6.40 für **AER** sowie 6.41 und 6.42 für **AUT** und **CAR** entnommen werden.

Die Kombination aus den zwei Eckpunkten a^{ref}= **AGNESm** und c^{ref}= **stat**, welche als Referenzkategorien gewählt wurden, wird in den Tabellen mit 1.00 notiert und hevorgehoben. Die restlichen Kombinationen werden im Vergleich mit der Referenzkategorie interpretiert. Dabei stellen die nachfolgenden Tabellen 6.40, 6.41 und 6.42 insgesamt 12 von 28 Evaluationsszenarien dar: Zielservicegrade 0.50, 0.80 sowie 0.99 in Kombination mit 2 Lagerhaltungspolitiken ($(S-1,S)$ und $(1,S)$) mit und ohne Nachlieferung der unbefriedigten Bedarfe. Somit besteht ein Tabellenblock, welcher von den restlichen Blöcken getrennt wird, aus 10 Werten (2 Spalten **stat** und **cost** mit jeweils 5 Zeilen) und repräsentiert ein Evaluationsszenario.

Die nachfolgenden Ergebnisse sind hinsichtlich der Effekte der Clusteralgorithmen hochgradig ähnlich und weisen darauf hin, dass der Clusteralgorithmus **PAMq** für die meisten Evaluationsszenarien die kostengünstigste Gruppierungstechnik darstellt, was auch bereits im Rahmen des Verfahrensvergleichs erkannt wurde. Lediglich für SL_α=0.99 im Datensatz **AER** ist der Algorithmus **AGNESq** kostenoptimal. In den Tabellen sind die Werte der resultierenden Gesamteffekte für die kostenoptimale Kombination der Clustermethode und des Optimalitätskriteriums grau hinterlegt und repräsentieren den für jedes Evaluationsszenario minimalen Wert $\underset{a^* \in \widetilde{A},\, c^* \in \widetilde{C}}{min} exp\left(\hat{\beta}_{a^*} + \hat{\beta}_{c^*} + \hat{\beta}_{a^*:c^*}\right)$ mit $\widetilde{A}$={**KMeans**, **AGNESm**, **AGNESq**, **PAMm**, **PAMq**} und $\widetilde{C}$={**stat**, **cost**}.

Die Wahl des kostengünstigsten Kriteriums zur Bewertung einer Gruppierung ist nicht eindeutig und hängt vom betrachteten Datensatz ab. Für den Datensatz **AER** (Tabelle 6.40) ist festzustellen, dass die nach statistischen Kriterien ausgewählten Clusterpartitionen in den meisten Fällen geringere Kosten bewirken als die Clusterpartitionen, welche durch eine kostenorientierte Bewertung entstehen. Hierbei muss allerdings darauf hingewiesen werden, dass die Ergebnisse einer kostenorientierten Clusterbewertung häufig den Ergebnissen einer statistischen Bewertung ähnlich ist.

Tabelle 6.40: Gesamteffekte clusteranalytischer Rahmenbedingungen, **AER**

Cluster-algorithmus	**mit Nachlieferung**				**ohne Nachlieferung**			
	$(S-1,S)$		$(1,S)$		$(S-1,S)$		$(1,S)$	
SL_α=0.50	**stat**	[b)]**cost**	**stat**	**cost**	**stat**	**cost**	**stat**	**cost**
KMeans	1.06	1.09	0.94	1.03	0.95	1.01	0.81	0.95
AGNESm	1.00	1.01	1.00	0.96	1.00	0.98	1.00	0.93
AGNESq	0.94	0.91	0.93	0.82	0.91	0.83	0.90	0.73
PAMm	1.03	1.01	0.91	0.89	0.91	[c)]0.90	0.77	0.76
PAMq	0.88	[c)]0.87	0.78	0.78	0.77	0.79	0.65	0.68
SL_α=0.80	**stat**	**cost**	**stat**	**cost**	**stat**	[b)]**cost**	**stat**	**cost**
KMeans	1.09	1.18	[a)]0.99	[a)]1.14	1.02	1.12	0.89	1.07
AGNESm	1.00	1.02	1.00	0.98	1.00	1.00	1.00	0.95
AGNESq	0.91	[c)]0.92	0.90	0.85	0.89	0.85	0.89	0.77
PAMm	1.06	1.04	0.96	[c)]0.94	0.98	0.97	0.85	0.84
PAMq	0.90	0.89	0.82	[c)]0.81	0.82	[c)]0.83	0.72	0.74
SL_α=0.99	**stat**	**cost**	**stat**	[b)]**cost**	**stat**	**cost**	**stat**	[b)]**cost**
KMeans	1.11	1.29	1.09	1.29	1.08	1.25	1.02	1.23
AGNESm	1.00	1.04	1.00	1.01	1.00	1.03	1.00	1.00
AGNESq	0.89	[c)]0.94	0.89	[c)]0.90	0.89	[c)]0.92	0.89	0.86
PAMm	1.08	1.05	1.05	1.02	1.05	1.03	0.98	[c)]0.96
PAMq	0.91	[c)]0.95	0.87	[c)]0.90	0.88	[c)]0.93	0.82	0.86

[a)] Haupteffekt $\hat{\beta}_{a^*}$ des Clusteralgorithmus $a^* \in \widetilde{A}$ unterscheidet sich nicht signifikant vom Haupteffekt der Referenzkategorie AGNESm (Signifikanzniveau α=0.1)

[b)] Haupteffekt $\hat{\beta}_{c^*}$ des Optimalitätkriteriums $c^* \in \widetilde{C}$ unterscheidet sich nicht signifikant vom Haupteffekt der Referenzkategorie stat (Signifikanzniveau α=0.1)

[c)] Interaktionseffekt $\hat{\beta}_{c^*:a^*}$ nicht signifikant (Signifikanzniveau α=0.1)

Diese Tatsache wird auch durch die Ergebnisse von Signifikanztests bestätigt (Tabellenwerte indiziert mit [b)]), da kein signifikanter Unterschied zwischen `cost` und `stat` Ergebnissen und auch keine signifikanten Interaktionseffekte (Kennzeichnung mit [c)]) festgestellt werden können. An dieser Stelle kann für **AER** Zeitreihen der zusätzliche Rechenaufwand zur Auswahl von Zeitreihengruppen erspart werden, da sich die statistischen Kriterien deutlich schneller berechnen lassen und dennoch eine hohe Prognosegüte multivariater Verfahren sicherstellen. Diese Erkenntnis wurde bereits im Rahmen des Verfahrensvergleichs diskutiert. Die Ergebnisse auf der Grundlage der **AUT** Daten sind in Tabelle 6.41 zusammengefasst.

Tabelle 6.41: Gesamteffekte clusteranalytischer Rahmenbedingungen, AUT

Cluster-algorithmus	mit Nachlieferung $(S-1,S)$		mit Nachlieferung $(1,S)$		ohne Nachlieferung $(S-1,S)$		ohne Nachlieferung $(1,S)$	
SL_α=0.50	**stat**	**cost**	**stat**	**cost**	**stat**	[b] **cost**	**stat**	[b] **cost**
KMeans	0.98	0.97	0.98	0.97	0.94	[c]0.93	0.93	[c]0.93
AGNESm	1.00	1.03	1.00	1.03	1.00	1.00	1.00	1.00
AGNESq	0.94	0.95	0.94	0.95	0.95	0.93	0.95	0.93
PAMm	1.01	1.00	1.01	1.00	0.99	0.94	0.98	0.93
PAMq	0.95	0.90	0.95	0.89	0.95	0.85	0.95	0.85
SL_α=0.80	**stat**	**cost**	**stat**	**cost**	**stat**	**cost**	**stat**	**cost**
KMeans	0.95	0.95	0.95	0.94	0.95	0.94	0.94	0.94
AGNESm	1.00	1.03	1.00	1.03	1.00	1.01	1.00	1.01
AGNESq	0.92	0.91	0.92	0.91	0.94	0.93	0.94	0.93
PAMm	1.01	0.99	1.01	0.99	[a]1.00	[a]0.96	[a]1.00	[a]0.96
PAMq	0.93	0.86	0.93	0.85	0.94	0.86	0.95	0.86
SL_α=0.99	**stat**	**cost**	**stat**	**cost**	**stat**	**cost**	**stat**	**cost**
KMeans	0.89	0.88	0.89	0.89	0.92	0.91	0.92	0.91
AGNESm	1.00	1.04	1.00	1.03	1.00	1.04	1.00	1.03
AGNESq	0.89	0.85	0.89	0.85	0.90	0.88	0.90	0.88
PAMm	1.02	0.97	1.03	0.97	1.02	0.99	1.02	0.98
PAMq	0.90	0.77	0.90	0.77	0.91	0.82	0.91	0.82

[a] Haupteffekt $\hat{\beta}_{a^*}$ des Clusteralgorithmus $a^* \in \widetilde{A}$ unterscheidet sich nicht signifikant vom Haupteffekt der Referenzkategorie AGNESm (Signifikanzniveau α=0.1)

[b] Haupteffekt $\hat{\beta}_{c^*}$ des Optimalitätkriteriums $c^* \in \widetilde{C}$ unterscheidet sich nicht signifikant vom Haupteffekt der Referenzkategorie stat (Signifikanzniveau α=0.1)

[c] Interaktionseffekt $\hat{\beta}_{c^*:a^*}$ nicht signifikant (Signifikanzniveau α=0.1)

Anders als für AER führt die Kostenbewertung einer Clusterlösung für AUT zu einer signifikanten Reduktion der Kosten im Evaluationsraum im Gegensatz zur Bewertung mit statistischen Kriterien. Diese Erkenntnis lässt sich für alle Evaluationsszenarien bestätigen und entspricht den Ergebnissen des Methodenvergleichs in Abschnitt 6.7.3.2. Eine kostenorientierte Bewertung der Clusterlösungen ist möglicherweise für die kurzen AUT Zeitreihen wirksamer als für lange Zeitreihen.

Tabelle 6.42: Gesamteffekte clusteranalytischer Rahmenbedingungen, CAR

Cluster-algorithmus	mit Nachlieferung				ohne Nachlieferung			
	$(S-1,S)$		$(1,S)$		$(S-1,S)$		$(1,S)$	
SL_α=0.50	**stat**	**cost**	**stat**	**cost**	**stat**	**cost**	**stat**	**cost**
KMeans	0.55	0.62	0.42	0.64	0.45	0.52	0.32	0.53
AGNESm	1.00	0.73	1.00	0.60	1.00	0.61	1.00	0.49
AGNESq	0.91	na	0.89	na	0.87	na	0.84	na
PAMm	0.65	0.78	0.54	0.65	0.54	0.68	0.43	0.56
PAMq	0.82	0.49	0.87	0.35	0.77	0.41	0.81	0.27
SL_α=0.80	**stat**	**cost**	**stat**	**cost**	**stat**	**cost**	**stat**	**cost**
KMeans	0.61	0.70	0.50	0.76	0.53	0.62	0.42	0.67
AGNESm	1.00	0.78	1.00	0.66	1.00	0.70	1.00	0.58
AGNESq**	0.90	-	0.89	-	0.88	-	0.89	-
PAMm	0.72	0.82	0.61	0.71	0.64	0.75	0.54	0.65
PAMq	0.82	0.52	0.90	0.40	0.79	0.46	0.88	0.34
SL_α=0.99	**stat**	**cost**	**stat**	**cost**	**stat**	**cost**	**stat**	**cost**
KMeans	0.70	0.80	0.60	0.86	0.68	0.77	0.58	0.83
AGNESm	1.00	0.83	1.00	0.72	1.00	0.82	1.00	0.71
AGNESq	0.88	na	0.87	na	0.91	na	0.90	na
PAMm	0.75	0.85	0.65	0.75	0.74	0.84	0.64	0.73
PAMq	0.81	0.57	0.91	0.48	0.83	0.59	0.94	0.48

** Die kostenoptimale Partition AGNESq-cost besteht lediglich aus einzelnen Zeitreihen. Für dieses Verfahren liegen keinemultivariaten Ergebnisse vor.

Im Datensatz CAR ist die Prognosegüte der kostenoptimalen Clustereinteilungen (Spalten mit der Überschrift `cost`) signifikant höher als die der statistisch optimalen Clustereinteilungen `stat` (Tabelle 6.42). Die entsprechenden grau hinterlegten kostenoptimalen Werte für `PAMq-cost` betragen die Hälfte oder weniger der entsprechenden Werte von `PAMq-stat`.

An dieser Stelle empfiehlt sich der Einsatz multivariater Verfahren vor allem für kurze Zeitreihen (AUT) und für sporadische Zeitreihen mit hohem $(70-90\%)$ Nullanteil (CAR). Aufgrund fehlender starker Differenzierung zwischen beiden Optimalitätskriterien kann in langen Zeitreihen sowohl die statistische als auch die kostenorientierte Bewertung von Clusterpartitionen angewendet werden. Aus der Perspektive des Rechenaufwandes ist die statistische Bewertung der Clusterpartitionen zu bevorzugen.

6.8 Hinweise zu Software und Rechenanforderungen der Fallstudie

Dieser Teilabschnitt gibt einen Überblick über die im Rahmen der Fallstudie verwendete Software sowie über die einzelnen Implementierungsschritte. Anhand eines Beispiels wird auf die Rechenkomplexität und auf die Rechenanforderungen hingewiesen.

6.8.1 Softwareübersicht

Die Berechnungen im Rahmen der Fallstudie wurden mit der R-Distribution für Windows, Version 3.0.2, und der Eclipse IDE (Integrated Development Environment), Versionen 4.2 und 4.3 (64 bit), sowie mit der R-Distribution für LINUX, Version 3.0.1, durchgeführt. Folgende R-Pakete werden für die Berechnungen verwendet:

- **R-Paket `stats`** aus der R-Standarddistribution
  - **Funktion `glm()`** basierend u.a. auf Dobson und Barnett (2008), McCullagh und Nelder (1989) sowie Venables und Ripley (2002) für die Schätzung univariater `Pois` und `NB` Verteilungen sowie folgender univariater und multivariater Regressionsmodelle: `Pois`, `gl-/loc-Pois-Reg`, `gl-/loc-NB-Reg`. Die R-Standardroutine wird auf die eigenständig entwickelte Parametrisierung von Strukturkomponenten angewendet.
  - **Funktion `kmeans()`** zur Clusteranalyse von Zeitreihen auf Basis der berechneten Datenmatrix $DATA$, implementiert nach Forgy (1965), Hartigan und Wong (1979), Lloyd (1982) und MacQueen (1967).
  - **Funktion `lm()`** basierend u.a. auf Chambers und Hastie (1992) zur Schätzung linearer Regressionsmodelle zur Bewertung der Einflüsse einzelner Faktoren auf die Gesamtkosten $\boldsymbol{GK}$ im Evaluationsraum.

- **R-Paket** `cluster`, Version 1.15.3, basierend auf Clusteralgorithmen aus Kaufman und Rousseeuw (2005)
  - **Funktion** `daisy()` als Standardalgorithmus zur Berechnung der Distanzmatrix wird für die Clustermethoden `AGNESm` und `PAMm` verwendet. Ein modifizierter Algorithmus zur Distanzberechnung, in welchem die Standardisierung durch Quantilsdifferenzen erfolgt, wurde für die Algorithmen `AGNESq` und `PAMq` eigenständig implementiert.
  - **Funktion** `agnes()` wird für das Clusterverfahren `AGNES` verwendet.
  - **Funktion** `cutree()` wird zur Bestimmung optimaler Clusteranzahl anhand der Silhouette-Koeffizienten für das Verfahren `AGNES` verwendet.
  - **Funktion** `pam()` wird für das Clusterverfahren `PAM` verwendet.
  - **Funktion** `silhouette()` wird zur Berechnung des Silhoutte-Kriteriums verwendet.
- **R-Paket** `pscl`, Version 1.4.6, basierend u.a. auf Zeileis et al. (2008) und Cameron und Trivedi (1998)
  - **Funktion** `zeroinfl()` wird in der Standardform auf die eigenständig entwickelte Parametrisierung univariater und multivariater Modelle auf Basis von nullinflationierten Verteilungen angewendet: `ZIPois`, `ZINB`, `gl-/loc-ZIPois-Reg`, `gl-/loc-ZINB-Reg`.
  - **Funktion** `hurdle()` wird in der Standardform auf die eigenständig entwickelte Parametrisierung uni- und multivariater Modelle auf Basis von Hurdle-Verteilungen angewendet: `HPois`, `HNB`, `gl-/loc-HPois-Reg`, `gl-/loc-HNB-Reg`.

- **R-Paket** `VGAM`, Version 0.9 – 3, implementiert von Yee (2010)
  - **Funktion** `rpospois()` für die Zufallsziehungen der ausschließlich aus positiven Ausprägungen bestehenden poissonverteilten Zufallsvariable.
  - **Funktion** `rposnegbin()` für die Zufallsziehungen der ausschließlich aus positiven Ausprägungen bestehenden NB-verteilten Zufallsvariable.
- **R-Paket** `maxLik`, Version 1.2 – 0, für die Maximum-Likelihood Schätzung, erforderlich für `pscl`-Paket
- **R-Paket** `forecast`, Versionen 5.7 und 5.8 basierend auf Hyndman und Khandakar (2008)
  - **Funktion** `ets()` wird in der Standardimplementierung zur Schätzung des univariaten Verfahrens `ESbest` sowie bei der Erstellung von Prognosen auf der Grundlage der in einem fixed-time-effects Paneldatenmodell geschätzten lokalen Strukturkomponenten verwendet.
- **R-Pakete** `snowfall`, Version 1.84 – 6, sowie `snow`, Version 0.3 – 13, wurden zur Parallelisierung der Berechnungen eingesetzt
- **R-Paket** `rapp.idmrg`, Version 0.7, eigene Implementierung umfasst folgende Anwendungen:
  - Univariate Schätzung des Verfahrens von Croston `Crost` (Croston 1972) sowie des Verfahrens von Croston mit Syntetos-Boylan Korrektur der Modellschätzer (`CrostSB`) (siehe Syntetos und Boylan 2001, Syntetos und Boylan 2005) mit der Schätzung des Parameters α^{crost} nach der Methode der kleinsten Quadrate (siehe auch Speckenbach 2015).
  - Implementierung des Bootstrap-Verfahrens `BOOT` nach Patentschrift von Willemain und Smart (2001).

- Variablenvorwärtsselektion im Rahmen der Schätzung multivariater Verteilungsregressionen unter Zuhilfenahme des R-Pakets `lmtest` in der Version 0.9 – 33.

- Berechnung von Prognosen auf der Grundlage der geschätzten multivariaten Verteilungsregressionen analytisch und durch Resampling der parametrisierten Verteilungen unter Zuhilfenahme der Simulationsfunktionen **`rpospois()`** und **`rposnegbin()`** aus dem R-Paket `VGAM`.

- Berechnung von Quantilsprognosen für Langsamdreher für drei Szenarien: *lower*, *upper*, *random*.

- Rollierende Prognosesimulation sowie Simulation und Protokollierung der Lagerhaltungsvorgänge.

- Bestimmung optimaler Clusterlösungen anhand von Kostenkriterien `cost`, welche die Modellierung und Implementierung eines vollständigen Prognoseprozesses und Evaluationsprozesses erfordert.

- Implementierung der beschriebenen Funktionen unter dem Gesichtspunkt des sequenziellen und parallelen Rechnens.

- Analyseroutinen zur Darstellung der Ergebnisse.

6.8.2 Rechenanforderungen der Fallstudie

Die Berechnungskomplexität der Fallstudie ergibt sich aus der Kombination der Anzahl einzelner Berechnungsschritte im Rahmen eines Prognoseprozesses mit den technischen Anforderungen bzw. den verfügbaren technischen Ressourcen zur Ausführung eines einzelnen Berechnungsschrittes. U.a. folgende technische Anforderungen bestimmen die Berechnungslaufzeit:

- **Prozessorleistung**, welche sich durch die Leistungsfähigkeit eines Prozessorkerns sowie deren Anzahl definieren lässt. Da im Rahmen der Fallstudie eine große Menge an gleichartigen Berechnungsschritten durchgeführt werden muss, lässt sich durch den Einsatz von HPC bzw. parallelem Rechnen eine drastische Verkürzung der Gesamtdauer erzielen.

- Zusätzlich zur Leistungsfähigkeit des Prozessors muss vor allem bei der Berechnung multivariater Prognosen für große Gruppen an Zeitreihen sichergestellt werden, dass ausreichend **Arbeitsspeicher (RAM)** pro Berechnung zur Verfügung gestellt wird. Anderenfalls kann die Berechnung nicht ausgeführt werden.

- Nicht zu vernachlässigen ist auch die Anforderung an die **Festplattenkapazität**, denn die Ergebnisse der Modellschätzung sowie der Prognoseerstellung belegen mehrere Terabyte an Festplattenspeicher (für die durchgeführte Fallstudie ca. 5 Terabyte).

Die Anforderungen an Prozessorleistung sowie RAM hängen von der Komplexität einzelner Berechnungsschritte ab, deren Komplexität wiederum in Abhängigkeit von folgenden Faktoren variiert (siehe Tabelle 6.43):

- **Modell:** Ausgewähltes uni- oder multivariates Modell, dessen Parameterschätzung und darauf basierende Spezifikation der Prognosefunktion. Zum Beispiel weist die Parameterschätzung einer nullinflationierten Poissonregression eine wesentlich höhere analytische Modell- und numerische Rechenkomplexität im Vergleich mit einer multivariaten Poissonregression auf, obwohl beide Schätzungen für gleiche Modelle des linearen Prädiktors auf der gleichen Datenbasis erfolgen (siehe Tabelle 6.43).

- **Anzahl der Prognoseursprünge** N, **Prognosehorizonte** h und **Servicegrade** SL_α: Hierbei steigt die Berechnungskomplexität auf der gleichen Datenbasis mit der gleichen Methode mit steigenden Werten von h und N nichtlinear.

- **Zeitreihengruppe:** Die Komplexität der Prognoseberechnung hängt stark mit der Anzahl der Zeitreihen in den einzelnen Gruppen zusammen. Eine höhere Anzahl an Zeitreihen pro Gruppe erfordert höhere Rechenleistung, welche sich durch die Dauer der Berechnung bis zur Konvergenz des Verfahrens bei der Parameterschätzung, aber vor allem durch die Anforderungen an RAM auszeichnet.

Eine einzelne Konstellation aus einer Methode, einem Prognosehorizont, einem Prognoseursprung sowie einem Servicelevel für eine Gruppe von Zeitreihen ergibt einen **Berechnungsschritt**. Der Berechnungsschritt umfasst somit alle Teilschritte ausgehend von der Modellspezifikation und der Spezifikation der Prognosefunktion bis zur Prognoseerstellung für eine Zeitreihe (univariat) oder für eine Gruppe an Zeitreihen (multivariat). Die Evaluation erfolgt für jede einzelne Zeitreihe sowohl im multi- als auch im univariaten Fall identisch und wird nicht explizit unter einem Berechnungsschritt erfasst.

Tabelle 6.43 zeigt exemplarisch die Rechenperformance für unterschiedliche Konstellationen einzelner Berechnungsschritte auf einem Arbeitsplatz-PC (CPU: Intel XEON E3-1270v3 (vier Kerne mit HT) sowie RAM: 16 GB DDR3 ECC).

Dabei muss allerdings beachtet werden, dass der Zeitaufwand sowie die RAM-Anforderungen lediglich eine grobe Vorstellung über den Arbeitsaufwand liefern, denn die Anforderungen der Gruppen gleicher Größe variieren abhängig von den enthaltenen Zeitreihen. Des Weiteren ist die Verwendung effizienterer numerischer Verfahren und Programmierroutinen zu empfehlen, welche ggf. sowohl die Berechnungszeit als auch den RAM-Bedarf reduzieren können. Da die vorliegende Arbeit primär einen methodischen Aspekt der Implementierung verfolgt, wird die numerische Effizienz eingesetzter Programmierroutinen nicht weiter diskutiert.

Die Testberechnungen wurden für die einzelnen Gruppen der `KMeans` Partitionen (ausgewählt nach dem Gütekriterium `within`-SSE) für Paneldatenmodelle mit globalen Strukturkomponenten `gl` für drei unterschiedliche Gruppengrößen durchgeführt und dienen lediglich dazu, einen Überblick über die Rechendauer zu verschaffen und Berechnungsbesonderheiten hervorzuheben:

Tabelle 6.43: Dauer der Prognoseberechnung anhand multivariater Modelle in Minuten (exemplarisch)

Daten, I	`AER`, I=8		`AUT`, I=8		`CAR`, I=7	
Methode	N=50	N=72	N=17	N=24	N=36	N=51
`gl-Pois-Reg`	0.4	0.4	0.4	0.3	0.4	0.4
`gl-ZIPois-Reg`	1.7	1.7	1.3	1.4	*0.6	1.0
`gl-HPois-Reg`	1.6	1.6	1.4	1.5	1.3	1.2
`gl-NB-Reg`	20.0	1.3	1.2	1.2	*0.1	*0.1
`gl-ZINB-Reg`	1.4	1.4	1.4	1.4	*0.1	1.4
`gl-HNB-Reg`	1.8	1.9	1.5	1.3	*0.1	1.3

Daten, I	`AER`, I=69		`AUT`, I=99		`CAR`, I=93	
Methode	N=50	N=72	N=17	N=24	N=36	N=51
`gl-Pois-Reg`	0.8	0.8	0.6	0.6	0.9	1.0
`gl-ZIPois-Reg`	13.1	15.4	13.2	16.8	*0.2	*0.2
`gl-HPois-Reg`	12.0	13.8	14.0	15.4	14.6	15.7
`gl-NB-Reg`	7.6	8.3	10.1	10.2	10.5	10.4
`gl-ZINB-Reg`	14.5	14.8	*0.1	*0.1	*0.2	*0.2
`gl-HNB-Reg`	12.5	11.4	15.5	12.0	15.0	14.3

Daten, I	`AER`, I=190		`AUT`, I=170		`CAR`, I=167	
Methode	N=50	N=72	N=17	N=24	N=36	N=51
`gl-Pois-Reg`	2.6	3.4	0.9	1.0	1.4	2.0
`gl-ZIPois-Reg`	*0.8	*1.1	25.5	25.1	*0.6	38.6
`gl-HPois-Reg`	53.9	49.1	28.3	26.0	32.0	38.1
`gl-NB-Reg`	23.8	24.6	17.5	17.5	19.0	19.2
`gl-ZINB-Reg`	*1.2	*1.5	*0.4	*0.3	*0.5	*0.6
`gl-HNB-Reg`	51.7	38.7	31.7	18.8	*0.3	30.8

Mit einem Stern * sind diejenigen Werte gekennzeichnet, für welche aufgrund numerischer Probleme keine entsprechende Modellschätzung vorliegt.

- Für drei Gruppengrößen ist die Dauer der Schätzung von **`gl-Pois-Reg`** Modellen im Vergleich mit den anderen Modellen mit Abstand am geringsten.

- Für Gruppen mit geringer Anzahl an Zeitreihen ist auch die Dauer der Schätzung in der Regel am kürzesten. Dennoch gibt es Ausnahmefälle, wie z.B. das Modell **`gl-NB-Reg`** des Datensatzes **`AER`**, für welche die Parametersuche verhältnismäßig lange dauert.

- Die Berechnungszeit steigt nichtlinear mit steigendem Gruppenumfang, so dass mehrere Stunden pro Berechnungsschritt benötigt werden. In der obigen Tabelle beträgt die maximale Berechnungszeit für die Schätzung des Modells **gl-HPois-Reg** für eine Gruppe aus 190 Zeitreihen mit jeweils 50 Beobachtungen des Datensatzes **AER** ca. eine Stunde.

- Auch aus dieser wenig umfangreichen Testphase wird ersichtlich, dass einige Schätzungen aufgrund numerischer Probleme keine Prognoseergebnisse liefern. Am häufigsten sind die Modelle **gl-ZINB-Reg** sowie **gl-ZIPois-Reg** in diesem Testdatensatz betroffen.

- Während der parallelisierten Berechnung (8 Prozesse/Kerne parallel) wurden zu Beginn pro Prozess ca. 300MB RAM benötigt. Der maximal registrierte Bedarf an RAM betrug 3GB pro Kern. Für die Berechnungen der Regressionsmodelle, welche eine hohe Anzahl an Fällen (bis zu 2 000 000) enthalten, wurde ein RAM-Bedarf von über 30GB pro Berechnungsschritt registriert.

Überschlägt man grob die Berechnungskomplexität der auszuführenden Berechnungsschritte mit den obigen Informationen, so resultiert eine Berechnungszeit der Fallstudie von ca. 5.5 Jahren, wenn lediglich ein PC mit obiger Konfiguration zur Verfügung steht.

Zur Durchführung der Fallstudie wurden zusätzlich drei weitere PCs mit ähnlicher Leistungsfähigkeit verwendet. Der Großteil der Berechnungen wurde dennoch auf den LINUX-Cluster des Leibniz-Rechenzentrums in München (http://www.lrz.de/services/compute/linux-cluster/) verlagert. Je nach Anforderungen an die Berechnungen wurden unterschiedliche Partitionen auf dem LINUX-Cluster benutzt:

- MPP-Partition für hoch parallelisierbare Berechnungen (bis zu 1 600 parallel laufende Prozesse). Die für die Berechnungen genutzte Partition des MPP enthält 178 Nodes mit der theoretischen (angegebenen) Spitzenleistung von 22 TFlop/sek. Jeder Node besteht aus zwei Prozessoren mit jeweils acht CPU-Kernen (AMD Opteron 6128 HE 2.0 GHz) mit 1 GB nutzbarem Arbeitsspeicher. Dementsprechend beträgt der maximal verfügbare Arbeitsspeicher pro Node und somit pro Berechnung bis zu 16 GB. Dazu kommt das Problem der eingeschränkten Nutzbarkeit durch lange Wartezeiten (bis zu zwei/drei Wochen) und der starken Auslastung der `MPP`-Partition durch andere Nutzer.

- `UV2`- und `UV3`-Partitionen von SGI für RAM-anspruchsvolle Berechnungen. Je `UV` Partition steht eine theoretische Spitzenleistung von 20 TFlop/sek zur Verfügung. Jeder Node besteht aus 1 040 CPU-Kernen (Intel Xeon 2.4GHz Westmere-EX) mit 3.2GB RAM pro CPU-Kern, so dass theoretisch maximal $1\,040 \cdot 3.2 = 3\,328$GB RAM pro Berechnung verwendet werden können.

Durch einen hohen Nutzungsgrad der Partitionen des LINUX-Clusters konnte eine Gesamtrechenzeit inklusive Testläufen von ca. 14 Monaten erzielt werden.

7 Fazit und Ausblick

Der Einsatz geeigneter Prognoseverfahren in Unternehmen der Güterwirtschaft unterstützt in einem hohen Ausmaß die Gestaltung effizienter Prozesse der Lagerbevorratung auf jeder Stufe der Lieferkette. Dabei spielt eine genaue Vorhersage der zukünftigen Bedarfe eine große Rolle und impliziert sowohl eine angestrebte Lieferbereitschaft als auch die entsprechend geringen Kosten in der Supply Chain.

Die meisten der in der Operations Research Literatur verbreiteten Verfahren zur Prognose sporadischer Nachfragen, zu welchen univariate stationäre Verteilungsmodelle sowie instationäre Modelle wie das Croston-Verfahren oder die einfache exponentielle Glättung gehören, erstellen Prognosen für einzelne Items, berücksichtigen jedoch aufgrund von häufig aufgetretenen Nullnachfragen keine ggf. vorhandenen zeitlichen Saison- und Trendstrukturen.

Daher wird in der vorliegenden Arbeit ein multivariater Ansatz zur Prognose von Gruppen sporadischer Zeitreihen dargestellt. Dieser ermöglicht eine simultane Schätzung gemeinsamer Instationaritätsstrukturen wie Trend oder Saison in Gruppen der Langsamdreher und führt i.d.R. zur Steigerung der Prognosegüte einzelner Zeitreihen, da die Zeitreihenstruktur genauer abgebildet und somit genauer prognostiziert werden kann. Im Vordergrund steht die Frage, ob die Verwendung komplexer multivariater Verfahren zu einer signifikanten Steigerung der Prognosegüte (statistisch und kostenorientiert) im Vergleich mit univariaten Verfahren für Langsamdreher führt.

Im Rahmen des multivariaten Ansatzes werden die bisher primär aus Mikroökonometrie, Biometrie und Ökologie bekannten Paneldatenmodelle mit fixen Effekten für diskrete Paneldaten (**fixed-effects panel models for count data**) beschrieben und auf die simultane Schätzung der Strukturen der aus Langsamdreherzeitreihen bestehenden Gruppen übertragen. Dieser Ansatz stellt eine wesentliche Ergänzung dar, da die klassischen mikroökonometrischen Paneldatenmodelle typischerweise zur Erklärung des Datengenerierungsprozesses und nicht zur Prognose verwendet werden.

- Als Verteilungsmodelle werden sowohl die in der Mikroökonometrie verwendeten Modelle der Poisson- und negativen Binomialverteilung als auch die Modelle der Mischverteilungen (Hurdle-Verteilungen sowie nullinflationierte Verteilungen) zur expliziten Modellierung autonomer Nullwahrscheinlichkeit im Kontext der Paneldatenmodelle verwendet.

- Durch die multivariate Modellierung konditionaler Erwartungswerte positiver Nachfragen und ggf. autonomer Nullwahrscheinlichkeit der Mischverteilungen können die häufig vorhandenen instationären Verlaufsstrukturen wie Trend oder Saison in Gruppen sporadischer Nachfragezeitreihen identifiziert werden und in einem Paneldatenregressionsmodell geschätzt werden. Hierbei werden einige Parametrisierungen von Paneldatenmodellen entwickelt, welche die Modellierung sowohl itemspezifischer als auch gemeinsamer zeitreihenübergreifender Niveau-, Trend- und Saisonkomponenten in Gruppen sporadischer Zeitreihen ermöglichen. Globale Niveau-, Trend- und Saisonstrukturen werden mit Hilfe von fixed-group-effects Paneldatenmodellen modelliert. Zudem wird eine Möglichkeit der Modellierung lokal instationärer Strukturen mit Hilfe von fixed-time-effects Paneldatenmodellen in Kombination mit exponentieller Glättung beschrieben.

Die Spezifikation der Prognosefunktion auf der Grundlage von global und lokal instationären Paneldatenmodellen sowie die Erstellung von Punktprognosen und Quantilsprognosen zum ereignisorientierten Lieferservicegrad SL_α für Zeitreihen der Langsamdreher und deren Evaluation wird in Kapitel 4 der Dissertationsschrift beschrieben. Die Eigenschaft der Datensporadizität erfordert bei der Erstellung von Quantilsprognosen den Einsatz folgender Techniken:

- Quantilsprognosen auf der Grundlage von Mischverteilungsmodellen, die keine Eigenschaft der Faltungsinvarianz aufweisen, können nicht analytisch erstellt werden, sondern werden mit Hilfe einer parametrischen Resampling-Technik berechnet.

- Da die entsprechend dem Lieferservicegrad SL_α berechneten Quantilsprognosen für Langsamdreher i.d.R. nichtganzzahlig sind, muss im Rahmen der Bedarfsermittlung die Entscheidung getroffen werden, ob die Prognosewerte ab- oder aufgerundet werden, um einen ganzzahligen Wert zu erhalten. Beide Möglichkeiten führen u.U. zu höheren Kosten, so dass in diesem Zusammenhang eine Technik beschrieben wird, welche eine randomisierte Berechnung der Quantilsprognosen für sporadische Zeitreihen beinhaltet. Diese Technik führt zwar für eine Nachfragezeitreihe zu Unter- oder Überschreitung des Zielservicegrades, allerdings wird dadurch der vorgegebene Zielservicegrad im Durchschnitt über alle Items in einer Gruppe oder über den Risikozeitraum erreicht.

Die Evaluation der Güte der erstellten Punktprognosen erfolgt mit gängigen statistischen Evaluationsmaßen. Die Evaluation von Prognosen erfolgt im güterwirtschaftlichen Kontext durch die Einbettung der Quantilsprognosen in eine statische einperiodische Lagerhaltung.

Der Einsatz multivariater Modelle setzt eine Gruppierung von sporadischen Zeitreihen mit ähnlichen zeitlichen Strukturverläufen voraus. Dementsprechend wird ein Schwerpunkt der Arbeit auf die Gruppenbildung von Langsamdreherzeitreihen gesetzt und in Kapitel 5 beschrieben. Hierfür werden einige aus der Literatur bekannte Verfahren der Clusteranalyse (die partitionierenden Algorithmen K-Means und PAM (Partitioning Around Medoids) sowie der hierarchische agglomerative Algorithmus AGNES (Agglomerative Nesting)) verwendet.

Bei der Auswahl geeigneter Merkmale im Rahmen der Gruppierung werden zur Charakterisierung einzelner sporadischer Zeitreihen sowohl statistische deskriptive Kennzahlen als auch Merkmale zur Beschreibung der zeitlichen Verläufe (Trend und Saison) verwendet, welche mit Hilfe einer heuristischen Methodik auf Basis der Schätzung der univariaten Poissonregression ermittelt werden.

Bei der Berechnung von Distanzen zwischen einzelnen Items wird im Rahmen der Gruppierung außer der klassischen Normierungstechnik mittels der Spannweite der Ausprägungen eines Merkmals eine Normierungstechnik mit Quantilsabständen verwendet. Aus den Ergebnissen der Fallstudie wird ersichtlich, dass die Normierung durch Quantilsabstände (in der Fallstudie durch die Differenz zwischen 0.95– und 0.05–Quantilen der Verteilung eines Merkmals) vor allem dann zu einer Steigerung der Prognosegüte multivariater Verfahren führt, wenn Ausreißerausprägungen einzelner Merkmale vorliegen.

Zur Bestimmung der optimalen Clusteranzahl in einer Clusterlösung wird außer den statistischen Gütekriterien der Clusteranalyse wie die Streuungsquadratsumme und die Silhouette-Koeffizienten eine kostenorientierte Bewertung im Rahmen eines Prognoseevaluationsprozesses durchgeführt. Diese für sporadische Produktgruppen eigenständig entworfene Technik sichert eine einheitliche Grundlage zur monetären Bewertung der Güte einer Clusterlösung im güterwirtschaftlichen Kontext.

Der praktische Nutzen der dargestellten multi- und univariaten Prognoseverfahren sowie der Clusteralgorithmen wird mit drei realen Datensätzen aus der Güterwirtschaft getestet und im Rahmen einer dynamischen Evaluation von uni- und multivariaten Punkt- und Quantilsprognosen sowohl mit Hilfe statistischer Prognosegütekriterien als auch kostenorientiert in einem einfachen Lagerhaltungssystem evaluiert. Die Berechnungen der Fallstudie werden für 87 360 unterschiedliche Konstellationen aus Prognose- und Clusterverfahren in Kombination mit verschiedenen Lagerhaltungsszenarien durchgeführt.

Auf Basis der Fallstudie werden die Ergebnisse der Evaluation multi- und univariater Verfahren sowie der verwendeten Clusteralgorithmen zunächst für zwei Basiskonfigurationen diskutiert. Des Weiteren wird mit Hilfe der Regressionsanalyse der Einfluss von zeitreihenspezifischen Kennzahlen sowie von verschiedenen Cluster- und Prognoseverfahren auf die Gesamtkosten im Evaluationsraum im Rahmen unterschiedlicher Lagerhaltungsszenarien analysiert. Hierzu können folgende Erkenntnisse zusammengefasst werden:

- Insgesamt ist festzustellen, dass eine simultane Schätzung gemeinsamer Strukturen in Gruppen von Langsamdreherzeitreihen im Rahmen des multivariaten Ansatzes im Vergleich zu den univariaten Verfahren zu einer signifikanten Steigerung der Prognosegüte führt. Dieses Ergebnis wird für alle Evaluationsszenarien und für alle drei Datensätze sowohl in einer statistischen als auch in einer kostenorientierten Evaluation bestätigt.

- Die Auswahl eines multi- und eines univariaten Prognoseverfahrens kann lediglich in einem konkreten Prognose-/Lagerhaltungssystem erfolgen, da die Prognosegüte vom vorgegebenen Lagerhaltungssystem (u.a. Lagerhaltungspolitik und Zielservicegrad) abhängt.

- Die Prognosegüte multivariater Verfahren sowie die Identifikation gemeinsamer Strukturen wie Trend oder Saison hängt von der Gruppengröße ab. In kleineren Gruppen sporadischer Zeitreihen (unter 10 Zeitreihen) werden die Trend- und Saisonstrukturen wesentlich seltener identifiziert als in größeren Gruppen.

- Die Prognosegüte multivariater Verfahren variiert in Abhängigkeit von der Güte der Zeitreihengruppierungen, so dass die Bewertung eines multivariaten Prognosemodells lediglich in Kombination mit einem Clusterverfahren sinnvoll ist. Insgesamt ist festzustellen, dass die meisten Paneldatenregressionen auf den Partitionen des Algorithmus PAM (Partitioning Around Medoids) kostenoptimal sind.

- Die Gütekriterien zur Bewertung einer Clusterlösung haben einen signifikanten Einfluss auf die Prognosegüte multivariater Verfahren, wobei die Wahl des Gütekriteriums von der Datenbasis abhängt. Für zwei von drei realen Datensätzen weisen Prognosen für kostenoptimale Clusterlösungen im Vergleich mit Prognosen für statistisch optimale Gruppierungen eine deutlich höhere Prognosegüte auf. Für den dritten Datensatz ist die Prognosegüte auf der Grundlage von kosten- und statistisch optimalen Clusterlösungen annähernd gleich.

Bezugnehmend auf die dargestellten Ergebnisse wird auf einen weiteren Forschungsbedarf bzw. auf Einschränkungen obiger Ansätze hingewiesen:

- Rückblickend auf die Ergebnisse der Modellierung empfiehlt sich die Parametrisierung multivariater Modelle nicht nur mit multiplikativen sondern auch mit additiven Strukturkomponenten (wie etwa additiver Trend oder additive Saison).

- Die im Rahmen obiger Paneldatenregressionsmodelle dargestellten Modellmodifikationen für itemspezifische Trendkomponenten und itemspezifische verzögerte endogene Variablen werden in der empirischen Studie nicht angewendet, da diese Modelle hohe Anforderungen an Rechenkapazität aufweisen, welche zur Zeit der Arbeitsanfertigung nicht erfüllbar waren.

- Zwar wird mit Hilfe der fixed-time-effects Paneldatenmodelle eine Modellvariante zur Abbildung lokaler Strukturen im Aggregat dargestellt, jedoch werden die Prognosen mit exponentiellen Glättungsverfahren erstellt. Die Theorie der Zustandsraummodelle wird für sporadische Nachfrageaggregate nicht verwendet. Da die Integration von multivariaten Zustandsraummodellen auf Basis diskreter Verteilungen im Rahmen der Parameterschätzung analytisch nicht möglich ist, müssen andere Techniken zur Modellschätzung verwendet werden. Eine der Möglichkeiten hierfür kann im Kontext Bayesianischer Modelle unter der Verwendung spezieller Monte Carlo Markov Chain Simulationstechniken realisiert werden. Dieser Ansatz wird allerdings in der vorliegenden Arbeit nicht verfolgt.

- Ein weiterer Analysebedarf besteht im Bereich der Clustermethodik, zu welcher die Bestimmung geeigneter Merkmale und Kennzahlen zum Zweck der Klassifikation sporadischer Zeitreihen gehört. Hierbei können Text-Mining Methoden, welche eine inhaltliche Gruppierung der Produkte auf Basis der Artikelbezeichnungen ermöglichen, verwendet werden. Auch andere Clusterverfahren können zur Gruppierung von Zeitreihen eingesetzt werden.

- Zur Evaluation von Prognosen im Rahmen einer Lagerhaltung empfiehlt sich der Einsatz mehrperiodischer Lagerhaltungspolitiken sowie weiterer (nichtlinearer) Kostenfunktionen. Durch die Entwicklung effizienter Simulationstechniken für Mischverteilungen können auch Quantilsprognosen zum Ziellieferservicegrad SL_β berechnet und anschließend im Rahmen der Evaluation verwendet werden.

- Aus praktischer Sicht empfiehlt sich eine Kombination von multi- und univariaten Prognoseverfahren, so dass die im multivariaten Fall nicht verfügbaren Prognosewerte durch ein geeignetes univariates Verfahren ersetzt werden. Demzufolge bezieht sich eine weitere Handlungsempfehlung auf die umfassende Evaluation der Prognosen durch eine Verfahrenskombination.

Zusammengefasst stellt die vorliegende Arbeit eine umfassende Methodik zur multivariaten Nachfrageprognose instationärer Langsamdreherzeitreihen dar. Die einzelnen Bausteine im Rahmen des verwendeten multivariaten Ansatzes zur Modellierung und simultanen Schätzung der Struktur sporadischer Nachfragezeitreihen wie Clusteralgorithmen, Verteilungsmodelle, Paneldatenmodelle und Evaluationsinstrumente zur Bewertung der Güte von Prognoseverfahren im güterwirtschaftlichen Kontext gehören einzeln betrachtet zu den klassischen Verfahren der Zeitreihenanalyse, Statistik und Ökonometrie. Die Verknüpfung der Langsamdreherverteilungen mit der für sporadische Zeitreihen entworfenen Parametrisierung in Anlehnung an den zeitreihenanalytischen Ansatz zur Strukturkomponentenzerlegung stellt einen neuartigen Modellierungsansatz zur Nachfrageprognose in der Güterwirtschaft dar.

Anhang

A Ausgewählte statistische Ergänzungen

A1

Festlegen der Anzahl der Replikationen B im Rahmen der Erstellung von Quantilsprognosen

Im Rahmen der Berechnung von Quantilsprognosen mit Hilfe von Samplingstechniken wird die zum Quantilswert korrespondierende Wahrscheinlichkeit SL_α als eine Zufallsvariable betrachtet. Somit ist die wahre Wahrscheinlichkeit SL_α nicht bekannt und soll im Rahmen der Simulation von Prognosepfaden den vorgegebenen Wert erreichen. Als eine Zufallsvariable weist SL_α eine Variation auf, welche durch das entsprechende Konfidenzintervall für Anteilswerte (für große Stichproben $B>30$) um den Punktschätzer $\widehat{SL}_\alpha$ geschätzt werden kann. Hierbei ist $Z_{1-\alpha^*}$ das $(1-\alpha^*)$ –Quantil der Standardnormalverteilung.

$$SL_\alpha \in \left[\widehat{SL}_\alpha - Z_{1-\alpha^*} \cdot \sqrt{\frac{\widehat{SL}_\alpha \cdot \left(1-\widehat{SL}_\alpha\right)}{B}};\ \widehat{SL}_\alpha + Z_{1-\alpha^*} \cdot \sqrt{\frac{\widehat{SL}_\alpha \cdot \left(1-\widehat{SL}_\alpha\right)}{B}}\right]$$

Für die Werte $\widehat{SL}_\alpha$=90% und $Z_{0.99}$=2.33 ergeben sich die Konfidenzintervalle in Abhängigkeit vom Stichprobenumfang B, welcher die Anzahl der Replikationen im Rahmen der Resamplingsmethode darstellt. Für B=10 000 Replikationen ist die Unsicherheit bezüglich des SL_α am geringsten.

$$\begin{aligned} B &= 100 \Rightarrow SL_\alpha \in [0,83; 0,97] \\ B &= 1\,000 \Rightarrow SL_\alpha \in [0,88; 0,92] \\ B &= 10\,000 \Rightarrow SL_\alpha \in [0,8993; 0,9007] \end{aligned}$$

A2

Deskriptive Analyse einer Verteilung anhand eines Boxplots

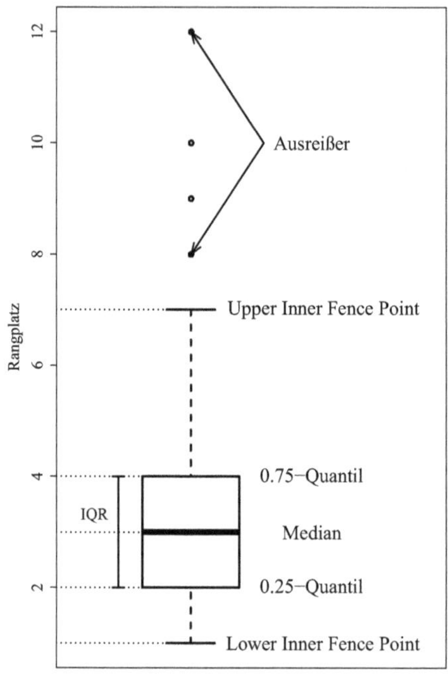

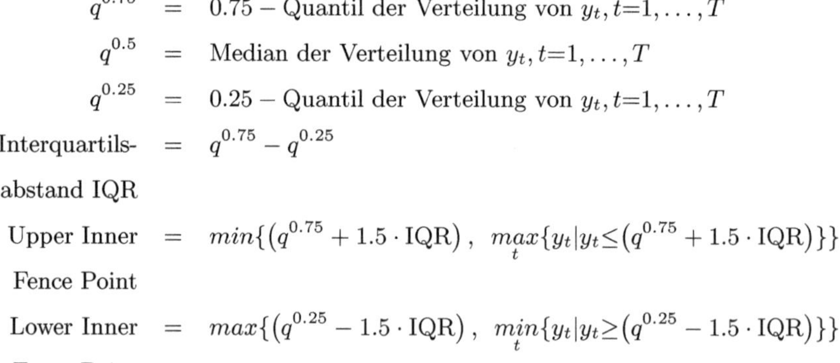

$$
\begin{aligned}
q^{0.75} &= 0.75 - \text{Quantil der Verteilung von } y_t, t{=}1,\ldots,T \\
q^{0.5} &= \text{Median der Verteilung von } y_t, t{=}1,\ldots,T \\
q^{0.25} &= 0.25 - \text{Quantil der Verteilung von } y_t, t{=}1,\ldots,T \\
\text{Interquartils-abstand IQR} &= q^{0.75} - q^{0.25} \\
\text{Upper Inner Fence Point} &= min\{(q^{0.75} + 1.5 \cdot \text{IQR}),\ \underset{t}{max}\{y_t | y_t \leq (q^{0.75} + 1.5 \cdot \text{IQR})\}\} \\
\text{Lower Inner Fence Point} &= max\{(q^{0.25} - 1.5 \cdot \text{IQR}),\ \underset{t}{min}\{y_t | y_t \geq (q^{0.25} - 1.5 \cdot \text{IQR})\}\}
\end{aligned}
$$

B Bestimmung optimaler Gruppenanzahl

B1

Verlauf der Silhouette-Koeffizienten für die verwendeten Clusteralgorithmen

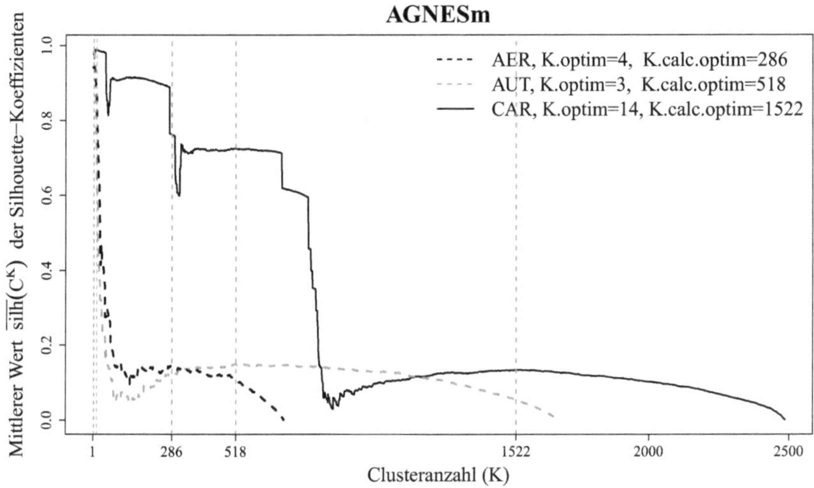

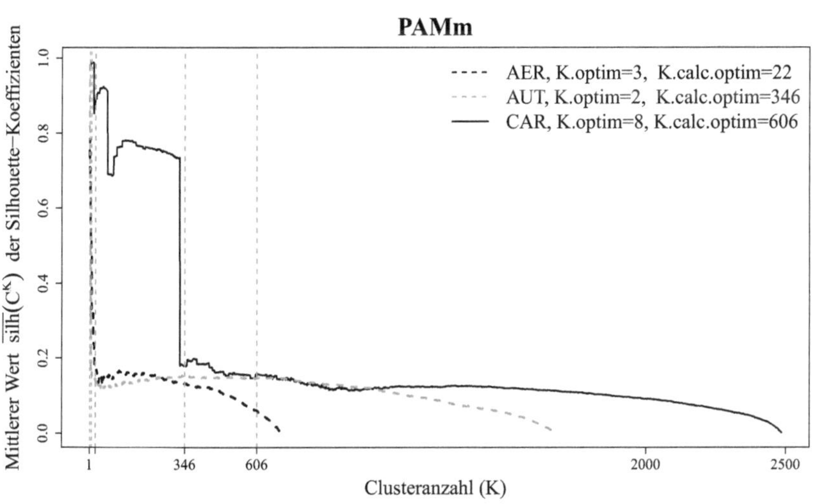

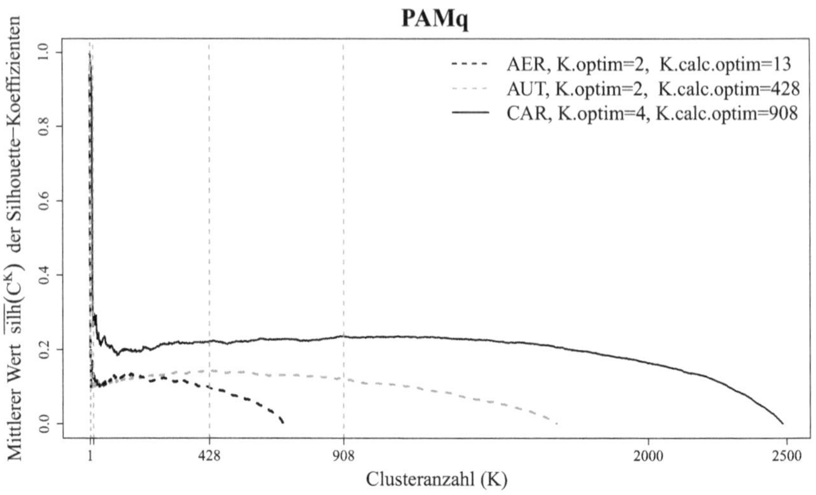

B2

Kostenverläufe verwendeter Clusteralgorithmen mit Mengenrestriktion

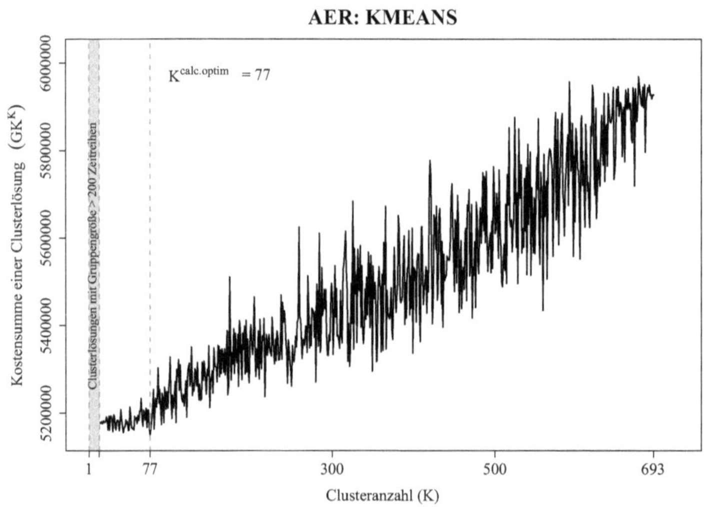

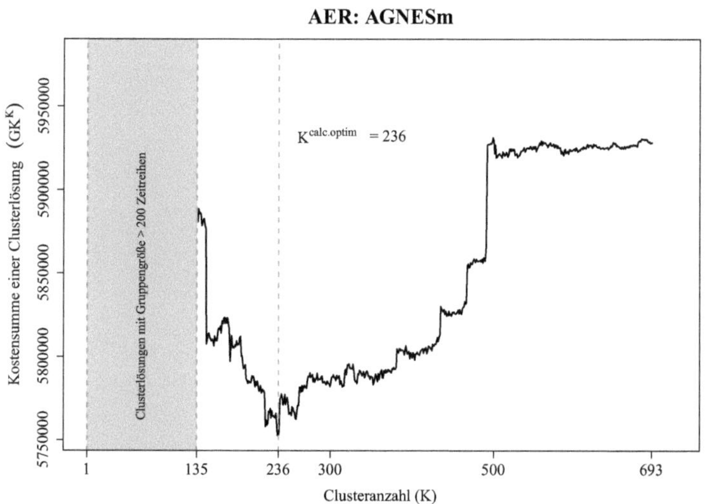
AER: AGNESm
Kostensumme einer Clusterlösung (GK^K)
5750000
5800000
5850000
5900000
5950000
Clusterlösungen mit Gruppengröße > 200 Zeitreihen
K^calc.optim = 236
1
135
236
300
500
693
Clusteranzahl (K)

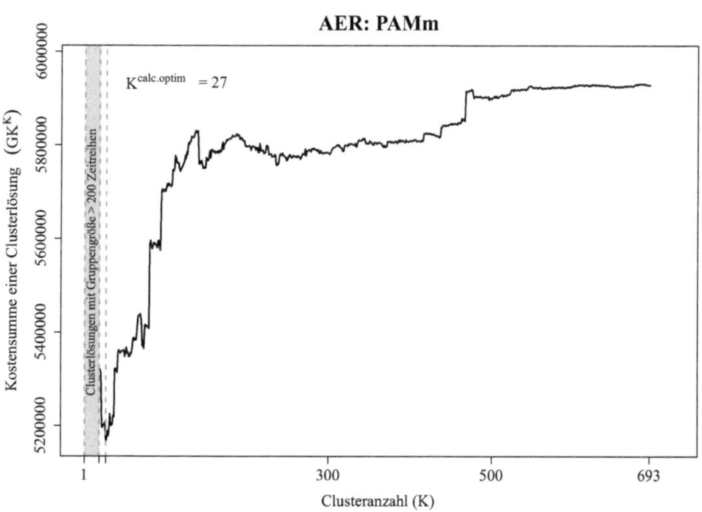
AER: PAMm
Kostensumme einer Clusterlösung (GK^K)
5200000
5400000
5600000
5800000
6000000
Clusterlösungen mit Gruppengröße > 200 Zeitreihen
K^calc.optim = 27
1
300
500
693
Clusteranzahl (K)

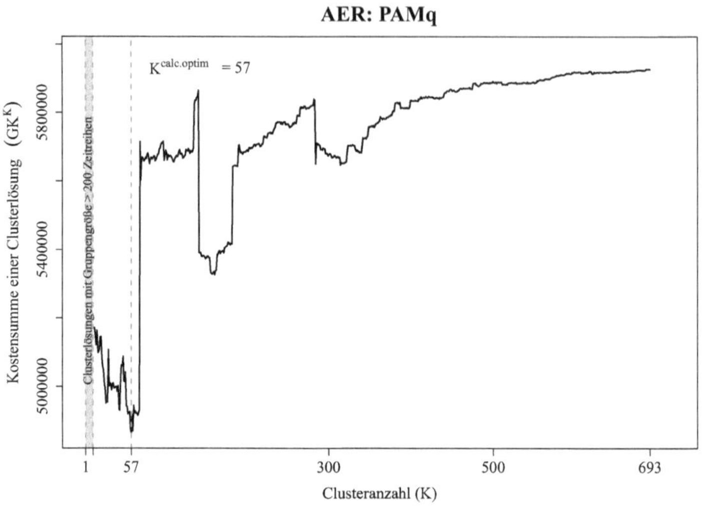
AER: PAMq
$K^{calc.optim} = 57$
Kostensumme einer Clusterlösung (GK^K)
5000000
5400000
5800000
Clusterlösungen mit Gruppengröße > 200 Zeitreihen
1
57
300
500
693
Clusteranzahl (K)

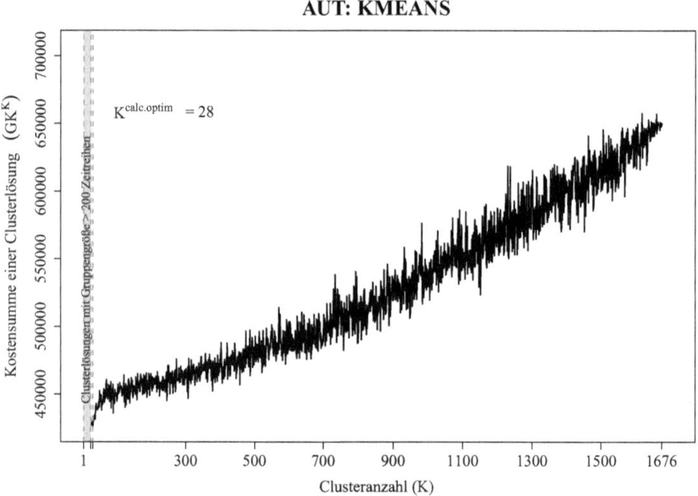
AUT: KMEANS
$K^{calc.optim} = 28$
Kostensumme einer Clusterlösung (GK^K)
450000
500000
550000
600000
650000
700000
Clusterlösungen mit Gruppengröße > 200 Zeitreihen
1
300
500
700
900
1100
1300
1500
1676
Clusteranzahl (K)

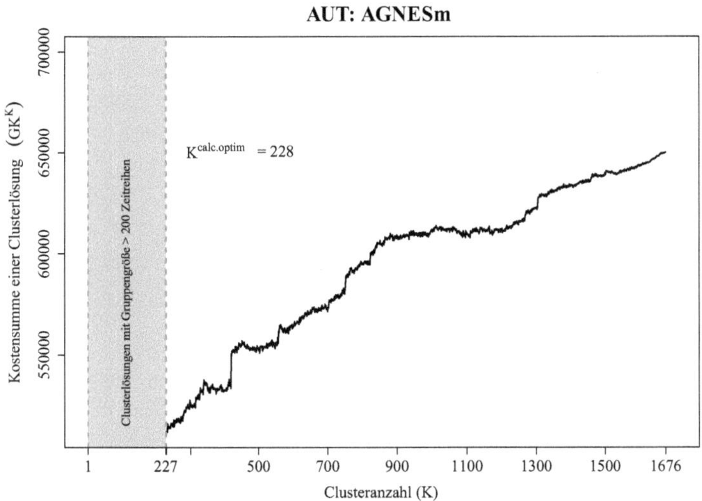
AUT: AGNESm
Kostensumme einer Clusterlösung (GK^K)
700000
650000
600000
550000
Clusterlösungen mit Gruppengröße > 200 Zeitreihen
K^calc.optim = 228
1
227
500
700
900
1100
1300
1500
1676
Clusteranzahl (K)

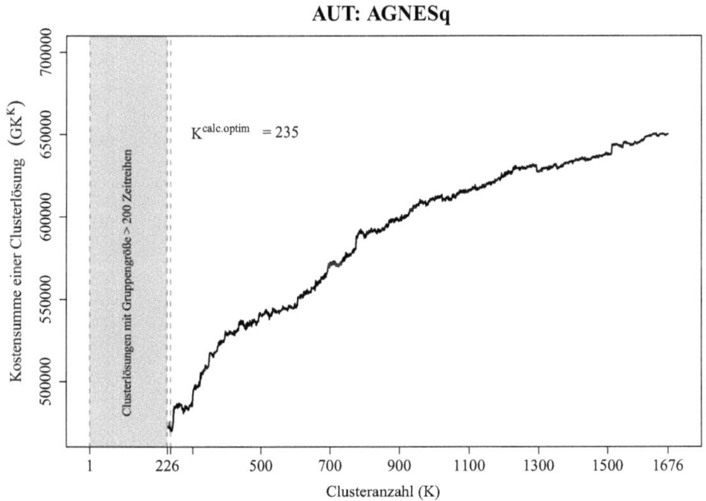
AUT: AGNESq
Kostensumme einer Clusterlösung (GK^K)
700000
650000
600000
550000
500000
Clusterlösungen mit Gruppengröße > 200 Zeitreihen
K^calc.optim = 235
1
226
500
700
900
1100
1300
1500
1676
Clusteranzahl (K)

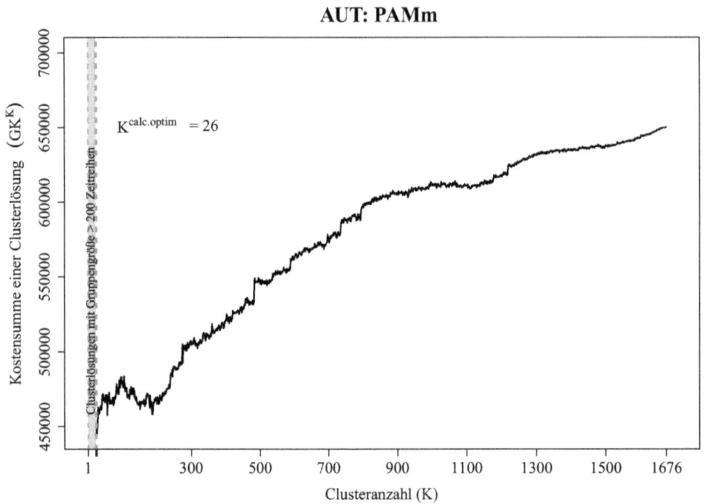
AUT: PAMm
Kostensumme einer Clusterlösung (GK^K)
450000
500000
550000
600000
650000
700000
K^calc.optim = 26
Clusterlösungen mit Gruppengröße > 200 Zeitreihen
1
300
500
700
900
1100
1300
1500
1676
Clusteranzahl (K)

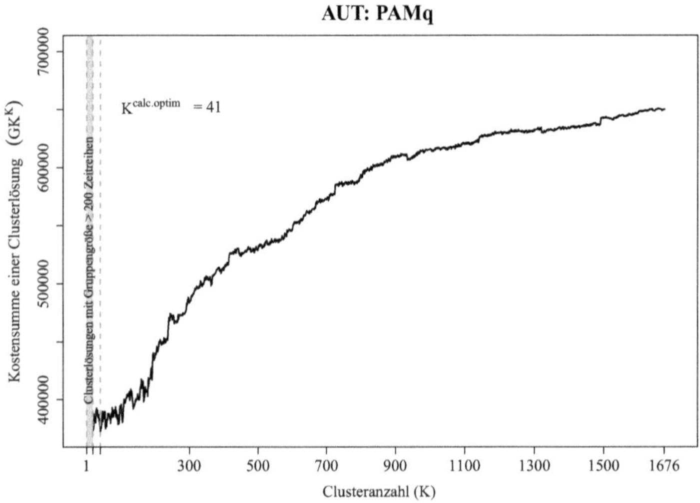
AUT: PAMq
Kostensumme einer Clusterlösung (GK^K)
400000
500000
600000
700000
K^calc.optim = 41
Clusterlösungen mit Gruppengröße > 200 Zeitreihen
1
300
500
700
900
1100
1300
1500
1676
Clusteranzahl (K)

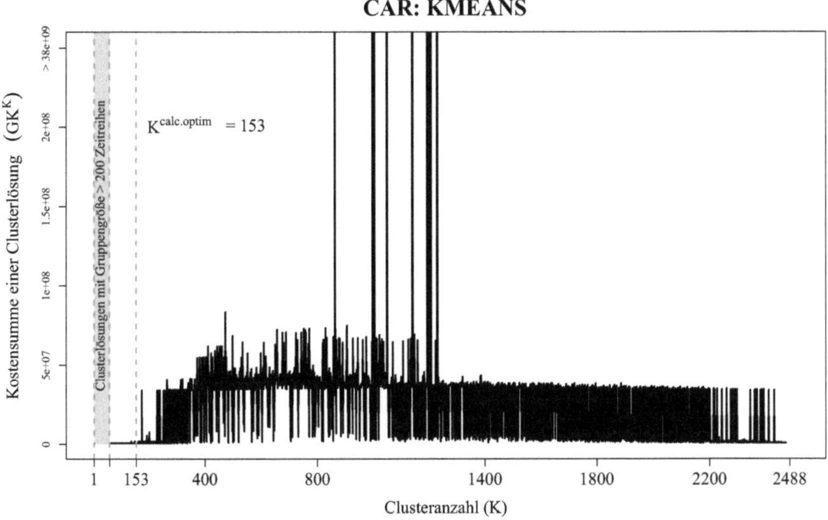
CAR: KMEANS
Kostensumme einer Clusterlösung (GK^K)
> 38e+09
2e+08
1.5e+08
1e+08
5e+07
0
Clusterlösungen mit Gruppengröße > 200 Zeitreihen
K^calc.optim = 153
1
153
400
800
1400
1800
2200
2488
Clusteranzahl (K)

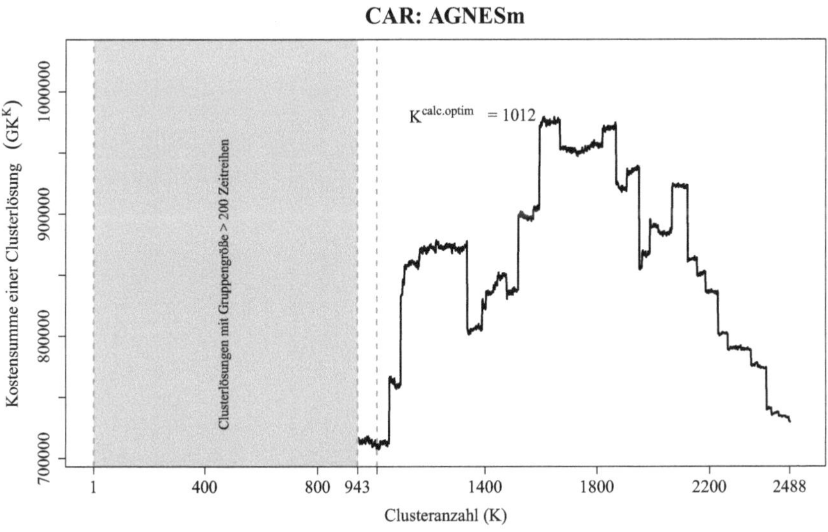
CAR: AGNESm
Kostensumme einer Clusterlösung (GK^K)
1000000
900000
800000
700000
Clusterlösungen mit Gruppengröße > 200 Zeitreihen
K^calc.optim = 1012
1
400
800
943
1400
1800
2200
2488
Clusteranzahl (K)

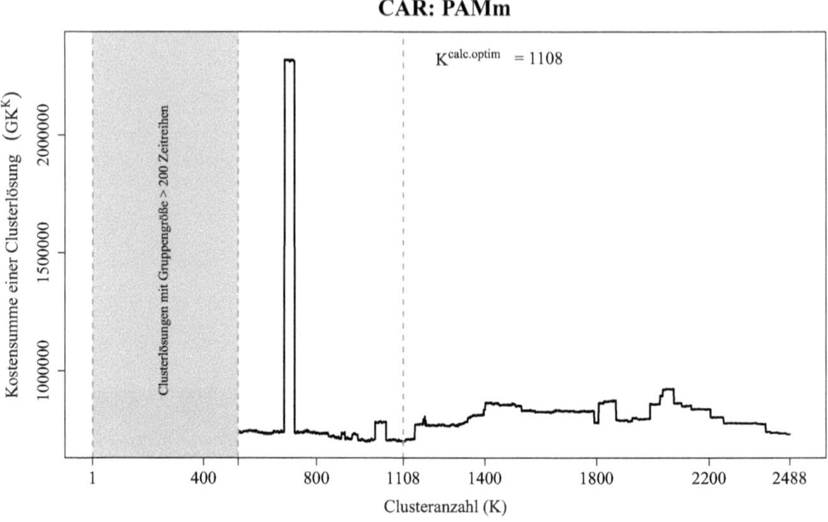
CAR: PAMm
K^calc.optim = 1108
Clusterlösungen mit Gruppengröße > 200 Zeitreihen
Kostensumme einer Clusterlösung (GK^K)
1000000
1500000
2000000
1
400
800
1108
1400
1800
2200
2488
Clusteranzahl (K)

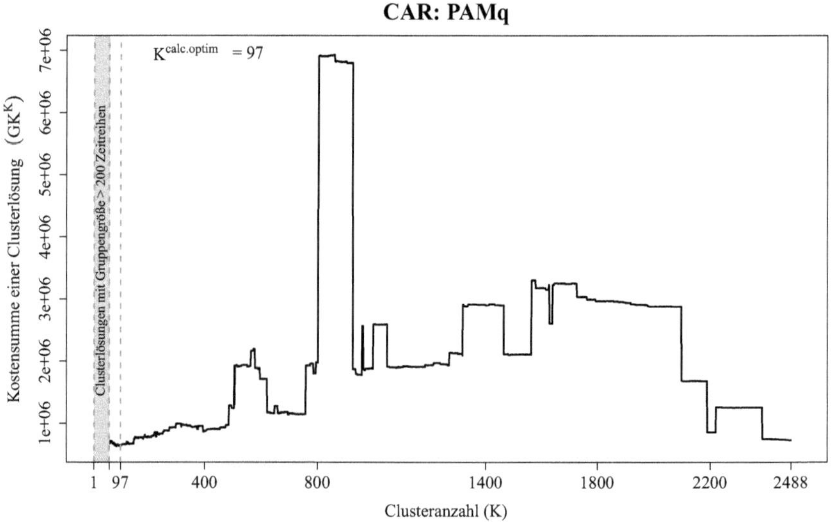
CAR: PAMq
K^calc.optim = 97
Clusterlösungen mit Gruppengröße > 200 Zeitreihen
Kostensumme einer Clusterlösung (GK^K)
1e+06
2e+06
3e+06
4e+06
5e+06
6e+06
7e+06
1
97
400
800
1400
1800
2200
2488
Clusteranzahl (K)

C Evaluation der Prognosegüte uni- und multivariater Verfahren

C1

Ranking multivariater Prognoseverfahren, SL_{α}=0.99

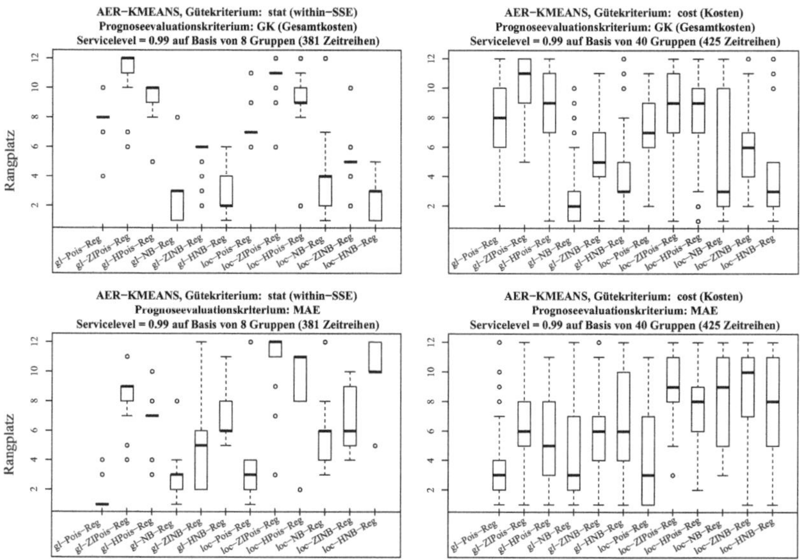

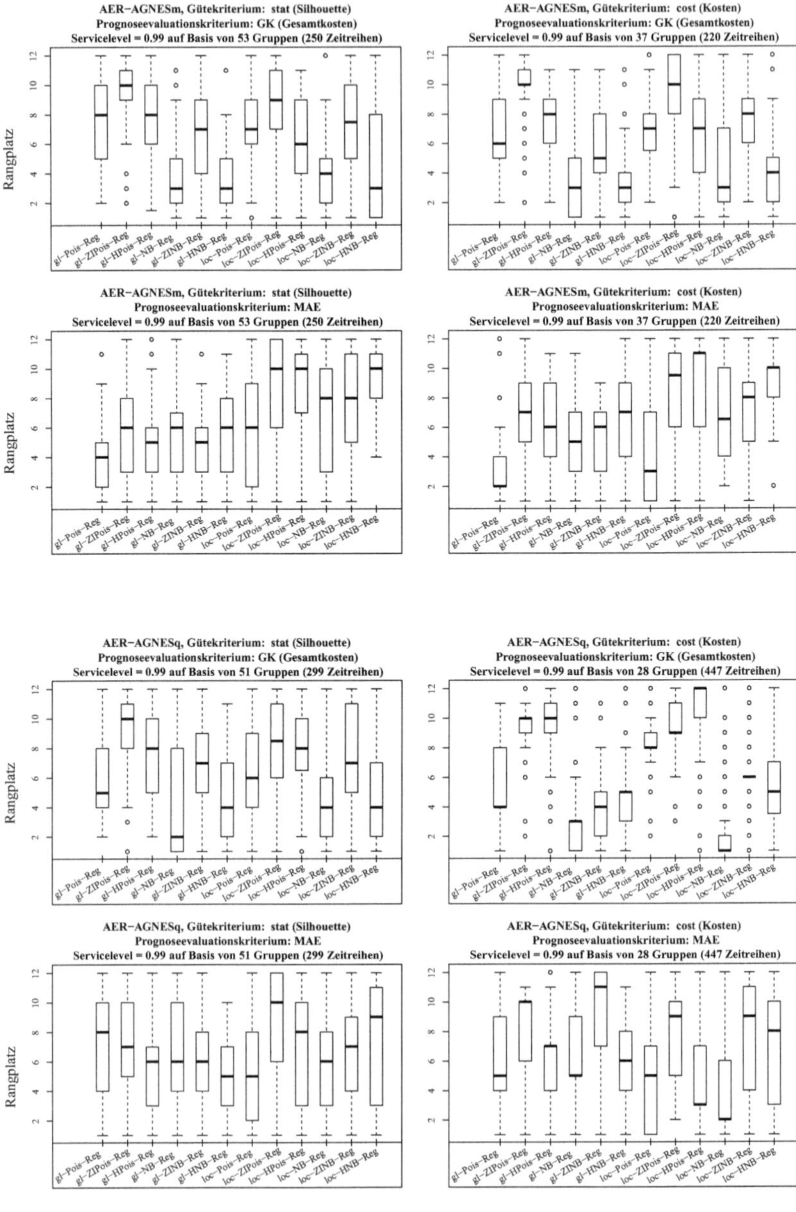
AER–AGNESm, Gütekriterium: stat (Silhouette)
Prognoseevaluationskriterium: GK (Gesamtkosten)
Servicelevel = 0.99 auf Basis von 53 Gruppen (250 Zeitreihen)
Rangplatz
gl–Pois–Reg
gl–ZIPois–Reg
gl–HPois–Reg
gl–NB–Reg
gl–ZINB–Reg
gl–HNB–Reg
loc–Pois–Reg
loc–ZIPois–Reg
loc–HPois–Reg
loc–NB–Reg
loc–ZINB–Reg
loc–HNB–Reg
AER–AGNESm, Gütekriterium: cost (Kosten)
Prognoseevaluationskriterium: GK (Gesamtkosten)
Servicelevel = 0.99 auf Basis von 37 Gruppen (220 Zeitreihen)
AER–AGNESm, Gütekriterium: stat (Silhouette)
Prognoseevaluationskriterium: MAE
Servicelevel = 0.99 auf Basis von 53 Gruppen (250 Zeitreihen)
AER–AGNESm, Gütekriterium: cost (Kosten)
Prognoseevaluationskriterium: MAE
Servicelevel = 0.99 auf Basis von 37 Gruppen (220 Zeitreihen)
AER–AGNESq, Gütekriterium: stat (Silhouette)
Prognoseevaluationskriterium: GK (Gesamtkosten)
Servicelevel = 0.99 auf Basis von 51 Gruppen (299 Zeitreihen)
AER–AGNESq, Gütekriterium: cost (Kosten)
Prognoseevaluationskriterium: GK (Gesamtkosten)
Servicelevel = 0.99 auf Basis von 28 Gruppen (447 Zeitreihen)
AER–AGNESq, Gütekriterium: stat (Silhouette)
Prognoseevaluationskriterium: MAE
Servicelevel = 0.99 auf Basis von 51 Gruppen (299 Zeitreihen)
AER–AGNESq, Gütekriterium: cost (Kosten)
Prognoseevaluationskriterium: MAE
Servicelevel = 0.99 auf Basis von 28 Gruppen (447 Zeitreihen)

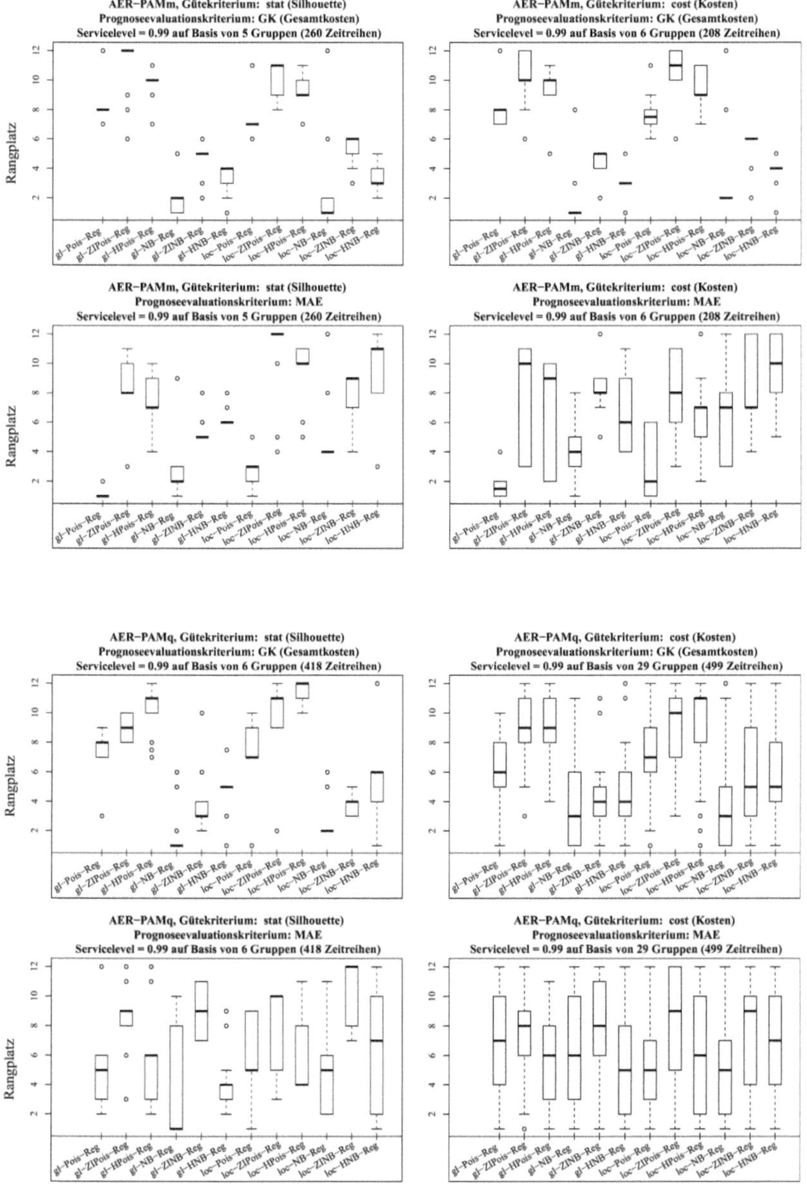
AER-PAMm, Gütekriterium: stat (Silhouette)
Prognoseevaluationskriterium: GK (Gesamtkosten)
Servicelevel = 0.99 auf Basis von 5 Gruppen (260 Zeitreihen)
AER-PAMm, Gütekriterium: cost (Kosten)
Prognoseevaluationskriterium: GK (Gesamtkosten)
Servicelevel = 0.99 auf Basis von 6 Gruppen (208 Zeitreihen)
AER-PAMm, Gütekriterium: stat (Silhouette)
Prognoseevaluationskriterium: MAE
Servicelevel = 0.99 auf Basis von 5 Gruppen (260 Zeitreihen)
AER-PAMm, Gütekriterium: cost (Kosten)
Prognoseevaluationskriterium: MAE
Servicelevel = 0.99 auf Basis von 6 Gruppen (208 Zeitreihen)
AER-PAMq, Gütekriterium: stat (Silhouette)
Prognoseevaluationskriterium: GK (Gesamtkosten)
Servicelevel = 0.99 auf Basis von 6 Gruppen (418 Zeitreihen)
AER-PAMq, Gütekriterium: cost (Kosten)
Prognoseevaluationskriterium: GK (Gesamtkosten)
Servicelevel = 0.99 auf Basis von 29 Gruppen (499 Zeitreihen)
AER-PAMq, Gütekriterium: stat (Silhouette)
Prognoseevaluationskriterium: MAE
Servicelevel = 0.99 auf Basis von 6 Gruppen (418 Zeitreihen)
AER-PAMq, Gütekriterium: cost (Kosten)
Prognoseevaluationskriterium: MAE
Servicelevel = 0.99 auf Basis von 29 Gruppen (499 Zeitreihen)
Rangplatz
gl-Pois-Reg
gl-ZIPois-Reg
gl-HPois-Reg
gl-NB-Reg
gl-ZINB-Reg
gl-HNB-Reg
loc-Pois-Reg
loc-ZIPois-Reg
loc-HPois-Reg
loc-NB-Reg
loc-ZINB-Reg
loc-HNB-Reg

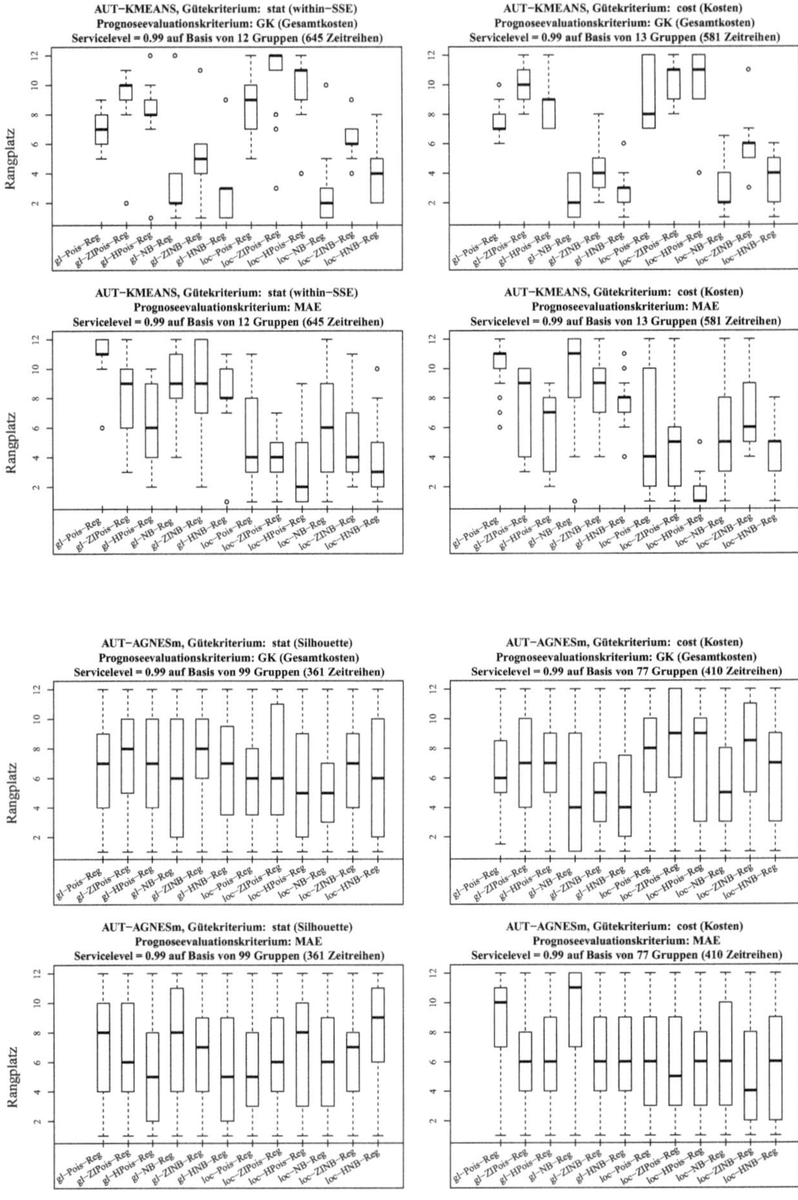
AUT−KMEANS, Gütekriterium: stat (within−SSE)
Prognoseevaluationskriterium: GK (Gesamtkosten)
Servicelevel = 0.99 auf Basis von 12 Gruppen (645 Zeitreihen)
AUT−KMEANS, Gütekriterium: cost (Kosten)
Prognoseevaluationskriterium: GK (Gesamtkosten)
Servicelevel = 0.99 auf Basis von 13 Gruppen (581 Zeitreihen)
AUT−KMEANS, Gütekriterium: stat (within−SSE)
Prognoseevaluationskriterium: MAE
Servicelevel = 0.99 auf Basis von 12 Gruppen (645 Zeitreihen)
AUT−KMEANS, Gütekriterium: cost (Kosten)
Prognoseevaluationskriterium: MAE
Servicelevel = 0.99 auf Basis von 13 Gruppen (581 Zeitreihen)
AUT−AGNESm, Gütekriterium: stat (Silhouette)
Prognoseevaluationskriterium: GK (Gesamtkosten)
Servicelevel = 0.99 auf Basis von 99 Gruppen (361 Zeitreihen)
AUT−AGNESm, Gütekriterium: cost (Kosten)
Prognoseevaluationskriterium: GK (Gesamtkosten)
Servicelevel = 0.99 auf Basis von 77 Gruppen (410 Zeitreihen)
AUT−AGNESm, Gütekriterium: stat (Silhouette)
Prognoseevaluationskriterium: MAE
Servicelevel = 0.99 auf Basis von 99 Gruppen (361 Zeitreihen)
AUT−AGNESm, Gütekriterium: cost (Kosten)
Prognoseevaluationskriterium: MAE
Servicelevel = 0.99 auf Basis von 77 Gruppen (410 Zeitreihen)
Rangplatz
2
4
6
8
10
12
gl−Pois−Reg
gl−ZIPois−Reg
gl−HPois−Reg
gl−NB−Reg
gl−ZINB−Reg
gl−HNB−Reg
loc−Pois−Reg
loc−ZIPois−Reg
loc−HPois−Reg
loc−NB−Reg
loc−ZINB−Reg
loc−HNB−Reg

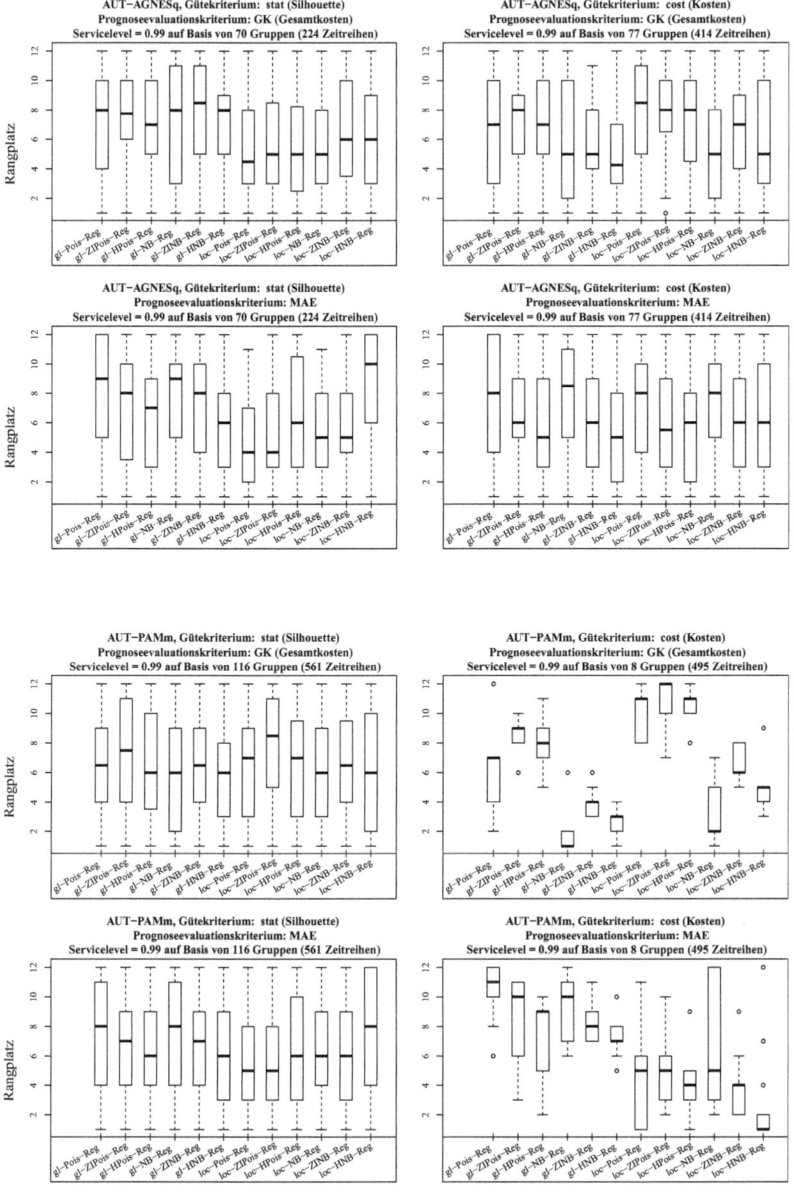
AUT−AGNESq, Gütekriterium: stat (Silhouette)
Prognoseevaluationskriterium: GK (Gesamtkosten)
Servicelevel = 0.99 auf Basis von 70 Gruppen (224 Zeitreihen)
AUT−AGNESq, Gütekriterium: cost (Kosten)
Prognoseevaluationskriterium: GK (Gesamtkosten)
Servicelevel = 0.99 auf Basis von 77 Gruppen (414 Zeitreihen)
AUT−AGNESq, Gütekriterium: stat (Silhouette)
Prognoseevaluationskriterium: MAE
Servicelevel = 0.99 auf Basis von 70 Gruppen (224 Zeitreihen)
AUT−AGNESq, Gütekriterium: cost (Kosten)
Prognoseevaluationskriterium: MAE
Servicelevel = 0.99 auf Basis von 77 Gruppen (414 Zeitreihen)
AUT−PAMm, Gütekriterium: stat (Silhouette)
Prognoseevaluationskriterium: GK (Gesamtkosten)
Servicelevel = 0.99 auf Basis von 116 Gruppen (561 Zeitreihen)
AUT−PAMm, Gütekriterium: cost (Kosten)
Prognoseevaluationskriterium: GK (Gesamtkosten)
Servicelevel = 0.99 auf Basis von 8 Gruppen (495 Zeitreihen)
AUT−PAMm, Gütekriterium: stat (Silhouette)
Prognoseevaluationskriterium: MAE
Servicelevel = 0.99 auf Basis von 116 Gruppen (561 Zeitreihen)
AUT−PAMm, Gütekriterium: cost (Kosten)
Prognoseevaluationskriterium: MAE
Servicelevel = 0.99 auf Basis von 8 Gruppen (495 Zeitreihen)
Rangplatz
gl−Pois−Reg
gl−ZIPois−Reg
gl−HPois−Reg
gl−NB−Reg
gl−ZINB−Reg
gl−HNB−Reg
loc−Pois−Reg
loc−ZIPois−Reg
loc−HPois−Reg
loc−NB−Reg
loc−ZINB−Reg
loc−HNB−Reg

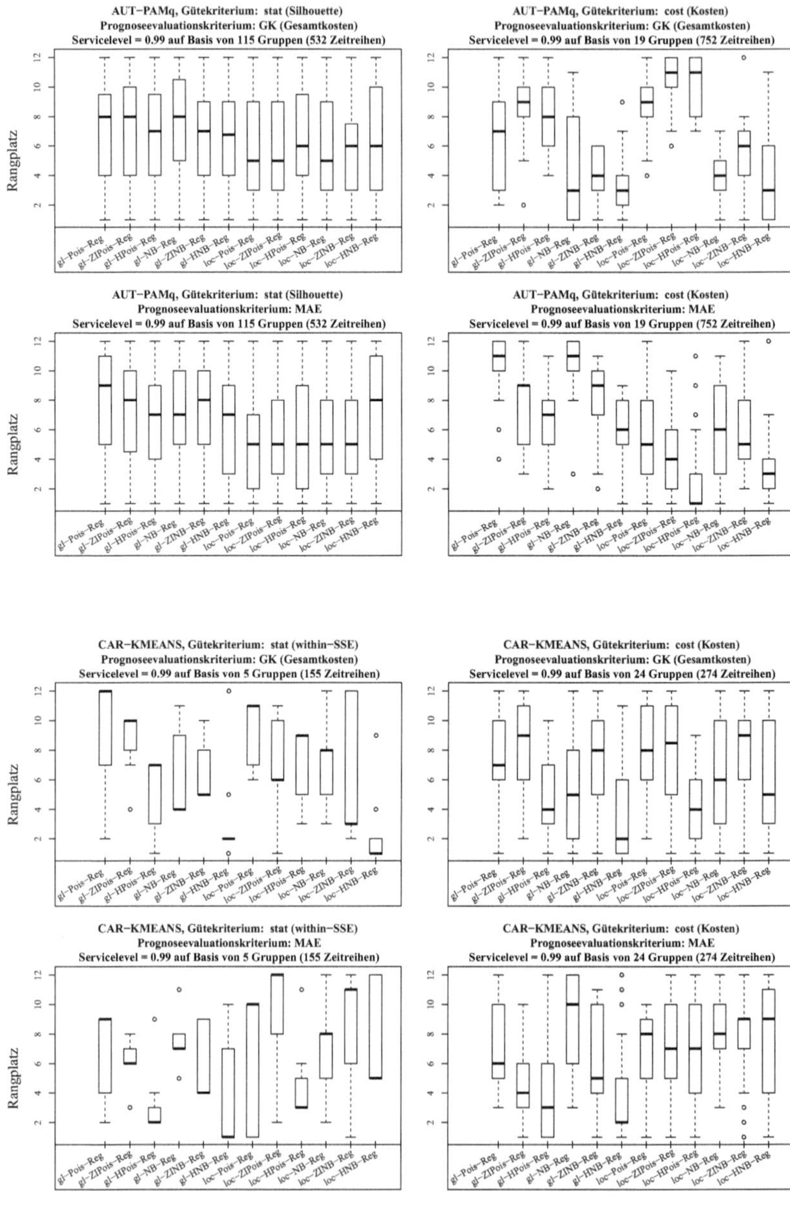
AUT−PAMq, Gütekriterium: stat (Silhouette)
Prognoseevaluationskriterium: GK (Gesamtkosten)
Servicelevel = 0.99 auf Basis von 115 Gruppen (532 Zeitreihen)
AUT−PAMq, Gütekriterium: cost (Kosten)
Prognoseevaluationskriterium: GK (Gesamtkosten)
Servicelevel = 0.99 auf Basis von 19 Gruppen (752 Zeitreihen)
AUT−PAMq, Gütekriterium: stat (Silhouette)
Prognoseevaluationskriterium: MAE
Servicelevel = 0.99 auf Basis von 115 Gruppen (532 Zeitreihen)
AUT−PAMq, Gütekriterium: cost (Kosten)
Prognoseevaluationskriterium: MAE
Servicelevel = 0.99 auf Basis von 19 Gruppen (752 Zeitreihen)
CAR−KMEANS, Gütekriterium: stat (within−SSE)
Prognoseevaluationskriterium: GK (Gesamtkosten)
Servicelevel = 0.99 auf Basis von 5 Gruppen (155 Zeitreihen)
CAR−KMEANS, Gütekriterium: cost (Kosten)
Prognoseevaluationskriterium: GK (Gesamtkosten)
Servicelevel = 0.99 auf Basis von 24 Gruppen (274 Zeitreihen)
CAR−KMEANS, Gütekriterium: stat (within−SSE)
Prognoseevaluationskriterium: MAE
Servicelevel = 0.99 auf Basis von 5 Gruppen (155 Zeitreihen)
CAR−KMEANS, Gütekriterium: cost (Kosten)
Prognoseevaluationskriterium: MAE
Servicelevel = 0.99 auf Basis von 24 Gruppen (274 Zeitreihen)
Rangplatz
gl−Pois−Reg
gl−ZIPois−Reg
gl−HPois−Reg
gl−NB−Reg
gl−ZINB−Reg
gl−HNB−Reg
loc−Pois−Reg
loc−ZIPois−Reg
loc−HPois−Reg
loc−NB−Reg
loc−ZINB−Reg
loc−HNB−Reg

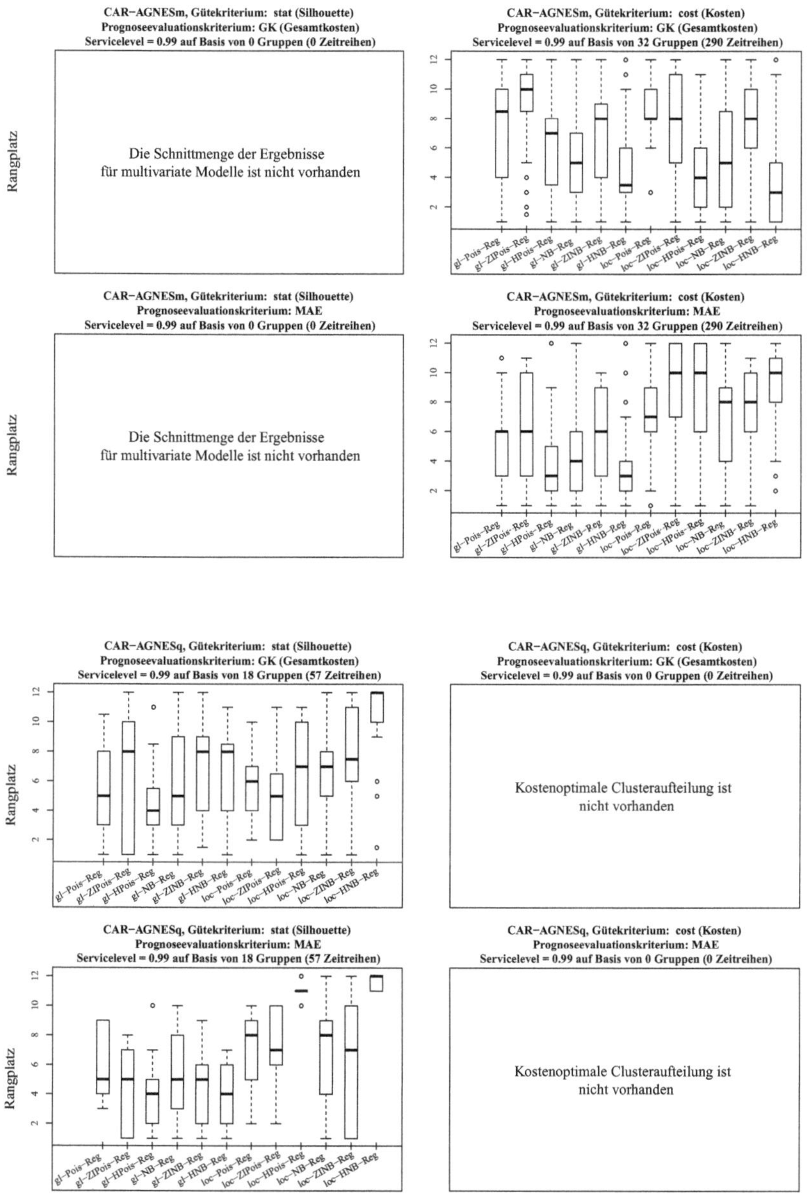
CAR–AGNESm, Gütekriterium: stat (Silhouette)
Prognoseevaluationskriterium: GK (Gesamtkosten)
Servicelevel = 0.99 auf Basis von 0 Gruppen (0 Zeitreihen)
Rangplatz
Die Schnittmenge der Ergebnisse
für multivariate Modelle ist nicht vorhanden
CAR–AGNESm, Gütekriterium: cost (Kosten)
Prognoseevaluationskriterium: GK (Gesamtkosten)
Servicelevel = 0.99 auf Basis von 32 Gruppen (290 Zeitreihen)
CAR–AGNESm, Gütekriterium: stat (Silhouette)
Prognoseevaluationskriterium: MAE
Servicelevel = 0.99 auf Basis von 0 Gruppen (0 Zeitreihen)
Rangplatz
Die Schnittmenge der Ergebnisse
für multivariate Modelle ist nicht vorhanden
CAR–AGNESm, Gütekriterium: cost (Kosten)
Prognoseevaluationskriterium: MAE
Servicelevel = 0.99 auf Basis von 32 Gruppen (290 Zeitreihen)
CAR–AGNESq, Gütekriterium: stat (Silhouette)
Prognoseevaluationskriterium: GK (Gesamtkosten)
Servicelevel = 0.99 auf Basis von 18 Gruppen (57 Zeitreihen)
Rangplatz
CAR–AGNESq, Gütekriterium: cost (Kosten)
Prognoseevaluationskriterium: GK (Gesamtkosten)
Servicelevel = 0.99 auf Basis von 0 Gruppen (0 Zeitreihen)
Kostenoptimale Clusteraufteilung ist
nicht vorhanden
CAR–AGNESq, Gütekriterium: stat (Silhouette)
Prognoseevaluationskriterium: MAE
Servicelevel = 0.99 auf Basis von 18 Gruppen (57 Zeitreihen)
Rangplatz
CAR–AGNESq, Gütekriterium: cost (Kosten)
Prognoseevaluationskriterium: MAE
Servicelevel = 0.99 auf Basis von 0 Gruppen (0 Zeitreihen)
Kostenoptimale Clusteraufteilung ist
nicht vorhanden
gl–Pois–Reg
gl–ZIPois–Reg
gl–HPois–Reg
gl–NB–Reg
gl–ZINB–Reg
gl–HNB–Reg
loc–Pois–Reg
loc–ZIPois–Reg
loc–HPois–Reg
loc–NB–Reg
loc–ZINB–Reg
loc–HNB–Reg

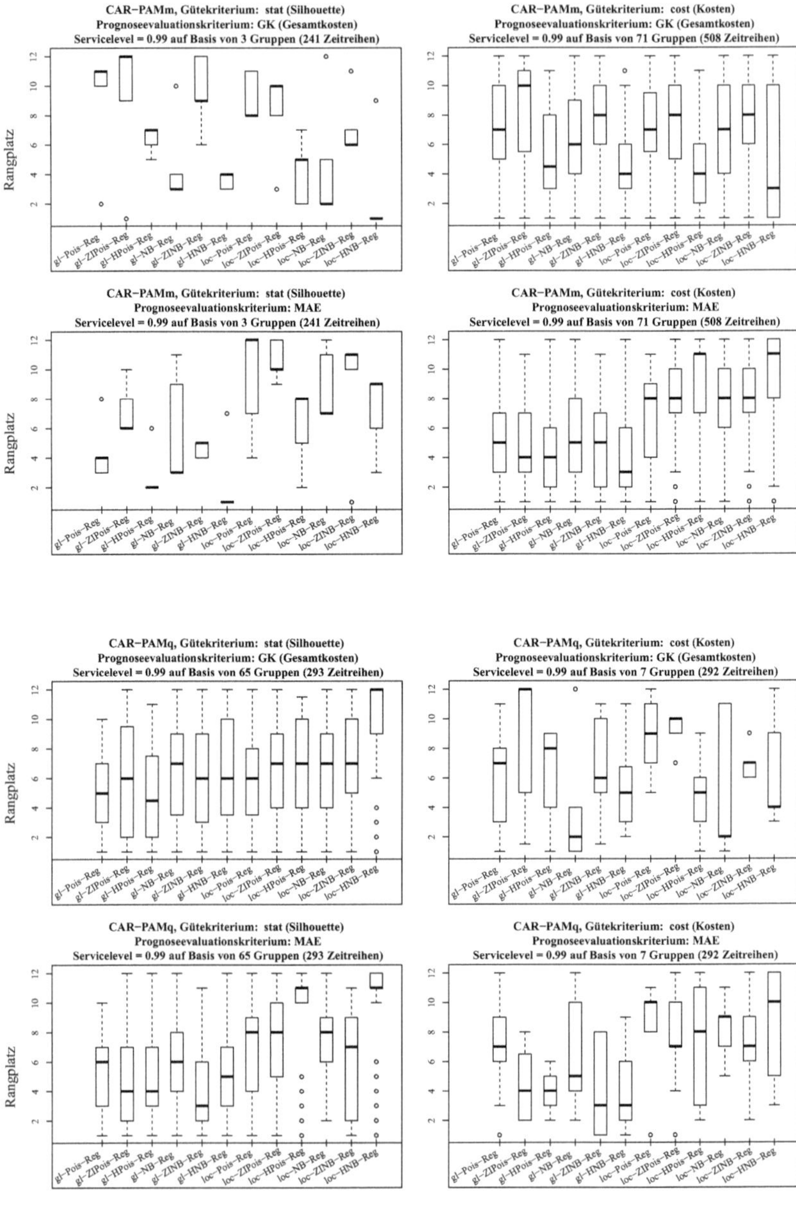
CAR−PAMm, Gütekriterium: stat (Silhouette)
Prognoseevaluationskriterium: GK (Gesamtkosten)
Servicelevel = 0.99 auf Basis von 3 Gruppen (241 Zeitreihen)
CAR−PAMm, Gütekriterium: cost (Kosten)
Prognoseevaluationskriterium: GK (Gesamtkosten)
Servicelevel = 0.99 auf Basis von 71 Gruppen (508 Zeitreihen)
CAR−PAMm, Gütekriterium: stat (Silhouette)
Prognoseevaluationskriterium: MAE
Servicelevel = 0.99 auf Basis von 3 Gruppen (241 Zeitreihen)
CAR−PAMm, Gütekriterium: cost (Kosten)
Prognoseevaluationskriterium: MAE
Servicelevel = 0.99 auf Basis von 71 Gruppen (508 Zeitreihen)
CAR−PAMq, Gütekriterium: stat (Silhouette)
Prognoseevaluationskriterium: GK (Gesamtkosten)
Servicelevel = 0.99 auf Basis von 65 Gruppen (293 Zeitreihen)
CAR−PAMq, Gütekriterium: cost (Kosten)
Prognoseevaluationskriterium: GK (Gesamtkosten)
Servicelevel = 0.99 auf Basis von 7 Gruppen (292 Zeitreihen)
CAR−PAMq, Gütekriterium: stat (Silhouette)
Prognoseevaluationskriterium: MAE
Servicelevel = 0.99 auf Basis von 65 Gruppen (293 Zeitreihen)
CAR−PAMq, Gütekriterium: cost (Kosten)
Prognoseevaluationskriterium: MAE
Servicelevel = 0.99 auf Basis von 7 Gruppen (292 Zeitreihen)
Rangplatz
gl−Pois−Reg
gl−ZIPois−Reg
gl−HPois−Reg
gl−NB−Reg
gl−ZINB−Reg
gl−HNB−Reg
loc−Pois−Reg
loc−ZIPois−Reg
loc−HPois−Reg
loc−NB−Reg
loc−ZINB−Reg
loc−HNB−Reg

C2

Ranking univariater Prognoseverfahren

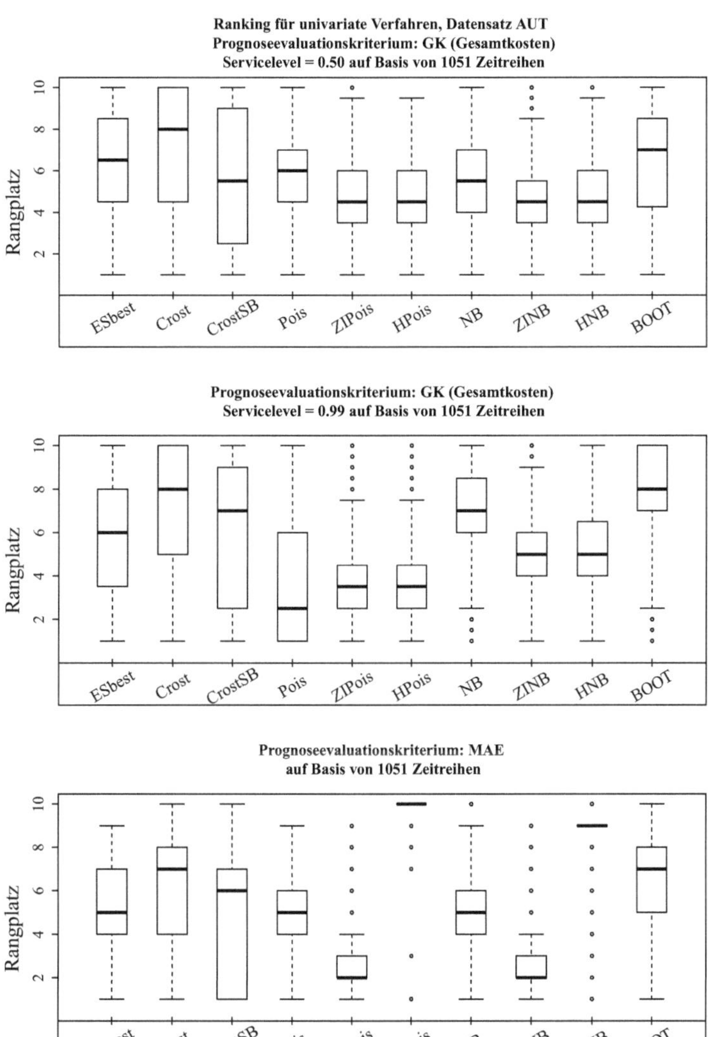

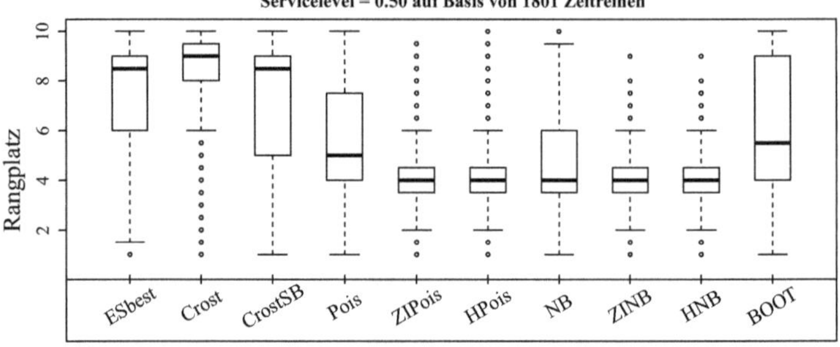
Ranking für univariate Verfahren, Datensatz CAR
Prognoseevaluationskriterium: GK (Gesamtkosten)
Servicelevel = 0.50 auf Basis von 1801 Zeitreihen
Rangplatz
2
4
6
8
10
ESbest
Crost
CrostSB
Pois
ZIPois
HPois
NB
ZINB
HNB
BOOT

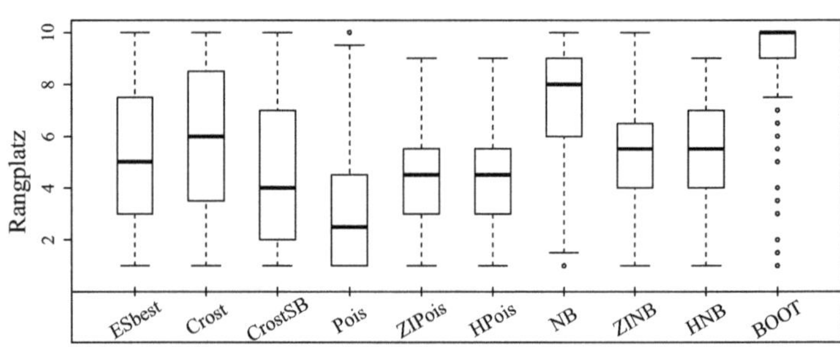
Prognoseevaluationskriterium: GK (Gesamtkosten)
Servicelevel = 0.99 auf Basis von 1801 Zeitreihen
Rangplatz
2
4
6
8
10
ESbest
Crost
CrostSB
Pois
ZIPois
HPois
NB
ZINB
HNB
BOOT

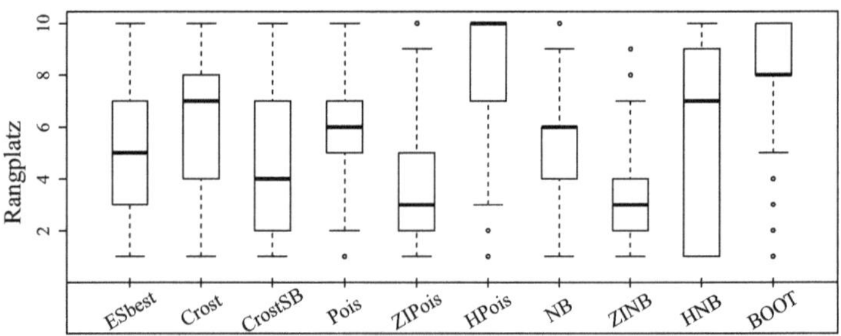
Prognoseevaluationskriterium: MAE
auf Basis von 1801 Zeitreihen
Rangplatz
2
4
6
8
10
ESbest
Crost
CrostSB
Pois
ZIPois
HPois
NB
ZINB
HNB
BOOT

C3

Häufigkeiten multivariater Verfahren als `mult-BEST` ex post Selektionsmethode

Benchmark `mult-BEST` anhand einer Kostenevaluation für SL_{α}=50%, `AUT`

`AUT` mit I=1676	`gl-Pois-Reg`	`gl-ZIPois-Reg`	`gl-HPois-Reg`	`gl-NB-Reg`	`gl-ZINB-Reg`	`gl-HNB-Reg`	`loc-Pois-Reg`	`loc-ZIPois-Reg`	`loc-HPois-Reg`	`loc-NB-Reg`	`loc-ZINB-Reg`	`loc-HNB-Reg`	Insgesamt	
`KMeans-stat`	328	19	11	4	1	0	8	10	11	1	0	1	394	
`KMeans-cost`	108	10	4	7	0	1	8	9	7	4	0	2		160
`AGNESm-stat`	97	17	6	9	1	2	12	3	21	3	9	3	183	
`AGNESm-cost`	41	8	7	5	3	0	11	0	6	2	7	3		93
`AGNESq-stat`	59	21	14	6	3	5	9	3	31	0	9	15	175	
`AGNESq-cost`	74	38	9	7	7	2	6	12	6	1	1	4		167
`PAMm-stat`	32	14	8	8	9	1	11	4	15	0	5	8	115	
`PAMm-cost`	27	4	3	2	0	1	11	6	9	2	2	0		67
`PAMq-stat`	47	23	14	6	12	5	14	8	15	4	6	9	163	
`PAMq-cost`	42	25	10	6	5	7	9	20	18	3	7	6		158
Insgesamt*	855	179	86	60	41	24	99	75	139	20	46	51	1030	645

*Die Summe der absoluten Häufigkeiten über die letzten zwei Spalten der Zeile **Insgesamt** entspricht der Zeitreihenanzahl, welche mit multivariaten Verfahren prognostiziert wurde.

Benchmark `mult-BEST` anhand einer Kostenevaluation für SL_α=99%, `AUT`														
`AUT` mit I=1676	`gl-Pois-Reg`	`gl-ZIPois-Reg`	`gl-HPois-Reg`	`gl-NB-Reg`	`gl-ZINB-Reg`	`gl-HNB-Reg`	`loc-Pois-Reg`	`loc-ZIPois-Reg`	`loc-HPois-Reg`	`loc-NB-Reg`	`loc-ZINB-Reg`	`loc-HNB-Reg`	Insgesamt	
`KMeans-stat`	31	12	9	3	3	1	34	27	22	3	1	4	150	
`KMeans-cost`	22	17	9	12	3	5	18	10	41	1	1	6		145
`AGNESm-stat`	61	43	8	17	2	3	9	6	17	2	6	0	174	
`AGNESm-cost`	41	19	11	12	3	0	23	15	12	1	7	2		146
`AGNESq-stat`	46	37	20	3	6	3	11	8	8	3	8	11	164	
`AGNESq-cost`	32	26	14	1	8	1	24	29	13	0	4	3		155
`PAMm-stat`	43	37	18	6	1	4	21	5	28	0	3	11	177	
`PAMm-cost`	41	13	12	3	3	6	36	13	26	3	3	3		162
`PAMq-stat`	42	44	21	4	6	5	27	20	17	2	9	11	208	
`PAMq-cost`	22	23	15	15	4	5	17	50	30	7	3	3		194
Insgesamt*	381	271	137	76	39	33	220	183	214	22	45	54	873	802

*Die Summe der absoluten Häufigkeiten über die letzten zwei Spalten der Zeile **Insgesamt** entspricht der Zeitreihenanzahl, welche mit multivariaten Verfahren prognostiziert wurde.

Benchmark `mult-BEST` anhand einer Evaluation mit MAE, `AUT`														
`AUT` mit I=1676	`gl-Pois-Reg`	`gl-ZIPois-Reg`	`gl-HPois-Reg`	`gl-NB-Reg`	`gl-ZINB-Reg`	`gl-HNB-Reg`	`loc-Pois-Reg`	`loc-ZIPois-Reg`	`loc-HPois-Reg`	`loc-NB-Reg`	`loc-ZINB-Reg`	`loc-HNB-Reg`	Insgesamt	
`KMeans-stat`	11	3	11	8	3	9	12	12	22	8	5	6	110	
`KMeans-cost`	11	3	5	14	3	0	9	15	14	9	6	17		106
`AGNESm-stat`	28	30	18	21	12	18	7	5	13	2	9	6	169	
`AGNESm-cost`	28	9	11	11	8	11	18	16	25	13	10	7		167
`AGNESq-stat`	32	23	29	11	11	24	4	13	7	0	7	8	169	
`AGNESq-cost`	15	13	15	11	13	12	8	9	13	9	8	6		132
`PAMm-stat`	42	46	32	23	18	24	8	8	12	3	3	9	228	
`PAMm-cost`	14	4	20	8	2	10	13	11	13	15	1	32		143
`PAMq-stat`	38	26	40	15	8	31	13	16	25	1	7	10	230	
`PAMq-cost`	22	8	10	17	11	19	28	26	33	14	13	20		221
Insgesamt*	241	165	191	139	89	158	120	131	177	74	69	121	906	769

*Die Summe der absoluten Häufigkeiten über die letzten zwei Spalten der Zeile **Insgesamt** entspricht der Zeitreihenanzahl, welche mit multivariaten Verfahren prognostiziert wurde.

Benchmark `mult-BEST` anhand einer Kostenevaluation für SL_{α}=50%, `CAR`

`CAR` mit I=2488	`gl-Pois-Reg`	`gl-ZIPois-Reg`	`gl-HPois-Reg`	`gl-NB-Reg`	`gl-ZINB-Reg`	`gl-HNB-Reg`	`loc-Pois-Reg`	`loc-ZIPois-Reg`	`loc-HPois-Reg`	`loc-NB-Reg`	`loc-ZINB-Reg`	`loc-HNB-Reg`	Insgesamt	
`KMeans-stat`	796	154	3	6	0	0	4	23	11	7	0	1	1005	
`KMeans-cost`	161	78	16	4	2	1	11	12	10	5	5	5		310
`AGNESm-stat`	0	1	0	0	0	0	12	7	10	3	4	1	38	
`AGNESm-cost`	67	50	10	4	3	1	7	9	5	2	6	2		166
`AGNESq-stat`	44	21	3	4	1	3	7	10	16	0	5	1	115	
`AGNESq-cost`**	-	-	-	-	-	-	-	-	-	-	-	-		-
`PAMm-stat`	43	47	5	6	2	1	7	10	2	1	1	0	125	
`PAMm-cost`	43	53	18	4	7	0	9	14	8	0	3	5		164
`PAMq-stat`	154	80	13	5	8	1	4	13	14	3	11	3	309	
`PAMq-cost`	117	43	20	15	1	6	8	22	10	8	4	1		255
Insgesamt*	1425	527	88	48	24	13	69	120	86	29	39	19	1592	895

*Die Summe der absoluten Häufigkeiten über die letzten zwei Spalten der Zeile **Insgesamt** entspricht der Zeitreihenanzahl, welche mit multivariaten Verfahren prognostiziert wurde.

**Die kostenoptimale Partition `AGNESq-cost` besteht lediglich aus einzelnen Zeitreihen.

Benchmark `mult-BEST` anhand einer Kostenevaluation für SL_{α}=99%, `CAR`

`CAR` mit I=2488	`gl-Pois-Reg`	`gl-ZIPois-Reg`	`gl-HPois-Reg`	`gl-NB-Reg`	`gl-ZINB-Reg`	`gl-HNB-Reg`	`loc-Pois-Reg`	`loc-ZIPois-Reg`	`loc-HPois-Reg`	`loc-NB-Reg`	`loc-ZINB-Reg`	`loc-HNB-Reg`	Insgesamt	
`KMeans-stat`	100	152	11	14	2	4	9	106	12	11	12	6	439	
`KMeans-cost`	91	87	15	8	2	1	18	81	17	11	30	7		368
`AGNESm-stat`	3	3	0	0	0	0	25	15	16	1	16	6	85	
`AGNESm-cost`	32	49	9	7	5	4	10	29	10	4	7	6		172
`AGNESq-stat`	11	31	7	0	9	3	24	53	13	5	14	2	172	
`AGNESq-cost`**	-	-	-	-	-	-	-	-	-	-	-	-		-
`PAMm-stat`	26	45	15	6	7	3	18	34	6	6	7	1		174
`PAMm-cost`	21	60	23	6	11	4	8	20	14	7	6	7	187	
`PAMq-stat`	53	145	34	7	22	4	22	30	15	3	15	4		354
`PAMq-cost`	82	202	28	17	7	10	35	111	27	9	4	4	536	
Insgesamt*	419	774	142	65	65	33	169	479	130	57	111	43	1419	1068

*Die Summe der absoluten Häufigkeiten über die letzten zwei Spalten der Zeile **Insgesamt** entspricht der Anzahl an Zeitreihen, welche mit multivariaten Verfahren prognostiziert wurde.

**Die kostenoptimale Partition `AGNESq-cost` besteht lediglich aus einzelnen Zeitreihen.

Benchmark mult-BEST anhand einer Evaluation MAE, CAR														
CAR mit I=2488	gl-Pois-Reg	gl-ZIPois-Reg	gl-HPois-Reg	gl-NB-Reg	gl-ZINB-Reg	gl-HNB-Reg	loc-Pois-Reg	loc-ZIPois-Reg	loc-HPois-Reg	loc-NB-Reg	loc-ZINB-Reg	loc-HNB-Reg	Insgesamt	
KMeans-stat	15	25	5	7	0	2	17	31	25	26	55	0	208	
KMeans-cost	60	49	28	27	8	13	28	92	23	37	43	4		412
AGNESm-stat	0	0	0	0	0	0	23	39	15	7	29	10	123	
AGNESm-cost	28	20	20	7	16	13	10	34	6	13	5	7		179
AGNESq-stat	5	18	8	4	4	18	22	86	11	11	46	4	237	
AGNESq-cost**	-	-	-	-	-	-	-	-	-	-	-	-		-
PAMm-stat	23	22	10	12	7	7	17	18	16	15	9	9	165	
PAMm-cost	29	29	29	11	21	14	20	38	11	6	20	15		243
PAMq-stat	23	74	61	21	31	20	12	79	17	11	42	5	396	
PAMq-cost	42	78	56	37	11	18	85	87	41	36	18	15		524
Insgesamt*	225	315	217	126	98	105	234	504	165	162	267	69	1129	1358

*Die Summe der absoluten Häufigkeiten über die letzten zwei Spalten der Zeile **Insgesamt** entspricht der Anzahl an Zeitreihen, welche mit multivariaten Verfahren prognostiziert wurde.

**Die kostenoptimale Partition AGNESq-cost besteht lediglich aus einzelnen Zeitreihen.

C4

Vergleich der Prognosegüte uni- und multivariater Verfahren

Vergleich anhand einer Kostenevaluation für SL_α=50%, AUT												
AUT mit I=1676	gl-Pois-Reg	gl-ZIPois-Reg	gl-HPois-Reg	gl-NB-Reg	gl-ZINB-Reg	gl-HNB-Reg	loc-Pois-Reg	loc-ZIPois-Reg	loc-HPois-Reg	loc-NB-Reg	loc-ZINB-Reg	loc-HNB-Reg
KMeans-stat	2.60	2.23	2.22	2.28	2.28	2.27	2.31	2.02	2.02	2.16	2.11	2.12
KMeans-cost	2.61	2.25	2.24	2.26	2.27	2.26	2.41	2.09	2.04	2.29	2.13	2.13
AGNESm-stat	2.70	2.47	2.49	2.56	2.45	2.75	2.32	2.24	2.47	2.31	2.27	8.70
AGNESm-cost	2.73	2.39	2.46	2.55	2.40	2.38	2.76	3.40	2.46	2.58	3.39	3.32
AGNESq-stat	2.65	$3.23 \cdot 10^{3}$	4.84	2.46	64.9	2.66	2.27	2.28	2.51	2.27	2.29	4.51
AGNESq-cost	3.02	2.43	$3.96 \cdot 10^{4}$	2.36	2.44	2.50	2.57	2.38	2.33	$4.05 \cdot 10^{29}$	2.34	7.71
PAMm-stat	2.81	2.46	2.47	2.54	2.45	2.41	2.31	2.26	2.46	2.30	2.30	2.92
PAMm-cost	2.63	2.23	2.28	2.29	2.21	2.27	2.34	2.14	2.11	2.23	2.12	2.13
PAMq-stat	2.88	2.41	$2.95 \cdot 10^{5}$	2.52	2.46	2.49	2.30	2.23	2.48	2.29	2.28	7.40
PAMq-cost	2.48	2.07	2.06	2.18	2.14	2.12	2.33	1.98	1.94	2.11	2.08	2.06
Univariat	mult-BEST	univ-BEST	ESbest	CrostSB	Crost	Pois	ZIPois	HPois	NB	ZINB	HNB	BOOT
	1.00	2.28	3.67	4.79	3.27	3.40	3.04	3.05	2.90	2.88	2.88	3.48

Vergleich anhand einer Kostenevaluation für SL_α=99%, AUT												
AUT mit I=1676	gl-Pois-Reg	gl-ZIPois-Reg	gl-HPois-Reg	gl-NB-Reg	gl-ZINB-Reg	gl-HNB-Reg	loc-Pois-Reg	loc-ZIPois-Reg	loc-HPois-Reg	loc-NB-Reg	loc-ZINB-Reg	loc-HNB-Reg
KMeans-stat	12.8	13.6	13.8	6.27	7.26	7.19	14.1	14.9	14.7	6.21	8.61	8.34
KMeans-cost	12.7	13.9	13.7	5.83	7.09	6.95	13.7	14.6	14.7	6.15	8.13	8.05
AGNESm-stat	8.84	9.80	9.05	6.29	8.00	11.3	8.55	8.70	7.02	5.85	7.96	44.4
AGNESm-cost	10.4	11.2	11.1	7.29	7.04	8.02	10.6	11.6	9.88	7.41	8.93	11
AGNESq-stat	5.97	833	6.97	4.71	22.9	7.42	6.04	5.83	5.05	4.19	6.01	15.2
AGNESq-cost	7.46	7.91	$1.02 \cdot 10^4$	4.83	6.51	6.45	9.16	9.12	8.59	$1.99 \cdot 10^{29}$	7.10	57.5
PAMm-stat	10.6	12.2	11.5	7.49	8.88	8.61	11.1	11.6	10.1	6.82	9.70	8.45
PAMm-cost	13.6	14.3	14.2	7.29	7.47	8.62	15.2	15.3	15.6	7.56	9.07	10.2
PAMq-stat	7.68	8.68	$7.55 \cdot 10^4$	5.61	6.62	6.46	7.99	8.12	7.25	5.07	6.81	44.8
PAMq-cost	10.2	11.5	11.5	5.23	6.19	5.87	11.4	13.1	12.6	5.30	6.74	6.46
Univariat	mult-BEST	univ-BEST	ESbest	CrostSB	Crost	Pois	ZIPois	HPois	NB	ZINB	HNB	BOOT
	1.00	3.59	13.7	13	18.4	22.5	12.8	12.9	8.55	6.09	6.01	10.9

Vergleich anhand einer Evaluation mit MAE, AUT												
AUT mit I=1676	gl-Pois-Reg	gl-ZIPois-Reg	gl-HPois-Reg	gl-NB-Reg	gl-ZINB-Reg	gl-HNB-Reg	loc-Pois-Reg	loc-ZIPois-Reg	loc-HPois-Reg	loc-NB-Reg	loc-ZINB-Reg	loc-HNB-Reg
KMeans-stat	1.34	1.27	1.29	1.33	1.29	1.31	1.29	1.29	1.27	1.28	1.28	1.27
KMeans-cost	1.34	1.29	1.30	1.33	1.30	1.31	1.30	1.29	1.27	1.30	1.29	1.28
AGNESm-stat	1.31	355	4.29	1.28	1.25	1.26	1.23	1.22	1.26	1.20	1.20	1.25
AGNESm-cost	1.33	1.27	880	1.29	1.26	1.29	1.41	1.41	1.26	$2.68 \cdot 10^6$	1.31	1.25
AGNESq-stat	1.27	132	395	1.21	25.7	1.23	1.18	1.18	1.22	1.15	1.16	1.22
AGNESq-cost	1.37	1.30	$3.18 \cdot 10^3$	1.29	1.25	1.28	1.29	1.27	1.24	$7.74 \cdot 10^{28}$	1.24	1.23
PAMm-stat	1.35	355	1.31	1.31	$1.95 \cdot 10^{14}$	1.29	1.25	1.26	1.29	1.22	1.23	1.30
PAMm-cost	1.32	1.28	1.28	1.32	1.27	1.29	1.27	1.28	1.25	1.29	1.26	1.26
PAMq-stat	1.34	1.28	$1.60 \cdot 10^4$	1.28	$1.62 \cdot 10^8$	5.88	1.21	1.21	1.25	1.18	1.19	1.26
PAMq-cost	1.32	1.27	1.26	1.32	1.26	1.26	1.27	1.26	1.24	1.29	1.25	1.25
Univariat	mult-BEST	univ-BEST	ESbest	CrostSB	Crost	Pois	ZIPois	HPois	NB	ZINB	HNB	BOOT
	1.00	1.11	1.31	1.42	1.27	1.29	1.22	$5.48 \cdot 10^{82}$	1.25	1.22	$1.42 \cdot 10^5$	1.36

Vergleich anhand einer Kostenevaluation für SL_α=50%, CAR

CAR mit I=2488	gl-Pois-Reg	gl-ZIPois-Reg	gl-HPois-Reg	gl-NB-Reg	gl-ZINB-Reg	gl-HNB-Reg	loc-Pois-Reg	loc-ZIPois-Reg	loc-HPois-Reg	loc-NB-Reg	loc-ZINB-Reg	loc-HNB-Reg
KMeans-stat	2.92	1.71	1.67	2.37	2.39	22.1	3.62	1.70	1.80	$6.74 \cdot 10^{6}$	1.78	1.76
KMeans-cost	3.47	1.90	1.91	2.98	$7.91 \cdot 10^{3}$	2.90	$4.29 \cdot 10^{14}$	44.1	1.94	$5.47 \cdot 10^{8}$	$5.59 \cdot 10^{5}$	17.9
AGNESm-stat	4.40	343	113	4.32	1.75	1.76	$1.90 \cdot 10^{28}$	$3.97 \cdot 10^{5}$	3.70	$1.09 \cdot 10^{35}$	$6.08 \cdot 10^{13}$	30.1
AGNESm-cost	2.56	368	$6.81 \cdot 10^{10}$	2.57	2.08	1.92	$1.65 \cdot 10^{18}$	$2.41 \cdot 10^{3}$	2.32	$6.97 \cdot 10^{30}$	$1.18 \cdot 10^{13}$	27.1
AGNESq-stat	9.37	343	$2.12 \cdot 10^{12}$	3.04	1.87	5.98	$9.25 \cdot 10^{12}$	$1.71 \cdot 10^{6}$	3.57	$2.44 \cdot 10^{10}$	$6.20 \cdot 10^{4}$	53.5
AGNESq-cost	-	-	-	-	-	-	-	-	-	-	-	-
PAMm-stat	2.70	$2.12 \cdot 10^{5}$	91.1	2.15	$1.36 \cdot 10^{6}$	1.89	$8.87 \cdot 10^{13}$	$2.85 \cdot 10^{5}$	2.15	$2.39 \cdot 10^{21}$	$5.97 \cdot 10^{7}$	2.07
PAMm-cost	2.67	343	2.00	2.51	1.92	5.04	$4.81 \cdot 10^{11}$	$2.44 \cdot 10^{3}$	2.81	$6.99 \cdot 10^{30}$	$1.28 \cdot 10^{13}$	22.9
PAMq-stat	125	$9.23 \cdot 10^{4}$	$2.04 \cdot 10^{7}$	3.77	$3.98 \cdot 10^{33}$	16	$4.87 \cdot 10^{15}$	$2.11 \cdot 10^{6}$	3.95	$3.99 \cdot 10^{20}$	$9.54 \cdot 10^{4}$	53.5
PAMq-cost	3.77	1.67	1.82	3.36	$7.97 \cdot 10^{27}$	1.82	$2.08 \cdot 10^{19}$	8.53	1.61	$3.59 \cdot 10^{7}$	$2.43 \cdot 10^{3}$	1.66
Univariat	mult-BEST	univ-BEST	ESbest	CrostSB	Crost	Pois	ZIPois	HPois	NB	ZINB	HNB	BOOT
	1.00	1.74	4.21	5.01	3.96	3.10	2.22	2.22	2.45	2.12	2.12	3.18

Vergleich anhand einer Kostenevaluation für SL_α=99%, CAR

CAR mit I=2488	gl-Pois-Reg	gl-ZIPois-Reg	gl-HPois-Reg	gl-NB-Reg	gl-ZINB-Reg	gl-HNB-Reg	loc-Pois-Reg	loc-ZIPois-Reg	loc-HPois-Reg	loc-NB-Reg	loc-ZINB-Reg	loc-HNB-Reg
KMeans-stat	7.04	5.93	5.44	6.54	3.58	$1.23 \cdot 10^{5}$	7.13	7.35	$3.28 \cdot 10^{4}$	$1.32 \cdot 10^{7}$	4.26	4.06
KMeans-cost	6.58	7.00	5.25	8.01	$1.85 \cdot 10^{32}$	367	$6.60 \cdot 10^{13}$	102	5.31	$2.95 \cdot 10^{8}$	$6.76 \cdot 10^{8}$	$1.59 \cdot 10^{3}$
AGNESm-stat	2.96	55.4	19.6	2.94	$1.68 \cdot 10^{6}$	2.49	$2.92 \cdot 10^{27}$	$6.17 \cdot 10^{4}$	3.54	$4.25 \cdot 10^{34}$	$9.35 \cdot 10^{12}$	118
AGNESm-cost	5.94	64.2	$1.03 \cdot 10^{13}$	6.35	$1.53 \cdot 10^{26}$	7.79	$2.54 \cdot 10^{17}$	378	4.91	$3.19 \cdot 10^{30}$	$1.81 \cdot 10^{12}$	151
AGNESq-stat	3.77	55.5	$1.95 \cdot 10^{13}$	3.08	$1.78 \cdot 10^{6}$	7.08	$1.42 \cdot 10^{12}$	$5.09 \cdot 10^{5}$	3.34	$1.90 \cdot 10^{10}$	$1.01 \cdot 10^{4}$	316
AGNESq-cost	-	-	-	-	-	-	-	-	-	-	-	-
PAMm-stat	4.71	$3.26 \cdot 10^{4}$	$2.44 \cdot 10^{10}$	4.85	$1.53 \cdot 10^{26}$	$1.97 \cdot 10^{4}$	$1.36 \cdot 10^{13}$	$4.51 \cdot 10^{4}$	5.38	$2.71 \cdot 10^{21}$	$1.67 \cdot 10^{7}$	4.62
PAMm-cost	5.80	59	$9.57 \cdot 10^{12}$	5.96	$1.53 \cdot 10^{26}$	31.7	$7.40 \cdot 10^{10}$	383	4.60	$3.15 \cdot 10^{30}$	$2.21 \cdot 10^{12}$	145
PAMq-stat	22	$2.90 \cdot 10^{4}$	$1.21 \cdot 10^{7}$	4.03	$6.13 \cdot 10^{32}$	$1.25 \cdot 10^{3}$	$7.49 \cdot 10^{14}$	$5.77 \cdot 10^{5}$	3.53	$5.03 \cdot 10^{20}$	$1.43 \cdot 10^{8}$	401
PAMq-cost	3.74	4.79	3.58	6.84	$1.66 \cdot 10^{74}$	2.85	$3.20 \cdot 10^{18}$	6.67	$1.88 \cdot 10^{6}$	$4.83 \cdot 10^{7}$	713	3.52
Univariat	mult-BEST	univ-BEST	ESbest	CrostSB	Crost	Pois	ZIPois	HPois	NB	ZINB	HNB	BOOT
	1.00	2.47	4.73	4.96	5.02	7.24	4.07	4.10	4.76	3.88	3.89	5.44

Vergleich anhand einer Evaluation mit MAE, CAR												
CAR mit I=2488	gl-Pois-Reg	gl-ZIPois-Reg	gl-HPois-Reg	gl-NB-Reg	gl-ZINB-Reg	gl-HNB-Reg	loc-Pois-Reg	loc-ZIPois-Reg	loc-HPois-Reg	loc-NB-Reg	loc-ZINB-Reg	loc-HNB-Reg
KMeans-stat	1.41	243	1.30	1.51	1.24	1.26	$1.31 \cdot 10^{15}$	1.47	$9.07 \cdot 10^{3}$	$2.37 \cdot 10^{7}$	1.26	1.29
KMeans-cost	1.50	1.42	1.34	1.65	$1.47 \cdot 10^{50}$	4.03	$1.08 \cdot 10^{25}$	$9.83 \cdot 10^{4}$	1.37	$1.13 \cdot 10^{33}$	$1.62 \cdot 10^{17}$	1.31
AGNESm-stat	1.33	13	9.06	1.24	$5.58 \cdot 10^{29}$	1.16	$7.63 \cdot 10^{52}$	$7.78 \cdot 10^{4}$	1.57	$8.48 \cdot 10^{33}$	$2.13 \cdot 10^{16}$	1.56
AGNESm-cost	1.37	$3.31 \cdot 10^{4}$	$5.98 \cdot 10^{26}$	1.55	$8.45 \cdot 10^{33}$	1.65	$3.21 \cdot 10^{16}$	$1.65 \cdot 10^{3}$	1.42	$4.05 \cdot 10^{29}$	$3.14 \cdot 10^{11}$	1.36
AGNESq-stat	1.48	13.1	$5.98 \cdot 10^{26}$	1.30	$8.27 \cdot 10^{31}$	1.49	$2.80 \cdot 10^{30}$	$6.57 \cdot 10^{5}$	1.57	$2.00 \cdot 10^{10}$	$4.38 \cdot 10^{12}$	1.51
AGNESq-cost	-	-	-	-	-	-	-	-	-	-	-	-
PAMm-stat	1.33	$7.75 \cdot 10^{4}$	$2.40 \cdot 10^{14}$	1.33	$4.83 \cdot 10^{62}$	$3.55 \cdot 10^{12}$	$6.13 \cdot 10^{30}$	$1.28 \cdot 10^{5}$	1.35	$2.13 \cdot 10^{34}$	$5.40 \cdot 10^{14}$	1.27
PAMm-cost	1.38	$3.31 \cdot 10^{4}$	$5.98 \cdot 10^{26}$	1.49	$8.45 \cdot 10^{33}$	3.94	$4.67 \cdot 10^{10}$	$1.63 \cdot 10^{3}$	1.50	$4.05 \cdot 10^{29}$	$6.56 \cdot 10^{11}$	1.47
PAMq-stat	5.81	$1.25 \cdot 10^{4}$	$1.20 \cdot 10^{9}$	1.53	$1.49 \cdot 10^{165}$	2.78	$1.52 \cdot 10^{53}$	$3.79 \cdot 10^{5}$	1.64	$7.41 \cdot 10^{34}$	$5.17 \cdot 10^{11}$	1.58
PAMq-cost	1.63	877	1.73	1.97	$1.08 \cdot 10^{99}$	1.27	$5.97 \cdot 10^{18}$	$1.23 \cdot 10^{5}$	$1.03 \cdot 10^{6}$	$1.67 \cdot 10^{25}$	$6.13 \cdot 10^{6}$	1.24
Univariat	mult-BEST	univ-BEST	ESbest	CrostSB	Crost	Pois	ZIPois	HPois	NB	ZINB	HNB	BOOT
	1.00	1.16	1.39	1.53	1.37	1.49	1.41	$9.61 \cdot 10^{7}$	1.44	1.41	$9.61 \cdot 10^{7}$	1.71

D Einfluss von Rahmenbedingungen auf die Gesamtkosten

D1

Konturplots für $\widehat{refGK}_j^{mult}$

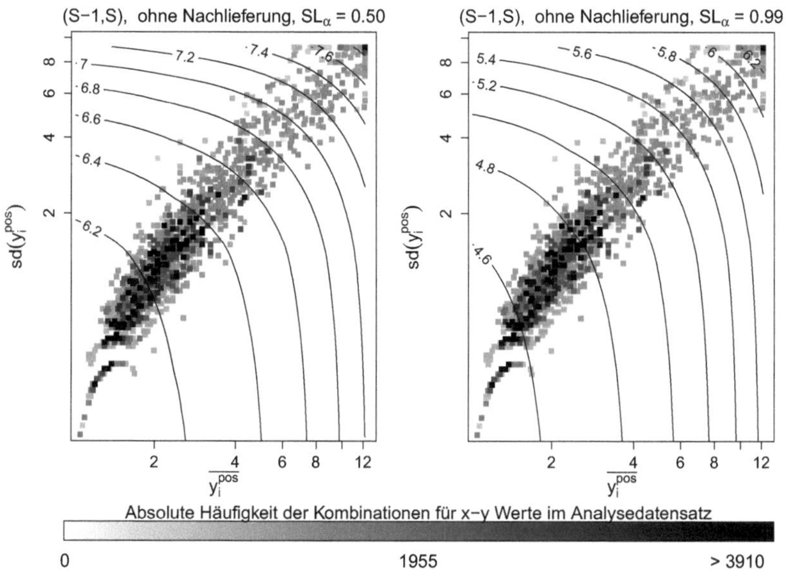

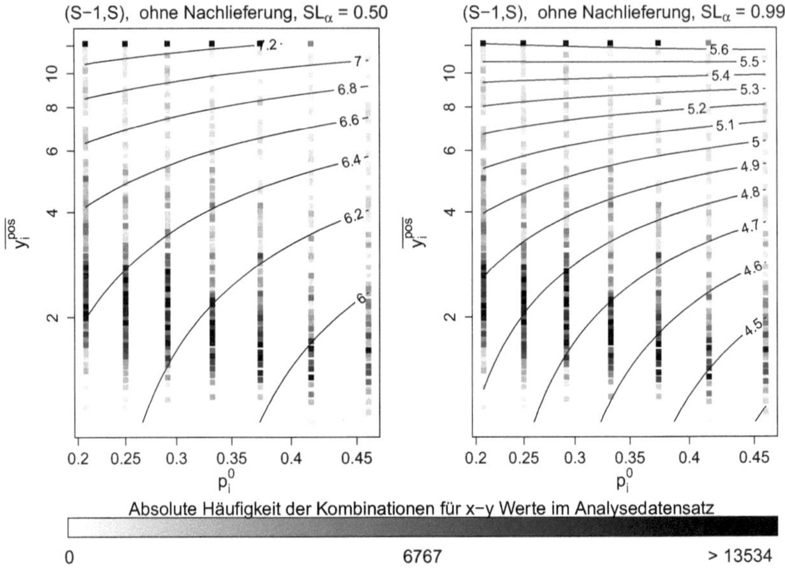
(S−1,S), ohne Nachlieferung, SLα = 0.50
(S−1,S), ohne Nachlieferung, SLα = 0.99
Absolute Häufigkeit der Kombinationen für x−y Werte im Analysedatensatz
0
6767
> 13534

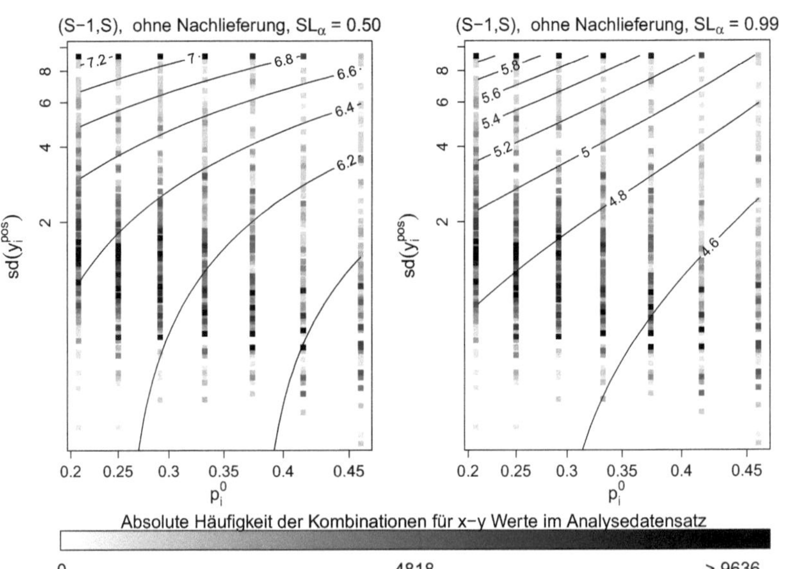
(S−1,S), ohne Nachlieferung, SLα = 0.50
(S−1,S), ohne Nachlieferung, SLα = 0.99
Absolute Häufigkeit der Kombinationen für x−y Werte im Analysedatensatz
0
4818
> 9636

D2

Konturplots für $\widehat{refGK}_j^{univ}$

Datensatz AER

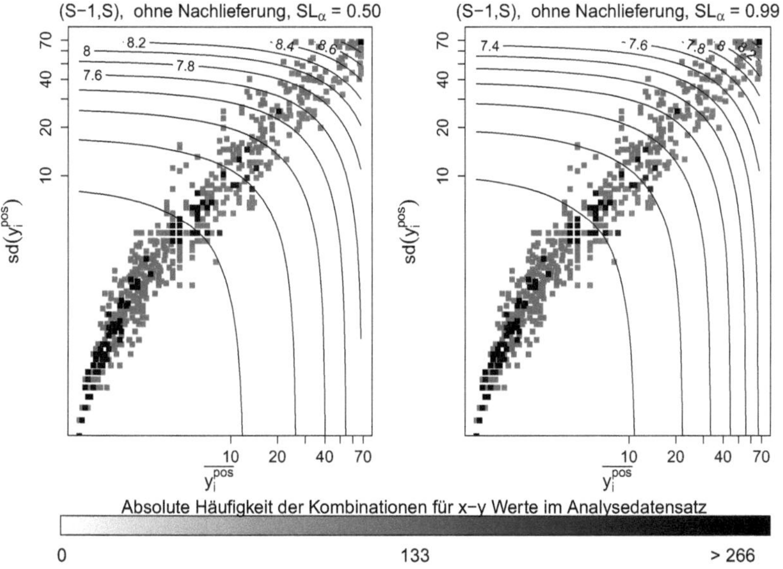

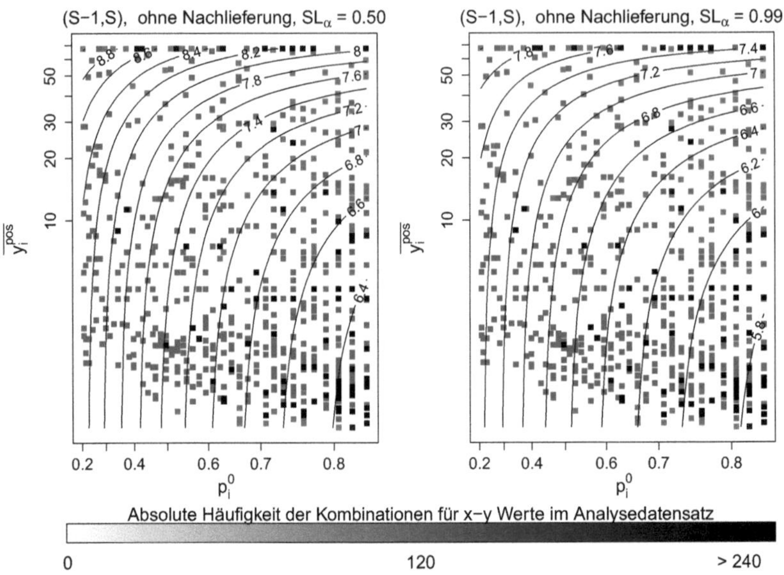
(S−1,S), ohne Nachlieferung, SLα = 0.50
(S−1,S), ohne Nachlieferung, SLα = 0.99
$\overline{y_i^{pos}}$
10 20 30 50
0.2 0.4 0.6 0.7 0.8
p_i^0
Absolute Häufigkeit der Kombinationen für x−y Werte im Analysedatensatz
0
120
> 240

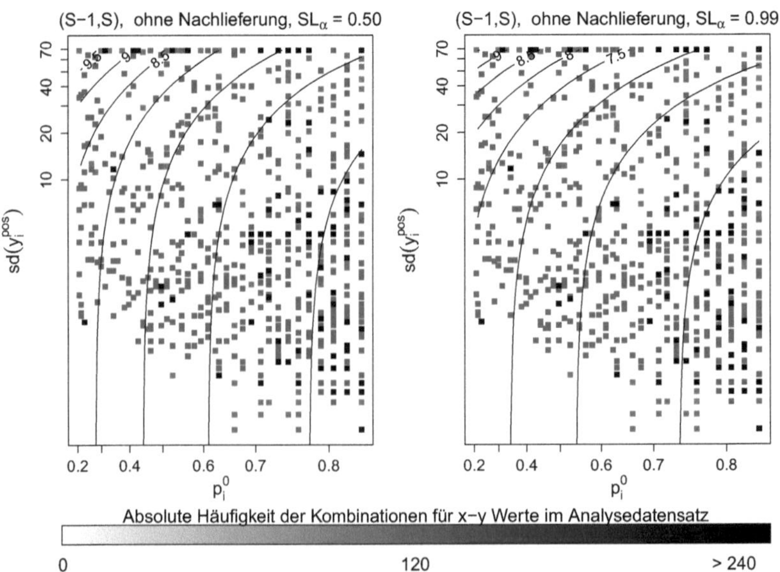
(S−1,S), ohne Nachlieferung, SLα = 0.50
(S−1,S), ohne Nachlieferung, SLα = 0.99
$sd(y_i^{pos})$
10 20 40 70
0.2 0.4 0.6 0.7 0.8
p_i^0
Absolute Häufigkeit der Kombinationen für x−y Werte im Analysedatensatz
0
120
> 240

Datensatz AUT

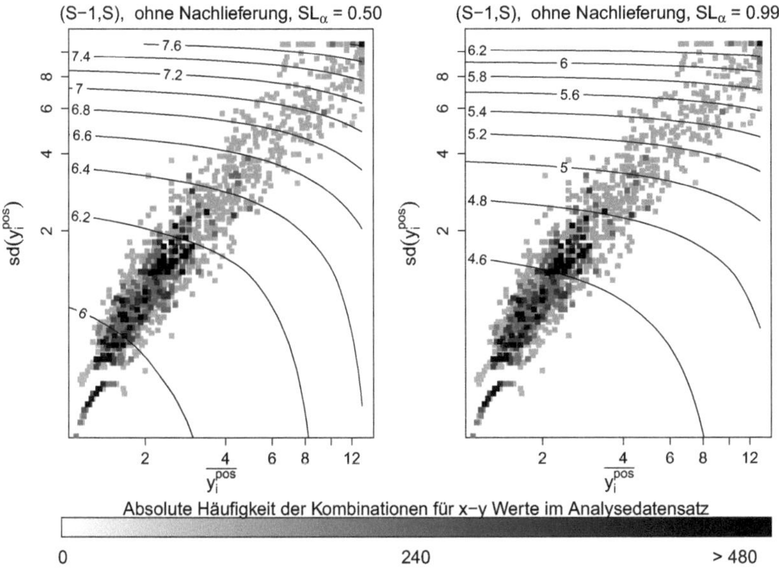

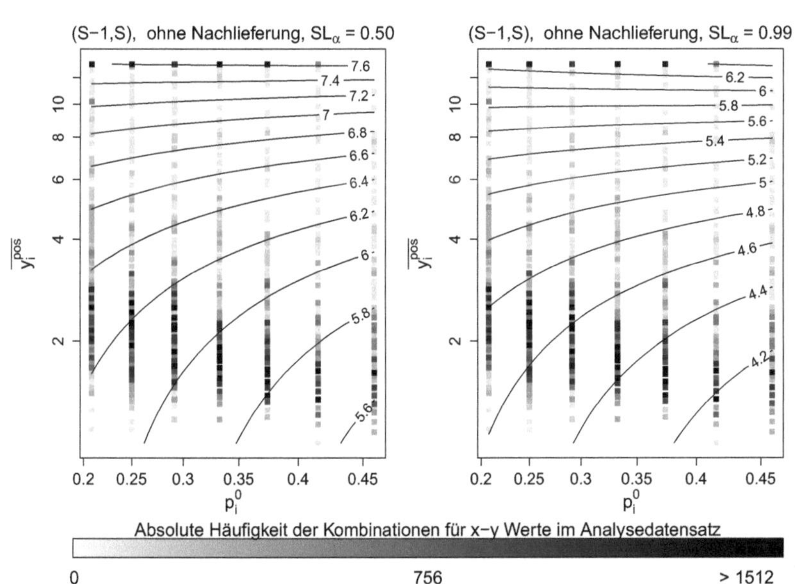

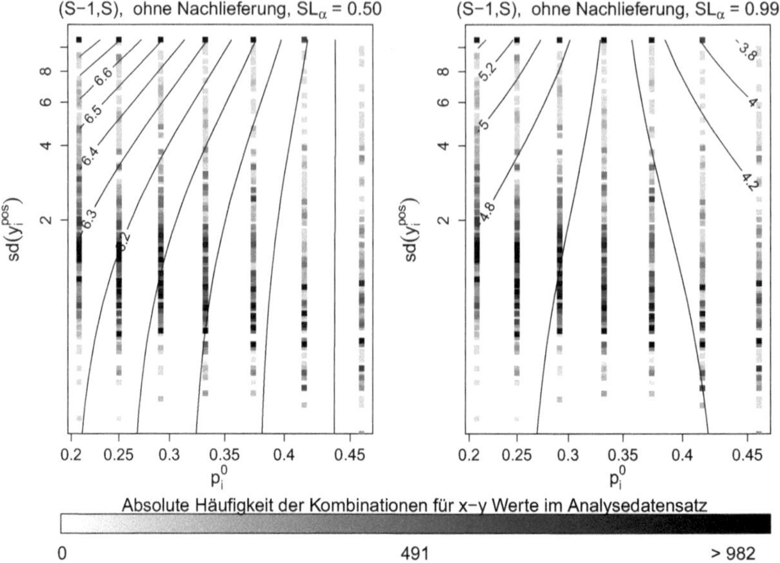

Datensatz CAR

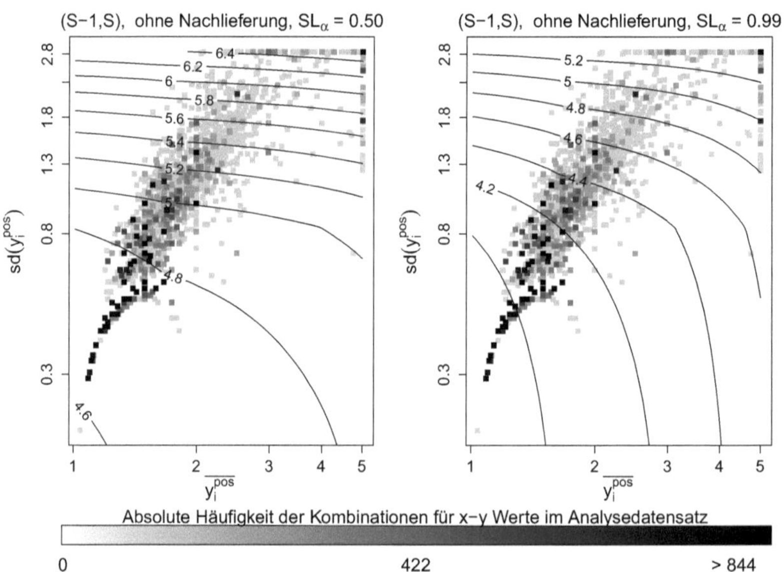

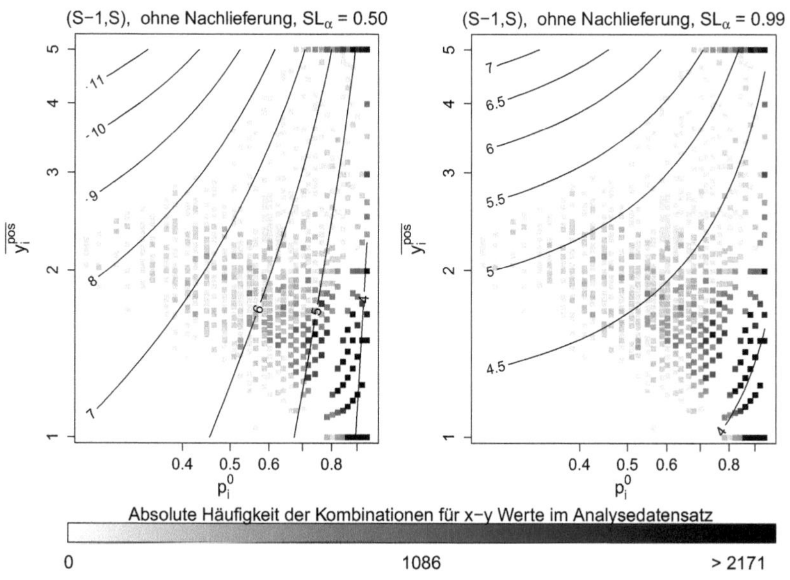
(S−1,S), ohne Nachlieferung, SL$_\alpha$ = 0.50
(S−1,S), ohne Nachlieferung, SL$_\alpha$ = 0.99
$\overline{y_i^{pos}}$
p_i^0
Absolute Häufigkeit der Kombinationen für x−y Werte im Analysedatensatz
0
1086
> 2171

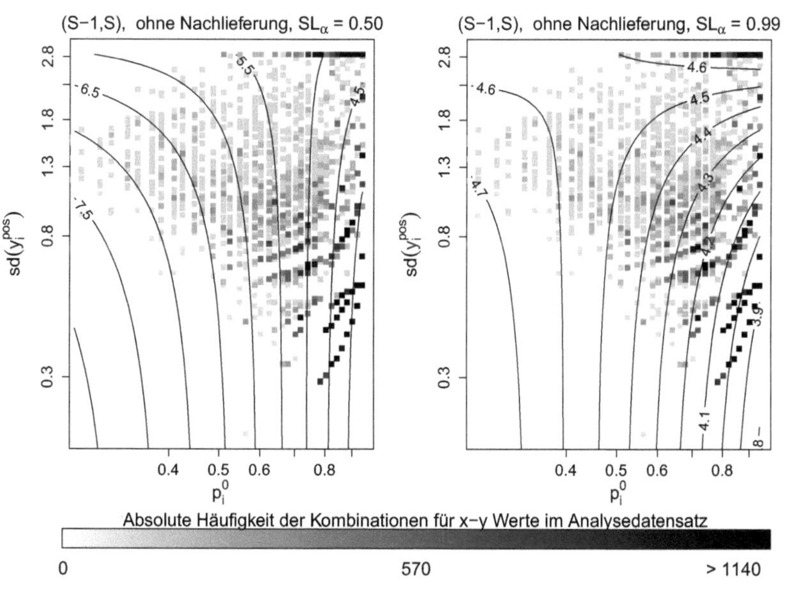
(S−1,S), ohne Nachlieferung, SL$_\alpha$ = 0.50
(S−1,S), ohne Nachlieferung, SL$_\alpha$ = 0.99
$sd(y_i^{pos})$
p_i^0
Absolute Häufigkeit der Kombinationen für x−y Werte im Analysedatensatz
0
570
> 1140

D3

Einfluss uni- und multivariater Prognoseverfahren

Datensatz AUT, multivariat

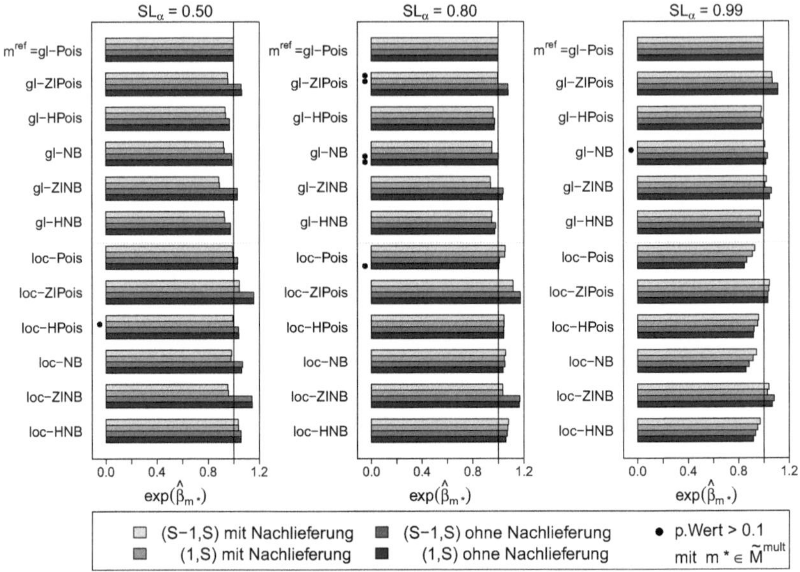

Datensatz AUT, univariat

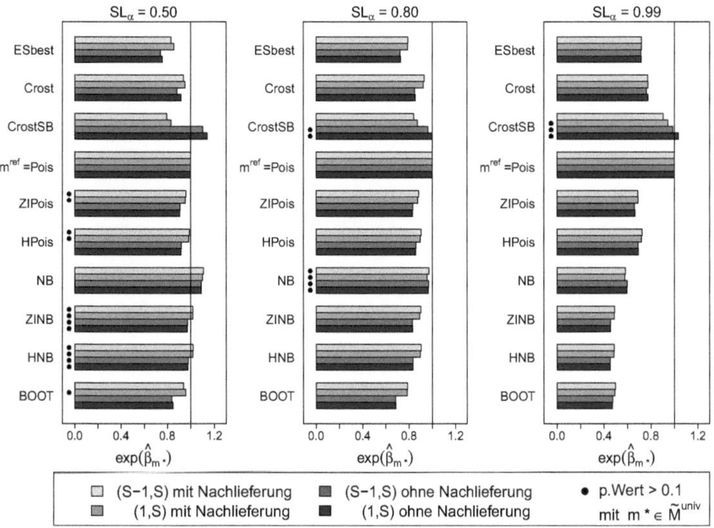

Datensatz CAR, multivariat

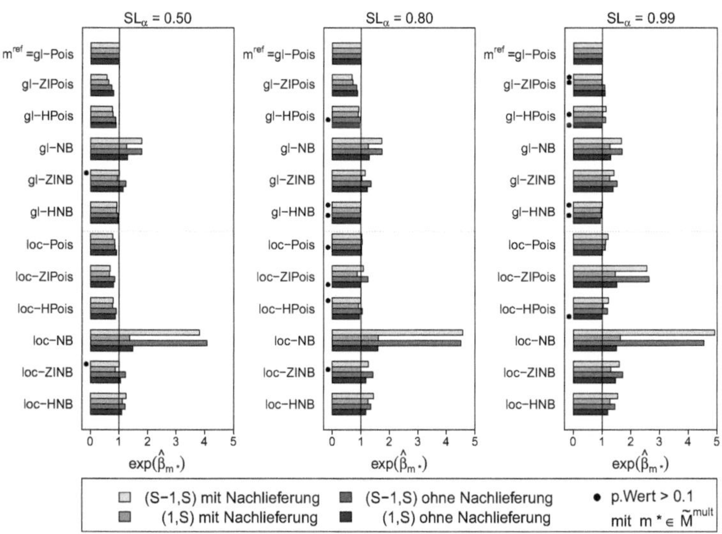

Datensatz CAR, univariat

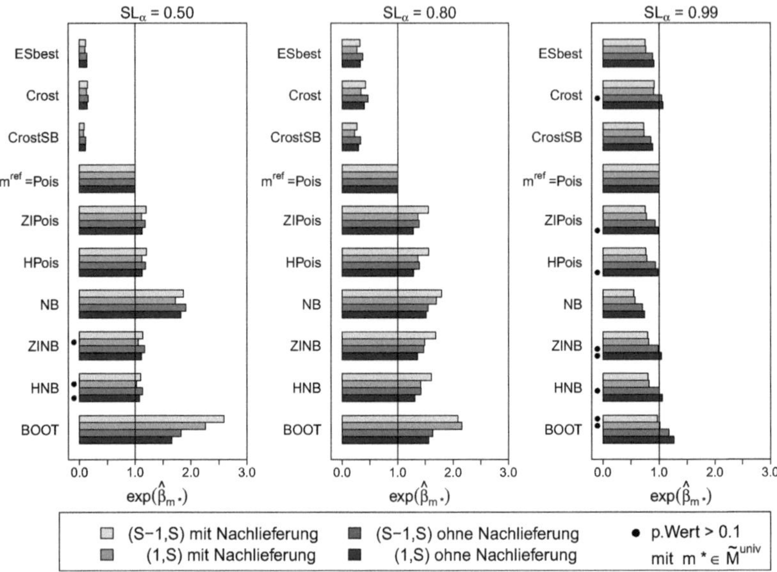

D4

Einfluss der Quantilsberechnungsart

Datensatz AER, univariat

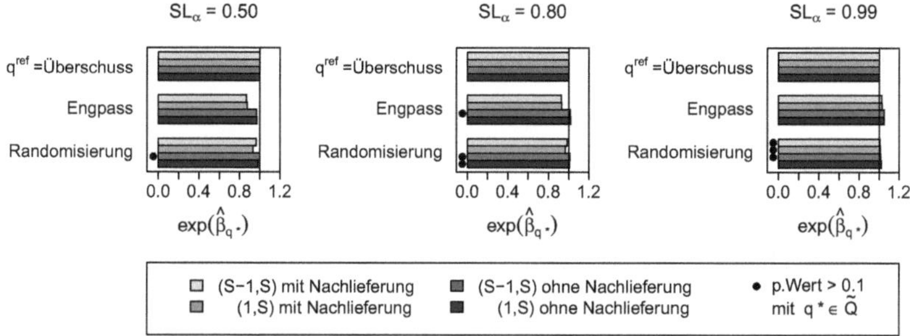

Datensatz AUT, multivariat

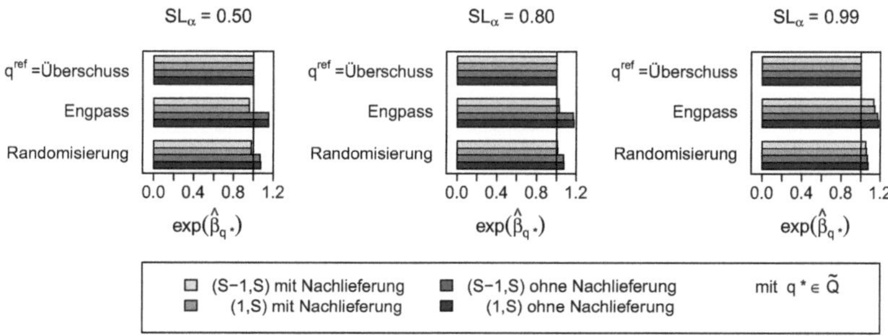

Datensatz AUT, univariat

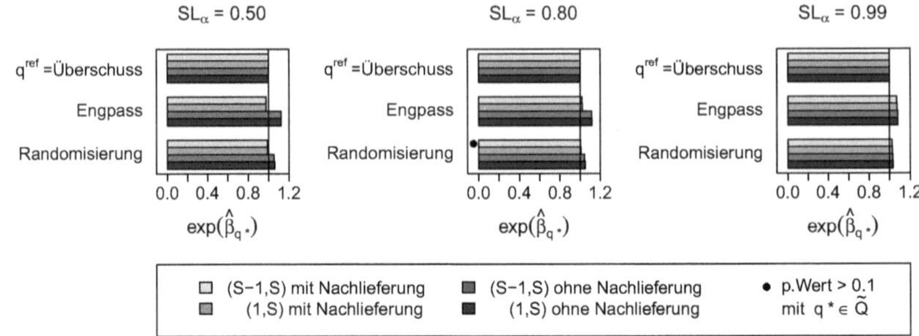

Datensatz CAR, multivariat

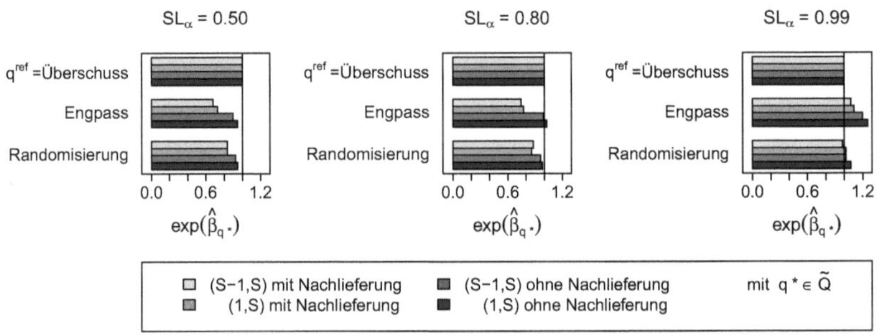

Datensatz CAR, univariat

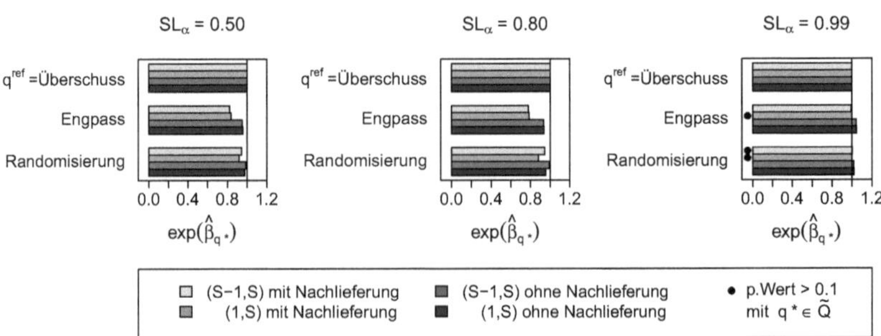

D5

Einfluss der Wiederbeschaffungszeit

Datensatz AER, univariat

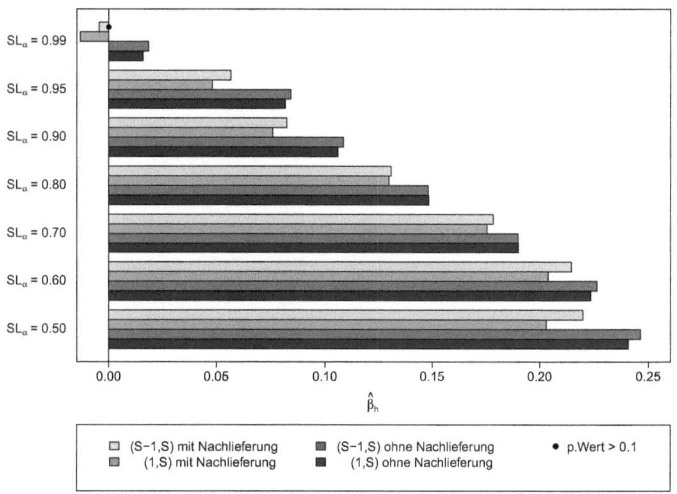

Datensatz AUT, univariat

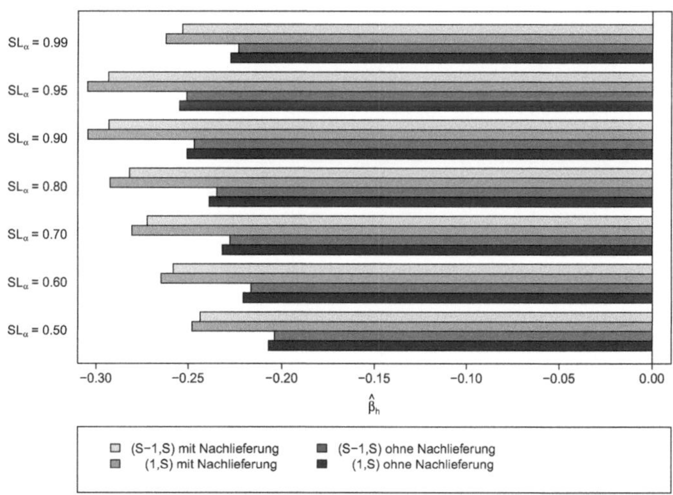

Datensatz CAR, multivariat

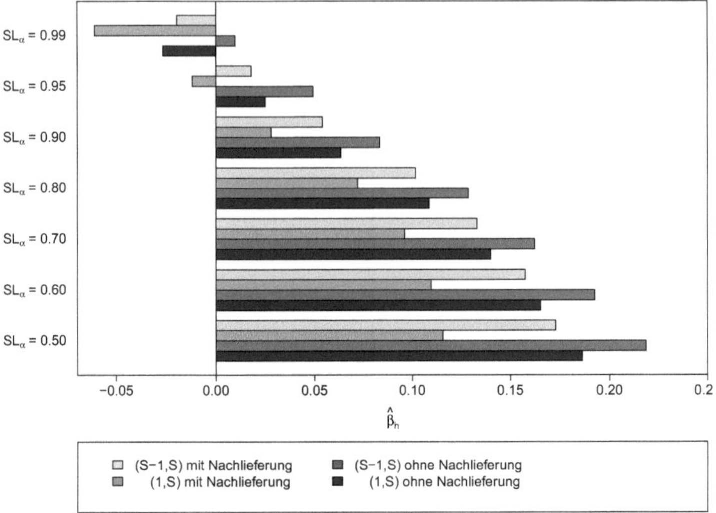

Datensatz CAR, univariat

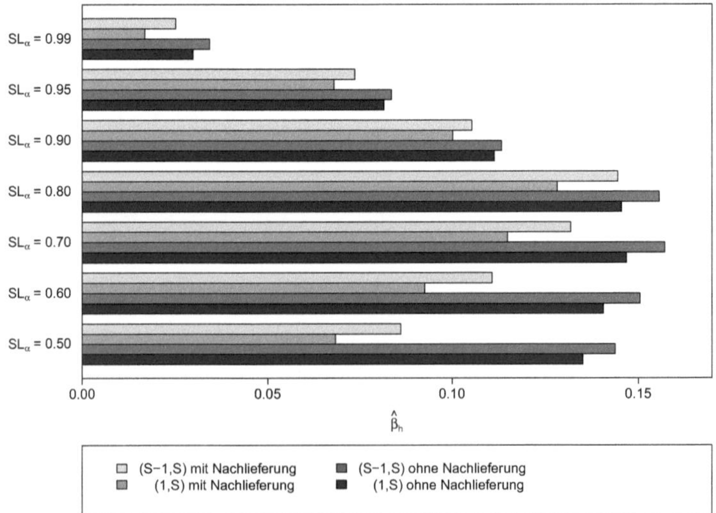

Literaturverzeichnis

Akaike, Hirotugu (1974). A New Look at the Statistical Model Identification. *IEEE Transactions on Automatic Control*, 19(6): S. 716–723.

Al-Osh, M. A. und Alzaid, A. A. (1987). First-Order Integer-Valued Autoregressive (INAR(1)) Process. *Journal of Time Series Analysis*, 8(3): S. 261–275.

Al-Osh, M. A. und Alzaid, A. A. (1988). Integer-valued moving average (INMA) process. *Statistical Papers*, 29(1): S. 281–300.

Allen, P. Geoffrey und Fildes, Robert (2001). Econometric Forecasting. In: Armstrong, Jon Scott (Hrsg.), *Principles of forecasting*, S. 312–317. Kluwer Academic Publishers, Boston.

Altay, Nezih und Litteral, Lewis A. (2011). *Service Parts Management: Demand Forecasting and Inventory Control.* Springer, London.

Altay, Nezih, Litteral, Lewis A. und Rudisill, Frank (2012). Effects of correlation on intermittent demand forecasting and stock control. *International Journal of Production Economics*, 135(1): S. 275–283.

Armstrong, Jon Scott (2001). *Principles of forecasting: A handbook for researchers and practitioners.* Kluwer Academic Publishers, Boston.

Babai, M. Zied, Syntetos, Aris A. und Teunter, Ruud H. (2010). On the empirical performance of (T, s, S) heuristics. *European Journal of Operational Research*, 202: S. 466–472.

Bacchetti, Andrea und Saccani, Nicola (2012). Spare parts classification and demand forecasting for stock control: Investigating the gap between research and practice. *Omega*, 40(6): S. 722–737.

Bacher, Johann, Pöge, Andreas und Wenzig, Knut (2008). *Clusteranalyse: Anwendungsorientierte Einführung in Klassifikationsverfahren.* Oldenbourg, München, 3. Aufl.

Baltagi, Badi H. (2005). *Econometric analysis of panel data.* John Wiley & Sons, Ltd, Chichester, 3. Aufl.

Bichler, Klaus, Riedel, Guido und Schöppach, Frank (2013). *Lagerwirtschaft: Grundlagen, Technologien und Verfahren.* Springer Gabler, Wiesbaden.

Bock, Hans Hermann (1974). *Automatische Klassifikation: Theoretische u. praktische Methoden zur Gruppierung und Strukturierung von Daten (Cluster-Analyse).* Vandenhoeck und Ruprecht, Göttingen.

Böckenholt, Ulf (1999). Mixed INAR(1) Poisson regression models: Analyzing heterogeneity and serial dependencies in longitudinal count data. *Journal of Econometrics*, 89: S. 317–338.

Böckenholt, Ulf (2003). Analysing State Dependences in Emotional Experiences by Dynamic Count Data Models. *Journal of the Royal Statistical Society*, 52(2): S. 213–226.

Bonferroni, C. E. (1936). Teoria statistica delle classi e calcolo delle probabilità. *Pubblicazioni del R Istituto Superiore di Scienze Economiche e Commerciali di Firenze*, 8: S. 3–62.

Box, George E. P., Jenkins, Gwilym M. und Reinsel, Gregory C. (1994). *Time series analysis: Forecasting and control.* Prentice Hall, Englewood Cliffs, 3. Aufl.

Boylan, John E., Syntetos, Aris A. und Karakostas, G. C. (2008). Classification for Forecasting and Stock Control: A Case Study. *Journal of the Operational Research Society*, 59: S. 473–481.

Brown, Robert Goodell (1959). *Statistical forecasting for inventory control.* McGraw-Hill, New York.

Broyden, C. G. (1970). The Convergence of a Class of Double-rank Minimization Algorithms 1. General Considerations. *IMA Journal of Applied Mathematics*, 6(1): S. 76–90.

Bunn, Derek W. (1996). Non-traditional methods of forecasting. *European Journal of Operational Research*, 92: S. 528–536.

Bunn, Derek W. und Vassilopoulos, A. I. (1993). Using group seasonal indices in multi-item short-term forecasting. *International Journal of Forecasting*, 9: S. 517–526.

Bunn, Derek W. und Vassilopoulos, A. I. (1999). Comparison of seasonal estimation methods in multi-item short-term forecasting. *International Journal of Forecasting*, 15: S. 431–443.

Cameron, Adrian Colin und Trivedi, Pravin K. (1998). *Regression analysis of count data.* Cambridge University Press, Cambridge.

Cameron, Adrian Colin und Trivedi, Pravin K. (2013). *Regression analysis of count data.* Cambridge University Press, New York, 2. Aufl.

Chambers, John M. und Hastie, Trevor (1992). *Statistical models in S.* Chapman & Hall/CRC, Boca Raton.

Chatterjee, Samprit und Price, Bertram (1995). *Praxis der Regressionsanalyse.* Lehr- und Handbücher der Statistik. Oldenbourg, München, 2. Aufl.

Chen, Huijing und Boylan, John E. (2008). Empirical evidence on individual, group and shrinkage seasonal indices. *International Journal of Forecasting*, 24(3): S. 525–534.

Churchman, C. West, Ackoff, Russell Lincoln, Arnoff, E. Leonard, Ferschl, Franz und Schlecht, Elvine (1971). *Operations research: Eine Einführung in die Unternehmungsforschung.* Scientia nova. Oldenbourg, München.

Collins, Daniel W. (1976). Predicting Earnings with Sub-Entity Data: Some Further Evidence. *Journal of Accounting Research*, 14(1): S. 163–177.

Corduas, Marcella und Piccolo, Domenico (2008). Time series clustering and classification by the autoregressive metric. *Computational Statistics & Data Analysis*, 52(4): S. 1860–1872.

Croston, J. D. (1972). Forecasting and Stock Control for Intermittent Demands. *Operations Research Quarterly*, 23(3): S. 289–303.

Dangerfield, Byron J. und Morris, John S. (1992). Top-down or bottom-up: Aggregate versus disaggregate extrapolations. *International Journal of Forecasting*, 8: S. 233–241.

Deb, Partha und Trivedi, Pravin K. (1997). Demand for Medical Care by the Elderly: A Finite Mixture Approach. *Journal of Applied Econometrics*, 12(3): S. 313–336.

Deng, Kan, Moore, Andrew W. und Nechyba, Michael C. (1997). Learning to Recognize Time Series: Combining ARMA Models with Memory-based Learning. *Proceedings of the International Symposium on Computational Intelligence in Robotics and Automation*, S. 246–250.

Dennis, J. E. und Schnabel, Robert B. (1996). *Numerical methods for unconstrained optimization and nonlinear equations*, Band 16 der Reihe: *Classics in applied mathematics.* Society for Industrial and Applied Mathematics, Philadelphia.

Dobson, Annette J. und Barnett, Adrian (2008). *An Introduction to Generalized Linear Models, Third Edition.* Chapman & Hall/CRC Texts in Statistical Science. CRC Press, Hoboken, 3. Aufl.

Eaves, A. H. C. und Kingsman, Brian G. (2004). Forecasting for the Ordering and Stock-Holding of Spare Parts. *Journal of the Operational Research Society*, 4(55): S. 431–437.

Efron, Bradley (1979). Bootstrap methods: another look at the jackknife. *The Annals of Statistics*, 7(1): S. 1–26.

Eggenberger, F. und Pólya, G. (1923). Über die Statistik verketteter Vorgänge. *Journal of Applied Mathematics and Mechanics (ZAMM)*, 3(4): S. 279–289.

Everitt, Brian, Landau, Sabine und Leese, Morven (2001). *Cluster analysis*. Oxford University Press, London, 4. Aufl.

Fahrmeir, Ludwig und Osuna Echavarría, Leyre (2006). Structured additive regression for overdispersed and zero-inflated count data. *Applied Stochastic Models in Business and Industry*, 22(4): S. 351–369.

Fahrmeir, Ludwig und Tutz, Gerhard (2001). *Multivariate statistical modelling based on generalized linear models*. Springer series in statistics. Springer, New York, 2. Aufl.

Fahrmeir, Ludwig, Hamerle, Alfred und Tutz, Gerhard (1996). *Multivariate statistische Verfahren*. Walter de Gruyter, Berlin, 2. Aufl.

Fahrmeir, Ludwig, Kneib, Thomas und Lang, Stefan (2009). *Regression: Modelle, Methoden und Anwendungen*. Statistik und ihre Anwendungen. Springer, Berlin, 2. Aufl.

Feeney, G. J. und Sherbrooke, C. C. (1966). The (s-1, s) Inventory Policy under Compound Poisson Demand. *Management Science*, 22(5): S. 391–411.

Fildes, Robert (1985). Quantitative Forecasting – The State of the Art: Econometric Models. *The Journal of the Operational Research Society*, 36(7): S. 549–580.

Fletcher, R. (1970). A new approach to variable metric algorithms. *The Computer Journal*, 13(3): S. 317–322.

Fliedner, Eugene B. und Lawrence, Barry (1995). Forecasting system parent group formation: An empirical application of cluster analysis. *Journal of Operations Management*, 12(2): S. 119–130.

Fliedner, Gene (1999). An investigation of aggregate variable time series forecast strategies with specific subaggregate time series statistical correlation. *Computers & Operations Research*, 26: S. 1133–1149.

Fliedner, Gene (2001). Hierarchical forecasting: issues and use guidelines. *Industrial Management & Data Systems*, S. 5–12.

Forbes, C. S., Evans, M., Hastings, N. und Peacock, B. (2011). *Statistical Distributions*. John Wiley & Sons, Ltd, 4. Aufl.

Forgy, E. W. (1965). Cluster Analysis of Multivariate Data: Efficiency vs. Interpretability of Classification. *Biometrics*, 21: S. 768–769.

Gamberini, R., Lolli, F., Rimini, B. und Sgarbossa, F. (2010). Forecasting of Sporadic Demand Patterns with Seasonality and Trend Components: An Empirical Comparison between Holt-Winters and (S)ARIMA Methods. *Mathematical Problems in Engineering*, 3: S. 1–14.

Gardner, Everette S. Jr. (1985). Exponential smoothing: The state of the art. *Journal of Forecasting*, 4: S. 1–28.

Gardner, Everette S. Jr. (1988). A Simple Method of Computing Prediction Intervals for Time Series Forecasts. *Management Science*, 34(4): S. 541–546.

Gardner, Everette S. Jr. und McKenzie, Ed. (1988). Model Identification in Exponential Smoothing. *The Journal of the Operational Research Society*, 39(9): S. 863–867.

Gardner, Everette S. Jr. und McKenzie, Ed. (1989). Seasonal Exponential Smoothing with Damped Trends. *Management Science*, 35(3): S. 372–376.

Geary, R. C. (1935). The Ratio of the Mean Deviation to the Standard Deviation as a Test of Normality. *Biometrika*, 27(3/4): S. 310–332.

Gentle, James E. (2009). *Statistics and Computing: Computational Statistics.* Springer, New York.

Gleissner, Harald und Möller, Klaus (2009). *Fallstudien Logistik: Logistikwissen in der praktischen Anwendung.* Gabler, Wiesbaden, 1. Aufl.

Goldfarb, Donald (1970). A Family of Variable-Metric Methods Derived by Variational Means. *Mathematics of Computation*, 24(109): S. 23–26.

Gonzales-Barron, Ursula, Kerr, Marie, Sheridan, James J. und Butler, Francis (2010). Count data distributions and their zero-modified equivalents as a framework for modelling microbial data with a relatively high occurrence of zero counts. *International Journal of Food Microbiology*, 136(3): S. 268–277.

Gower, J.C. (1971). A General Coefficient of Similarity and Some of Its Properties. *Biometrics*, 27(4): S. 857–871.

Grabmeier, Johannes (2001). Segmentierende und clusterbildende Methoden. In: Hippner, Hajo, Küsters, Ulrich, Meyer, Matthias und Wilde, Klaus (Hrsg.), *Handbuch Data Mining im Marketing*, S. 299–362. Vieweg, Wiesbaden.

Greene, William H. (2003). *Econometric analysis.* Longman, Harlow, 5. Aufl.

Greene, William H. (2012). *Econometric analysis.* Prentice Hall, Boston, 7. Aufl.

Gross, Charles W. und Sohl, Jeffrey E. (1990). Disaggregation Methods to Expedite Product Line Forecasting. *Journal of Forecasting*, 9: S. 233–254.

Grunfeld, Yehuda und Griliches, Zvi (1960). Is Aggregation Necessarily Bad? *The Review of Economics and Statistics*, 42(1): S. 1–13.

Günther, Hans-Otto und Tempelmeier, Horst (2014). *Produktion und Logistik: Supply Chain und Operations Management.* Books on Demand, Norderstedt, 11. Aufl.

Hartigan, J. A. und Wong, M. A. (1979). Algorithm AS 136: A K-Means Clustering Algorithm. *Journal of the Royal Statistical Society. Series C (Applied Statistics)*, 28(1): S. 100–108.

Hartung, Joachim, Elpelt, Bärbel und Klösener, Karl-Heinz (2009). *Statistik: Lehr- und Handbuch der angewandten Statistik.* Oldenbourg, München, 15. Aufl.

Harvey, Andrew C. (1994). *Forecasting structural time series models and the Kalman filter.* Athenaeum Press Ltd., Great Britain.

Hendry, David F. (1995). *Dynamic econometrics.* Advanced texts in econometrics. Oxford University Press, Oxford and New York.

Herrmann, Andreas und Huber, Frank (2013). *Produktmanagement: Grundlagen - Methoden - Beispiele.* Springer, Wiesbaden, 3. Aufl.

Hilbe, Joseph M. (2011). *Negative binomial regression.* Cambridge University Press, Cambridge, 2. Aufl.

Hippner, Hajo, Küsters, Ulrich, Meyer, Matthias und Wilde, Klaus (2001). *Handbuch Data Mining im Marketing: Knowledge discovery in marketing databases.* Vieweg, Wiesbaden.

Holt, Charles C. (1957). Forecasting Seasonals and Trends by Exponentially Weighted Moving Averages Memorandum 52. *Office of Naval Research ONR.*

Hompel, Michael (2011). *Taschenlexikon Logistik: Abkürzungen, Definitionen und Erläuterungen der wichtigsten Begriffe aus Materialfluss und Logistik.* Springer, Berlin.

Hyndman, Rob J. und Khandakar, Yeasmin (2008). Automatic Time Series Forecasting: The forecast Package for R. *Journal of Statistical Software*, 27(3): S. 1–22.

Hyndman, R. J., Koehler, A. B., Ord, J. K. und Snyder, R. D. (2008). *Forecasting with Exponential Smoothing: The State Space Approach.* Springer, Berlin.

Hyndman, Rob J., Ahmed, Roman A., Athanasopoulos, George und Shang, Han Lin (2011). Optimal combination forecasts for hierarchical time series. *Computational Statistics & Data Analysis*, 55(9): S. 2579–2589.

Jaccard, Paul (1908). Nouvelles recherches sur la distribution florale. *Bulletin de la Sociète Vaudense des Sciences Naturelles*, 44: S. 223–270.

Johnson, Norman und Kotz, Samuel (1969). *Discrete Distributions.* John Wiley & Sons, Inc., New York.

Johnson, Norman Lloyd, Kotz, Samuel und Kemp, Adrienne W. (1992). *Univariate discrete distributions.* Wiley series in probability and mathematical statistics. Applied probability and statistics. Wiley, New York, 2. Aufl.

Jung, Robert C. und Tremayne, A. R. (2006). Binomial thinning models for integer time series. *Statistical Modelling*, 6: S. 81–96.

Kahn, Kenneth (1998). Revisiting Top-Down versus Bottom-Up Forecasting. *Journal of Business Forecasting*, S. 14–19.

Kaufman, Leonard und Rousseeuw, Peter J. (2005). *Finding groups in data: An introduction to cluster analysis*. Wiley-Interscience paperback series. Wiley, Hoboken.

Kemp, C. D. (1967). Stuttering-Poisson Distribution. *Journal of the Statistical and Social Enquiry Society of Ireland*, 21(5): S. 151–157.

Kinney, William R. (1971). Predicting Earnings: Entity versus Subentity Data. *Journal of Accounting Research*, 9(1): S. 127–136.

Kohn, Roberts (1982). When is an aggregate of a time series efficiently forecast by its past? *Journal of Econometrics*, 18: S. 337–349.

Kourentzes, Nikolaos (2013). Intermittent demand forecasts with neural networks. *International Journal of Production Economics*, 143(1): S. 198–206.

Küsters, Ulrich (1987). *Hierarchische Mittelwert- und Kovarianzstrukturmodelle mit nichtmetrischen endogenen Variablen*, Band 31 der Reihe: *Arbeiten zur Angewandten Statistik*. Physica-Verlag, Heidelberg.

Küsters, Ulrich (2012). Evaluation, Kombination und Auswahl betriebswirtschaftlicher Prognoseverfahren. In: Mertens, P. und Rässler, S. (Hrsg.), *Prognoserechnung*, S. 367–404. Physica-Verlag, Berlin.

Küsters, Ulrich und Arminger, Gerhard (1989). *Programmieren in GAUSS: Eine Einführung in das Programmieren statistischer und numerischer Algorithmen*. Gustav Fischer, Stuttgart.

Küsters, Ulrich und Bell, Michael (1999). *The forecast report: A comparative survey of commercial forecasting systems.* IT Research, Höhenkirchen and Brookline and MA, 1. Aufl.

Küsters, Ulrich und Bell, Michael (2001). Zeitreihenanalyse und Prognoseverfahren: Ein methodischer Überblick über klassische Ansätze. In: Hippner, H., Küsters, U., Meyer, M. und Wilde, K. (Hrsg.), *Handbuch Data Mining im Marketing*, S. 255–298. Vieweg, Wiesbaden.

Küsters, Ulrich und Kalinowski, Christoph (2001). Traditionelle Verfahren der multivariaten Statistik. In: Hippner, H., Küsters, U., Meyer, M. und Wilde, K. (Hrsg.), *Handbuch Data Mining im Marketing*, S. 131–192. Vieweg, Wiesbaden.

Küsters, Ulrich und Speckenbach, Jan (2012). Prognose sporadischer Nachfragen. In: Mertens, P. und Rässler, S. (Hrsg.), *Prognoserechnung*, S. 75–108. Physica-Verlag, Berlin.

Küsters, Ulrich, Nieberle, Ekaterina und Speckenbach, Jan (2015). Konkurrierende Prognoseverfahren in der Lagerhaltung. In: Claus, T., Herrmann, F. und Manitz, M. (Hrsg.), *Produktionsplanung und -steuerung.* Springer, Berlin.

Lance, G. N. und Williams, W. T. (1967). A General Theory of Classificatory Sorting Strategies: 1. Hierarchical Systems. *The Computer Journal*, 9(4): S. 373–380.

Larose, Daniel T. und Larose, Chantal D. (2015). *Data mining and predictive analytics.* Wiley series on methods and applications in data mining. John Wiley & Sons, Inc., Hoboken, 2. Aufl.

Liao, Warren T. (2005). Clustering of time series data – a survey. *Pattern Recognition*, 38(11): S. 1857–1874.

Lloyd, S. (1982). Least squares quantization in PCM. *Information Theory, IEEE Transactions on*, 28(2): S. 129–137.

Luenberger, David G. und Ye, Yinyu (2008). *Linear and nonlinear programming*, Band 116 der Reihe: *International series in operations research & management science*. Springer, New York, 3. Aufl.

MacQueen, J. (1967). Some Methods for Classification and Analysis of Multivariate Observations. In: Cam, L. M. L. und Neyman, J. (Hrsg.), *Proceedings of the Fifth Berkeley Symposium on Mathematical Statistics and Probability: Statistics*, Band 1, S. 281–297. University of California Press, California.

Maharaj, Elizabeth Ann (2000). Cluster of Time Series. *Journal of Classification*, 17(2): S. 297–314.

Makridakis, Spyros G. und Hibon, Michéle (1991). Exponential smoothing: The effect of initial values and loss functions on post-sample forecasting accuracy. *International Journal of Forecasting*, 7(3): S. 317–330.

Makridakis, S. G., Andersen, A., Carbone, R., Fildes, R., Hibon, M., Lewandowski, R., Newton, J., Parzen, E. und Winkler, R. (1982). The accuracy of extrapolation (time series) methods: Results of a forecasting competition. *Journal of Forecasting*, 1(2): S. 111–153.

Makridakis, Spyros G., Wheelwright, Steven C. und Hyndman, Rob J. (1998). *Forecasting: Methods and applications*. John Wiley & Sons, Ltd, New York, 3. Aufl.

Martin, Vance, Hurn, Stan und Harris, David (2013). *Econometric modelling with time series: Specification, estimation and testing*. Themes in modern econometrics. Cambridge University Press.

Mátyás, László und Sevestre, Patrick (1996). *The econometric of panel data: Handbook of the theory with applications*, Band 33 der Reihe: *Advanced studies in theoretical and applied econometrics*. Kluwer academics, Dordrecht.

McCullagh, P. und Nelder, John A. (1989). *Generalized linear models*. Chapman & Hall, London, 2. Aufl.

Montgomery, D. C., Johnson, L. A. und Gardiner, J. S. (1990). *Forecasting and time series analysis*. McGraw-Hill, New York, 2. Aufl.

Muckstadt, J. A. und Sapra, Amar (2010). *Principles of inventory management*. Springer series in operations research and financial engineering. Springer, New York.

Newbold, Paul und Bos, Ted (1989). On exponential smoothing and the assumption of deterministic trend plus white noise data-generating models. *International Journal of Forecasting*, 5(4): S. 523–527.

Newbold, Paul und Bos, Theodore (1994). *Introductory business & economic forecasting*. South-Western Pub., Cincinnati, 2. Aufl.

Nowack, Arthur (2012). Prognose bei unregelmäßigen Bedarf. In: Mertens, Peter und Rässler, Susanne (Hrsg.), *Prognoserechnung*, S. 109–132. Physica-Verlag, Berlin.

Pegels, C. Carl (1969). Exponential Forecasting: Some New Variations. *Management Science*, 15(5): S. 311–315.

Prestwich, S. D., Rossi, R., Tarim, S. A. und Hnich, B. (2014). Mean-Based Error Measures for Intermittent Demand Forecasting. *International Journal of Production Research*, 52(22): S. 6782–6791.

Rao, A. V. (1973). A Comment on: Forecasting and Stock Control for Intermittent Demands. *Operations Research Quarterly*, 4(24): S. 639–640.

Sachs, Anna-Lena und Minner, Stefan (2014). The data-driven newsvendor with censored demand observations. *International Journal of Production Economics*, 149: S. 28–36.

Sandmann, W. und Bober, O. (2009). Stochastic Models for Intermittent Demands Forecasting and Stock Control: Working Paper.

Sani, Babangida und Kingsman, Brian G. (1997). Selecting the Best Periodic Inventory Control and Demand Forecasting Methods for Low Demand Items. *Journal of the Operational Research Society*, 48(7): S. 700–713.

Schlittgen, Rainer (2013). *Regressionsanalysen mit R*. Lehr- und Handbücher der Statistik. Oldenbourg, München.

Scholze, Stephan (2010). *Kurzfristige Prognose von Tageszeitreihen mit Kalendereffekten*, Band 163 der Reihe: *Quantitative Ökonomie*. Eul, Lohmar, 1. Aufl.

Schultz, C. R. (1987). Forecasting and Inventory Control for Sporadic Demand under Periodic Review. *The Journal of the Operational Research Society*, 5(38): S. 453–458.

Schwarzkopf, Albert B., Tersine, Richard J. und Morris, John S. (1988). Top-down versus bottom-up forecasting strategies: HF. *International Journal of Production Research*, 26(11): S. 1833–1843.

Shaffer, Juliet Popper (1995). Multiple Hypothesis Testing. *Annual Review of Psychology*, 46: S. 561–584.

Shanno, David F. (1970). Conditioning of quasi-Newton methods for function minimization. *Mathematics of Computation*, 24(111): S. 647–656.

Shlifer, E. und Wolff, R. W. (1979). Aggregation and Proration in Forecasting. *Management Science*, 25(6): S. 594–603.

Snyder, Ralph D. (2002). Forecasting sales of slow and fast moving inventories. *European Journal of Operational Research*, 140: S. 684–699.

Snyder, Ralph D., Beaumont, Adrian und Ord, J. Keith (2012a). Intermittent demand forecasting for inventory control: A multi-series approach: Working Paper.

Snyder, Ralph D., Ord, J. Keith und Beaumont, Adrian (2012b). Forecasting the intermittent demand for slow-moving inventories: A modelling approach. *International Journal of Forecasting*, 28(2): S. 485–496.

Speckenbach, Jan (2015). Prognose sporadischer Nachfragen: Dissertationsentwurf.

Stadtler, Hartmut und Kilger, Christoph (2008). *Supply chain management and advanced planning: Concepts, Models, Software and Case Studies.* Springer, Berlin, 4. Aufl.

Staub, Kevin E. und Winkelmann, Rainer (2012). Consistent estimation of zero-inflated count models: Working Paper.

Steinhausen, Detlef und Langer, Klaus (1977). *Clusteranalyse: Einführung in Methoden und Verfahren der automatischen Klassifikation; mit zahlreichen Algorithmen, FORTRAN-Programmen, Anwendungsbeispielen und einer Kurzdarstellung der multivariaten statistischen Verfahren.* De Gruyter Lehrbuch. De Gruyter, Berlin.

Syntetos, Aris A. und Boylan, John E. (2001). On the bias of intermittent demand estimates. *Tenth International Symposium on Inventories*, 71(1–3): S. 457–466.

Syntetos, Aris A. und Boylan, John E. (2005). The accuracy of intermittent demand estimates. *International Journal of Forecasting*, 21(2): S. 303–314.

Syntetos, Aris A. und Boylan, John E. (2006). On the stock control performance of intermittent demand estimators. *International Journal of Production Economics*, 103(1): S. 36–47.

Syntetos, Aris A., Boylan, John E. und Croston, J. D. (2004). On the categorization of demand patterns. *Journal of the Operational Research Society*, 56(5): S. 495–503.

Tashman, Leonard J. (2000). Out-of-sample tests of forecasting accuracy: an analysis and review. *International Journal of Forecasting*, 16(4): S. 437–450.

Tempelmeier, Horst (2012). *Bestandsmanagement in Supply Chains*. Books on Demand, Norderstedt, 4. Aufl.

Teunter, Ruud H., Syntetos, Aris A. und Babai, M. Zied (2011). Intermittent demand: Linking forecasting to inventory obsolescence. *European Journal of Operational Research*, 214(3): S. 606–615.

Tiao, G. C. und Guttman, Irwin (1980). Forecasting contemporal aggregates of multiple time series. *Journal of Econometrics*, 12: S. 219–230.

Venables, W. N. und Ripley, Brian D. (2002). *Modern applied statistics with S*. Statistics and computing. Springer, New York, 4. Aufl.

Vogt, Oliver (2006). *Prognosen in Produkthierarchien*, Band 149 der Reihe: Quantitative Ökonomie. Eul, Lohmar, 1. Aufl.

Wagner, Harvey M. und Whitin, Thomson M. (1958). Dynamic Version of the Economic Lot Size Model. *Management Science*, 5(1): S. 89–96.

Ward, Joe H. Jr. (1963). Hierarchical Grouping to Optimize an Objective Function. *Journal of the American Statistical Association*, 58(301): S. 236–244.

Wei, William W. S. (2006). *Time series analysis: Univariate and multivariate methods.* Pearson Addison Wesley, Boston, 2. Aufl.

Weiß, Christian H. (2008). The combined INAR(p) models for time series of counts. *Statistics & Probability Letters*, 78(13): S. 1817–1822.

Werner, Thorsten (2000). *Die Klassifikation von Zeitreihen zur saisonalen Analyse von Absatzzahlen.* Eul, Lohmar.

West, Mike und Harrison, Jeff P. (1997). *Bayesian forecasting and dynamic models.* Springer, New York, 2. Aufl.

Willemain, Thomas R. und Smart, Charles N. (2001). System and Method for Forecasting Intermittent Demand, Patentschrift Nr. US006205431B1.

Willemain, Thomas R., Smart, Charles N., Shockor, Joseph H. und DeSautels, Philip A. (1994). Forecasting intermittent demand in manufacturing: a comparative evaluation of Croston's method. *International Journal of Forecasting*, 10: S. 529–538.

Willemain, Thomas R., Smart, Charles N. und Schwarz, Henry F. (2004). A new approach to forecasting intermittent demand for service parts inventories. *International Journal of Forecasting*, 20: S. 375–387.

Williams, T. M. (1983). Tables of Stock-Outs with Lumpy Demand. *The Journal of the Operational Research Society*, 34(5): S. 431–435.

Winkelmann, Rainer (2008). *Econometric analysis of count data.* Springer, Berlin, 5. Aufl.

Winters, Peter R. (1960). Forecasting Sales by Exponentially Weighted Moving Averages. *Management Science*, 6(3): S. 324–342.

Yee, Thomas W. (2010). The VGAM Package for Categorical Data Analysis. *Journal of Statistical Software*, 32(10): S. 1–34.

Zeileis, Achim und Croissant, Yves (2010). Extended Model Formulas in R: Multiple Parts and Multiple Responses. *Journal of Statistical Software*, 34(1): S. 1–13.

Zeileis, Achim, Kleiber, Christian und Jackman, Simon (2008). Regression Models for Count Data in R. *Journal of Statistical Software*, 27(6): S. 1–25.

Zellner, Arnold und Tobias, Justin L. (1999). A Note on Aggregation, Disaggregation and Forecasting Performance: Working Paper.

Zuur, Alain F., Ieno, Elena N., Walker, Neil, Saveliev, Anatoly A. und Smith, Graham M. (2009). *Mixed effects models and extensions in ecology with R.* Statistics for Biology and Health. Springer, New York and NY.

QUANTITATIVE ÖKONOMIE

Herausgegeben von Prof. Dr. Eckart Bomsdorf, Köln, Prof. Dr. Wim Kösters, Bochum, Prof. Dr. Mark Trede, Münster, Prof. Dr. Ansgar Belke, Essen, und PD Dr. Markus Pütz, Wuppertal

Band 174
Miriam Weber
Modellierung und Prognose der Zinsstruktur auf der Basis dynamischer Modelle der Nelson/Siegel-Klasse
Lohmar – Köln 2012 • 300 S. • € 59,- (D) • ISBN 978-3-8441-0203-1

Band 175
Konstantin Glombek
High-Dimensionality in Statistics and Portfolio Optimization
Lohmar – Köln 2012 • 148 S. • € 43,- (D) • ISBN 978-3-8441-0213-0

Band 176
Julius Schnieders
Analyzing and Modeling Multivariate Association – Statistical Measures and Pair-Copula Constructions
Lohmar – Köln 2013 • 228 S. • € 55,- (D) • ISBN 978-3-8441-0229-1

Band 177
Heike Bornewasser-Hermes
Ein Ansatz zur Absicherung berufsspezifischen Humankapitals am Kapitalmarkt unter Verwendung von Branchen- und Berufsindizes – Eine Analyse für ausgewählte Berufsgruppen
Lohmar – Köln 2013 • 180 S. • € 48,- (D) • ISBN 978-3-8441-0277-2

Band 178
Sandra Gabriela Ifrim
Portfoliooptimierung bei Ansteckungseffekten zwischen Banken – Ein copulatheoretischer Ansatz
Lohmar – Köln 2014 • 176 S. • € 48,- (D) • ISBN 978-3-8441-0303-8

Band 179
Ekaterina Nieberle
Multivariate Modellierung, Prognose und Evaluation sporadischer Nachfragezeitreihen
Lohmar – Köln 2016 • 384 S. • € 65,- (D) • ISBN 978-3-8441-0462-2

JOSEF EUL VERLAG